ÉCONOMIE RURALE.

IMPRIMERIE DE FÉLIX LOCQUIN,
16, rue Notre-Dame des Victoires.

ÉCONOMIE RURALE

CONSIDÉRÉE DANS SES RAPPORTS

AVEC

LA CHIMIE, LA PHYSIQUE

ET LA MÉTÉOROLOGIE

PAR J.-B. BOUSSINGAULT,

Membre de l'Académie des Sciences de l'Institut, ancien doyen de
la Faculté des Sciences de Lyon, Membre de l'Académie des
Sciences de Stockholm, de la Société royale et centrale
d'Agriculture, de l'Académie royale d'agriculture de
Suède, de la Société Philomathique, etc., etc.

TOME PREMIER.

PARIS

BÉCHET JEUNE, LIBRAIRE - ÉDITEUR,

PLACE DE L'ÉCOLE DE MÉDECINE, N. 1.

—

1843

A

M. F. Arago,

Secrétaire perpétuel de l'Académie des Sciences,

Hommage

de respect,

de reconnaissance et d'affection.

PRÉFACE.

J'ai réuni dans l'ouvrage que je publie aujourd'hui, les travaux auxquels je me suis livré depuis plusieurs années, et qui ont été entrepris dans l'espoir d'éclairer quelques points de l'agriculture. Mon intention était d'abord de borner cette publication à une simple réimpression des mémoires déjà insérés dans divers recueils périodiques, en y joignant les matériaux inédits que je possède. Mais en y réfléchissant davantage, j'ai cru faire une chose utile, en cherchant à combler les nombreuses lacunes qu'auraient nécessairement laissées des écrits publiés isolément, à des intervalles plus ou moins éloignés, et qui traitent de sujets fort différents. C'est ainsi que j'ai été conduit à présenter la substance des recherches faites par plusieurs auteurs, sur presque toutes les parties de la science agricole. Je me suis astreint en outre, à donner aussi exactement que possible, bien que d'une manière concise, les résultats pratiques les mieux avérés ; en définitive ce sont ces faits pratiques qui intéressent le plus directement l'économie rurale, dans ce qu'elle a d'applicable à l'économie publique.

Il est d'ailleurs une raison qui a contribué plus que toute autre à me faire adopter le cadre que j'ai essayé de remplir. Cette raison, je dois d'autant moins la passer sous silence, qu'elle pourra me servir d'excuse auprès des personnes disposées à critiquer la forme peut-être un peu trop didactique de cet ouvrage.

Plusieurs professeurs attachés à un grand établissement d'instruction industrielle de la capitale, m'engagèrent à me joindre à eux, pour enseigner la science agricole telle que je la conçois. A la suite de cette invitation, je préparai mes leçons. Des motifs, auxquels je suis resté entièrement étranger, n'ayant pas permis de réaliser ce projet, je me suis décidé à publier, non pas les leçons telles que je les aurais faites, mais les documents qui étaient destinés à devenir la base de mon enseignement.

La première partie de cet ouvrage traite successivement des phénomènes physiques et chimiques de la végétation ; de la composition des végétaux et de leurs principes immédiats ; de la fermentation ; des sols. La seconde partie comprend le résumé des travaux qui ont été faits sur les engrais et les amendements ; la discussion de la valeur relative des assolements ; des vues générales sur l'alimentation et l'économie des animaux ; enfin quelques considérations sur la climatologie, et sur la relation des êtres organisés avec l'atmosphère.

J'ai cherché à présenter le tableau exact des questions d'économie rurale qui sont susceptibles d'être discutée scientifiquement. On trouvera peut-être que le nombre de ces questions est encore bien limité. Cependant, en considérant l'ensemble des travaux exécutés depuis quelques années seulement, en voyant surtout l'intérêt toujours croissant qu'inspirent aujourd'hui les recherches faites dans une direction agricole, on doit espérer le progrès et s'attendre à enregistrer des résultats importants pour la science, profitables à la pratique, utiles à l'humanité.

SCIENCE AGRICOLE.

La science agricole repose sur l'observation des faits recueillis dans la pratique; elle les enregistre, les discute, cherche à les expliquer, à les prévoir, en s'aidant des diverses branches des connaissances humaines. Considérée de ce point de vue élevé, cette science fait partie de la physique du globe.

L'économie rurale est l'application de la science à l'industrie : c'est l'agriculture proprement dite, ou l'art de retirer le plus haut intérêt possible des capitaux engagés dans l'exploitation du sol.

Les procédés manuels de l'agriculture ne se décrivent pas; on les apprend en s'exerçant dans un domaine bien dirigé; l'exemple et la tradition les enseignent. La science que nous allons exposer s'acquiert par l'étude de la philosophie naturelle et de la pratique agricole, son but est d'améliorer, de perfectionner l'ensemble de l'économie rurale.

CHAPITRE PREMIER.

PHÉNOMÈNES PHYSIQUES DE LA VÉGÉTATION.

Les opérations de l'agriculture ayant pour objet la reproduction des plantes utiles à la nourriture ou à l'industrie de l'homme, nous devons d'abord étudier, d'une manière sommaire, les principaux organes qui les constituent, et à l'aide desquels, sous certaines influences que nous chercherons à apprécier, s'accomplissent tous les phénomènes de la vie végétale.

Les plantes fixées dans le sol par leurs racines, vivent dans l'atmosphère par le concours de leurs parties vertes, sous les actions réunies de la chaleur, de la lumière et de l'humidité. Nous examinerons bientôt aux dépens de quels éléments, et sous quelles conditions se réalisent leur croissance et leur complet développement.

La semence, qui est le résultat final de la vie végétale, dont le but est la reproduction et la multiplication de l'espèce, doit d'abord fixer notre attention. La graine est, pour ainsi dire, le point de départ de toute culture, elle est à peu d'exception près, la matière première sur laquelle s'exerce l'industrie du cultivateur.

La nature met en usage, pour assurer la conservation des graines, un soin, une prévoyance, infinis, qui donnent en quelque sorte la mesure de leur importance. La semence est souvent placée au milieu d'une pulpe abondante et charnue, qui sert à lui assurer une nourriture, un engrais, lors de son prochain développement. Tantôt, comme dans les légumineuses, elle est logée entre dès membranes épaisses et coriaces, ou revêtues d'écailles dures et flexibles comme dans les graminées, ou bien encore enveloppée d'une substance ligneuse d'une dureté surprenante, comme dans les fruits à noyau.

La nature ne se montre pas moins prévoyante pour répandre au loin les graines, et propager les espèces végétales à de grandes distances. Il est en effet des semences qui, munies d'aigrettes légères et soyeuses, voltigent dans l'atmosphère, et sont transportées par les vents. D'autres, à la faveur d'une enveloppe tenace, dure, imperméable, flottent sur les fleuves, et en descendent le cours sans subir la moindre altération, sans perdre leur faculté germinative. Enfin, il est des semences d'un tissu assez cohérent pour résister à l'action digestive des animaux qui se nourrissent des fruits qui les contiennent, et qui se trouvent ensuite déposées à une distance considérable de la plante qui les a produites; souvent elles vont germer et vivre au sommet des rochers les plus inaccessibles. Ainsi, par l'effet d'admirables dispositions, l'air, l'eau, les animaux eux-mêmes, deviennent les véhicules qui favorisent la migration des espèces à la surface du globe, et suppléent à la faculté locomotive dont sont privés les végétaux.

On distingue dans la graine : l'amande et le tégument qui l'enveloppe. Dans l'amande, réside essentiellement l'embryon qui, comme son nom l'indique, est destiné à reproduire la plante dont la graine est issue. L'embryon est formé de plusieurs parties essentielles : 1° du corps radiculaire ou radicule; 2° de la gemmule ou rudiment de la tige, qui engendrera par son extension, les organes qui doivent végéter hors de la terre; 3° de cotylédons, qui forment la plus grande partie de l'amande et qui sont destinés à entretenir la plante pendant les premières périodes de son existence.

Dans le cas le plus général, les cotylédons sont formés de deux lobes qui se séparent pendant l'acte de la germination. La gemmule se présente sous l'apparence d'un petit point blanc qui pénètre dans l'intérieur de l'un et de l'autre cotylédons. La radicule a une forme légèrement conique et se reconnaît à l'extérieur de la graine.

L'amande des graminées ne se divise pas en deux parties au principe de la vie végétale. Il est en effet des semences qui n'offrent qu'un seul cotylédon. Comme les végétaux qui naissent des graines à un ou plusieurs cotylédons, présentent dans l'ensemble de leur organisation, et dans leur développement des différentes capitales, les botanistes ont établi deux grandes divisions entre les plantes : les végétaux monocotylédons, et les végétaux dicotylédons ou polycotylédons.

Dans l'état où on la récolte après sa maturité parfaite, la graine est inerte, ses fonctions vitales sont entièrement suspendues, et l'on peut la conserver souvent pendant un temps très long avant de la faire germer. Cette longévité de la semence est d'ailleurs extrêmement variable, selon les espèces. Il est des plantes dont les graines gardent, pour ainsi dire, indéfiniment leur vertu germinative; il en est d'autres, au contraire, qui la perdent très promptement.

D'après des observations qui paraissent devoir inspirer toute confiance, des graines :

De tabac ont pu germer après 10 ans de conservation.

De stramoine,	—	25, selon Duhamel.
De sensitive,	—	60.
De froment,	—	100, selon Pline.
Id.	—	10, selon Duhamel.
De melons,	—	41, selon Friewald.
De concombres,	—	17, selon Roger Galen.
De haricots,	—	33.
Id.	—	100, selon Gerardin.
De rave,	—	17, selon Lefébure.
De seigle,	—	140, selon Home.

Les graines de café sont peut-être celles qui perdent le plus rapidement la propriété de germer, et les planteurs savent très bien qu'il faut les semer presque immédiatement après qu'elles ont été enlevées de l'arbuste. Les graines oléagineuses ne se conservent aussi que très difficilement. Il en est de même des semences des rubiacés, de la fraxinelle, des lauriers, des myrtées (1).

Dans la pratique agricole, il y a toujours avantage et beaucoup plus de sécurité à semer les graines les plus récentes, même parmi celles qui présentent le plus de longévité. C'est qu'il y a souvent, même après un temps très court, un certain nombre de ces semences qui ne se trouvent plus dans des conditions favorables de conservation. Ainsi, ce n'est que dans des circonstances forcées que le cultivateur confie à la terre, le froment récolté dans les années antérieures, et l'expérience prouve que dans une semblable occurrence, il convient d'augmenter très sensiblement la quantité de semaille.

L'inertie de la graine cesse aussitôt que cette dernière est en présence de l'eau et de l'air, sous l'influence d'une température suffisamment élevée. La semence placée dans la terre humide, absorbe de l'eau, se gonfle considérablement; la

(1) Decandole, *Physiologie*, p. 623.

pellicule qui la recouvre se distend et finit par se rompre ; la radicule et la gemmule deviennent de plus en plus distinctes ; les racines pénètrent dans le sol, tandis que la gemmule présente bientôt une tige qui verdit de plus en plus, croît rapidement en augmentant le nombre de ses feuilles, la végétation marche à grands pas, et la plante acquiert de jour en jour une nouvelle vigueur. A une certaine époque, les fleurs apparaissent ; elles sont remplacées par les fruits dont le dernier terme est la maturité de la semence. Alors les phénomènes de la végétation cessent. Les organes des plantes annuelles se flétrissent et meurent ; l'œuvre de la reproduction et de la multiplication de l'espèce est accomplie. Ainsi commence et finit l'existence des plantes qui entrent le plus communément dans nos cultures.

Pour les végétaux bisannuels, pour les arbres qui n'ont plus cette durée éphémère, les choses se passent différemment. La plante végète, tant que la température de l'atmosphère et l'humidité du sol le permettent ; la végétation qui est seulement interrompue pendant la saison froide, se ranime de nouveau, au retour des circonstances qui la favorisent. Ces végétaux, dont la tige est généralement ligneuse, dont les racines pénètrent profondément dans la terre, présentent plus de résistance aux intempéries et bravent les rigueurs de l'hiver. Dans nos climats, au printemps, le commencement de la végétation des arbres offre une certaine analogie avec la germination ; le développement des bourgeons la représente en quelque sorte, et les phénomènes que nous observons sur les plantes annuelles se reproduisent en grande partie. Augmentation du volume de la tige et de la racine, apparition des feuilles, floraison, maturité des fruits et production des semences.

Sous les tropiques, où la température est à peu près stationnaire ; pendant toute l'année, la végétation continue sans interruption ; elle ne varie que dans son intensité, selon l'abondance ou la rareté des pluies ou de la rosée. Les feuilles qui ont concouru à la production des fruits, à la perfection des semences, tombent comme épuisées, mais elles sont bientôt remplacées, et l'on ne s'aperçoit de leur chute que par leur accumulation à la surface du terrain.

La plante complète, que nous la prenions dans les végétaux annuels, ou dans les arbres centenaires, présente donc des organes analogues destiné à remplir les mêmes fonctions, à conduire au même but, celui de la reproduction de la semence. Ces organes que nous allons étudier successivement sont : 1° les racines, 2° la tige, 3° les feuilles, 4° les appendices de la fructification.

Lorsqu'on suit les progrès d'une graine déposée dans un sol convenable, on remarque que dès leur première apparition, les racines se dirigent vers l'intérieur de la terre. La jeune tige prend une direction diamétralement opposée, elle croît verticalement. Les tiges latérales dans les plantes herbacées, les jeunes branches dans les arbustes, forment avec la tige principale ou le tronc, un angle variable. D'abord, les branches tendent à s'élever verticalement; mais lorsqu'elles sont très étendues, très développées, elles fléchissent vers le sol en cédant à la puissance de la gravitation. Knight a montré, par des expériences ingénieuses, que la direction que suivent les racines et les branches, provient en grande partie de cette force.

Cet habile observateur disposa une roue en bois, de telle façon qu'il pouvait la faire mouvoir avec des vitesses variables, dans des plans plus ou moins inclinés. Ainsi, la roue mise en mouvement par un cours d'eau, pouvait exécuter sa révolution dans un plan vertical ou dans un plan horizontal. Des fèves furent fixées sur la circonférence de la roue ; on avait eu soin de les placer dans les circonstances indispensables à leur germination et à leur croissance. En donnant à la roue une vitesse suffisante, il était possible de rendre la force centrifuge supérieure à la force de gravitation. Dans l'appareil de Knight, cette condition se réalisait lorsque la roue accomplissait dans le plan vertical, 150 révolutions par minute. On voyait alors la totalité des racines tourner leurs suçoirs ou radicelles hors de la circonférence, suivant une ligne qui se serait prolongée sur un rayon du cercle de la roue, et leur croissance s'exécutait dans des plans perpendiculaires à son axe.

Les tiges prenaient une direction entièrement opposée à celle suivie par les racines et après quelques jours de végétation, leurs sommets atteignaient le centre de la roue.

En faisant tourner la roue dans un plan horizontal, on observait encore les mêmes effets, lorsque toutefois la vitesse de rotation était suffisante pour anéantir l'action de la gravitation terrestre. Mais lorsque cette vitesse convenablement ralentie ne faisait plus que modifier, diminuer la force d'attraction sans la faire disparaître entièrement, la plante se dirigeait suivant une résultante comprise dans un plan qui formait un certain angle avec la circonférence de la roue. Avec une vitesse donnée, Knight vit les racines s'incliner de 10° au dessous du plan horizontal dans lequel la roue se mouvait; les tiges formaient alors un angle égal au dessus du même plan. L'angle de déviation, formé dans cette position de la roue était toujours d'autant plus petit que la vitesse de rotation était plus grande.

Puisque la gravitation intervient dans la situation que les végétaux occupent sur le sol, comme le prouvent les belles expériences de Knight, une conséquence pratique qui semble ressortir de ce fait, c'est que le nombre de plantes qui peuvent être placées sur un terrain, ne dépend pas uniquement de l'étendue de sa surface, et que la contenance d'un champ fortement incliné ne dépasse pas celle de sa projection horizontale. Pour les plantes rampantes, pour les prairies, il est clair que ce principe cesse d'être rigoureux, mais relativement aux végétaux à tiges isolées, plusieurs savants, au nombre desquels il faut placer Davy (1), l'ont admis comme parfaitement exact. Dans cette opinion, comme l'a fort judicieusement fait remarquer Corrard, on se fonde sur ce principe géométrique très vrai en lui-même, qu'un plan incliné ne peut pas être coupé par un plus grand nombre de filets verticaux, d'une épaisseur déterminée, que le plan horizontal qui lui sert de base (2). Ainsi, dit Corrard, comme les édifices qui occupent un plan incliné, sont élevés perpendiculairement à l'horizon, on en conclut avec raison, qu'il ne peut pas en contenir un plus grand nombre que n'en contiendrait le plan horizontal qu'il couvre ; en sorte que l'inclinaison d'un terrain ne peut pas

(1) Davy, *Chimie agricole*, t. I, p. 35, traduction française.

(2) Benjamin Corrard, *Verhandel von her Maatsch. te Haarlem*, t. XV, p. 308.

contribuer à l'agrandissement des villes. Il est
encore de la dernière évidence, que la pluie,
tombant verticalement, la quantité d'eau recueillie sur les combles d'un édifice est absolument
la même que celle qui serait jaugée dans le même
lieu, sur une surface horizontale, égale à celle
qu'occupe le bâtiment. Mais on se tromperait
fort, ajoute Corrard, si l'on inférait du même
principe, que dans l'étendue d'un plan incliné,
il ne peut pas y avoir un arbre de plus que sur
le plan horizontal beaucoup plus resserré qui lui
sert de base. Car bien que les plantes croissent perpendiculairement à l'horizon, et puissent
à cet égard, être considérées comme autant de
filets verticaux, cependant, des circonstances
qui leur sont particulières, ne permettent pas
d'appliquer ici avec justesse le principe géométrique en question. Pour que l'application fût
exacte, il faudrait supposer que les plantes
n'ont besoin d'aucun espace pour prospérer,
et que toute la surface du terrain pourrait être
entièrement recouverte par leur tige, sans laisser aucun intervalle entre elles, et sans que ce
rapprochement nuisît à leur végétation.

Cette supposition est impossible, puisqu'il
faut de toute nécessité, que les plantes aient,
dans le terrain comme dans l'atmosphère où elles
croissent, un certain espace pour développer
leurs racines et étendre leurs branches. Donc, en

supposant le plan incliné sensiblement plus étendu que le plan horizontal qui le supporte , il fournira nécessairement à un plus grand nombre de plants, les petits espaces dont leurs racines ont besoin pour se développer et se nourrir. En d'autres termes , sur la surface inclinée, il y aura évidemment une plus grande quantité de terre végétale, plus de sucs nourriciers propres à la végétation ; et pour ces motifs, la distance qui doit toujours exister entre les végétaux , pourra être moindre que sur le plan horizontal. Par conséquent, toutes les conditions de fertilité étant supposées les mêmes, le plan incliné sera capable de porter un plus grand nombre de végétaux à tiges verticales.

L'organisation des différentes parties des plantes, si digne, à tous égards d'exercer la persévérante sagacité des physiologistes, ne doit pas devenir pour nous l'objet d'une étude minutieuse. Pour les besoins de la science agricole, il suffit de se tenir dans les généralités. D'ailleurs cette organisation si compliquée en apparence, est probablement beaucoup plus simple qu'on ne l'admet; peut-être trouverions-nous la preuve réelle de cette simplicité dans la facilité avec laquelle des organes les plus dissemblables par leur forme extérieure et par la nature si différente de leurs fonctions, se modifient, se transforment des uns aux autres, pour ainsi dire, à la volonté de l'observateur. Ainsi, les tubercules, ces corps charnus, amylacés, qui s'accumulent sur les tiges souterraines de certains végétaux, donnent naissance à une plante qui ne diffère en rien de celle qui serait issue d'une semence. Certaines feuilles, comme celles de l'oranger, du ficus elastica, se comportent comme les tubercules. Les tiges ligneuses, les branches séparées de l'arbre, enfouies dans la terre par leur extrémité, tendent à produire des racines, comme on l'observe journellement dans la multiplication par bouture. Si l'on enterre les branches de certains arbrisseaux en exposant ainsi les racines à l'action de l'atmosphère, on voit ces dernières se revêtir de bourgeons, donner des feuilles, tandis que les branches enfouies prennent une structure fibreuse, chevelue, et ne tardent pas à prendre la forme et à exercer les fonctions des racines. Cette singulière mutation réussit aisément avec le saule, et c'est sur cette plante qu'un physiologiste anglais, Woodward, l'a opérée pour la première fois (1).

La structure intime des racines, du tronc et des branches, présente assez de ressemblance. Si on les coupe, perpendiculairement à leur axe, on reconnaît dans les diverses couches concentriques qui les composent, trois zônes

(1) Davy, *Chimie agricole*, I, p. 63.

assez tranchées pour qu'il soit impossible de les confondre ; l'écorce, le bois, l'axe médullaire. Un examen plus attentif fait apercevoir que chacune de ces zônes peut encore se subdiviser.

La partie externe de l'écorce est recouverte d'une pellicule très mince, presque transparente, poreuse, formée par l'assemblage de feuillets peu adhérents ; c'est l'épiderme qui enveloppe la totalité du végétal. Comme il n'est extensible que dans certaines limites ; il se déchire, se gerce à mesure que le corps de l'arbre augmente de volume. Les pores de l'épiderme sont de petites ouvertures ou stomates qui communiquent à l'extérieur par une ouverture ovale bordée d'une espèce de bourrelet contractile. On a remarqué que l'humidité tend à fermer ces pores ou stomates, et que la sécheresse, l'action de la lumière solaire, tendent, au contraire, à les faire ouvrir. La nature chimique de l'épiderme qui recouvre l'écorce, semble indiquer qu'il est destiné à défendre la plante de l'action trop directe des agents extérieurs. Chez certains arbres, cette dernière pellicule est enduite de cire ou de résine. L'exemple le plus remarquable qu'on puisse citer à cette occasion, est celui de l'arbre à cire (ceroxylon andicola) qui croît avec abondance dans la chaine des Andes. Ce palmier, qui atteint une élévation de quarante à cinquante mètres, est enduit sur toute la surface du tronc, d'un mélange de cire et de résine (1). Dans les graminées, l'épiderme est presque entièrement formé de silice. Le bouleau a son écorce recouverte d'une pellicule de nature grasse, susceptible de donner de l'acide subérique par la réaction de l'acide azotique (2).

Après l'épiderme, en allant de la circonférence vers le centre, apparait une lame de tissu cellulaire, que plusieurs physiologistes désignent sous le nom d'enveloppe herbacée. Dans le *quercus suber*, le liège représenterait le tissu qui recouvre le *liber*, organe formé d'un tissu vasculaire, que l'on peut, au moyen de quelques précautions, séparer en lames très minces, feuilletées, que l'on a comparées avec raison aux feuillets d'un livre.

L'origine du *liber* se trouve dans la partie la plus centrale du tronc; il est le résultat d'une exsudation des parties ligneuses, ainsi que l'a prouvé Duhamel avec cette admirable sagacité qui caractérise tous ses travaux. En effet, ayant enlevé une section d'écorce sur un arbre en pleine végétation, il reconnut, après avoir pris le soin de préserver la plaie du contact de l'air, que de la surface du ligneux mis à nu, et des bords de l'écorce restée adhérente, il exsude une matière visqueuse qui s'accumule, acquiert de la consistance, finit par prendre une disposition

(1) Boussingault, sur le Palmier à cire, *Annales de Chimie et de Physique,* 2ᵉ série, t. 59, p. 19.

(2) Observation de M. Chevreul.

cellulaire, et régénère ainsi le *liber* qui avait été enlevé. Grew a nommé *cambium* cette sécrétion visqueuse. L'opinion la plus communément admise aujourd'hui est que le cambium dérive de la sève descendante.

Le liber est un organe important des végétaux; on sait par exemple, que pour la réussite d'une greffe, il faut que son liber pénètre ou soit pénétré par celui de l'arbre qu'il s'agit de greffer.

Sous le liber gisent les couches ligneuses. Celles qui sont les plus éloignées de l'axe du tronc, bien que présentant la structure fibreuse et les principaux caractères propres au ligneux, en diffèrent cependant par une moindre dureté, une moindre tenacité; cette zône, qui au premier coup d'œil se distingue du bois proprement dit, est l'aubier ou faux bois. Ses fibres sont beaucoup plus lâches, sa teinte moins foncée, la différence de nuance est surtout très prononcée dans les bois de teinture.

L'aubier acquiert avec l'âge plus de dureté et de tenacité, et passe alors au ligneux proprement dit. Le bois commence là où se termine l'aubier, et continue vers le centre jusqu'à l'étui médullaire.

Dans les arbres dicotylédons, il se forme durant la végétation, une certaine quantité de bois aux dépens de l'aubier; tandis que du côté opposé, vers l'écorce, l'aubier augmente d'une quantité à peu près égale; de sorte que dans nos climats, l'aubier s'accroît chaque année d'une nouvelle couche concentrique ; mais dans les régions tropicales, où les arbres dicotylédons végètent sans interruption, les couches concentriques annuelles sont à peine visibles.

Pour prouver la conversion de l'aubier en ligneux , Duhamel y fit pénétrer, de part en part, un fil métallique. Au bout de quelques années, il put se convaincre que le fil se trouvait engagé dans la couche ligneuse.

La zône la plus centrale du tronc ou de la tige est traversée par le canal ou l'étui médullaire, c'est ordinairement le siège de la moelle, matière spongieuse, diaphane, constituée presque exclusivement par du tissu cellulaire.

La moelle envoie des ramifications vers les parties les plus externes du tronc. Son usage n'est pas parfaitement déterminé, et malgré l'utilité que lui attribuent certains physiologistes, on a quelques raisons pour penser que ses fonctions n'ont pas une grande importance. L'expérience prouve en effet qu'on peut enlever la moelle des jeunes arbres sans mettre fin à leur existence, sans même arrêter leur croissance. Le rôle le moins contestable que semble jouer cette matière dans l'économie végétale, est celui d'une réserve pour l'humidité , qu'elle dispense ensuite à la plante aux époques des sècheresses, lorsque la terre ne lui en fournit plus une quantité suffisante.

La structure intérieure, et le développement progressif de la tige des monocotylédons diffère essentiellement de ce que nous venons d'exposer relativement aux dicotylédons.

Si l'on examine la section d'un tronc de palmier, faite perpendiculairement à son axe, on ne voit plus cette disposition en zônes qui s'observent chez les dicotylédons de nos climats. On ne distingue plus les régions de l'écorce, du liber, de l'aubier, du bois, formant autant de cercles concentriques autour du canal qui en est le centre commun. Le tronc du palmier offre une constitution plus homogène. La moelle est répandue dans toute la masse de la tige, et le ligneux à structure fibreuse, longitudinale, se trouve engagé, intimement mêlé, comme feutré avec la substance médullaire. L'écorce, quand elle existe, toujours très peu prononcée, quelquefois réduite à un simple épiderme, se distingue avec peine des autres parties du tronc. A son origine, un palmier émet un système de feuilles dont les extrémités adhérentes se trouvent fixées dans un même plan, et qui entourent ordinairement le collet de la racine. A la seconde pousse, surgit un système semblable au précédent, qui rejette à l'extérieur les premières feuilles, en anéantissant leur force de végétation. Ces feuilles se flétrissent, penchent vers la terre, tombent, et il ne reste, comme vestige de leur existence, qu'un anneau circulaire en saillie sur la tige. Le même phénomène se reproduit périodiquement. Au sein du bouquet de rameaux qui terminent la plante, naît un bourgeon, d'abord petit, étiolé (1); il déploie bientôt la plus vigoureuse végétation. Son accroissement, sa floraison, ses progrès vers la maturité, sont indiqués par le dépérissement, la décadence et la chute des feuilles qui l'ont d'abord protégé. L'âge d'un palmier, ou plutôt le nombre de fois qu'il a fructifié, se compte par les bourrelets ligneux qui se trouvent espacés sur sa tige. Sa durée semble n'avoir d'autres limites que la résistance que sa base oppose à la charge qu'elle supporte. Sur ces arbres colossaux on reconnaît assez souvent une diminution sensible du diamètre de la tige vers la partie supérieure, et c'est également un fait bien constaté pour la plupart des espèces, que l'abondance des fruits décroît lorsqu'elles sont parvenues à une certaine époque de leur existence. Pour le cocotier (*lodicea coçus nucifera*) cette période de décroissance se montre vers l'âge de trente ans, bien que cet arbre reste productif pendant près d'un siècle (2).

(1) Ce bourgeon, dans certaines espèces de palmiers, est recherché comme aliment.

(2) Renseignement communiqué par M. Codazzi. Le tronc des palmiers dans certaines espèces offre un renflement vers le milieu de sa hauteur : comme dans *la palma barrigona* du Choco.

Les feuilles, dont les formes sont si diverses, présentent cependant la plus grande analogie d'organisation : la substance membraneuse verte dont elles sont presque entièrement formées, est une extension du parenchyme; l'enveloppe qui les recouvre répond à l'épiderme.

C'est dans les feuilles que la sève est soumise aux agents de l'atmosphère; elle s'y concentre, s'y modifie. Par rapport à la position que les feuilles occupent sur la plante, on distingue la face inférieure, celle qui est tournée vers la terre, de la face supérieure.

La partie supérieure des feuilles est recouverte d'un épiderme épais, souvent luisant; cet épiderme est quelquefois enduit d'une matière riche en silice, comme dans les joncs. J'ai observé dans les steppes de l'Amérique méridionale un arbre nommé *chapparal*, dont la feuille est tellement siliceuse, qu'on l'emploie pour polir les métaux. Généralement, l'enduit supérieur des feuilles est une matière qui se rapproche de la nature de la cire ou de la résine. L'épiderme qui recouvre la surface inférieure, est formé dans le plus grand nombre de cas d'une membrane très mince, raboteuse, remplie de cavités, et assez souvent semée de poils ou de duvet.

L'apparence, le port, la position des feuilles, ne sont pas les mêmes pendant le jour et durant la nuit. Dans l'obscurité les feuilles simples tendent à se rouler sur elles-mêmes ; sur les feuilles composées, comme celles de l'acacia, de la sensitive, l'effet est encore plus marqué ; on peut même le produire à volonté. Si pendant le jour on place une sensitive dans une chambre obscure, ses feuilles se ferment aussitôt ; en éclairant la chambre à l'aide de flambeaux, elles s'ouvrent comme sous l'influence de la lumière solaire (1). Linneus, qui le premier a suivi ce genre de phénomène avec attention, a admis que les plantes éprouvent en l'absence de la lumière une sorte de sommeil.

La fleur est le précurseur du fruit ; le fruit est le milieu au sein duquel se développe la graine. Les organes qui constituent la fleur sont : le calice, la corolle, destinés à supporter, à nourrir, à protéger le pistil et les étamines qui en sont les parties essentielles ; le calice est une membrane verte qui entoure la corolle et qui la remplace dans certaines fleurs.

La corolle est monopétale ou polypétale, selon qu'elle est composée d'une ou plusieurs pièces. Les étamines en occupent l'intérieur ; elles sont terminées par des sommités d'une texture vasculaire ; ce sont les anthères ; la poussière qui les recouvre en y adhérant très peu, est désignée sous le nom de pollen.

(1) Observation de M. de Candolle.

Le pistil, placé au centre de la fleur, est formé de l'ovaire, du style et du stigmate.

L'ovaire renferme le germe, l'embryon de la semence; mais cet embryon ne se développe que par l'action du pollen. Le style est en quelque sorte le prolongement tubulaire de l'ovaire; il supporte le stigmate, partie glandulaïre qui reçoit l'impression fécondante du pollen.

D'après ce qui vient d'être exposé, on peut considérer le pistil comme l'organe femelle de la fleur, les étamines comme les organes mâles.

La généralité des fleurs réunit les organes des deux sexes. Ces fleurs sont hermaphrodites; celles qui ne comprennent qu'un organe, sont dites *unisexuées*. Sur certaines plantes on peut observer à la fois des fleurs mâles et femelles; sur d'autres les fleurs n'appartiennent qu'à un seul sexe. Les plantes polygames sont celles qui sur un même pied montrent la réunion de fleurs mâles et femelles ou hermaphrodites.

On comprend bien comment la fécondation peut s'opérer dans les hermaphrodites; mais on ne s'explique pas aussi facilement comment elle s'effectue chez les végétaux qui ne portent que des fleurs d'un seul sexe. Il est évident que dans ce cas l'action fécondante doit s'exercer à distance : c'est en effet ce qui a lieu par la nature pulvérulente, légère, du pollen, qui voltige dans l'air et se laisse transporter au loin par les vents.

Dans quelques fleurs, les organes sexuels acquièrent, à l'époque de la fécondation, la propriété de se mouvoir de manière à la favoriser : on voit, par exemple, les étamines s'approcher du stigmate, y déposer le pollen, puis s'en éloigner. Il arrive encore que des étamines placées naturellement dans une position inclinée par rapport au pistil, se redressent subitement pour lancer leur pollen sur l'organe femelle, et reprennent ensuite leur première situation. On a constaté sur plusieurs fleurs un dégagement de chaleur assez considérable aux approches de la fécondation. Chez certains *arum* la température s'est élevée à 40° ou 50° centig. Il est très probable que ce phénomène est général et qn'il varie seulement dans l'intensité avec laquelle il se manifeste.

La fécondation accomplie, le rôle de la fleur est terminé. Elle se fane et tombe. L'ovaire fécondé augmente graduellement ; parvenu à sa maturité, il offre deux parties distinctes qui par leur réunion constituent le fruit : le péricarpe et la graine. Le péricarpe enveloppe toujours la graine, mais il arrive assez souvent qu'il est tellement mince qu'il se confond avec elle.

La germination des graines, le développement des végétaux, ne se réalisent que sous certaines conditions physiques dont nous devons faire une étude particulière.

Nous avons établi que pour qu'une semence puisse germer, il lui faut le contact de l'eau, la présence de l'air et l'influence d'une température suffisamment élevée. Les mêmes conditions continuent à être indispensables, lorsque la plante est organisée, mais il faut en outre le concours de la lumière.

Les racines vont chercher dans le sol l'humidité qui doit vivifier l'ensemble du végétal. Ces organes sont terminés par des fibres chevelues, très déliées et garnies de spongioles à leurs extrémités; c'est par ces spongioles que s'opère l'absorption. On peut avoir la preuve qu'il en est ainsi par l'expérience suivante: que l'on place une racine pivotante, un navet par exemple, de manière que son extrémité chevelue plonge dans l'eau, la plante continuera à vivre, bien que la presque totalité du corps de la racine demeure hors du liquide; que l'on dispose maintenant l'expérience de telle sorte, que le chevelu soit mis hors de l'eau, et que le corps de la racine soit immergé; les feuilles de la plante ne tarderont pas à se faner.

La force qui détermine la succion des racines, réside dans presque toutes les parties de la plante: ainsi une racine privée de spongioles, une tige, une branche, exercent cette succion lorsqu'on les plonge dans l'eau; mais l'absorption opérée de cette manière a un terme, et bientôt on se trouve obligé de faire des sections fraîches aux extrémités qui ne se renouvellent pas, comme le font les extrémités garnies de spongioles qui terminent une racine.

Nous ignorons encore la cause qui produit l'ascension des liquides dans les végétaux et qui les porte jusqu'aux feuilles les plus éloignées, pour ainsi dire en dépit des lois de l'hydrostatique. On conçoit bien que les spongioles des racines placées dans une terre fortement chargée d'humidité, s'imbibent par le simple effet de la capillarité; on comprend encore qu'après avoir été modifiés par les spongioles, l'eau et les principes qui s'y rencontrent sont transformés en sève; mais la capillarité des extrémités des racines, la modification chimique éprouvée dans leurs spongioles, n'expliquent en aucune façon l'ascension rapide de la sève terrestre. La force qui occasionne cette ascension est considérable, c'est ce que Hales a démontré par des expériences importantes.

A l'extrémité d'une racine de poirier dont la pointe avait été coupée, Hales adapta un tube plié en angle droit et rempli d'eau; la partie de tube opposée à celle qui était réunie à la racine, plongeait dans un bain de mercure. En quelques minutes une partie de l'eau contenue dans le tube fut absorbée, et le mercure s'éleva au dessus de la surface du bain de 22 centimètres.

Dans les premiers jours d'avril, Hales coupa un cep de vigne à 89 centim. au dessus de la surface du sol. Le cep ne portait aucun rameau, et sa section à peu près circulaire présentait un diamètre de 16 à 18 millim. A cette section il adapta un siphon renversé. Les choses ainsi disposées, il versa du mercure, qui en quelque temps, par l'effet de la pression exercée par la sève qui tendait à s'échapper, s'éleva dans une des branches du siphon, et resta stationnaire à 86 centim. au dessus de son niveau primitif. Cette colonne de mercure représente, comme on voit, une pression bien supérieure à celle de notre atmosphère.

La marche ascendante de la sève dans les arbres se fait par les couches ligneuses. On peut s'en convaincre en faisant absorber aux plantes une teinture aqueuse de cochenille. On peut ensuite, en faisant plusieurs sections dans la tige, reconnaître la trace suivie par le liquide absorbé; c'est évidemment la route qu'aurait prise la sève ascendante. On ne voit aucun indice de matière colorante dans la moelle, ni dans l'écorce; le ligneux seul est coloré, quelquefois en totalité, mais le plus souvent dans ses parties les plus jeunes. Les traces coloriées qui résultent de cette injection du bois, sont en lignes, et parallèles comme les fibres ligneuses elles-mêmes; mais dans certains cas, la sève peut se dévier de la direction rectiligne. Hales l'a montré par une expérience que nous devons rapporter. Il fit sur un arbre quatre entailles superposées; chaque en-

taille occupait le quart du tronc et pénétrait jusqu'au centre. De cette manière toutes les fibres
ligneuses se trouvaient coupées à des hautenrs
diverses, et la sève pour continuer son ascension
devait nécessairement éprouver une série de dé-
viations latérales. C'est en effet ce qui eut lieu.

La sève ascendante• telle qu'on a pu l'examiner jusqu'à présent, est un liquide extrêmement
aqueux, qui tient en dissolution une très faible dose
de matières salines, et de différentes substances
organiques. Parvenue jusqu'aux feuilles, la sève
s'y modifie, se concentre en perdant de l'eau.
En même temps, elle éprouve de la part de
l'air atmosphérique sous l'influence de la lumière
une modification profonde dans sa constitution.
Ainsi élaborée, la sève prend un mouvement
descendant en suivant le liber, et se dirige vers la
terre; elle exécute donc en parcourant le végétal, une sorte de circulation. On démontre la
marche descendante de la sève, en faisant une
ligature au tronc d'un arbre; après un certain
temps, il se forme au dessus du point lié, un
renflement, un bourrelet, du à l'accumulation
des principes de la sève, et l'arbre ne prend
plus d'accroissement au dessous de la ligature.
Cette route descendante de la sève élaborée n'est
pas un effet de la pesanteur, car si l'on établit une
compression annulaire sur une branche pendante
vers la terre, le bourrelet se forme entre la liga-

ture et le sommet de la branche ; la matière qui s'accumule coule donc dans cette disposition, dans le sens opposé à celui dans lequel s'exerce la pesanteur. La sève descendante parcourant les couches corticales, doit nécessairement contribuer à leur formation, et il est à peu près certain qu'elle est l'origine du *cambium* qui d'après l'expérience capitale de Duhamel, se change en liber et concourt ainsi à l'accroissement des arbres. La concentration de la sève ascendante, lors de son séjour dans les feuilles, par le seul fait de l'évaporation, est le phénomène que l'on désigne sous le nom de transpiration des plantes ; cette transpiration, on le comprend aisément, est favorisée par la température, la sècheresse et l'agitation de l'air. Dans ces circonstances favorables, l'eau s'échappe à l'état de vapeur. Hales comparaît l'exhalation aqueuse des végétaux à la transpiration des animaux, et il s'appliqua à constater par expérience la quantité de vapeur aqueuse exhalée par les plantes dans les conditions ordinaires de leur culture.

Hales planta un soleil (*helianthus annuus*) dans un vase imperméable, dont l'orifice pouvait se fermer hermétiquement par un couvercle en plomb. Ce couvercle était percé de deux trous ; l'un destiné à laisser passer la tige de la plante, l'autre servant à introduire l'eau pour l'arrosage. Pendant quinze jours l'appareil fut pesé régulièrement. Hales reconnut qu'en moyenne, les parties vertes de l'hélianthus perdirent 64 décagrammes en douze heures de jour. L'évaporation était toujours favorisée par un temps sec et chaud ; un air humide la diminuait ; aussi pendant la nuit l'évaporation se réduisait quelquefois à 9 décagrammes. Il arriva même qu'elle devint nulle.

La vie végétale paraît intimement liée au phénomène de l'évaporation. D'après des recherches que j'ai entreprises sur ce sujet, si digne à tous égards d'attirer l'attention des observateurs, il semble résulter qu'une plante ne se développe qu'autant qu'elle peut transpirer ; et qu'en empêchant cette transpiration on arrête, on suspend réellement la végétation.

Nous entrevoyons dès à présent, dans le phénomène de l'exhalaison l'origine de certaines substances qui se rencontrent dans l'organisation des plantes, bien qu'elles existent en quantités à peine appréciables dans l'eau qui sert à arroser ; c'est que l'eau les abandonne en s'évaporant, et comme la masse du liquide aspiré par les racines et exhalé par les parties vertes est considérable, on conçoit comment ces substances peuvent être accumulées dans un végétal, bien qu'elles existent en quantité infiniment petite dans l'eau qui sert communément à abreuver les plantes.

Dans une plante en plein développement, une partie de l'eau qu'elle absorbe doit nécessairement entrer dans sa constitution ; dès lors l'eau exhalée par la transpiration des feuilles ne doit pas représenter la totalité de celle qui a été absorbée par les racines. Sennebier a cherché à établir le rapport qui existe entre l'absorption et l'exhalaison ; il a trouvé, pour le cas particulier dans lequel il a observé, que le tiers environ de l'eau absorbée se fixe dans la constitution du végétal.

§ II. PHÉNOMÈNES CHIMIQUES DE LA VÉGÉTATION.

Les phénomènes chimiques de la végétation s'accomplissent par le concours des éléments de l'atmosphère, de l'eau, et de certaines substances organiques qui se trouvent répandues dans le sol.

L'action de l'atmosphère sur les plantes offre deux phases parfaitement distinctes : la germination, et la végétation proprement dite qui comprend le développement, l'accroissement et la multiplication de l'espèce.

De la germination.

Nous avons reconnu que la graine considérée sous le rapport de son organisation consiste : 1° dans un embryon qui comprend les germes de la racine et de la tige ; 2° le cotylédon. Envisagées sous le point de vue de leur constitution chimique, les graines présentent une certaine analogie de composition. Elles contiennent 1° de l'amidon, de la gomme ; 2° une matière fortement azotée

analogue au caséum du lait et à l'albumine animale ; c'est cette matière que l'on désigne communément et très improprement sous le nom de
gluten, d'albumine végétale; 3° une matière grasse
ou huileuse, riche en carbone et en hydrogène.
Les semences renferment des huiles fixes, comme
les graines oléagineuses, ou des huiles volatiles
comme l'anis, le cumin, etc. Les différents principes qui sont associés dans les semences varient
considérablement dans leurs proportions relatives,
et ils se modifient légèrement dans leur nature.
Il est telle graine, comme celle de colza, qui contient plus de 40 p. cent de son poids de matière
grasse, tandis que telle autre, comme le froment,
n'en renferme que quelques centièmes. L'avoine
peut contenir 10 à 12 pour cent de caséum ou de
gluten; dans certaines variétés de froment, l'analyse en indique une quantité beaucoup plus forte.
Les proportions d'amidon, de gomme, de sucre
ou de mucilage, ne varient pas moins. Il arrive
presque toujours que ces diverses matières sont
associées dans une même semence; quelquefois
une seule y domine et les autres n'y entrent plus
que pour une très faible part.

Après leur combustion, les graines laissent
toujours des cendres composées de phosphates,
de sulfates, de chlorures alcalins et terreux. Ces
cendres renferment en outre de la silice, et des

carbonates provenant de la destruction de sels formés par des acides organiques.

Lorsque l'on place sous une cloche contenant de l'air atmosphérique et posée sur un bain de mercure, plusieurs graines convenablement humides, on aperçoit bientôt tous les signes de la germination. Au bout de quelques jours, si la chaleur a été suffisante, la germination fait des progrès rapides. En supposant que la température de la cloche n'ait point varié, et que la pression atmosphérique soit restée la même, on trouve généralement que l'air au milieu duquel la germination s'est opérée, n'a point changé son volume primitif ; cependant cet air a été modifié dans sa composition ; il s'y est formé une quantité notable de gaz acide carbonique, et l'oxygène a diminué. Le volume de gaz acide carbonique produit représente le plus souvent le volume de gaz oxygène qui a disparu. Or, l'on sait que le carbone en brûlant dans un volume déterminé de gaz oxygène, donne sensiblement un volume égal d'acide carbonique. C'est ce fait qui a porté M. de Saussure à admettre que dans la germination, l'acide carbonique provient de la combustion d'une partie du carbone qui entre dans la constitution de la graine.

La germination et l'apparition de l'acide carbonique, qui en est toujours la conséquence, se produisent également bien dans le gaz oxygène pur ;

mais les graines cessent de germer lorsqu'elles sont placées dans une atmosphère privée de ce gaz. Ainsi, la germination est impossible dans le gaz azote, le gaz hydrogène, le gaz acide carbonique, quelque favorables que soient d'ailleurs les conditions d'humidité et de température. On remarque bien, à la vérité, une formation d'acide carbonique; mais, dans de semblables circonstances, ce gaz est le résultat de la décomposition, de la fermentation putride des semences. C'est donc par l'oxygène qu'il renferme, que l'air atmosphérique concourt à la germination des graines.

Rollo est le premier qui ait constaté la production d'acide carbonique pendant la germination des graines dans un milieu de gaz oxygène; mais c'est M. Théodore de Saussure, qui, par des expériences eudiométriques exactes, a montré le phénomène dans toute sa netteté, en constatant que l'oxygène consommé était remplacé par un volume correspondant de gaz acide carbonique (1).

Il est des graines, comme les pois, les semences aquatiques, qui jouissent de la propriété de germer sous l'eau. Quelques observateurs avaient tiré de ce fait la conclusion prématurée que l'air de l'atmosphère, et par conséquent l'oxygène, n'est point indispensable à la germi-

____

(1) Saussure, *Recherches chimiques sur la végétation*, p. 10.

nation. Saussure a expliqué cette anomalie par le fait de la présence constante de l'air en dissolution dans l'eau. En effet, ayant mis sous de l'eau privée d'air par une ébullition prolongée, des graines de *polygonum amphibium*, Saussure a constaté que la germination n'a plus lieu (1).

A parité de circonstances, la quantité d'acide carbonique formée dans un temps donné, est d'autant plus grande, que l'oxygène prédomine davantage dans l'atmosphère qui entoure la graine qui germe. Le gaz acide carbonique est de tous ceux dans lesquels on ait expérimenté, le plus défavorable à la germination ; aussi, un moyen de la favoriser consiste à placer sous les cloches qui recouvrent les graines, une substance capable d'absorber cet acide à mesure qu'il se forme, de la chaux vive par exemple. A l'aide de cette disposition, l'accroissement radiculaire est sensiblement accéléré (2).

La quantité de gaz oxygène nécessaire pour déterminer la germination, n'est pas la même pour toutes les graines ; la laitue, le haricot, la fève, en exigent environ le 1/100 de leurs poids respectifs. Il en faut dix fois moins pour le froment, l'orge, le pourpier. Saussure s'est d'ailleurs assuré que l'acide carbonique produit par

<hr>

(1) Saussure, *Recherches chimiques*, etc., p. 3.
(2) Saussure, *Recherches chimiques*, etc., p. 26.

ces différentes graines, est proportionnel à leurs masses , et tout à fait indépendant de leur nombre (1).

Puisque durant la germination, les graines cèdent du carbone à l'atmosphère , il est bien clair qu'elles doivent perdre une partie de leur poids poids primitif. C'est ce qui a lieu effectivement; mais la perte éprouvée par les semences qui ont germé, est constamment plus forte que celle qui devrait résulter de l'élimination du carbone. Saussure attribue cette perte en excès, à la volatilisation d'une partie de l'eau qui entrait dans la constitution des graines (2). Ainsi, selon Saussure, les phénomènes de la germination se réduiraient à une élimination de carbone et des éléments de l'eau. Il est toutefois douteux que les actions chimiques soient aussi simples. On sait par exemple, que pendant le germination il y a apparition d'un acide organique que M. Becquerel considère comme de l'acide acétique, bien qu'il soit plus probable que ce soit de l'acide lactique. La formation de cet acide est de toute évidence ; il suffit pour la rendre sensible, de faire germer des semences humides sur du papier bleu de tournesol, pour le faire passer rapidement à une teinte rouge permanente.

(1) Saussure, *Recherches chimiques, etc.,* p: 13.
(2) Saussure, *Recherches chimiques, etc.,* p. 20.

L'invariabilité du volume de l'air dans le milieu duquel germent des semences, n'est pas absolue. En examinant avec une nouvelle attention l'action des graines germantes sur une atmosphère limitée, M. de Saussure s'est convaincu postérieurement à ses premiers travaux, que certaines semences ont la faculté de diminuer le volume de cette asmosphère, tandis que d'autres l'augmentent sensiblement. Il faut donc admettre que pendant la germination, il peut arriver que le volume d'acide carbonique produit soit tantôt plus grand, tantôt plus petit que le volume du gaz oxygène consumé. Le sens des résultats obtenus paraît d'ailleurs varier pour une même espèce, selon l'état plus ou moins avancé du phénomène.

L'analyse élémentaire m'a semblé le moyen le plus convenable pour éclairer l'étude de la germination. Je rapporterai quelques essais tentés dans cette vue, moins pour l'utilité dont ils peuvent être à la résolution de la question, que pour indiquer une méthode générale à ceux qui voudraient aborder ce sujet intéressant de la physiologie. Les expériences ont porté sur de la graine de trèfle et de froment.

La graine par une dessiccation faite à 110° a perdu 0,120 d'eau. Convenablement humectée, elle a été mise à germer sur une assiette en porcelaine. A mesure que la radicule atteignait une longueur de 1/2 à 1 centim. , chaque graine était placée dans une étuve dont la température était suffisamment élevée pour arrêter subitement la germination. La dessiccation complète était ensuite terminée au bain d'huile chauffé à 110°.

La graine mise à germer pesait 2^{gr},474 : supposée sèche, 2^{gr},405. La graine germée également desséchée a pesé 2^{gr},241

L'analyse a indiqué pour la composition de :

La graine avant la germination :		La graine germée :
Carbone . . .	50,8	51,5
Hydrogène . .	6,0	6,3
Azote	7,2	8,0
Oxygène . . .	36,0	34,2
	100,0	100,0

RÉSUMÉ DE L'EXPÉRIENCE.

		Carbone.	Hydrogène.	Oxygène.	Azote.
Graine mise à germer .	2,405 contenant	1,222	0,144	0,866	0,173
Graine germée	2,241	1,154	0,141	0,767	0,179
Différences	— 0,164	— 0,068	— 0,003	— 0,099	+ 0,006

La perte totale pendant la germination a donc été de 0^{gr},164, tandis que la perte due uniquement au carbone ne s'est élevée qu'à 0^{gr},068. L'analyse fait voir en outre que dans le cas particulier, l'excès de perte en sus de celle attribuée au carbone, n'est pas due entièrement aux éléments de l'eau, puisqu'elle s'exprime en partie par de l'oxyde de carbone ; car

0,068 de carbone,

0,091 d'oxygène,

Représentent 0,159 d'oxyde de carbone.

Dans cette supposition, et si cette première période de la germination du trèfle se fût opérée en vase clos, le volume de l'atmosphère aurait augmenté par la raison que 1 volume de gaz oxyde de carbone + 1/2 volume d'oxygène = 1 volume de gaz acide carbonique. Il est en effet évident que pour chaque volume d'oxyde de carbone émané de la graine, il y a eu la moitié de ce volume ajouté au volume total de l'atmosphère.

Il n'est peut-être pas inutile d'insister sur cette circonstance, que l'augmentation de volume, qui dans l'expérience que je viens de rappeler répond à environ 64 centim. cub., eût certainement passé inaperçue, si l'on eût opéré en vase clos. Par la raison qu'il eût fallu employer plusieurs litres d'air atmosphérique pour mettre les $2^{gr},4$ de semences dans des conditions favorables à la germination, on conçoit dès lors que l'accroissement de volume eût été une fraction trop petite de la masse totale de l'air, pour être évalué avec quelque certitude.

Germination du froment.

Le froment perdait à la dessiccation $0^{gr},166$ d'humidité.

Trente-une semences ont été mises à germer. La germination a été suspendue aussitôt après l'apparition des radicules. Les jeunes tiges étaient à peine visibles. Le froment germé était légèrement ridé; broyé après avoir été desséché, il différait à peine du froment ordinaire réduit en poudre, on y reconnaissait encore beaucoup d'amidon.

Le froment mis à germer pesait supposé sec et privé de cendre...................... $2^{gr},439$

La graine germée ramenée aux mêmes conditions .... $2^{gr},365$

L'analyse élémentaire a donné pour la composition du :

	Froment non germé :	Froment germé :
Carbone	46,6	47,0
Hydrogène	5,8	5,9
Azote.	3,45	3,7
Oxygène	44,15	43,4
	100,0	100,0

RÉSUMÉ DE L'EXPÉRIENCE.

		Carbone.	Hydrogène.	Oxygène.	Azote.
Froment mis à germer .	2,439 contenant	1,132	0,141	1,073	0,083
Froment germé	2,365	1,111	0,139	1,026	0,087
Différences	— 0,074	— 0,021	— 0,002	— 0,047	+ 0,004

$0^{gr},021$ de carbone $+$ $0^{gr},028$ d'oxygène représentent $0^{gr},049$ d'oxyde de carbone. $0^{gr},002$ d'hydrogène exigeraient $0^{gr},016$ d'oxygène pour former de l'eau. Or, l'oxygène restant, défalcation faite de celui qui entre dans la composition de l'oxyde de carbone, est $0^{gr},049$.

Dans la première période de la germination, le froment éprouve donc comme le trèfle, une perte qui s'exprime en grande partie par de l'oxyde de carbone. L'examen chimique de la composition de ces deux graines à des époques plus avancées de leur germination, ne présente plus une relation aussi simple. On reconnait bien que le carbone continue à être éliminé; mais la perte ne correspond plus à celle que l'oxygène de la semence aurait du subir, pour que la perte totale puisse se représenter par un composé défini du carbone. Le phénomène devient alors très complexe, et l'on conçoit aisément qu'il doit en être ainsi, quand on considère qu'à mesure que les parties vertes se développent, il se produit une action chimique entièrement différente de celle qui se manifeste dès les premières phases de la germination. Les matières vertes des végétaux ayant, comme nous le verrons, le pouvoir de décomposer le gaz acide carbonique par l'intervention de la lumière et de s'en assimiler le carbone.

Cette action de la matière verte se manifeste bien avant que la première ait cessé entièrement. De sorte que pendant un certain temps deux forces opposées se trouvent en présence. L'une tend comme nous l'avons reconnu, à enlever du carbone à la semence; l'autre contribue à lui en fournir. Tant que la première de ces forces domine, la graine perd du carbone, mais à la première apparition des organes verts, la jeune plante en récupère une partie; enfin, quand par les progrès de la végétation, la seconde force surpasse la première en intensité, la plante s'accroît et marche rapidement vers la maturité.

Le phénomène chimique qui donne aux parties vertes la faculté de s'approprier les éléments gazeux de l'atmosphère, exige toujours pour agir la présence de la lumière solaire. La germination au contraire peut s'accomplir dans l'obscurité la plus absolue, et il peut être curieux de rechercher quelle sera l'issue d'une végétation commencée et continuée dans de semblables circonstances, où les organes nés de la graine, se trouvant constamment à l'abri de la lumière, ne pourront fixer aucun des principes de l'atmosphère, pour réparer la dissipation du carbone éprouvée par la semence. Il est bien évident que cette perte en carbone a une limite, qui est probablement celle de la germination.

Germination continue des pois.

Dix semences de pois pesant ensemble $2^{gr},237$, supposées sèches, ont été mises à germer dans une chambre obscure, dont la température s'est maintenue entre 12° et 17°. L'expérience a été commencée le 5 mai et terminée le 1er juillet.

Les pois germés desséchés ont pesé $1^{gr},075$.

Composition des pois :

	Avant la germination :	Après la germination :
Carbone. . .	46,5	44,0
Hydrogène .	6,1	6,0
Azote	4,2	6,7
Oxygène . .	40,1	36,9
Cendres. . .	3,1	6,4
	100,0	100,0

RÉSUMÉ DE L'EXPÉRIENCE.

	Carbone.	Hydrogène.	Oxygène.	Azote.	Sels, terre.
Pois mis à germer 2,237 contenant	1,040	0,137	0,897	0,094	0,069
Pois germés . . . 1,075	0,473	0,065	0,397	0,072	0,069
Différences . . — 1,162	— 0,567	— 0,072	— 0,500	— 0,022	0,000

Arrivés à cette limite extrème de la germina-tion, les pois ont éprouvé une perte d'environ 52 p. 100 qui a porté sur chacun des principes élémentaires, et qui se résume en carbone, en eau et en ammoniaqne.

0,500 d'oxygène prennent 0,063 d'hydrogène, pour produire de l'eau.

0,022 d'azote exigent 0,005 d'hydrogène pour faire de l'ammoniaque ;

0,068 représente, à 4 milligrammes près, l'hydrogène éliminé.

Dans cette expérience, on voit qu'une semence pesant 0^{gr},224 a perdu par jour environ 0^{gr},005 de carbone.

Germination continue du froment.

Le 5 mai, 46 graines de froment mises à ger-mer dans l'obscurité, pesaient supposées sèches 1^{gr},665.

Le 25 juin, le froment germé a pesé sec 0^{gr},713.
Composition du :

Froment avant la germination :		Froment après la germination :	
Carbone . . .	45,5	41,1	
Hydrogène . .	5,7	6,0	
Azote	3,4	8,0 supposé.	
Oxygène. . .	43,1	39,5	
Cendres . . .	2,3	5,4 calculé.	
	100,0	100,0	

RÉSUMÉ DE L'EXPÉRIENCE.

	Carbone.	Hydrogène.	Oxygène.	Azote.	Sels, terre.
Froment à germer 1,665 contenant 0,758		0,095	0,718	0,057	0,038
Froment germé. . 0,713	0,293	0,043	0,282	0,057	0,038
Différences . . — 0,952	— 0,465	— 0,052	— 0,436	0,000	0,000

Durant cette germination, prolongée pendant 51 jours, le froment a perdu 57 p. cent; perte qui se traduit exactement en carbone et en eau (1).

Ces résultats de l'analyse tendent donc à établir, que les phénomènes chimiques qui se produisent dès la première phase de la germination, persistent encore, alors même que la matière organisée de la semence s'est transformée en un être végétal, imparfait sans doute, mais présentant cependant des organes essentiels, des racines, une tige et des feuilles. Privée de lumière, cette plante étiolée végète pour ainsi dire d'une manière négative, en dépensant, en exhalant les principes élémentaires contenus dans la graine d'où elle est née.

La pratique généralement suivie de placer les semences à quelque profondeur dans le sol, a fait croire pendant longtemps que la lumière est nuisible à la germination. Sennebier avait tiré la même conclusion de ses propres recherches, qui

(1) Le manque de matière a empêché de doser l'azote du froment germé. On a supposé que sa proportion n'a pas varié ; il est cependant très probable, qu'il y a eu un léger dégagement d'azote, comme dans l'expérience précédente.

semblaient trouver une confirmation dans les expériences d'Ingen-Housz, expériences qui furent
entreprises comparativement à l'ombre et au soleil (1). Mais M. de Saussure a montré que l'effet
défavorable attribué à la lumière, dépend réellement d'une température plus élevée et par suite
de la dessiccation de la semence. M. de Saussure
fit germer des graines en même temps, sous deux
cloches égales en capacité. L'une des cloches
était opaque, l'autre était en verre transparent et
placée de manière à recevoir la lumière diffuse.
La température était égale de part et d'autre.
Les graines ont levé simultanément dans les
deux appareils (2). Au bout de quelques jours la
cloche transparente couvrait la végétation la plus
avancée, ce qui devait arriver, d'après ce que nous
avons dit précédemment sur les fonctions des
parties organisées soumises à l'action de la lumière.

On doit à M. de Humboldt des observations
très curieuses sur la propriété que possède le
chlore, de favoriser énergiquement la germination. L'action du chlore est tellement manifeste,
qu'elle s'exerce même sur des semences anciennes, qui refusent de germer quand on les place
dans les circonstances ordinaires. Les expériences

(1) Saussure, *Recherches chimiques, etc.*, p. 23.
(2) Saussure, *Recherches chimiques, etc.*, p. 23.

de M. de Humboldt portèrent d'abord sur le cresson (*lepidium sativum*). Les graines étaient placées dans deux éprouvettes en verre, dont l'une renfermait une dissolution de chlore, et l'autre de l'eau ordinaire. Les éprouvettes furent mises dans l'obscurité, la température étant maintenue à 15°. Dans la dissolution de chlore, la germination eut lieu en six à sept heures ; il en fallut trente-six à trente-huit, pour qu'elle se manifestât sous l'eau. Dans le chlore, les radicules avaient déjà un développement de 1 millimètre et demi au bout de quinze heures, tandis qu'on les apercevait à peine après vingt heures d'immersion, chez les graines immergées dans l'eau (1).

Dans les jardins botaniques de Berlin, de Potsdam et de Vienne, on a tiré un parti très utile de cette propriété du chlore, en faisant germer de vieilles graines sur lesquelles tous les essais possibles de germination avaient été infructueux. A Schœnbrunn, jamais on n'avait pu faire lever du *clusea rosea*, lorsque M. de Humboldt y réussit, en formant une pâte avec du peroxyde de manganèse, de l'eau et de l'acide chlorhydrique (muriatique), dans laquelle il plaça les graines de *clusea*, et soumettant le

(1) Humboldt, *Flora fribergensis subterranea*, année 1793, p. 156.

tout à une chaleur de 62° à 75° c. L'emploi de ce mélange peut surtout devenir avantageux lorsqu'il est difficile de se procurer une dissolution de chlore.

Il est vraisemblable que la méthode de M. de Humbodt recevra un jour une application dans la grande culture. Il est hors de doute que la totalité des graines de semailles ne germt pas, surtout quand on est réduit à employer d'anciennes semences ; la perte peut alors devenir considérable. Or, l'intervention d'une liqueur chlorée, ne saurait être coûteuse, et la main-d'œuvre que cette manipulation exigerait, n'ajouterait rien à celle du chaulage généralement pratiquée aujourd'hui.

§ III. DÉVELOPPEMENT ET ACCROISSEMENT DES PLANTES.

A mesure que la germination fait des progrès, on voit se développer° et grandir les organes qui ont apparu d'abord à l'état rudimentaire. Les racines s'allongent et se multiplient en couvrant leurs extrémités de fibres chevelues. La tige en s'élevant, envoie dans toutes les directions des branches qui se garnissent de feuilles. Les cotylédons qui ont nourri la plante dans les premiers jours, se dessèchent et tombent. Sous l'influence de la lumière solaire, la végétation marche vers la maturité, et la matière organisée

49

qui constitue la plante récoltée, pèse infiniment plus que la même matière qui préexistait dans la semence. Pour citer un exemple pris dans les plantes annuelles, une graine de betterave champêtre du poids de $0^{gr},004$ peut donner une racine munie de feuilles pesant 10500^{gr} (1).

Cette assimilation si abondante et si rapide ne peut avoir d'autre source que l'eau, le sol et l'air. Sans nous préoccuper maintenant, de l'influence utile que le sol et les substances qui s'y rencontrent peuvent exercer sur le complet développement des végétaux, nous poserons en principe que l'eau pure et l'air sont seuls capables de leur fournir les éléments organiques qui les constituent : savoir, le carbone, l'hydrogène, l'oxygène et l'azote. En d'autres termes une graine peut germer, végéter et donner une plante qui atteigne une parfaite maturité, par le seul concours de l'eau, et des gaz ou des vapeurs répandus dans l'atmosphère. C'est ce que prouve l'observation suivante.

Dans de la brique pilée grossièrement et chauffée à la chaleur rouge pour détruire toute trace de matière organique, puis convenablement humectée avec de l'eau distillée, on a semé des pois le 9 mai. La culture a été continuée dans une serre, en usant de toutes les précautions convenables

____

(1) Résultat d'une pesée faite en 1841, à Bechelbronn.

1.	4.

pour mettre les plantes à l'abri des poussières qui voltigent dans l'atmosphère.

Le 16 juillet, les pois dont la végétation présentait la plus belle apparence, commencèrent à fleurir. Chaque semence a fourni une tige, et chaque tige, abondamment garnie de feuilles, a porté une fleur.

Le 15 août, les gousses étaient parfaitement mûres ; on cessa d'arroser, et à la fin du mois les plantes étaient sèches.

La longueur des tiges récoltées a varié de 1 mètre à 1 mètre 2 centimètres. Ces tiges étaient fort grèles. Les feuilles ne présentaient guère que le tiers de la superficie qu'elles auraient acquise, si elles eussent appartenu à une plante venue dans un terrain fumé.

Les gousses avaient une longueur moyenne de 35 millimètres, sur une largeur de 11 millimètres. La plupart des gousses renfermaient chacune deux semences.

En trois mois, les pois sont donc parvenus à une maturité complète ; on a recueilli des graines. L'analyse dont je présenterai bientôt les détails, à l'occasion d'une question que nous aurons à discuter, a indiqué que cette récolte obtenue dans ces conditions, a acquis une proportion considérable de chacun des éléments qui étaient originairement associés dans la semence.

Le carbone étant le principe prédominant dans

les plantes, nous devons d'abord rechercher l'origine de celui qui a été assimilé pendant la végétation.

Le carbone se rencontre en très petite quantité dans l'atmosphère à l'état d'acide carbonique, et comme c'est parmi les gaz qui en font partie, un des plus solubles, l'eau en tient toujours en dissolution une proportion notable. L'acide carbonique peut donc se trouver en rapport avec les plantes, par l'air au milieu duquel elles vivent, par l'eau qui n'est pas moins indispensable à leur existence. Il nous reste maintenant à étudier dans quelles conditions ce gaz se dépouille de son carbone en faveur des végétaux.

Bonnet ayant placé des feuilles fraîches au fond d'un vase qui contenait de l'eau de source, remarqua que par leur exposition au soleil, elles laissaient dégager des bulles d'air. Il rechercha si ce dégagement gazeux émanait des feuilles ou du liquide dans lequel elles étaient plongées. A cet effet, il répéta cette expérience en employant de l'eau privée d'air par une ébullition convenable. Les feuilles mises dans l'eau bouillie et exposées à la lumière du soleil ne produisirent plus de gaz. Bonnet en conclut que le gaz recueilli dans sa première observation, provenait de l'eau.

En 1771, Priestley reconnut que les plantes, en émettant de l'oxygène, possèdent la propriété d'améliorer l'air atmosphérique vicié par la res-

piration des animaux ou par la combustion (1).
Cette découverte inattendue fixa au plus haut
degré l'attention des physiologistes.

Cependant, Priestley n'était pas maître de l'expérience capitale qu'il avait signalée au monde
savant. Il n'avait pas saisi toutes les circonstances
qui en assurent le succès. Quelquefois, les feuilles sur lesquelles on expérimentait, ne laissaient
dégager aucun gaz : quelquefois aussi, le gaz dégagé, loin d'être de l'oxygène, était du gaz acide
carbonique. Ce fut Ingen-Housz qui constata l'influence de la lumière solaire sur la production
de ces phénomènes. Il prouva, par une multitude d'observations, que les feuilles exhalent de
l'oxygène, lorsqu'elles sont exposées au soleil. Il
reconnut en outre que, dans l'obscurité, elles
vicient l'air et le rendent impropre à la respiration et à la combustion (2).

Restait encore à expliquer l'origine de l'oxygène dégagé de l'eau par les feuilles éclairées par
la lumière du soleil. C'est ce que fit Sennebier en
prouvant que c'est à l'acide carbonique contenu
ordinairement dans l'eau, que les feuilles doivent
de produire du gaz oxygène. On rendait ainsi raison des anomalies qui avaient été successivement
signalées ; l'eau bouillie, comme Bonnet l'avait
observé le premier, ne pouvait donner de l'oxy-

(1) Priestley, *Expériences et observations*, t. II, p. 59. Traduct.
(2) Ingen-Housz, *Expériences sur les végétaux*.

gène, et les eaux de source, comme l'avait reconnu effectivement Ingen-Housz, devait en produire plus que l'eau de rivière, par la raison que
les eaux souterraines renferment toujours plus
d'acide carbonique que celles qui coulent à la
surface du sol.

Ainsi, en résumant l'histoire de cette brillante
découverte du dix-huitième siècle, on peut dire
que Bonnet a le premier aperçu le phénomène du
dégagement gazeux opéré par les feuilles (1);
que Priestley s'est aperçu que le gaz dégagé est de
l'oxygène; qu'Ingen-Housz a démontré la nécessité de la lumière solaire pour la réalisation du
phénomène; et qu'enfin c'est à Sennebier qu'il
était réservé de montrer que le gaz oxygène
obtenu dans ces circonstances, est le résultat, le
produit de la décomposition de l'acide carbonique.

Il s'agissait d'étudier dans ses moindres détails,
la décomposition de l'acide carbonique par les
végétaux. Il fallait rechercher, par exemple, quel
rapport il existe entre le volume d'oxygène dégagé et le volume de gaz acide décomposé; c'est
ce qu'a fait M. Théodore de Saussure dans une
longue suite de travaux remarquables, dont
je vais essayer de présenter les principaux résultats.

La conséquence qui se déduisait naturellement

____

(1) Bonnet, *Sur l'usage des feuilles dans les plantes*, p. 31.

de la découverte de Sennebier, était que l'acide carbonique exerce une influence favorable sur la végétation , en introduisant dans les plantes le carbone qui entre dans leur constitution. Percival constata directement cette action de l'acide carbonique sur les végétaux, en les plaçant dans un courant d'air atmosphérique mélangé d'une assez forte proportion de ce gaz. Il vit, à l'aide d'une expérience comparative, que dans cette situation, la plante fit des progrès beaucoup plus rapides que si elle eût été soumise à l'action d'un courant d'air ordinaire (1). Les observations de Saussure, en confirmant en tout point celles de ses devanciers, y ajoutèrent la connaissance de ce fait important, savoir : que pour agir utilement sur les végétaux, le gaz acide carbonique doit se trouver mélangé d'oxygène.

Sous une cloche de verre fermée par du mercure sur lequel surnageait une couche d'eau très mince , Saussure enferma trois jeunes plants de pois; l'atmosphère de la cloche avait un volume de 990 centimètres cubes, dont les plantes déplaçaient environ les quatre centièmes. L'atmosphère était composée d'air pris dans l'atmosphère et d'acide carbonique, mêlés en diverses proportions.

Les expériences furent faites successivement au soleil et à l'ombre. Au soleil, les appareils re-

(1) Percival, *Mémoires de Manchester,* t. II.

cevaient chaque jour l'action directe de la lumière pendant cinq ou six heures , en prenant toutefois la précaution de l'affaiblir lorsqu'elle était trop intense. A la lumière solaire, les plantes ont vécu pendant plusieurs jours dans une atmosphère formée de parties égales d'air et de gaz acide carbonique, ensuite elles se sont flétries. Elles ont succombé beaucoup plus promptement dans des atmosphères qui contenaient les deux tiers, les trois quarts , et à plus forte raison la totalité de leur volume en gaz acide. Les jeunes plants ont décidément prospéré lorsque leur atmosphère ne tenait qu'un onzième d'acide carbonique ; dans cette circonstance, leur végétation était évidemment plus vigoureuse que dans l'air atmosphérique pur ; et à la fin d'une expérience qui s'est prolongée durant dix jours, la presque totalité du gaz acide se trouva changée en oxygène ; les pois en avaient assimilé le carbone.

La plus petite proportion d'acide carbonique ajoutée à l'air des plantes exposées à l'ombre, a été nuisible ; les jeunes pois n'ont vécu que six jours dans l'atmosphère qui en renfermait le quart de son volume. A la vérité, les mêmes plants ont vécu dix jours, lorsque l'acide carbonique n'y entrait plus que pour un douzième, mais, dans un semblable mélange, leur accroissement a été à peu près nul , et certainement inférieur à ce qu'il eût été dans l'air commun. Saussure conclut de ces expériences, que l'effet utile du gaz acide carbonique sur les parties vertes des végétaux, ne se manifeste qu'en présence de l'oxygène, et qu'il cesse lorsque l'air atmosphérique en contient plus d'un douzième de son volume.

Dans le but de constater la proportion d'oxygène mise en liberté pendant la décomposition de l'acide carbonique par les végétaux, Saussure composa une atmosphère avec de l'air ordinaire et de l'acide carbonique : ce dernier gaz entrait pour 0,075 dans le mélange qui était contenu sous une cloche d'une capacité de 5^{lit},746 et disposée sur le mercure, comme dans les expériences précédentes. Sept plantes de pervenche furent introduites dans l'appareil. Leurs racines plongeaient dans 15 centimètres cubes d'eau. On avait limité, autant que possible, cette quantité d'eau, afin que l'absorption du gaz acide carbonique fût assez petite pour être négligeable. La durée de l'expérience fut de six jours, pendant lesquels les plantes reçurent les rayons directs du soleil, depuis cinq heures jusqu'à onze heures. Le septième jour les plantes furent retirées. Elles avaient conservé leur fraîcheur. Toutes corrections faites pour la température et la pression, le volume de l'atmosphère dans laquelle elles avaient séjourné, ne se trouva pas changé, à 20 centimètres cubes près, qui était l'erreur possible dans l'évaluation; la composition avait

subi des changements notables. L'acide carbonique avait disparu, et l'eudiomètre indiqua dans
l'air de la cloche 0,24 d'oxygène, au lieu de
0,21 qui s'y trouvait primitivement (1).

RÉSUMÉ DE L'EXPÉRIENCE.

	c.c		Azote	Oxygène	Acide carbonique
Avant: Volume de l'atmosphère...	5746,	contenant	4199	1116	431
Après: » » » ...	5746,	»	4338	1408	0
	0.		+ 139	+ 292	— 431

Les pervenches ont donc fait disparaître 431
centimètres cubes d'acide carbonique, en émettant 292 centimètres cubes d'oxygène. Si la totalité de l'oxygène de l'acide eût été mise en liberté,
ce volume aurait été précisément égal à celui de
l'acide décomposé, mais puisqu'on n'a obtenu que
292 centimètres cubes d'oxygène, il faudrait en
conclure que les pervenches ont fixé 139 centimètres cubes de ce gaz.

C'est à cette conclusion que Saussure s'est ar-
rêté, et les expériences subséquentes ont en effet
donné des résultats dans le même sens; voici
le tableau qui résume les cinq observations qui
ont été faites.

		c.c			c.c
Exp. 1re. Acide carbonique manquant....	431.		Oxygène dégagé....	292
			Azote dégagé........	139
				431
Exp. 2. Acide carbonique manquant.....	309.		Oxygène dégagé....	224
			Azote dégagé........	86
				310
Exp. 3. Acide carbonique manquant.....	149.		Oxygène dégagé....	121
			Azoté dégagé........	21
				142

1) Saussure, *Recherches chimiques, etc.*, p. 40.

Exp. 4. Acide carbonique manquant..... 306.   Oxygène dégagé.... 246
                                                 Azote dégagé....... 20
                                                                    ———
                                                                    266
Exp. 5. Acide carbonique manquant..... 184.   Oxygène dégagé.... 126
                                                 Azote dégagé 57
                                                                    ———
                                                                    183

Une remarque qu'on ne peut s'empêcher de faire, en consultant ce tableau, c'est que dans la plupart des cas, l'azote dégagé représente presque exactement le volume d'oxygène qu'il serait nécessaire d'ajouter pour que l'oxygène recueilli représentât la totalité de celui qui faisait partie de l'acide carbonique décomposé. Il peut paraître vraisemblable que l'azote en excès qui est apparu dans toutes les expériences, existait, en grande partie, dans l'air contenu et condensé dans les interstices des plantes, ou bien en dissolution dans l'eau qui baignait leurs racines. On lui attribuerait difficilement une autre origine; celle, par exemple, d'une altération dans les principes azotés des végétaux soumis à l'observation. En effet, dans la première expérience, M. de Saussure fixe à 2^{gr},7 le poids de la matière sèche des sept pervenches; or, d'après les nombreuses déterminations d'azote que j'ai eu l'occasion de faire sur des plantes d'âges et d'espèces très différentes, je crois pouvoir assurer que ces pervenches, supposées sèches, ne contenaient pas au delà de 0^{gr},025 d'azote; ce serait pour le poids adopté par M. de Saussure 0^{gr},0675 d'azote, ou 53 centimètres cubes; et le volume de l'azote dégagé, dans cette première expérience, a été de 139 centimètres cubes. Il convient encore de faire observer que l'état de santé que présentaient ces plantes à l'issue des observations, ne permet pas de supposer une décomposition de la totalité des matières azotées qui entraient dans leur organisation : ces différents motifs tendraient à faire penser que l'azote recueilli en excès aurait été déplacé par de l'oxygène. On pourrait donc présumer, d'après les expériences que nous avons discutées, que le volume d'oxygène produit représente probablement le volume d'acide carbonique décomposé.

La nécessité de l'intervention du gaz oxygène dans l'action décomposante que les plantes exposées à la lumière exercent d'une manière si energique sur l'acide carbonique, nous conduit à étudier isolément les phénomènes que l'oxygène peut présenter avec les plantes.

Quand on place pendant la nuit des feuilles saines et fraîchement cueillies, sous une cloche remplie d'air atmosphérique, elles condensent une partie de l'oxygène. Le volume de l'air diminue, et il se forme une certaine quantité de gaz acide carbonique libre, généralement inférieur au volume de l'oxygène qui a disparu. Si maintenant l'on expose à la lumière solaire, dans la même cloche, les feuilles qui ont absorbé cet oxygène pendant leur séjour dans l'obscurité, elles le restituent à peu près en quantité égale, de sorte que toutes corrections faites, l'atmosphère revient à sa composition et à son volume primitifs.

En général, les feuilles se comportent de la même manière lorsqu'on les fait séjourner alternativement dans l'obscurité et à la lumière du jour. Il y a cependant une variation assez sensible dans l'intensité avec laquelle le phénomène se produit, selon la nature des feuilles. La quantité d'acide carbonique formée pendant la nuit, est d'autant moindre, que les feuilles sont plus charnues, plus épaisses et partant plus aqueuses. La matière verte des plantes grasses, celle du cactus opuntia, pour citer un exemple, ne produit pas sensiblement de gaz acide carbonique dans une atmosphère limitée et obscure; mais ces feuilles condensent le gaz oxygène et le laissent dégager comme celles qui sont moins charnues, lorsque après être demeurées dans l'obscurité, elles viennent à être éclairées par la lumière solaire.

Saussure a donné à ces deux effets alternatifs, le nom d'inspiration et d'expiration des plantes, à cause de l'analogie, d'ailleurs assez éloignée, que ce phénomène présente avec celui de la respiration des animaux.

L'inspiration des feuilles a une limite. En prolongeant leur séjour dans l'obscurité, l'absorption se ralentit de plus en plus; elle cesse entièrement quand les feuilles ont condensé à peu près leur propre volume de gaz oxygène. Et qu'on ne croie pas que l'inspiration nocturne des feuilles soit la conséquence d'une action mécanique, comparable, par exemple, à celle exercée par les corps poreux sur les gaz. La preuve, c'est que si on les place dans de l'acide carbonique, de l'azote ou de l'hydrogène, les mêmes effets ne se manifestent plus. Dans de telles conditions, la diminution du volume de l'atmosphère qui entoure la plante, n'est plus perceptible. La cause première de l'inspiration du gaz oxygène par les feuilles est donc évidemment une action chimique.

En présence des faits qui viennent d'être exposés, il est très vraisemblable que durant l'inspiration nocturne, l'acide carbonique se forme aux dépens du carbone contenu dans la feuille, et que cet acide est retenu en tout ou en partie, selon que le parenchyme est lui-même plus ou moins pourvu d'eau. Lorsqu'une plante reste en permanence dans un lieu obscur et à l'air libre, elle perd continuellement du carbone; l'oxygène exerce une action qui ne se termine qu'avec la mort du végétal : résultat contraire, en apparence, à ce qui se passe dans une atmosphère limitée. C'est qu'à l'air libre, les parties vertes ne peuvent jamais se saturer entièrement d'acide carbonique, parce qu'il se fait un échange continu de ce gaz avec la masse d'air environnante et incessamment renouvelée. C'est pour ainsi dire une combustion lente du carbone de la plante soustraite à l'influence réparatrice de la lumière.

L'oxygène de l'air agit aussi, bien que moins énergiquement, sur les organes des plantes qui ne sont pas doués de la couleur verte.

Les racines enfouies dans le sol sont également soumise à l'action de ce gaz. On sait d'ailleurs que pour fonctionner, elles exigent que la terre soit meuble et perméable, comme l'indique assez les labours répétés, et les diverses façons que l'on donne au sol pour favoriser l'accès de l'air. Les racines qui pénètrent à une grande profondeur, comme celles de certains arbres, montrent la même exigence, et l'eau venant de l'extérieur, en imbibant le terrain, leur porte l'oxygène dont elles ont besoin pour se développer. Déjà, très anciennement, Hales a fait voir que l'air qui occupe les interstices de la terre végétale contient encore une assez forte proportion d'oxygène. Les racines sont d'ailleurs d'autant plus fortes qu'elles se trouvent plus rapprochées de la surface. Sous les tropiques, on observe chez un grand nombre d'arbres des racines rampantes qui atteignent souvent une grosseur peu différente de celle du tronc.

Si l'on introduit sous une cloche pleine de gaz oxygène, une racine détachée de sa tige, le volume du gaz diminue, il se forme de l'acide carbonique dont une partie seulement se mêle au gaz du récipient, l'acide étant retenu par l'humidité de la racine. Le volume du gaz retenu est toujours inférieur à celui de la racine, quelle que soit la durée de l'expérience. Dans cette circonstance, à l'ombre ou à la lumière, les racines se comportent exactement comme les feuilles qui végètent dans l'obscurité; celles qui sont munies de leurs tiges donnent des résultats un peu différents.

Lorsqu'on dispose l'expérience de telle sorte que la tige et les feuilles soient à l'air libre, les racines placées dans une atmosphère limitée d'oxygène, absorbent alors plusieurs fois leur volume de ce gaz. C'est que le gaz acide carbonique produit et absorbé, est porté dans tout le système de la plante, où il est élaboré par les feuilles, si l'appareil reçoit la lumière solaire, ou simplement expulsé, si la plante se trouve dans l'obscurité.

La présence de l'oxygène dans l'atmosphère qui entoure les racines, n'est pas seulement favorable, elle est indispensable à l'exercice de leurs fonctions. Une plante dont la tige et les feuilles végètent dans l'air, périt promptement, lorsque les racines sont en contact avec du gaz acide carbonique pur, du gaz hydrogène ou du gaz azote. L'utilité de l'oxygène dans la végétation des parties souterraines des plantes, explique pourquoi les végétaux annuels, à racines très développées , demandent, pour que leur culture devienne avantageuse, une terre meuble et légère. On comprend aussi comment il arrive que les arbres meurent quand leurs racines sont submergées dans une eau stagnante , et pourquoi l'effet de la submersion est généralement moins nuisible, lorsqu'elles plongent dans une eau courante qui est toujours plus aérée.

Les parties ligneuses , les fruits , et en général les organes végétaux qui ne prennent pas la couleur verte, se comportent avec l'oxygène comme les racines , elles se bornent à changer ce gaz en acide carbonique qui est ensuite transporté dans l'ensemble du végétal pour être décomposé par les parties vertes. On peut voir dans ce genre d'action un déplacement, une translation du carbone des régions inférieures, vers les régions supérieures des plantes.

La décomposition de l'acide carbonique par les plantes une fois admise, il reste encore à examiner si dans les phénomènes de la végétation, les feuilles décomposent directement l'acide carbonique qui fait partie de l'atmosphère, ou si le gaz acide dissous d'abord dans l'eau qui imbibe le sol, est ensuite conduit par voie d'absorption dans les organes du végétal. La proportion d'acide carbonique contenu dans l'air est tellement minime , l'accroissement des végétaux est souvent si rapide, que l'on pourrait raisonnablement soupçonner que le carbone est introduit par cette dernière voie dans leur organisme. Dans les belles expériences où M. de Saussure a soumis des plantes à l'influence d'atmosphères plus ou moins chargées d'acide carbonique, l'eau dans laquelle plongeait les racines était en contact avec les gaz. Il pouvait donc arriver que le gaz acide fût introduit dans les végétaux par voie de dissolution.

Sennebier fit une expérience pour prouver que les feuilles décomposent à la fois le gaz acide carbonique qui est en contact avec elles, et celui qui est dissous dans l'eau absorbée par leur tissu ligneux. Il prit deux branches de pêcher qui furent introduites sous deux cloches séparées, mais remplies avec la même eau (1). L'extrémité inférieure de chaque branche plongeait dans un flacon. Dans l'un des flacons, on avait mis de l'eau chargée d'acide carbonique; l'autre contenait de l'air. Les deux appareils furent exposés à la lumière. Les feuilles de la branche qui plongeait par sa base dans la dissolution d'acide carbonique, dégagèrent sous la cloche qui la recouvrait, 253 centimètres cubes de gaz oxygène. Dans le même temps, les feuilles de l'autre branche n'en produisirent que 133 centimètres cubes.

(1) De l'eau commune renfermant de l'acide carbonique.

Cette expérience n'établit peut-être pas suffisamment la décomposition de l'acide carbonique gazeux, tel qu'il se rencontre dans l'atmosphère, disséminé dans une grande masse d'air. Il parait néanmoins que les feuilles qui flottent dans l'air sont aptes à décomposer l'acide carbonique gazeux qui s'y trouve, et cela avec une rapidité surprenante.

Dans l'été de 1840, j'ai fait pénétrer, dans un ballon de quinze litres de capacité et muni de trois tubulures, un rameau d'une vigne en pleine végétation, La branche introduite portait une vingtaine de feuilles.

La partie ligneuse de la branche était fixée au moyen d'un manchon en caoutchouc à l'orifice inférieur du ballon. Par la tubulure supérieure, entrait un tube effilé, destiné à faire communiquer l'intérieur du vase avec l'air extérieur.

La tubulure latérale communiquait, à l'aide d'un tube, à un appareil propre à doser avec une grande exactitude l'acide carbonique de l'atmosphère.

Dans l'expérience dont il s'agit, l'air avant d'arriver dans l'appareil, passait d'abord dans le grand ballon où vivait le rameau de vigne. La vitesse de l'air, déterminée par celle de l'écoulement d'un aspirateur rempli d'eau, était de douze litres par heure.

Les feuilles étaient exposées au soleil : l'expérience commençait à onze heures et finissait à trois heures.

Dans une observation on trouva, toutes corrections faites, que l'air atmosphérique après avoir traversé le ballon, contenait en volume 0,0002 de gaz acide carbonique ; au même moment, l'air pris dans la cour où l'appareil fonctionnait, en contenait 0,00045.

Dans une autre expérience, l'air après avoir passé sur les feuilles renfermait 0,0001 de gaz acide carbonique. L'air de la cour en contenait alors 0,0004. Ainsi, en traversant l'espace où vivait la branche éclairée par la lumière du soleil, l'air se dépouillait des trois quarts de son acide carbonique.

En faisant fonctionner le même appareil pendant la nuit, on obtint des résultats inverses ; l'air en traversant le ballon, contenait généralement une quantité d'acide carbonique double de celle que renfermait au même instant l'atmosphère. Dans mon opinion, c'est par une semblable méthode que l'on devrait étudier sur les plantes vivantes attenant encore au sol, les phénomènes généraux de la respiration végétale.

Les expériences que je viens de rapporter établissent donc, que réellement les feuilles s'assimilent le carbone qui se rencontre dans nôtre atmosphère à l'état de gaz acide carbonique.

Elles **expliquent** ce fait bien connu des cultivateurs, que les plantes font plus de progrès dans un air agité et fréquemment renouvelé, que dans une atmosphère calme.

D'après ce que nous avons vu jusqu'à présent, nous sommes autorisés à croire que la plus grande partie, sinon la totalité du carbone qui entre dans la constitution des organes des plantes, dérive de l'acide carbonique atmosphérique. L'ensemble de ces expériences montre comment la force vitale s'exerce d'abord sur l'oxygène pendant la germination, et ensuite sur l'acide carbonique pendant la végétation proprement dite ; mais dans les recherches que nous avons citées, rien n'a pu nous faire soupçonner que l'azote de l'atmosphère fût absorbé en quantité sensible.

Il est vrai qu'à une époque déjà ancienne, Priestley, et après lui Ingen-Housz, crurent reconnaître une absorption manifeste d'azote pendant la végétation des plantes placées dans une atmosphère limitée. Toutefois, des expériences entreprises depuis par de Saussure, n'ont point confirmé cette fixation de l'azote. Cet habile observateur crut même apercevoir une légère exhalation de ce gaz.

Cependant, la présence de l'azote dans les végétaux étant à l'abri de toute objection, et l'assimilation de ce principe pendant la végétation étant en quelque sorte prouvée par le fait de la multiplication des semences, on fut conduit à admettre que l'azote est originaire du sol. En effet, dans la nature, l'accroissement d'une plante n'a pas lieu aux dépens seuls de l'eau et de l'atmosphère. Les racines qui fixent un végétal dans la terre, y trouvent aussi des éléments nutritifs. Dans les conditions ordinaires, l'accroissement d'une plante se fait par le concours simultané des aliments que les racines vont chercher dans le sol, et par celui des principes gazeux que les feuilles enlèvent à l'air. Comme il est d'ailleurs reconnu que la nourriture fournie par le sol est le plus souvent azotée, on a pour cette dernière raison, considéré les engrais comme la source principale, unique même, de l'azote qui se rencontre dans les végétaux. Les observations d'Hermbstœdt, en montrant que les céréales cultivées sous l'influence des engrais les plus azotés, sont celles qui contiennent le plus de gluten, donnaient une certaine force à cette manière de voir. Néanmoins, il est des faits agricoles bien constatés, qui tendent à faire penser que dans nombre de circonstances, les végétaux trouvent dans l'atmosphère une partie de l'azote nécessaire à leur organisation.

Les cultures épuisent généralement la terre, mais il en est aussi qui la rendent plus féconde. Nous verrons, en traitant des assolements, que si après avoir fait une coupe de trèfle, on enfouit la dernière pousse , on communique au champ une fertilité nouvelle , bien qu'on ait prélevé une masse considérable de fourrage. Il paraît alors évident qu'en laissant dans le sol les racines de trèfle, on lui rend une quantité de matière organique telle, que tout compte fait, il reçoit réellement plus de l'atmosphère, qu'il n'a fourni à la plante récoltée.

Suivant les expériences des physiologistes les plus modernes , les plantes se bornent à enlever du carbone à l'air et à s'approprier les éléments de l'eau. Cependant , d'après les idées que nous nous formons aujourd'hui sur le principe efficace des engrais, on conçoit difficilement que le sol en recevant seulement de la matière non azotée , puisse acquérir le degré de fécondité que lui communique la culture des plantes dites améliorantes, fécondité qui permet de faire suivre cette culture de récoltes abondantes, riches en principes animalisés

Il y a donc lieu de croire que *l'enfouissement en vert*, les jachères, ne se bornent pas à introduire uniquement dans le sol du carbone , de l'oxygène et de l'hydrogène, mais bien encore de l'azote. Et il faut de toute nécessité qu'il en soit ainsi, pour que la fertilité des terres puisse se maintenir dans un domaine agricole qui, par sa position, ne peut pas se procurer des engrais du dehors. Prenons pour exemple un établissement tout formé, dans lequel on se livre à la culture des céréales et à la propagation du bétail. Chaque année on exporte du froment, de la chair, du laitage. Ainsi, il y aura exportation continue de matière azotée, sans qu'il y ait une importation apréciable de la même matière. Cependant le sol maintient sa fertilité; ses pertes sont réparées par les principes qui passent par l'effet d'une culture raisonnée, de l'atmosphère dans la terre, et au nombre de ces principes fertilisants, il est de la dernière évidence que l'azote doit se rencontrer, pour remplacer celui qui fait partie des produits marchands sortis du domaine.

Les faits agricoles les mieux établis s'accordent donc pour faire croire que, durant la culture, l'azote se trouve au nombre des éléments fixés dans les plantes. Néanmoins, comme cette fixation de l'azote n'avait pas été constatée par les recherches des physiologistes, on devait considérer cette question comme encore indécise. C'est dans l'espoir de la résoudre que j'ai entrepris les expériences dont je vais exposer les principaux résultats (1).

J'ai du suivre nécessairement une méthode entièrement distincte de toutes celles qui avaient été pratiquées; je n'avais aucune chance d'arriver à des résultats plus décisifs que ceux que l'on

______

(1) Boussingault, *Annales de chimie et de physique*, t. LXVII, p. 5, 2ᵉ série, année 1838.

possédait déjà, si j'eusse fait usage des mêmes moyens d'observations. J'ai employé l'analyse, afin de pouvoir comparer la composition des semences, à la composition des récoltes obtenues aux dépens seuls de l'eau et de l'air. C'est par ce mode d'expérimentation que je juge le problème susceptible de solution, sans toutefois me flatter de l'avoir complètement résolue. La question est d'ailleurs des plus délicates et commande l'indulgence.

J'ai pris comme sol, de l'argile cuite ou du sable siliceux privés de matière organique par une calcination convenable. Dans ce sol humecté avec de l'eau distillée, on déposait les semences dont le poids était connu. Par une suite d'essais préliminaires, on déterminait l'humidité que des graines de même espèce, de même origine, et prises au même moment, perdaient par une dessiccation commencée à l'étuve, et terminée au bain d'huile à 110°. Les vases en porcelaine dans lesquels se trouvait le sable ensemencé, étaient déposés dans un pavillon vitré, situé à l'extrémité d'un grand jardin. Durant tout le temps de la culture, les fenêtres restaient hermétiquement fermées, mais leur hauteur et leur exposition permettaient que le soleil éclairât la pièce pendant toute la durée du jour. Pour enlever les récoltes, on desséchait les vases à une douce chaleur. Les racines des plantes sortaient aisément, et pour les débarrasser entièrement du sable adhérent, on les agitait dans de l'eau distillée, sans jamais les froisser, de crainte de perdre une partie de leurs sucs. Il était même préférable d'y laisser un peu de sable. La plante récoltée était séchée à l'étuve de manière à pouvoir être broyée; la dessiccation complète s'achevait au bain d'huile, dans le vide.

En déterminant par la combustion le poids des cendres, on connaissait celui de la récolte privée de toute matière saline et terreuse.

L'analyse élementaire faisait connaître ensuite la composition de la récolte : il ne s'agissait plus que de la comparer à la composition des graines, pour savoir la proportion et la nature des éléments qui avaient été assimilés durant la végétation.

EXPÉRIENCE PREMIÈRE.

Culture du trèfle rouge pendant trois mois.

Dans les premiers jours d'août, on a semé une quantité de graines qui, sèches et privées de substances salines et terreuses, auraient pesé $1^{gr},586$. La récolte a présenté une assez belle apparence; le trèfle avait huit à neuf centimètres de hauteur. Les feuilles les plus grandes pouvaient être inscrites dans un cercle de cinq centimètres de diamètre. La longueur des racines a varié de six à onze centimètres. Desséchée et broyée, la plante avait une couleur vert foncé.

La plante récoltée, séché et supposée privée de cendres, pesait.................... $4^{gr},106$.

L'analyse a indiqué dans :

	la graine de trèfle.	la plante récoltée.
Carbone	50,8	50,7
Hydrogène....	6,0	6,6
Azote........	7,2	3,8
Oxygène......	36,0	38,9
	100,0	100,0

RÉSUMÉ.

	Carbone	Hydrogène	Oxygène	Azote
1,586 graines, contenant d'après l'analyse	0,806	0,095	0,571	0,114
4,106 récolte, » » »	2,082	0,271	1,597	0,156
2,520 = gain pendant la culture	+ 1,276	+ 0,176	+ 1,226	+ 0,042

Ainsi, pendant une culture de trois mois, la matière élémentaire de la graine a presque doublé, et l'azote de la plante récoltée représente un excès de $0^{gr},042$ sur l'azote de la graine semée.

EXPÉRIENCE DEUXIÈME.

Culture des pois (1).

Cinq graines, ayant chacune le même poids à $0^{gr},002$ près, et pesant ensemble $1^{gr},211$, ont été

(1) Boussingault, *Annales de Chimie et de Physique*, t. LXIX, p. 353, 2ᵉ série.

plantées le 9 mai, dans de l'argile cuite, en poudre, et récemment calcinée.

Le 16 juillet, les plantes commencèrent à fleurir. Chaque semence a fourni une tige portant une fleur.

Le 15 août, les gousses étaient parfaitement mûres. Les tiges avaient alors de 1^m à $1^m,2$ de hauteur; les feuilles étaient plus petites que celles des mêmes pois venus dans un sol fumé. La longueur des gousses atteignait 35 millimètres environ, sur une largeur moyenne de 11 millimètres. Quatre de ces gousses renfermaient chacune deux semences, la cinquième n'en présentait qu'une seule, mais beaucoup plus volumineuse que les autres.

Les neuf pois récoltés, séchés au soleil, ont pesé $1^{gr},674$, après une dessiccation à $110°$ dans le vide sec, ils pesaient $1^{gr},507$; à la combustion, ils donnaient 0,9 pour cent de résidu.

Les racines, les tiges, les gousses et les feuilles, séchées à $110°$, ont pesé, $3^{gr},314$. Ces matières laissaient 10,3 pour 100 de cendre.

Par plusieurs essais, on a reconnu que des pois qui se trouvaient exactement dans la condition de ceux qui avaient été plantés, renfermaient 91,4 pour cent de substance sèche, laissant par l'incinération 3,14 pour cent de résidu. Les cinq pois plantés auraient pesé, supposés secs et exempts de cendres, $1^{gr},072$.

L'analyse a indiqué dans les :

	Pois semés.	Pois récoltés.	Fanes et racines.
Carbone......	48,0	54,9	52,8
Hydrogène ...	6,4	6,8	6,2
Azote........	4,3	3,6	1,6
Oxygène	41,3	34,7	39,4
	100,0	100,0	100,0

RÉSUMÉ.

	Carbone	Hydrogène	Oxygène	Azote
Semences 1,072, contenant..........	0,515	0,069	0,442	0,046
Récolte 4,441. contenant (1)......	2,376	0,284	1,680	0,101
3,369, gain dans la culture..	1,861	0,215	1,238	0,055

Il ressort de cette expérience, que 1^{gr},072 de semence ont trouvé dans l'air et l'eau 3,369 de matières élémentaires, en quatre-vingt-dix-neuf jours de culture, accomplis pendant les mois les plus chauds de l'année ; et que la quantité d'azote originairement contenu dans la graine, se trouve plus que doublé dans la plante parvenue à sa maturité.

EXPÉRIENCE TROISIÈME.

Culture du froment.

Quarante-six graines de froment ont été semées dans le sable calciné, au commencement du mois

(1) Récolte exempte de cendres a pesé :

Pois......................	1,468
Fanes et cosses...........	2,973
Poids total de la récolte...	4,441

d'août. A la fin de septembre, les tiges avaient une hauteur de 36 à 38 centimètres. La plupart des feuilles inférieures étaient jaunes. Les racines avaient pris une extension considérable et formaient une espèce de tissu, circonstance qui a rendu le lavage fort difficile.

RÉSULTAT DES ANALYSES.

	Semences.	Récolte.
Carbone........	46,6	48,2
Hydrogène.....	5,8	5,8
Azote..........	3,45	2,0
Oxygène........	44,15	44,0
	100,00	100,0

RÉSUMÉ.

	Carbone	Hydrogène	Oxygène	Azote
La semence sèche pesait 1,644, contenant	0,767	0,095	0,725	0,057
La récolte sèche . . . . 3,022, contenant	1,456	0,173	1,333	0,060
Gain dans la culture... 1,378.	0,689	0,078	0,608	0,003

On voit qu'après trois mois de culture, le poids de la semence a pour ainsi dire doublé, mais l'analyse montre que le gain en azote a été à peine sensible. Cependant, l'expérience sur le froment a été conduite et faite exactement dans les mêmes circonstances que celle entreprise sur le trèfle. Les deux plantes ont végété dans le même appareil; elles ont été arrosées avec la même eau, et à très peu près aux mêmes doses : on a même poussé l'égalité de conditions, jusqu'à semer les graines dans des vases présentant exactement des surfaces égales, afin que les deux cultures fussent exposées aux mêmes chances d'erreurs qui auraient pu provenir de l'intervention accidentelle des poussières de l'atmosphère.

Les plantes venues dans les circonstances où je les avais placées, étaient loin de présenter la vigueur qu'elles auraient acquise en pleine terre. Après trois mois de végétation, le trèfle se trouvait beaucoup moins avancé que celui qui avait été semé comparativement dans un sol fumé et gypsé. Le froment offrait la même faiblesse, et dès le deuxième mois, je remarquai que chaque feuille qui se développait vers le haut de la tige, faisait souffrir et jaunir une des feuilles fixées à la partie inférieure. Les pois, bien que parvenus à la maturité, avaient des feuilles beaucoup plus petites, des graines moins nombreuses et moins volumineuses que la même plante récoltée dans la grande culture.

On sait que c'est en grande partie à la fécondité du terrain dans lequel lèvent les semences, qu'il faut attribuer la force et la vigueur des nouveaux plants. Un agriculteur célèbre, Schwertz a constaté, par exemple, que les jeunes colzas épuisent d'une manière surprenante le sol dans lequel on les élève pour les transplanter. L'influence salutaire de cette première nourriture puisée dans une terre fumée, doit s'étendre par la suite sur toutes les parties du végétal, et l'on comprend qu'une plante qui a langui dans sa première jeunesse, ne puisse plus acquérir une constitution parfaite. Par cette raison même; les fonctions qu'elle est appelée à exercer dans l'atmosphère, doivent s'en ressentir et s'exécuter avec beaucoup moins d'énergie.

Il devenait donc intéressant d'étendre les expériences rapportées précédemment à des plantes vigoureusement organisées, qui s'étaient développées dans un sol fertile.

EXPÉRIENCE QUATRIÈME.

Culture du trèfle développé.

Dans un champ de trèfle ensemencé au printemps de l'année précédente, on a choisi plusieurs plants aussi semblables que possible. La terre adhérente aux racines a été enlevée avec précaution par un lavage opéré sous un filet d'eau ; les plants ont été essuyées avec du papier buvard, puis exposés à l'air pendant quelques heures.

Trois de ces plants conservés pour l'analyse pesaient verts 6^{gr},750.

Trois autres plants pesant 6^{gr},820 ont été mis dans du sable récemment calciné et humecté avec de l'eau distillée. Le repiquage eut lieu le

28 mai, les plantes furent placées aussitôt à l'abri des poussières.

Dans les premiers jours, la végétation parut languir, mais bientôt après elle prit une vigueur remarquable. En un mois, le trèfle avait doublé en hauteur; les feuilles étaient du plus beau vert. La plante présentait une aussi belle apparence que le trèfle du même âge qui était resté dans les champs. Vers le 8 juillet, les fleurs commencèrent à se manifester; le 15, la floraison était parfaite : on mit fin à l'expérience le premier août.

RÉSULTAT DES ANALYSES.

	avant la culture	après la culture
Carbone	43,42	53,00
Hydrogène	5,40	6,51
Azote	3,75	2,45
Oxygène	47,43	38,14
	100,00	100,00

RÉSUMÉ.

Le trèfle transplanté eût pesé sec et privé de cendres.... 0,884
Après 63 jours de culture en sol stérile il a pesé....... 2,265

Gain pendant la culture...... 1,381

La plante contenait :	Carbone	Hydrogène	Oxygène	Azote
avant la culture	0,384	0,048	0,419	0,033
après la culture	1,200	0,145	0,863	0,056
Différences.....	0,816	0,816	0,444	0,023

Ainsi, en deux mois de végétation, aux dépens de l'air et de l'eau, le trèfle a pour ainsi

dire triplé sa matière organique, et le poids de
l'azote qui y était contenu a doublé, à peu de
chose près.

EXPÉRIENCE CINQUIÈME.

Végétation de l'avoine.

On a constamment échoué en essayant de repiquer dans le sable stérile des plants de froment
pris dans la grande culture, ils n'ont jamais sur-
vécu à la transplantation. Il en fut de même
avec l'avoine. On craignit d'abord d'avoir lésé
les radicules, en lavant les racines pour les débarrasser de la terre végétale, mais on eut bientôt
l'occasion de se convaincre du contraire, car les
mêmes plants prirent très promptement lorsqu'ils
furent placés dans de la terre de jardin, ou
bien encore lorsqu'on faisait plonger leurs racines
dans l'eau. C'est de cette manière qu'on a disposé
l'expérience.

Le 20 juin, on enleva dans un champ plusieurs plants d'avoine, les racines furent lavées et
essuyées.

Trois tiges conservées pour l'analyse pesè-
rent $10^{gr},30$.

Quatre tiges destinées à l'expérience pesaient
$14^{gr},370$. Elles furent placées à l'abri des poussières, et leurs racines plongées dans un vase
contenant de l'eau distillée, qu'on entretint

1.6

toujours à la même hauteur. A la mi-juillet, ces tiges avaient doublé de longueur. A cette époque, il eût été difficile de distinguer cette avoine de celle des champs. A la fin de juillet les grappes étaient formées. Le 10 août le grain était mûr; la plante fut desséchée à l'étuve, et on la réduisit en poudre pour achever la dessiccation à 110°.

RÉSULTAT DES ANALYSES DE LA PLANTE.

	répiquée	récoltée
Carbone	53,0	48,0
Hydrogène ...	6,8	6,2
Oxygène.....	36,4	44,0
Azote.........	3,8	1,7
	100,0	100,0

RÉSUMÉ.

	Carbone	Hydrogène	Oxygène	Azote
La plante répiquée contenait	0,827	0,106	0,568	0,059
Après 41 jours de végétation	1,500	0,193	1,372	0,053
Différences...	+ 0,673	+ 0,087	+ 0,804	— 0,006

L'analyse signale une légère perte en azote.

En résumant les résultats obtenus dans ces recherches, on trouve :

1° Que le trèfle et les pois cultivés dans un sol absolument privé d'engrais, ont acquis, indépendamment du carbone, de l'hydrogène et de l'oxygène, une quantité d'azote appréciable à l'analyse.

2° Que le froment et l'avoine, cultivés dans les mêmes conditions, ont également emprunté à l'air et à l'eau, du carbone, de l'hydrogène et de l'oxygène; mais qu'après la végétation de ces céréales, l'analyse n'a pu constater un gain en azote.

La méthode dont on a fait usage se borne à signaler le fait de l'assimilation de l'azote chez certaines plantes, sans préciser par quelle voie elle se réalise; et, à cet égard, je ne puis présenter que des conjectures.

L'azote peut entrer dans l'organisme des plantes, directement, ou, comme l'a admis M. Piobert, à l'état de dissolution, dans l'eau toujours aérée qui est aspirée par leurs racines (1). Les observations des physiologistes ne sont pas favorables à cette opinion. Il est possible aussi que cet élément ait pour origine les vapeurs ammoniacales qui, selon quelques physiciens, existeraient en quantité infiniment petite dans notre atmosphère. Ces vapeurs passeraient dans l'eau des pluies et de là dans les plantes, où elles seraient élaborées.

Saussure a admis depuis longtemps l'influence probable de ces vapeurs ammoniacales sur la végétation. M. Liébig professe la même opinion, et il s'est particulièrement attaché à prou-

---

(1) Piobert, *Mémoires de l'académie de Metz*, année 1837.

ver que les eaux pluviales renferment toujours une très petite proportion de carbonate d'ammoniaque.

A cette cause, qui doit avoir pour effet de porter des principes azotés dans les organes des végétaux, il convient d'en ajouter une autre, qui n'est peut-être pas la moins énergique. C'est que sous certaines influences électriques, dont M. Becquerel a fait une étude particulière, l'hydrogène, à l'état naissant, en contact avec de l'azote, peut réellement former de l'ammoniaque. On concevrait ainsi comment des matières organiques non azotées, par le seul fait de la fermentation putride, pourraient donner naissance à des sels ammoniacaux, qui exerceraient ensuite une action fertilisante sur le sol.

Durant l'accroissement des plantes, une partie de l'eau absorbée par les racines s'assimile évidemment, et cette circonstance permet de concevoir la formation de plusieurs des principes immédiats des végétaux, dont la composition chimique est exactement représentée par du carbone et de l'eau : tels sont l'amidon, le sucre, etc. On comprend également la présence des principes qui ont en outre une certaine proportion d'oxygène en excès, puisque nous avons reconnu que pendant la décomposition de l'acide carbonique par les parties vertes, la totalité de l'oxygène n'est pas éliminée; mais il est des matières élaborées par les plantes, qui renferment, par rapport à l'oxygène, une quantité d'hydrogène de beaucoup supérieure à celle qui est nécessaire pour constituer de l'eau. Tels sont les résines, les carbures d'hydrogène dans les conifères, les huiles grasses dans les graines oléagineuses. Cet hydrogène en excès a fait présumer à plusieurs physiologistes, que dans la végétation l'eau se décompose, qu'il y a fixation d'hydrogène et dégagement de gaz oxygène.

Toutefois, la présence de l'hydrogène en excès dans certains principes immédiats, n'est pas une preuve décisive de la séparation des éléments de l'eau, et si l'on n'a pas jusqu'à présent tiré une conclusion définitive à cet égard, c'est tout naturellement parce que ces mêmes principes hydrogénés, prennent naissance dans des plantes qui vivent sous l'influence de matières organiques d'une composition toujours complexe, souvent très hydrogénées, qui se rencontrent dans le sol où elles fonctionnent comme engrais.

Les expériences de M. de Saussure, ne font point soupçonner la décomposition de l'eau, puisqu'en faisant vivre des plantes pendant un mois entier, sous des récipients remplis d'air atmosphérique privé d'acide carbonique, on n'a pas observé une production apparente d'oxygène. Opérant de la même manière, avec de l'air contenant une certaine proportion de gaz acide, la quantité d'oxygène dégagé a toujours été inférieure à celle qui entrait dans la constitution de l'acide décomposé.

C'est ici le lieu de faire observer, en s'appuyant sur les expériences mêmes de M. de Saussure, combien cette décomposition partielle du gaz acide carbonique qui ne répond à aucune proportion définie, paraît peu satisfaisante. On concevrait déjà, avec bien de la difficulté, que dans la vie végétale cet acide fût réduit en totalité, c'est à dire que son carbone fût entièrement assimilé à la plante. La séparation complète d'un corps aussi avide d'oxygène que l'est le carbone, de son composé le plus oxygéné, a droit d'étonner au plus haut degré.

L'idée la plus simple que suggère les faits, est que par l'action de la lumière solaire, et sous l'influence de la matière verte, l'acide carbonique est transformé en oxyde de carbone, en perdant une proportion d'oxygène. Cette modification semble plus conforme aux principes de la science. Néanmoins, il faut le reconnaître, les observations s'accordent aussi peu avec cette prévision, qu'avec celle qui conçoit la décomposition totale de l'acide. Dans la première supposition, la proportion d'oxygène mise en liberté se trouve trop faible; dans la seconde, elle est trop forte.

Les résultats négatifs obtenus par de Saussure,

relativement à la séparation des éléments de l'eau pendant la végétation, l'ont été en l'absence du gaz acide carbonique, tandis que les expériences qui établissent la décomposition de ce dernier gaz, ont nécessairement été faites sous l'influence de l'humidité. Il est possible alors, que l'eau et l'acide carbonique se décomposent simultanément; et sous ce point de vue, il peut être intéressant d'examiner si l'hypothèse de la transformation de l'acide carbonique en oxyde de carbone, n'acquerrait point un certain degré de probabilité, en faisant intervenir la décomposition de l'eau dans les phénomènes observés.

Un volume de gaz oxyde de carbone prend un demi volume de gaz oxygène pour former 1 volume d'acide carbonique. Réciproquement, un volume de gaz acide carbonique en se transformant en oxyde de carbone, donnera un volume d'oxyde $+$ 1/2 vol. de gaz oxygène.

Ainsi, dans l'hypothèse que nous discutons, pour chaque volume d'acide modifié durant la végétation, il se dégagerait un demi-volume de gaz oxygène. L'oxygène qui excèderait ce demi-volume, devrait être considéré comme provenant de l'eau décomposée, dont l'hydrogène aurait été assimilé dans la plante, en même temps que l'oxyde de carbone dérivé de l'acide carbonique; vue qui permettrait peut-être de concevoir, comment le volume d'oxygène qui se dégage de l'acide carbonique pendant la végétation, peut excéder le volume qui devrait se produire, si cet acide passe réellement à l'état d'oxyde de carbone.

Peut-être trouverons-nous une preuve plus convaincante de la séparation des éléments de l'eau, dans l'analyse des végétaux venus dans un sol absolument privé de matière organique capable de leur communiquer les éléments hydrogénés.

En effet, si une plante qui s'est développée dans une semblable condition, contient de l'hydrogène dans une proportion plus forte que celle qui serait nécessaire pour transformer son oxygène en eau, nous devons en conclure, avec quelque certitude, que les éléments de l'eau ont été désunis, l'objection tirée de la présence des engrais disparaissant complètement. Les analyses que nous avons déjà fait connaître, peuvent servir à cet examen, en recherchant si dans les éléments gagnés pendant la culture, l'hydrogène se trouve en excès par rapport à l'oxygène.

		Oxygène assimilé	Hydrogène assimilé	Hydrogène formant de l'eau	Hydrogène excédant
Exp. 1ʳᵉ.	Trèfle........	1,226	0,176	0,153	0,023
Exp. 2.	Pois	1,237	0,215	0,155	0,060
Exp. 3.	Froment.....	0,608	0,078	0,076	0,002
Exp. 4.	Trèfle repiqué	0,444	0,097	0,055	0,042
Exp. 5.	Avoine.......	0,804	0,087	0,100	

Dans les quatre premières expériences, l'hydrogène acquis excède très sensiblement la quantité exigée par l'oxygène, pour constituer de l'eau. L'avoine présente une exception ; mais on doit se rappeler, que dans le résultat de cette culture, on a constaté une perte en azote. Ces résultats analytiques semblent donc indiquer que l'hydrogène peut être assimilé dans la végétation, par suite d'une décomposition de l'eau analogue à celle de l'acide carbonique, et produite très probablement par les mêmes causes.

§ III. — DES MATIÈRES INORGANIQUES CONTENUES DANS LES PLANTES. — LEUR ORIGINE. — NATURE CHIMIQUE DE LA SÈVE.

Lorsqu'on brûle une plante, il reste toujours un résidu désigné communément sous le nom de cendre. Toutes les parties d'un végétal donnent un semblable résidu ; mais il varie dans sa quantité et dans sa nature. A poids égal et au même degré de dessiccation, les plantes herbacées laissent plus de cendres que les végétaux ligneux (1). Dans un arbre, le tronc en donnent plus que les branches, et ces dernières moins que les feuilles (2). Le résidu laissé par la combustion se compose communément de sels et de chlorures alcalins à bases de

(1) Kirwan, *Mémoire sur les engrais; Mémoires de la Société d'Irlande,* t. V, p. 129.

(2) Pertuis, *Annales de Chimie,* 1ʳᵉ série, t. XIX.

potasse et de soude, de phosphates terreux et métalliques, de chaux et de magnésie caustique ou carbonatée, de silice, d'oxydes de fer et de manganèse; on y rencontre encore plusieurs autres matières, mais en quantité assez minime pour pouvoir être négligées.

Les principes qui se rencontrent le plus fréquemment dans les cendres des végétaux, se retrouvent constamment dans le terreau. Le sol exerce la plus grande influence sur la nature et la quantité des matières salines et terreuses qui restent après la combustion des plantes. Celles qui croissent sur un terrain dérivé de roches siliceuses, donnent des cendres plus riches en silice que celles qui se sont développées dans un terrain calcaire. Mais, selon M. de Saussure, la qualité de l'engrais influe d'une manière encore plus prononcée que la constitution géologique du sol. D'après cet observateur, des plantes de même espèce, venues sur du sable calcaire et sur du sable granitique, si elles ont été amendées avec le même fumier, contiennent des cendres semblables; et les espèces différentes, bien que cultivées dans la même terre, ne renferment pas les principes de leurs cendres, dans le même rapport (1).

(1) Saussure, *Recherches chimiques, etc.*, p. 283.

QUANTITE DE CENDRES

CONTENUES DANS LES DIFFÉRENTES PARTIES DES VÉGÉTAUX,
SELON M. TH. DE SAUSSURE (1).

NOM DES PLANTES.	ÉPOQUES DE LEUR RÉCOLTE.	CENDRES DANS LA PLANTE SÈCHE.
Feuilles de chêne.	10 mai	0,053
Feuilles de chêne.	27 septembre	0,055
Branches de chêne écorcées . . .	10 mai	0,004
Ecorces des mêmes branchés . .	. . . .	0,060
Bois de chêne séparé de l'aubier. .	. . . .	0,002
Aubier du même bois.	. . . .	0,004
Ecorces du même bois	. . . .	0,060
Liber de l'écorce précédente. . .	. . . .	0,073
Feuilles de peuplier	mai	0,066
Feuilles de peuplier	septembre	0,093
Tronc de peuplier, sans écorce. .	. . . .	0,008
Ecorce du tronc de peuplier. . .	. . . .	0,072
Bois de mûrier d'Espagne	. . . .	0,007
Aubier du mûrier	. . . .	0,013
Ecorces du mûrier.	. . . .	0,089
Liber de l'écorce précédente. . .	. . . .	0,088
Feuilles de marronnier.	10 mai	0,072
Feuilles de marronnier.	23 juillet	0,084
Fleurs de marronnier.	10 mai	0,071
Marrons en maturité.	5 octobre	0,034
Pois en fleurs	. . . .	0,095
Les mêmes portant graines . . .	. . . .	0,081
Fèves en fleurs	. . . .	0,122
Plante de fèves portant graines .	. . . .	0,066
Plante de fèves séparée des semences.	. . . .	0,115
Semences de fèves	. . . .	0,033
Tournesol en fleur.	. . . .	0,137
Tournesol portant graines. . . .	. . . .	0,093
Paille de froment	. . . .	0,043
Graines de froment.	. . . .	0,013
Son	. . . .	0,052
Tiges de maïs, séparées des graines	. . . .	0,084
Graines de maïs	. . . .	0,010
Paille d'orge	. . . .	0,042
Graines d'orge.	. . . .	0,013
Graines d'avoine.	. . . .	0,031
Feuilles de pin, du Jura	20 juin	0,029
Idem du Brocken	20 juin	0,029
Branches de pin, dépouillées de feuilles.	20 juin	0,015

(1) Saussure, *Recherches chimiques sur la végétation.*

Toutes ces évaluations de cendres se rapportent à des plantes desséchées pendant quelques semaines dans une étuve chauffée à 25° cent. Par une semblable dessiccation, les plantes sont loin de perdre toute l'eau qu'elles peuvent contenir. Les quantités de cendres indiquées par M. de Saussure sont donc un peu trop faibles, si on les rapporte aux végétaux secs.

Je présenterai quelques déterminations de cendres, que j'ai eu l'occasion de faire sur les plantes qui entrent le plus communément dans nos cultures. La dessiccation a toujours été exécutée avec soin, dans un bain d'huile chauffé à 110° centigrades (1).

SUBSTANCE DESSÉCHÉE A 110 CENTIGR.	CENDRES CONTENUES.
Paille de froment	0,070
Graines de froment.	0,024
Paille de seigle	0,036
Graines de seigle	0,023
Paille d'avoine.	0,051
Graines d'avoine.	0,040
Pommes de terre	0,040
Betterave champêtre.	0,063
Navets..	0,076
Topinambours	0,060
Tiges ligneuses de topinambours	0,028
Pois jaunes.	0,031
Paille de pois	0,113
Foin de trèfle rouge.	0,077
Foin de prairie	0,090
Regain de foin de prairie.	0,100

Nous devons à M. Berthier, les résultats sui-

(1) Boussingault. *Annales de chimie et de phys.* t. I, page 234, 3ᵉ série.

vants sur l'incinération de différents bois ; les matières ont été brûlées dans l'état où on les emploie (1).

DÉSIGNATION DES BOIS.	CENDRES.
Sapin.	0,0083
Bouleau	0,0100
Faux ébénier	0,0125
Noisetier	0,0157
Mûrier blanc	0,0160
Sainte-Lucie	0,0160
Sureau à grappes	0,0164
Arbre de Judée	0,0170
Branches de chêne	0,0250
Écorces de chêne	0,0600
Tilleul	0,0500
Peuplier, Érable, Bourdenne, Liège	0,0020
Buis	0,0036
Chêne écorcé, Fusin, Frêne, Aulne, Sapin, Pin, Noisetier, Bouleau	0,0040
Épine	0,0050
Tremble	0,0060
Écorce de chêne	0,0120
Bois noir	0,0149
Acajou	0,0160
Ébène	0,0160
Chêne (Fagots)	0,0220
Fougères	0,0450

On possède plusieurs analyses de cendres provenant de différentes parties des plantes, dues aux travaux de MM. de Saussure et Berthier. Comme la connaissance des substances salines peut devenir très importante dans les applications agricoles, et que d'ailleurs elle complète en quelque sorte les faits relatifs aux phénomènes chimiques de la végétation, j'exposerai successivement les résultats auxquels ont été conduits les savans analystes que je viens de citer.

(1) Berthier, *Traité des essais*, t. I, p. 259.

COMPOSITION DES MATIÈRES ANALYSÉES PAR M. DE SAUSSURE.

Nos. DES ANALYSES.	PLANTES, OU PARTIE DE LA PLANTE D'OÙ PROVIENT LA CENDRE.	PHOSPHATE TERREUX.	PHOSPHATE DE POTASSE.	SULFATE DE POTASSE.	CHLORURE DE POTASSIUM.	POTASSE A L'ÉTAT DE CARBONATE.	CARBONATE TERREUX.	SILICE.	OXYDES MÉTALLIQUES.	PERTE.
1	Fruit du marronnier	0,120	0,280	réuni au chlorure	0,030	0,510	»	0,005	0,003	0,002
2	Plante de fève de marais en fleur. .	0.150	»	idem.	0,120	0,572	0,050	0,020	0,005	0,083
3	La même séparée de graines. . . .	0,060	»	0,020	0,140	0,310	0,375	0,028	0,007	0,060
4	Graines de fèves.	0,259	0,439	0,020	0,009	0,225	»	»	0,005	0,022
5	Paille de froment	0,062	0,050	0,020	0,030	0.125	0,010	0,615	0,010	0,078
6	Graines choisies de froment	0,445	0,320	traces	0.002	0,150	»	0,005	0,002	0,076
7	Son de froment.	0,465	0,300	»	0,002	0,140	»	0,005	0,002	0,086
8	Paille de maïs	0.050	0,007	0,013	0,025	0,590	0,010	0,180	0,005	0,030
9	Graines de maïs	0,036	0,475	0,002	0,003	0,140	»	0,010	0,001	0,083
10	Paille d'orge (*Hordeum vulgare*). . .	0,078	»	0,035	0,005	0,160	0,125	0,570	0,005	0,022
11	Graine d'orge avec sa balle	0,325	0.092	0,015	0,003	0,180	»	0,355	0,003	0,027

Dans ses recherches sur le même sujet,
M. Berthier a déterminé pour chaque espèce de
cendre examinée, le rapport des matières insolubles aux matières solubles ; et les deux espèces de sels ont été analysées séparément (1).

(1) Berthier, *Annales de Chimie et de Physique*, tome LXXXII,
page 248. 2ᵉ série.

QUANTITÉS DE SELS ALCALINS ET DE MATIÈRES INSOLUBLES CONTENUES DANS LES CENDRES DE :

	SELS ALCALINS	MATIÈRES INSOLUBLES	REMARQUES SUR LE SOL.
Bois de charme du département de la Nièvre.	0,189	0,811	Argileux, sablonneux et ferrugineux.
Bois de chêne du département du Lot.......	0,120	0,880	Sol très sec; débris de calcaire très argileux.
Ecorce de chêne du département de l'Allier..	0,050	0,750	
Bois de tilleul de Seine et Marne..........	0,108	0,892	Grève un peu calcaire.
Bois de Sainte-Lucie.....................	0,160	0,840	Venu dans le même sol que le tilleul précédent.
Bois de sureau à grappes.................	0,315	0,685	Cru dans le même sol, dans le même jardin.
Bois de l'arbre de Judée	0,190	0,810	Idem.
Bois de noisetier........................	0,154	0,846	Idem.
Bois du mûrier de la Chine...............	0,189	0,811	Idem.
Bois du mûrier blanc *A*	0,150	0,850	Idem.
Bois du mûrier blanc des Bouches du Rhône *B*	0,250	0,750	Sol calcaire et argileux.
Bois d'oranger des Bouches du Rhône.......	0,096	0,904	Cru en pleine terre.
Bois de chêne blanc, idem	0,075	0,925	
Bois de bouleau d'Orléans................	0,160	0,840	Argile sablonneuse.
Bois du faux ébénier, Paris	0,315	0,685	
Bois de sapin	0,500	0,500	De Norwège, provenant d'une planche.
Paille de froment.......................	0,090	0,810	Récoltée dans une terre forte et calcaire.
Fanes de pommes de terre	0,042	0,958	Sol de sable siliceux, légèrement calcaire.

COMPOSITION DES SELS ALCALINS ET DE LA MATIÈRE INSOLUBLE DES CENDRES, SELON M. BERTHIER.

SELS ALCALINS

	CHARME	CHÊNE	ÉCORGE DE CHÊNE	TILLEUL	BOIS DE SAINTE-LUCIE	SUREAU À GRAPPES	ARBRE DE JUDÉE	NOISETIER	MÛRIER DE LA CHÊNE
Acide carbonique	n'ont pas été dosés	0,240	0,232	0,274	0,200	0,240	0,249	0,202	0,226
Acide sulfurique		0,081	0,060	0,075	0,060	0,064	0,031	0,051	0,080
Acide chlorohydrique		0,001	0,007	0,018	0,100	0,004	0,005	0,005	0,004
Silice		0,002	0,008	0,016	0,010	0,002	0,010	0,005	0,010
Potasse									
Soude		0,676	0,693	0,607	0,630	0,670	0,705	0,732	0,680
Eau									
		1,000	1,000	1,000	1,000	1,000	1,000	1,000	1,000

	MÛRIER BLANC A	MÛRIER BLANC B	ORANGER	CHÊNE BLANC	BOULEAU	FAUX ÉBÉNIER	SAPIN	PAILLE DE FROMENT
Acide carbonique	n'ont pas été dosés	0,230	0,370	n'ont pas été dosés	0,170	»	0,302	traces
Acide sulfurique		0,033	»		0,023	0,080	0,031	0,020
Acide chlorohydrique		0,040	0,040		0,002	0,020	0,005	0,130
Silice		»	»		0,010	0,017	0,010	0,350
Potasse		0,520				»		
Soude		0,115	0,590		0,798	»	0,654	0,500
Eau						»		
		0,988	1.000		1,000	»	1,000	1,000

MATIÈRES INSOLUBLES

	CHARME	CHÊNE	ÉCORGE DE CHÊNE	TILLEUL	BOIS DE SAINTE-LUCIE	SUREAU À GRAPPES	ARBRE DE JUDÉE	NOISETIER	MÛRIER DE LA CHÊNE
Acide carbonique	0,332	0,396	0,385	0,398	0,340	0,314	0,340	0,370	0,187
Acide phosphorique	0,100	0,008	»	0,028	0,063	0,083	0,075	0,048	0,054
Silice	0,050	0,038	0,011	0,020	0,018	0,032	0,024	0,042	0,131
Chaux	0,386	0,548	0,501	0,518	0,488	0,492	0,460	0,424	0,556
Magnésie	0,078	0,006	0,008	0,022	0,070	0,025	0,072	0,044	0,072
Oxyde de fer	0,016	»	»	0,001	0,005	0,011	0,013	0,040	»
Oxyde de manganèse	0,034	»	0,074	0,006	0,008	0,018	0,007	»	»
Charbon et perte	»	»	0,021	»	»	»	»	»	»
	0,996	0,996	1,000	0,993	0,992	0,995	0,991	0,968	1,000

	MÛRIER BLANC A	MÛRIER BLANC B	ORANGER	CHÊNE BLANC	BOULEAU	FAUX ÉBÉNIER	SAPIN	PAILLE DE FROMENT
Acide carbonique	0,271	0,420	0,335	0,414	0,310	0,190	0,230	»
Acide phosphorique	0,116	0,018	0,019	0,030	0,043	0,184	0,042	0,012
Silice	0,077	0,029	0,060	0,033	0,055	0,080	0,080	0,750
Chaux	0,467	0,461	0,450	0,503	0,522	0,456	0,398	0,058
Magnésie	0,052	0,046	0,070	0,010	0,030	0,090	0,044	»
Oxyde de fer	0,003	0,005	0,010	0,010	0,005	»	0,141	0,025
Oxyde de manganèse	0,005	0,013		»	0,035	»	0,060	»
Charbon et perte	»	»	0,056	»	»	»	»	0,155
	0,991	1,000	1,000	1,000	1,000	1,000	0,995	1,000

COMPOSITION DES CENDRES DE DIFFÉRENTES GRAMINÉES, ANALYSÉES PAR M. BERTHIER (1).

	FOUGÈRE	PAILLE DE FROMENT	PRÈLE 2	BRUYÈRE	TANAISIE	OBSERVATIONS.
Sulfate de potasse	0,007	0,004	0,120	0,050	0,033	La fougère a été récoltée à Nemours (Loiret). — Sable quartzeux.
Chlorure de potassium....	traces	0,032	0,114	0,012	0,090	
Carbonate de potasse.....	»	traces	»	0,068	0,167	
Silicate de potasse	»	0,130	»	»	»	La paille de froment a été récoltée à Puiselet, près Nemours. — Terre forte et calcaire.
Silice	0.730	0,715	0,505	0,375	0,165	
Carbonate de chaux......	0,248	0,096	0,062	0,280	0,434	La bruyère a été récoltée à Nemours.
Sulfate de chaux.........	»	»	0,144	»	»	
Phosphate de chaux......	0,010	0,023	0,022	0,130	0,100	La tanaisie a été récoltée à Nemours. — Sol sablonneux d'un jardin.
Magnésie...............	0,005	»	0,030	0,010	0,002	
Oxyde de fer...........	»	»	»	0,014	0,007	
Oxyde de manganèse.....	»	»	»	0,061	0,002	

(1) Berthier, *Traité des essais*, t. I, p. 208.   (2) Analysée par M. Braconnot.

Une remarque qui a été faite par M. Berthier, et qui ressort de l'ensemble des analyses précédentes, c'est l'absence de l'alumine dans les principes constituants des cendres examinées. Les résultats obtenus antérieurement par M. de Saussure confirment pleinement cette observation; et si dans quelques cas on en a recueilli des traces, on a cru devoir les attribuer à l'argile qui a pu adhérer accidentellement aux plantes. Suivant M. Berthier, l'absence de l'alumine a très probablement pour cause son insolubilité dans l'eau et sa faible affinité pour les acides organiques. Les sels solubles d'alumine à acides minéraux sont, on le sait, défavorables à la végétation, et dans un terrain cultivable ils ne sauraient se trouver en présence des carbonates calcaires ou alcalins sans être décomposés.

Cependant, l'alumine paraît avoir été observée à l'état de sels dans les sucs de certaines plantes ; le *lycopodium complanatum*, dont l'infusion est employée comme mordant dans la teinture, contient du tartrate d'alumine (1) ; le même sel a été signalé dans le verjus, et comme nous le verrons bientôt, Vauquelin a trouvé de l'acétate d'alumine dans la sève du bouleau. J'ajouterai que dans un assez grand nombre d'analyses de cendres, provenant de plantes et de graines récoltées

(1) Berzélius, *Traité de chimie*, t. IV, p. 130, traduction française.

dans notre culture, j'ai constamment obtenu des indices d'alumine, mais je n'oserais affirmer que cette terre ne fût pas accidentelle.

La silice ne se rencontre qu'en très petite quantité dans la cendre de bois. Elle entre, au contraire, pour une proportion considérable dans la cendre de beaucoup de plantes annuelles ou bis-annuelles, et en particulier dans celle des céréales. Humphry Davy porte à 0,9 la silice contenue dans l'épiderme du jonc des Indes.

Si l'on compare entre elles les cendres de bois de même espèce, crus dans des terrains de nature différente, on voit, dit M. Berthier, qu'elles peuvent différer notablement: ce qui semble établir que le sol exerce une influence sur leur constitution. Ainsi le chêne de Roque-des-Arcs, cru dans un terrain éminemment calcaire, a donné des cendres presque entièrement formées de carbonate de chaux; tandis que celles laissées par un chêne du département de la Somme, contiennent beaucoup de magnésie et de phosphate calcaire (1). Les cendres d'un mûrier blanc de Nemours renferment plus de 0,10 d'acide phosphorique, et on en rencontre à peine des traces dans celles d'un semblable mûrier du terrain calcaire de la Provence. La déduction la plus remarquable que permettent les analyses de M. Berthier, est celle

(1) Ces cendres provenaient du charbon de chêne; la partie insoluble a donné 0,14 de phosphate de chaux, et 0,08 de magnésie.

qui résulte de la composition des cendres provenant d'arbres nés dans un même terrain. On voit que, pour les espèces analogues, les cendres ont également la plus grande analogie. On trouve au contraire que les arbres de genres très distincts, donnent des cendres d'une nature fort différente ; résultats qui mènent à cette conclusion importante, que les plantes ont la faculté de choisir dans le sol les substances qui conviennent le mieux à leur organisation spéciale. C'est là un point que nous aurons l'occasion de discuter, en traitant des assolements.

Les matières qui forment la cendre, ne sont pas toutes à l'état où elles se trouvaient dans le tissu végétal. Dans les plantes, il existe constamment des acides organiques qui, le plus généralement, sont unis aux bases minérales. Pendant l'incinération des plantes, les acides organiques sont détruits, et le résultat de leur destruction est un carbonate alcalin, si l'acide préexistant était uni à la soude ou à la potasse ; un sel végétal calcaire donnera du carbonate de chaux ; un sel magnésien produira de la magnésie, à cause de la propriété bien connue que possède cette terre, de ne pas retenir l'acide carbonique, à une température élevée. Ainsi, la majeure partie des carbonates qui entrent dans la composition des cendres, se sont formés par le fait même de l'incinération. Les sels qui peuvent résister à l'action d'une forte chaleur, comme les phosphates, les sulfates et les chlorures, sont les seuls qui aient conservé dans les cendres l'état sous lequel ils existaient dans la plante vivante.

L'eau étant le véhicule qui transporte les sels minéraux du sol dans les végétaux, nous n'apercevons pas toujours comment ils y pénètrent. Pour expliquer dans les plantes la présence d'un sel aussi insoluble que le phosphate de chaux, M. de Saussure admet, d'après des expériences satisfaisantes, qu'il existe des phosphates doubles de potasse et de chaux, de potasse et de magnésie (1). D'ailleurs, bon nombre de corps, considérés en chimie comme insolubles, ne le sont probablement pas d'une manière absolue. La silice paraît posséder un certain degré de solubilité, du moins M. Payen l'a-t-il rencontrée en quantité très appréciable dans l'eau qui jaillit du puis artésien de Grenelle, et dans l'eau de la Seine. On sait en outre, que plusieurs sels terreux insolubles se dissolvent à la faveur de l'acide carbonique que contiennent toujours les eaux dont le sol est imbibé. Enfin, il n'est pas improbable, que certains sels insolubles prennent naissance dans les tissus même des plantes, par l'arrivée successive et l'action récipropre de sels solubles.

____

(1) Saussure, *Recherches chimiques, etc.*, p. 321.

Il nous reste à examiner maintenant par quelles voies les substances salines sont introduites dans l'organisme des végétaux, et dans quelles limites peut s'en charger l'eau qui sert à entretenir la vie des plantes ; car c'est un résultat d'expérience, pour ainsi dire vulgaire, que les dissolutions salines douées d'un certain degré de concentration, agissent souvent d'une manière nuisible sur la végétation.

Les spongioles qui terminent les racines, ont un tissu trop serré pour laisser passer autre chose que des fluides. Tous les essais tentés dans le but de leur faire absorber des corps solides infiniment divisés et tenus en suspension dans l'eau, ont été infructueux. Dans ces tentatives, les spongioles ont fonctionné exactement comme des filtres parfaits, auxquels nous ne saurions comparer ceux que nous employons dans nos laboratoires. Il y a plus, des dissolutions les plus faibles ne sont pas absorbées entièrement par certaines racines, il se fait une sorte de départ, et une portion du sel dissous abandonne l'eau, au moment où elle pénètre dans la spongiole. C'est ce qui ressort des recherches faites par M. de Saussure, pour constater : 1° si les plantes absorbent les substances dissoutes dans le même rapport qu'elles absorbent l'eau (1) ; 2° si les plantes font un choix

---

(1) Saussure, *Recherches chimiques*, etc., p. 247.

parmi les différentes subtances tenues en dissolution dans le même liquide (1).

Dans des dissolutions contenant huit dix millièmes de chacune des substances suivantes :

Chlorure de potassium,

Chlorure de sodium,

Azotate de chaux (nitrate).

Sulfate de soude effleuri,

Chlorhydrate d'ammoniaque,

Acétate de chaux,

Sulfate de cuivre,

Sucre candi,

Gomme arabique,

Extrait de terreau (2),

on fit plonger des plantes de *polygonum persicaria*, pourvues de leurs racines. Avant de commencer les expériences, les *polygonums* avaient vécu pendant quelque temps dans l'eau distillée, jusqu'à ce que leurs racines eussent pris un commencement de croissance.

Les plantes ont vécu à l'ombre pendant cinq semaines, en développant des racines dans les dissolutions de chlorure de potassium, de chlorure de sodium, d'azotate de chaux, de sulfate de soude et d'extrait de terreau. Elles ont langui

(1) Saussure, *Recherches chimiques, etc.*, p. 253.

(2) L'extrait de terreau n'entrait que pour deux dix millièmes dans la dissolution.

sans prendre aucun accroissement, dans la dissolution de chlorhydrate d'ammoniaque, et n'ont pu
se soutenir dans l'eau sucrée, qui s'altérait
promptement, qu'en la renouvelant avec fréquence. Les polygonums sont morts au bout de
huit à dix jours, dans l'eau gommée et dans la
solution d'acétate de chaux. Ils n'ont résisté que
deux à trois jours, dans l'eau qui renfermait le
sulfate de cuivre.

Des observations exactement semblables faites
sur des *bidens cannabina*, ont offert les mêmes
résultats, avec cette seule différence, que cette
plante a moins résisté que le polygonum.

Pour évaluer dans quelle proportion les substances dissoutes ont été absorbées, relativement
à l'eau, M. de Saussure a fait usage des dissolutions employées précédemment ; mais il termi-
nait l'expérience, lorsque les plants avaient aspiré précisément la moitié du liquide qui les
alimentait. Chaque dissolution abreuvait un
nombre suffisant de plantes pour que cette condition pût être remplie en deux jours. La moitié
du liquide restant après chaque expérience ,
était analysée, et la quantité de sels qui s'y trouvait, faisait connaître par différence celle qui
avait pénétré dans le végétal. En représentant
par cent parties la totalité de la substance dissoute, il est évident que d'après la condition
dans laquelle on s'était placé, cinquante de ces

parties devaient entrer dans la plante, si l'absorption des matières salines eût été proportionnelle à celle du dissolvant. Mais l'expérience a prouvé qu'en aspirant la moitié du volume du liquide normal, le polygonum avait absorbé :

15 parties de chlorure de potassium,
13 — de chlorure de sodium,
4 — d'azotate de chaux,
14 — de sulfate de soude,
12 — de chlorhydrate d'ammoniaque,
8 — d'acétate de chaux,
29 — de sucre,
9 — de gomme,
5 — d'extrait de terreau,
47 — de sulfate de cuivre.

Dans les mêmes circonstances le bidens a pris :

16 parties de chlorure de potassium,
15 — de chlorure de sodium,
8 — d'azotate de chaux,
10 — de sulfate de soude,
17 — de chlorhydrate d'ammoniaque,
8 — d'acétate de chaux,
32 — de sucre,
8 — de gomme,
6 — d'extrait de terreau,
48 — de sulfate de cuivre.

Il résulte de ces expériences, que les plantes ont absorbé les diverses substances qui leur ont été présentées ; mais sans exception , elles ont aspiré l'eau dans une plus forte proportion que les matières dissoutes.

En multipliant et variant ces expériences, M. de Saussure est toujours arrivé aux mêmes résultats généraux. Les plantes ont constamment pris plus de sels alcalins que de sels calcaires , plus de sucre que de gomme , bien que les quantités absorbées des différentes matières, aient varié considérablement.

Le sulfate de cuivre a présenté dans le cours de ces recherches une anomalie qui s'explique aisément. On voit en effet que ce sel, évidemment nuisible à la végétation, a été aspiré à plus forte dose. Cela provient de son action corrosive sur les racines. Le sulfate de cuivre désorganise les spongioles , et ces organes une fois détruits, l'absorption se fait avec plus de vitesse, et en plus grande abondance. C'est qu'une racine privée de spongiole se trouve dans la condition d'une tige, d'une branche dont la section fraiche est plongée dans un liquide. L'observation prouve effectivement que des substances dissoutes, qui par leur viscosité ne sont pas susceptibles de pénétrer dans une racine saine , s'introduisent au contraire facilement dans une tige , dans une branche , en quantité assez forte pour les colorer fortement , si c'est une matière tinctoriale qui est offerte à l'absorption.

Dans les expériences précédentes, la dissolution ne contenait qu'une seule substance. Dans celles qui vont suivre, M. de Saussure a dissous dans l'eau, deux ou trois sels réunis, un mélange de sucre et de gomme, afin de s'assurer si les plantes feraient une sécrétion particulière de ces dissolutions mixtes.

Dans 793 grammes d'eau, on a dissous deux ou trois espèces de sels ; le poids de chaque espèce était de 0^{gr}, 637. L'eau pouvait donc contenir de 0^{gr},0016 à 0^{gr},0024 de matière saline. Comme dans les expériences antérieures, on a fait absorber aux plantes exactement la moitié des dissolutions. L'analyse a indiqué la quantité et la nature des substances restées dans le liquide non aspiré, et par suite les sels qui avaient pénétré dans le végétal.

Pour former le tableau qui résume les résultats obtenus, on a représenté par 100 parties, le poids de chaque sel particulier qui entrait dans la dissolution.

POIDS DES SUBSTANCES DANS LA DISSOLUTION SOUMISE A L'EXPÉRIENCE.	POIDS DES SUBSTANCES PRISES PAR LE POLYGONUM, EN ASPIRANT LA MOITIÉ DE LA DISSOLUTION.	POIDS DES SUBSTANCES PRISES PAR LE BIDENS, EN ASPIRANT LA MOITIÉ DE LA DISSOLUTION.
100 parties en poids		
Sulfate de soude effleuri	12	7
Chlorure de sodium..........	22	20
Sulfate de soude effleuri	12	10
Chlorure de potassium........	17	17
Acétate de chaux...........	8	5
Chlorure de potassium........	33	16
Azotate de chaux............	4	2
Chlorhydrate d'ammoniaque...	16	15
Acétate de chaux............	31	35
Sulfate de cuivre............	34	39
Azotate de chaux............	17	9
Sulfate de cuivre	34	56
Sulfate de soude............	6	13
Chlorure de sodium	10	16
Acétate de chaux............	traces	traces
Gomme....................	26	21
Sucre	34	46

M. de Saussure a confirmé ces résultats en opérant sur la menthe poivrée, le pin d'Écosse, et le genièvre commun. Les substances qui ont été absorbées en plus forte proportion par le polygonum et le bidens, l'ont été aussi en plus grande quantité par ces plantes.

La section des racines, leur destruction favorise, comme nous l'avons déjà dit, l'introduction des matières dissoutes. Des plantes dont les racines avaient été enlevées n'ont plus choisi les substances dissoutes d'une manière aussi prononcée ; après cette mutilation, elles les ont absorbées à peu près indifféremment, à plus fortes doses, et sensiblement dans le même rapport que l'eau qui les contenait en dissolution.

Les racines pourvues de spongioles laissent donc pénétrer dans les plantes telle matière dissoute, de préférence à telle autre. Les chlorures de potassium et de sodium, par exemple, les traversent plus facilement que l'acétate et l'azotate de chaux; le sucre plus aisément que la gomme ; et de même que lorsque ces substances sont isolées, elles sont, dans leur association, absorbées dans une proportion beaucoup moindre que l'eau de dissolution.

M. de Saussure n'est pas disposé à admettre que la sorte de préférence que les plantes montrent pour certains sels, pour certaines substances dissoutes, résulte d'une faculté particulière, ou d'une affinité. Il croit devoir l'attribuer au degré de fluidité, ou de viscosité communiqué à l'eau par les différentes matières dissoutes. Ainsi, l'acétate et l'azotate de chaux donnent avec la même proportion de liquide, des solutions plus visqueuses, qui passent plus difficilement à travers un filtre, que les sulfates et les chlorures alcalins ; ces derniers sels ont aussi été absorbés par le végétal en plus grande abondance que les sels calcaires. La gomme, qui communique à l'eau plus de viscosité que le sucre, est aussi moins absorbable. Enfin l'eau pure, plus fluide qu'aucune des dissolutions où elle entre, est des substances essayées, celle que les végétaux ont préférée à toutes les autres.

Dans les résultats des incinérations que nous avons fait connaître, on a pu voir que dans beaucoup de plantes, les sels s'y rencontrent dans une proportion très faible. C'est ce qui a porté plusieurs physiologistes à considérer les substances minérales qu'on trouve dans les végétaux, comme purement accidentelles, et par conséquent inutiles à leur existence. M. de Saussure observe que leur peu d'abondance n'est pas un indice de leur inutilité, et il rappelle que le phosphate calcaire qui fait partie de l'organisation d'un animal, n'y entre peut-être pas pour un cinq centième de la masse totale, bien que personne n'ait songé à contester le rôle important que ce sel joue dans la constitution des os. Nous ajouterons que comme le phosphate de chaux a été rencontré, par M. de Saussure, dans toutes les cendres de végétaux qu'il a examinées, et que toutes les analyses exécutées depuis ses premiers travaux sont venues confirmer la généralité du principe posé par ce célèbre chimiste; nous n'avons réellement aucune raison pour affirmer qu'une plante puisse exister sans l'intervention des sels. Au reste, il est des plantes annuelles qui, quand on les brûle, laissent plus de dix pour cent de résidu, et celles qui sont cultivées dans un sol privé d'une ceraine dose de matières salines ou alcalines, arrosées avec de l'eau distillée, vivent et murissent il est vrai, mais elles n'acquièrent jamais la vigueur que leur donne une terre fertile.

Duhamel a reconnu que les plantes marines languissent dans un terrain privé de chlorure de sodium, et cela se conçoit d'autant plus facilement, que ces plantes qui fournissent des cendres très riches en carbonate de soude, renferment toujours des acides organiques unis à cette base. La bourrache, l'ortie, se plaisent et ne réussissent bien que dans les lieux où elles rencontrent des azotates, et il est facile de s'assurer que ces mêmes plantes, desséchées, renferment dans leur tissu une quantité notable de nitre, ou d'azotate de chaux. La vigne surtout demande des amendements alcalins, pour remplacer la potasse enlevée au sol par la production du bitartrate de potasse, qui entre en proportion plus ou moins forte dans tous les vins.

Les acides organiques, si divers par leur composition et par leurs propriétés, qui se rencontrent dans les différentes familles végétales, s'y trouvent toujours engagés à l'état de sels neutres ou acides.

La proportion de base combinée dans une plante aux acides végétaux, peut être facilement reconnue et dosée dans les cendres, car elle passe, par l'effet de l'incinération, à l'état de carbonate alcalin ou terreux. Les acides végétaux sont certainement destinés à exercer des fonctions importantes dans l'organisme des végétaux, et leur formation dépend peut-être de l'influence des bases avec lesquelles ils peuvent constituer des sels. La nature même de l'oxyde paraît de peu d'importance ; il suffit qu'il puisse être introduit dans la plante. On sait d'ailleurs que certaines bases peuvent se remplacer mutuellement, équivalent pour équivalent.

Ces principes posés, M. Liébig déduit de la composition des cendres de différents bois une conséquence remarquable, c'est que pour chaque famille végétale, la somme de l'oxygène des bases unies aux acides organiques serait un nombre constant ; ou, en d'autres termes, les espèces d'une même famille contiendraient le même nombre d'équivalents basiques combinés aux acides végétaux.

Ainsi, 100 parties de cendres d'un pin du Breven, analysées par de Saussure, contiennent :

Carbon. de potasse . .	3,60.	Oxyg. de la potasse.	0,41	
Id. de chaux . . .	46,34.	Id. de la chaux. .	7,33	9,01 ox.
Id. de magnésie.	6,77.	Id. de magnésie .	1,27	

Carbonates. 56,71.

Les cendres d'un pin du mont La Salle ont fourni :

Carbon. de potasse . . 7,36. Oxyg. de la potasse. 0,85 }
Id.   de chaux . . . 51,19.   Id.   de la chaux. . 8,10 } 8,95 ox.
Id.   de magnésie. 0,00.

        Carbonates. 58,55.

M. Berthier a trouvé dans les cendres d'un sapin d'Allevard les bases suivantes :

Potasse et soude. 16,8. Oxygène. 3,42 }
Chaux . . . . . . 29,5.   Id.   8,20 } 12,82 oxygène.
Magnésie . . . . 3,2.   Id.   1,20 }

             49,5.

Une partie des alcalis renfermant 1,20 d'oxygène, était unie à des acides minéraux, formant des sulfates, phosphates et chlorure. L'oxygène des bases combinées à l'acide carbonique se réduit donc à 11,62.

Les cendres d'un sapin de Norwège renferment, d'après le même analyste :

Potasse . . . 14,10. Oxygène. 2,40 }
Soude. . . . 20,70.   Id.   5,30 }
Chaux . . . 12,30.   Id.   3,45 } 12,84 oxygène.
Magnésie . . 4,35.   Id.   1,69 }

          51,45.

Dans cette cendre, les bases appartenant aux sels inorganiques ont 1,37 d'oxygène. L'oxygène des bases des carbonates, ou, si l'on veut, des bases qui formaient dans l'arbre des sels organiques, devient 11,47. Les nombres 9,01 et 8,95 d'une part, 11,62 et 11,47 de l'autre, qui représentent la quantité d'oxygène de la totalité des bases dans les cendres dérivant des plantes de la même espèce, sont, comme on le voit, trop peu différents, pour ne pas être considérés comme égaux.

Des analyses exactes exécutées sur des cendres provenant de plantes d'espèces semblables, crues dans des sols de nature diverse, décideront, dit M. Liébig, si le fait qui se déduit de la composition des cendres de pin et de sapin, constitue une loi définitive (1).

Quoi qu'il en soit, l'effet utile des alcalis dans la végétation ne saurait être douteux ; nombre de pratiques agricoles le prouvent jusqu'à l'évidence, et, selon M. Liébig, le fait de la formation des alcaloïdes organiques dans les plantes, en serait encore une nouvelle preuve. M. Liébig pense que les alcalis organiques tendent particulièrement à se former en l'absence des bases minérales ; ainsi les pommes de terre qui poussent dans les caves, dans des conditions où le sol ne peut leur présenter de la potasse, de la soude, ou de la chaux, développent un alcali organique, la solamine, qui ne se retrouve pas dans les tubercules récoltés dans la culture ordinaire (2). Dans les

(1) Liébig, *Chimie organique*, Introduction, p. cxij.
(2) Liébig, *Chimie organique*, Introduction, p. cxiv.

quinquinas, la quinine et la cinchonine sont unies à de l'acide quinique, mais il s'y trouve souvent aussi du quinate de chaux. Suivant le même chimiste, cette dernière base tiendrait dans l'organisme la place d'un alcali végétal, et plus elle dominerait dans le sol, moins le quinquina serait riche en quinine ou en cinchonine (1). Ces vues ingénieuses méritent certainement d'être livrées aux méditations des physiologistes; elles sont de nature à ajouter un nouvel intérêt à l'étude de la constitution chimique des cendres des végétaux.

Les substances inorganiques répandues dans les végétaux, proviennent évidemment du sol. En cultivant, comme l'a fait M. Lassaigne, des graines semées sur de la fleur de soufre parfaitement lavée, et arrosée avec de l'eau distillée, la plante récoltée ne renferme ni plus ni moins de matières salines et terreuses, que celles qui se trouvaient primitivement dans la semence.

L'eau aspirée par les racines se charge en séjournant dans la terre, des diverses substances solubles qui peuvent s'y rencontrer, et qui contribuent le plus souvent à sa fertilité; tels sont les sels qui proviennent des matières organiques décomposées. Le liquide chargé d'une faible quantité des corps solubles répandus dans le sol constitue la sève ascendante. Lors-

(1) Liébig, *Chimie organique*, Introduction, p. cxiv.

qu'il a pénétré dans la plante, et immédiatement après son passage par les spongioles des racines, peut-être même pendant qu'il la traverse, les matières organiques dissoutes paraissent subir une profonde modification, car dans la sève on découvre des corps qui ne pouvaient exister dans l'eau qui imbibait le terrain ; et, durant son ascension, le liquide croît en densité, comme l'a reconnu Knight. La sève d'un *acer platanoïdes*, prise à la surface du sol, a, selon cet habile observateur, une densité de 1,004 à 2 mètres de hauteur ; cette densité devient 1,008 et 1,012 à 4 mètres. Knight en conclut que, pendant sa marche ascensionnelle, la sève entraîne de la nourriture déposée dans le tissu végétal qu'elle parcourt (1). Nous avons vu que la sève, après s'être élaborée dans les parties vertes des arbres, prend une route opposée à celle qu'elle a d'abord suivie, et pour cette raison nous avons nommé cette sève modifiée, sève descendante. Il est possible que, dans les observations de Knight, le liquide puisé à une certaine profondeur, fût un mélange des deux sèves, ce qui expliquerait alors l'augmentation de densité.

Au reste, il ne faut pas se hâter de considérer l'action des deux espèces de sèves comme s'exerçant isolément, dans l'intérêt du développement de la plante ; et il est très vraisemblable, comme

(1) Decandole, *Physiologie*, t. I, p. 204.

le pense M. Dutrochet, que la sève modifiée, en s'infiltrant dans le tissu perméable du végétal, se mêle continuellement à la sève ascendante pour concourir à l'accroissement des bourgeons (1). La difficulté de recueillir isolément chaque sève en particulier, si toutefois la séparation est réellement possible, fait que les résultats analytiques que nous possédons, ne présentent pas toute la netteté désirable.

Vauquelin a étudié la sève du bouleau, celle du charme, du hêtre, du marronnier et de l'orme.

La sève du charme (*carpinus sylvestris*) a été recueillie dans les mois d'avril et de mai. A cette époque, elle est incolore et limpide comme de l'eau, sa saveur légèrement sucrée; son odeur rappelle celle qui est particulière au petit-lait; elle rougit le papier de tournesol. La sève du charme contient :

De l'eau,   en très grande quantité.
Du sucre,
De la matière extractive (1),
De l'acide acétique libre,
De l'acétate de chaux,   en très petite quantité.
De l'acétate de potasse,

Cette sève, abandonnée à elle-même, donne

(1) Dutrochet, *Sur la structure*, p. 36.
2) Probablement azotée.

successivement tous les signes de la fermentation alcoolique et de la fermentation acide (1).

La sève du bouleau rougit fortement le tournesol; elle est sans couleur; elle possède une saveur sucrée.

L'eau qui en forme la majeure partie tient en dissolution :

> Du sucre,
> De la matière extractive,
> De l'acétate de chaux,
> De l'acétate d'alumine,
> De l'acétate de potasse.

Par le contact de la levure, lorsqu'elle est convenablement concentrée par l'évaporation, elle fermente et donne ensuite de l'alcool par la distillation. La présence de l'acétate d'alumine peut paraître extraordinaire dans cette sève, par la raison qu'on n'a pas encore indiqué d'alumine dans les cendres du bouleau.

Sève du hêtre (*fagus sylvestris*). L'analyse en fut faite en mars et en avril. Sa couleur, à l'époque où elle a été examinée, était d'un rouge fauve; elle avait la saveur de l'infusion de tan; elle rougissait faiblement le tournesol. Elle contenait en très petite quantité :

> De l'acétate de chaux,
> De l'acétate de potasse,

(1) Vauquelin, *Annales de Chimie*, t. XXXI, p. 20, 1ʳᵉ série.

De l'acétate d'alumine,

De la matière extractive,

Du tannin,

De l'acide acétique,

De l'acide gallique.

La sève du marronnier renferme, suivant Vauquelin, qui, faute de matière, n'en a pu faire qu'une étude peu approfondie :

Du mucilage,

De l'azotate de potasse,

Des acétates de potasse et de chaux.

Sève d'orme. On l'a examinée à trois époques; d'abord au commencement d'avril, puis quelques jours après, enfin un mois plus tard.

Au commencement d'avril, sa couleur était fauve, sa saveur douce et mucilagineuse; elle était à peine acide. L'analyse y a indiqué :

Eau. 1027,90
Acétate de potasse 9,23
Matière organique. 1,06
Carbonate de chaux. . . . 0,80

A la deuxième époque, elle renfermait un peu plus de matière organique extractive, et un peu moins de carbonate de chaux et d'acétate de potasse. Le dernier examen montra que ces deux sels avaient encore diminué. Laissée à l'air libre, la sève d'orme se décompose et devient alcaline; l'acétate de potasse passe à l'état de carbonate.

M. Regimbeau a trouvé dans la sève de la vigne (1) :

Du bitartrate de potasse,
Du tartrate de chaux,
Du mucilage,
De l'acide carbonique libre.

La sève de l'érable contient une quantité très notable de sucre, et une très petite quantité d'acétate. Au Canada, j'ai vu traiter cette sève pour en retirer du sucre identique avec celui qui provient de la canne; au reste, sa nature est sujette à varier, et Duhamel affirme qu'à une certaine époque elle perd sa saveur sucrée et prend un goût herbacé (2).

MM. Liébig et Will ont reconnu la présence de sels ammoniacaux dans la sève de l'érable, du bouleau, et dans les *pleurs* de la vigne. M. Biot a eu l'occasion d'examiner la sève d'un assez grand nombre d'arbres; il a constaté que le sucre s'y trouve souvent sous deux états différents, sous celui de sucre de canne proprement dit, et à l'état de sucre de raisin, qui, comme les chimistes l'admettent, ne diffère du premier que par un équivalent d'eau en plus. Les sèves sur lesquelles a porté son examen, contiennent en outre de la matière animale (*albumine*) et une matière gom-

(1) *Journal de Pharmacie*, t. XVIII, p. 36.
(2) *Annales de l'Agriculture française*, t. V, 2ᵉ série, p. 339.

meuse ; il n'a pas trouvé d'acide carbonique libre. Pour le but qu'il se proposait, et qui était d'étudier les changements qui surviennent dans la nature du sucre, M. Biot n'a pas eu à rechercher les faibles proportions de sels à acides organiques, que Vauquelin a rencontrés dans les sèves.

Le 11 février, le tronc d'un noyer donnait une sève contenant du sucre de canne. Les sèves du sycomore, de l'acer negundo et du lilas, renfermaient la même espèce de sucre, mais celle du bouleau tenait en dissolution du sucre de raisin. Sur le sycomore et sur le bouleau, M. Biot a observé un fait des plus intéressants. Il a reconnu, en faisant abattre ces arbres, que la plus grande partie de la sève descendante se trouvait vers le milieu de la longueur du tronc ; celle du bouleau était acide et sucrée ; le liquide qui imprégnait la portion du tronc qui adhérait au sol, ne renfermait pas de sucre, mais bien une matière ayant les principaux caractères de la gomme (1). C'était peut-être un effet de la saison, car Knight assure n'avoir jamais pu découvrir la moindre trace de matière sucrée, pendant l'hiver, dans l'aubier soit de la tige, soit des racines du sycomore (2).

(1) *Annales du Muséum d'Histoire naturelle*, t. II.

(2) Knight, *Annales de l'Agriculture française*, t. V, 2ᵉ série, p. 338.

Sève de guaduas (bambusa guaduas).

Le guaduas croît dans les contrées chaudes et marécageuses des régions tropicales; cette graminée atteint souvent l'énorme hauteur de 20 à 30 mètres. Sa tige, creuse, est divisée, sur toute sa longueur, en nœuds assez régulièrement espacés à une distance de 3 décimètres. Chaque nœud est l'indice d'une cloison ligneuse, qui semble diviser la tige du guaduas en autant de tubes juxtaposés; en la perforant immédiatement au dessus d'une cloison, il s'écoule une eau limpide et fraiche que l'on ne saurait distinguer de l'eau la plus pure. C'est une ressource que la plupart des voyageurs ont pu mettre à profit. Cette sève, à ce que m'ont assuré les habitants des pays où j'ai observé le guaduas, ne remplit jamais l'espace creux de la tige compris entre deux cloisons ou nœuds; l'analyse que j'en ai faite, a indiqué que la sève du guaduas est presque de l'eau pure. Les réactifs n'y ont décélé que des traces de sulfate et de chlorure. En en évaporant une assez grande quantité, j'ai pu y découvrir, indépendamment de ces traces de sels solubles, une très petite proportion de matière animale, et de la silice; cette dernière substance est peut être l'élément qui domine dans la sève du guaduas.

Sève du bananier (musa Paradisica).

La sève du bananier possède une saveur astringente très prononcée ; elle rougit la teinture de tournesol. Immédiatement après sa sortie de la plante, elle est limpide et incolore comme de l'eau ; cependant elle jouit de la propriété de colorer en jaune les tissus qui y sont plongés. Exposée à l'air, elle se trouble et laisse déposer des flocons d'un rose sale. C'est à l'action de l'oxygène qu'est du ce dépôt, car il ne se manifeste qu'au contact de l'air. Après la formation de ce dépôt, la sève ne colore plus les tissus. D'après un examen chimique que j'ai fait de la sève du bananier, durant mon séjour sur les bords de la Magdalena, je crois pouvoir admettre qu'elle renferme :

De l'acide gallique,
De l'acide acétique,
Du chlorure de sodium,
Des sels de chaux et de potasse,
De la silice.

La sève, élaborée, pendant son passage dans les feuilles acquiert une plus forte consistance. Elle renferme généralement des principes particuliers, qui sont le résultat de cette élaboration, et constitue le liquide que l'on désigne ordinairement sous le nom de suc particulier des plantes. On l'obtient généralement, en faisant une incision qui pénètre un peu au dessous de l'écorce.

Les caractères et les propriétés de la sève élaborée, sève descendante, sont extrêmement variées. Mais on peut la diviser en sève laiteuse, sève sucrée, sève gommeuse et résineuse, selon la nature des sucs dissous ou suspendus dans le liquide. Un assez grand nombre des sucs particuliers des végétaux contenant des principes employés dans les arts ou dans la médecine, leur étude est plus complète que celle des sèves ascendantes : nous ne pouvons nous proposer ici de faire une monographie de ces sucs; nous nous bornerons à mentionner ceux qui ont été examinés avec quelques soins.

Sèves laiteuses.

Les sèves laiteuses, comme l'indique leur nom, ont l'apparence du lait; elles doivent cet aspect lactescent à des globules de matières insolubles, extrêmement divisés et tenues en suspension dans un liquide.

Suc du *carica papaya.*

Le carica papaya croît dans les régions tropicales. Le suc qu'on extrait du fruit, par incision , est blanc, excessivement visqueux. Dans un échantillon de ce suc, venant de l'Ile de France, Vauquelin a trouvé de l'eau en très grande quantité, et de plus une matière animale ayant les propriétés chimiques de l'albumine des animaux(1); enfin, une matière grasse .

J'ai eu l'occasion de vérifier l'exactitude des résultats obtenus par Vauquelin, sur le lait du fruit du carica papaya; et durant mon séjour à Caracas, j'ai examiné le suc qui s'écoule du tronc même de l'arbre. Ce suc est moins lactescent, et beaucoup plus fluide, que celui qui provient du fruit, il présente l'apparence de lait coupé avec de l'eau. Son odeur est un peu nauséabonde, même à sa sortie de la plante; sa saveur légèrement aigre. Exposé à l'air, il se coagule assez promptement. Il contient une matière animale comparable à la fibrine, en assez forte proportion,

Du sucre,
De la cire , } en petites quantités.
De la résine ,

Évaporé et brûlé , il laisse un résidu salin.

Ce suc est employé par les habitants, à quelques usages médicaux.

(1) Vauquelin, *Annales de Chimie*, t. XLIX, p. 219, 1re série.

Suc de l'arbre de la vache.

Au nombre des productions végétales les plus étonnantes qu'on observe dans la région équinoxiale, se trouve un arbre qui donne avec abondance un suc laiteux, comparable par ses propriétés, au lait des animaux. A l'époque où je quittai l'Europe, M. de Humboldt me recommanda expressément de porter mon attention sur le lait de l'arbre de la vache. Peu de temps après mon arrivé dans les cordilières du littoral de Caracas, nous pûmes, M. de Rivero et moi, répondre à la demande du célèbre voyageur (1).

Le lait que nous avons examiné provenait du *Palo de leche,* l'arbre à lait, qui est extrêmement commun dans les environs de Maracay.

Le lait végétal possède les mêmes caractères physiques que celui de la vache, avec cette seule différence qu'il est un peu visqueux ; sa saveur agréable est légèrement balsamique. Quant à ses propriétés chimiques, elles diffèrent sensiblement de celles qui sont particulières au lait animal. Ainsi les acides ne le caillent pas. L'alcool le coagule à peine.

Par l'action d'une douce chaleur, on voit se

(1) Rivero et Boussingault, *Annales de chim. et de phys.,* t. XXIII, p. 229, 2e série.

former à la surface du lait végétal, de légères pellicules. En l'évaporant au bain Marie, on obtient un extrait qui ressemble à la *frangipane* ; et si l'on continue pendant un certain temps l'action du feu, on remarque des gouttes huileuses, qui augmentent à mesure que l'eau se dégage, et qui finissent par former un liquide d'apparence graisseuse, dans lequel nage une substance fibrineuse qui se dessèche et se racornit à mesure que la température augmente. Alors se répand l'odeur la mieux caractérisée qu'il soit possible, de viande que l'on fait frire dans la graisse.

Par l'action seule de la chaleur, on sépare donc le lait du *Palo de leche*, en deux parties distinctes : l'une fusible, de nature grasse, l'autre fibrineuse, et offrant tous les caractères des substances animales.

Si on ne pousse pas trop loin l'évaporation du lait végétal, on peut obtenir la matière grasse inaltérée, elle jouit alors des propriétés suivantes : elle est blanche, translucide, assez solide pour résister à l'impression du doigt. Elle fond à 60° ; l'alcool à 40° la dissout complètement par l'ébullition ; elle est également soluble dans la potasse.

La matière fibrineuse nous a présenté tous les caractères de la fibrine, retiré du sang des animaux ; pour cette raison nous l'avons nommée *fibrine*. En effet, mise sur un fer chaud, elle se boursouffle , fond , se carbonise en exhalant l'odeur de viande grillée. Traitée par l'acide nitrique faible, elle donne du gaz azote : par la distillation , elle dégage abondamment des vapeurs ammoniacales.

La présence et la nature de cette matière animalisée , dans le lait de l'arbre de la vache , explique comment ce lait acquiert en s'altérant l'odeur de vieux fromage. Nous avons considéré la matière grasse du lait comme analogue à la cire d'abeilles , je puis même ajouter que nous en avons fait des bougies. Cependant, la faculté de se dissoudre complètement dans l'alcool, jointe à sa facile solution dans la potasse, établissent une différence assez marquée, avec les propriétés généralement attribuées à la cire des insectes. C'est une question qui ne pouvait être complètement éclaircie que par l'analyse élémentaire , et on conçoit que les moyens nous manquaient póur faire un examen plus approfondi de la cire du lait végétal.

Dans l'eau qui tient en suspension la cire , et la matière animale , nous avons rencontré quelques substances salines et un acide libre , dont nous n'avons pu déterminer la nature. Nous n'avons pas réussi à constater dans le lait végétal , la présence du caoutchouc. D'après nos recherches, ce lait contiendrait :

1.   9

1° Une matière grasse analogue à la cire d'abeille ;

2° Une substance animale, analogue à la fibrine des animaux ;

3° De l'eau, des sels, un acide libre, et un peu de sucre.

Par l'incinération nous avons retiré du lait, des cendres dans lesquelles se trouvaient du phosphate de chaux , de la chaux , de la magnésie, de la silice.

Durant leurs excursions dans les Cordilières, les habitants boivent souvent du lait de l'arbre de vache ; et nous en avons fait usage, M. de Rivero et moi, pendant notre séjour à Maracay.

L'arbre qui produit le lait que nous avons examiné , est selon M. de Humboldt, le *galactodendron dulce*, de la famille des verticées , ou figuiers. Mais l'on connait dans les montagnes du littoral , plusieurs arbres qui donnent un suc laiteux , et que l'on confond souvent avec celui que je viens décrire. Par exemple, dans les environs de Maracaybo, suivant M. Desvaux (1), le *clusia galactodendron* laisse écouler avec abondance un lait végétal très agréable ; toutefois ce lait ne parait pas renfermer autant de matière animalisée ; du moins, il ne se putréfie pas sensible-

______

(1) Renseignements communiqués par M. Adolphe Brongniart.

ment, et à la place de la matière cireuse, on observe une substance beaucoup moins fusible et qui, par sa nature, se rapproche des résines.

*Sève laiteuse de l'*hura crepitans, *ajuapar.*

Le suc de l'*hura crepitans* est justement redouté : il suffit d'être exposé aux émanations de ce suc laiteux récemment extrait, pour en être incommodé d'une manière grave. Son usage indique assez ses qualités pernicieuses, car on l'emploie fréquemment pour pêcher, en empoisonnant l'eau des rivières (1).

Ce lait végétal ressemblerait parfaitement à celui de l'arbre de la vache, s'il n'était légèrement jaunâtre. Il n'a pas d'odeur ; sa saveur très peu marquée d'abord, fait bientôt éprouver une irritation très forte. Il rougit la teinture de tournesol ; les acides minéraux y déterminent un caillé blanc et visqueux ; la liqueur surnageante est lim-

---

(1) Rivero et Boussingault, *Annales de chim. et de phys.*, t. XVIII, p. 430, 2ᵉ série.

Ce que je vais rapporter peut donner une idée de l'énergie avec laquelle ce suc laiteux agit sur l'économie animale : lorsque nous examinâmes le lait de l'*hura crepitans*, M. Rivero et moi, nous fûmes atteints d'érysipèle ; le mal persista pendant plusieurs jours. Le lait nous avait été envoyé de Guaduas, par le docteur Roulin ; le courrier qui l'apporta fut gravement incommodé, et sur la route les habitants des maisons où le messager avait logé, éprouvèrent les mêmes accidents.

pide et de couleur fauve. Abandonné à lui-même,
le suc laiteux de l'*hura crepitans*, donne tous les
produits de la putréfaction du caséum. Il contient :

1° Une matière azotée analogue au gluten, ou
caséum,

2° Une huile vésicante ,

3° Une substance cristallisée , ayant une réaction alcaline ,

4° Du malate de potasse ,

5° Du nitrate de potasse ,

6° Un sel de chaux, malate ?

7° Un principe azoté odorant.

Opium.

Le suc laiteux qui , en se concrétant, fournit
l'opium du commerce, s'obtient en pratiquant
des incisions longitudinales aux capsules du pavot. L'opération a lieu avant la maturité du fruit,
et après la chute de la fleur.

Le suc concret est brun , résistant, d'une saveur âcre et amère , d'une odeur nauséabonde
qui lui est particulière. L'opium renferme une
multitude de principes dont l'étude a exercé
pendant longtemps la sagacité des plus habiles
chimistes. C'est dans cette matière que Sertuerner a trouvé le premier alcali végétal qui ait été
découvert, la morphine. Par suite des nombreux

travaux qui ont été entrepris sur l'opium, on y a successivement rencontré :

1° De la morphine (alcali végétal).
2° De la codéine,   id.
3° De la narcéine,
4° De la méconine,
5° De la paramorphine,
6° De la pseudo-morphine,
7° De l'acide méconique,
8° De la résine,
9° Des matières grasses,
10° Du caoutchouc,
11° De la gomme,
12° De la bassorine,
13° De l'ulmine,
14° Du ligneux,
15° Des sels minéraux à base de chaux, de magnésie et de potasse.

Lait du plumeria americana.

Le plumeria, quand on vient à briser une de ses branches, laisse couler une quantité considérable de suc laiteux. Au moment où j'ai étudié ce suc lactescent, l'arbre était entièrement privé de feuilles.

Le lait du *plumeria* est d'un blanc parfait, il est très fluide à sa sortie de la plante, mais bientôt après, il laisse déposer un sédiment cristallin. Sa saveur est légèrement amère, et il possède une réaction acide.

Le lait du plumeria, ne paraît pas contenir de matière animalisée. J'ai seulement pu y constater en dissolution ou en suspension dans l'eau, une résine en très forte proportion.

De la potasse,
De la chaux, } unies à un acide organique.
De la magnésie,

Sève de l'arbre à caoutchouc.

Le caoutchouc se rencontre dans la sève de beaucoup d'arbres, et dans celle d'un grand nombre de plantes herbacées; mais ce sont l'*hœvea caoutchouc*, le *jatropha elastica*, propres à l'Amérique méridionale; le *ficus indica*, le *artocarpus integrifolia*, qui croissent aux Indes orientales, qui fournissent le caoutchouc, aujourd'hui si répandu dans le commerce, et si heureusement utilisé dans les arts.

L'arbre à caoutchouc est surtout commun au Choco et dans les forêts de l'équateur. Pour en extraire la gomme élastique, les Indiens incisent l'arbre jusqu'au dessous de l'écorce; il en sort un lait abondant, qui peut rester fluide pendant assez longtemps, s'il est conservé à l'abri du contact de l'air. J'en ai vu transporter à de grandes distances, dans des vases de bois hermétiquement fermés. Étendu en couche peu épaisse, il se coagule promptement, et acquiert cette singulière élasticité qui caractérise le caoutchouc. L'action de l'oxygène de l'air pourrait bien intervenir pour déterminer cette coagulation, à moins que ce que je vais rapporter, soit l'effet d'une évaporation prompte de l'eau de la sève. J'ai souvent fait une petite incision sur le tronc d'un hævea; à l'instant il en découlait du lait qui, en raison de sa viscosité, descendait vers le sol en conservant une certaine épaisseur; ce lait restait d'abord très fluide, mais après environ une ou deux minutes d'exposition à l'air, il se coagulait subitement, à tel point, qu'en enlevant le suc coagulé par sa partie inférieure, j'obtenais un long ruban de caoutchouc parfaitement élastique.

Dans la Guyane, les Indiens façonnent le caoutchouc sous la forme de ces poires si communes dans le commerce : pour cela, ils fabriquent un moule en terre, ils enduisent ce moule en le trempant dans le lait fraîchement extrait de l'arbre, le laissent coaguler, ce qui se fait très promptement, surtout si, comme on le pratique quelquefois, on l'expose à la fumée. Cette première couche coagulée, ils continuent à en mettre successivement jusqu'à obtenir l'épaisseur convenable. Le moule est ensuite brisé et retiré par fragment de l'intérieur de l'enveloppe de caoutchouc, qui s'est formée à sa surface.

Les ouvriers de Quito qui sont fort habiles pour travailler le caoutchouc, en font des souliers, des bottines, en l'appliquant à l'état laiteux sur des formes convenablement disposées. Ils rendent aussi les tissus imperméables, en l'étendant au même état entre deux étoffes; le lait interposé se coagule et forme une lame mince, très élastique, et de beaucoup préférable au caoutchouc appliqué à l'aide de dissolvants.

Les Indiens du Choco se procurent quelquefois cette substance en abattant l'arbre, et recevant le lait qui coule alors par torrent dans de grands moules en bois, formés ordinairement par une tige creuse de guaduas. En laissant le moule ouvert, la masse laiteuse se coagule au bout de quelque temps. Plusieurs de ces masses de caoutchouc, qui m'avaient été apportées par les Indiens de la nation des *Chami*, présentaient peu d'élasticité; leur couleur était d'ailleurs extrêmement foncée. Il est vraisemblable qu'en opérant ainsi, le suc laiteux se trouve mêlé avec une très grande quantité de la sève intérieure, qui est beaucoup moins laiteuse.

Des arbres, qui portent dans la vallée de la Magdalena, le nom de caoutchouc, et qui cependant ne sont ni l'hævea, ni le jatropha, donnent également un suc coagulable, qui peut être confondu avec la gomme élastique; c'est, comme je m'en suis assuré, du caoutchouc uni à une très forte proportion de cire et peut-être de résine ; aussi ce caoutchouc est-il très peu élastique.

M. Faraday a trouvé dans le lait de l'hævea :

Sur 100 parties :

Eau. 56
Caoutchouc 32
Matières animales (albumine végétale). 2
Substance azotée amère soluble dans l'eau et dans
l'alcool 7
Une substance soluble dans l'eau et l'alcool (sucre). 3
                                                  ―――
                                                  100

Ce lait pouvant rester très longtemps fluide, lorsqu'il est conservé à l'abri de l'air, on a mis cette propriété à profit pour l'expédier en Europe. On l'envoye dans des bouteilles bien pleines et hermétiquement bouchées. Il est possible de préparer avec le lait, du caoutchouc pur, débarrassé des substances qui en altèrent évidemment la qualité. A cet effet, on le mêle avec quatre à cinq parties d'eau dans un vase qui porte un robinet à sa partie inférieure. On a soin de remplir le vase. Vingt-quatre heures après, le caoutchouc est rassemblé à la partie supérieure, on laisse couler l'eau, qui est remplacée immédiatement après. On continue le lavage jusqu'à ce qu'on ait enlevé les matières solubles. Le caoutchouc rassemblé à la surface de l'eau, est dans un état de division extrême ; on le coagule en le plaçant sur des corps absorbants, comme des briques, ou du papier buvard ; on l'obtient par ce procédé, dans un grand état de pureté.

Sèves gommeuses et résineuses.

On doit placer dans cette division, la sève des arbres qui donnent de la gomme par l'incision de leur tronc, comme l'*acacia vera*, l'*acacia arabica*, qui croissent en Arabie, et dont on extrait la gomme arabique; l'acacia Sénégal qui fournit également une espèce de gomme. En général, dans les pays très chauds, les mimosas produisent abondamment des matières gommeuses.

La sève élaborée des conifères et des térébinthacées consiste principalement en matière résineuse, dissoute dans une huile essentielle formée de carbone et d'hydrogène, semblable ou analogue à l'essence de térébenthine. Les baumes du Pérou et de Tolu s'obtiennent en incisant l'écorce des arbres qui les produisent. Dans le Choco, où j'ai vu pratiquer sur les arbres de Tolu, des nombreuses incisions sur la partie inférieure du tronc, le baume coule lentement à raison de sa consistance, il ne contient pas sensiblement d'eau.

Sèves sucrées.

La sève du *fraxinus ornus* et celle du *fraxinus*

rotundifolia, donne par son épaississement de la manne.

La sève d'un assez grand nombre de palmiers renferme une quantité considérable de matières sucrées. A Java, par exemple, on extrait du sucre cristallin de l'*arenga saccharifera.* Dans plusieurs localités, le suc des palmiers est soumis à la fermentation pour préparer des liqueurs vineuses.

Le *cocos butyracea* (*palma de vino*) est extrêmement commun dans la vallée du Rio-Grande de la Magdalena. Sa sève renferme, d'après l'examen assez superficiel que j'en ai fait, du sucre, une matière azotée, et quelques sels solubles.

Par la fermentation, elle produit une liqueur vineuse assez alcoolique pour être enivrante. Pour se la procurer, les naturels de *Benadillo* commencent par abattre le palmier, en ayant soin, lorsque l'arbre est couché, de lui donner une légère inclinaison du sommet vers le pied; ensuite ils font vers la base du tronc un trou d'une capacité de huit à dix litres dont ils ferment l'orifice avec des feuilles. Le tissu ligneux paraît contenir peu d'humidité; cependant, dix ou douze heures après l'opération, la cavité est pleine d'un liquide, d'une odeur vineuse fortement prononcée, et d'une saveur aigrelette, due probablement à l'acide carbonique qui se dégage en abondance. Ce vin est assez agréable. Un palmier de quinze à vingt mètres de hauteur, et dont le tronc vers la base a de cinquante à soixante centimètres de diamètre, fournit de douze à dix-huit litres de vin en vingt-quatre heures, durant dix à douze jours. Il y a de l'avantage à ne pas laisser séjourner trop longtemps le vin lorsqu'il est rassemblé, par la raison qu'il s'aigrit très promptement.

Le sucre est loin d'être la seule substance utile que donnent les palmiers. Il est plusieurs de ces plantes qui étonnent par l'importance et la généralité de leurs applications; et ce n'est pas sans motifs que les missionnaires ont souvent désigné le palmier sous le nom de l'arbre de la Providence, de *pain de la vie*. Tel est surtout le moriche (*cocos mauritia*), qui croît dans les savanes de l'Apure et de l'Orénoque : ses jeunes pousses servent d'aliment; dans ses fruits encore verts, on trouve une nourriture farineuse, et lorsqu'ils sont parvenus à l'état de maturité, ils donnent de l'huile en abondance. On fait des hamacs, des toiles, avec la partie fibreuse de l'écorce du moriche; les jeunes feuilles servent à fabriquer des chapeaux, des nattes, des voiles pour les embarcations; un tissu naturel qui enveloppe les fruits procure aux Indiennes un vêtement qui n'exige aucune façon; la sève fermente et donne du vin; le tronc, avant la fructification, renferme une moelle amylacée dont on fait du pain; cette moelle, en se putréfiant, fait naître une multitude de gros vers blancs, que les Indiens Caraïbes recherchent comme un mets des plus délicats; enfin, la charpente ligneuse du mauritia est un excellent bois de construction.

Il n'est pas nécessaire de pousser plus loin l'énumération des principes créés par les végétaux; nous devons maintenant les étudier sous le rapport de leur composition élémentaire.

CHAPITRE II.

DE LA CONSTITUTION CHIMIQUE DES VÉGÉTAUX.

Dès la première période de la vie végétale, pendant la germination, les principes immédiats qui constituent la graine, sont détruits ou modifiés. En développant ses organes, la jeune plante crée de nouvelles matières qui s'ajoutent aux tissus déjà existants pour les compléter ou les étendre. Pour se rendre compte des productions ou des transformations qui s'opèrent dans l'organisme, il convient d'étudier d'abord la nature intime et les caractères généraux des matériaux qui en font partie. Malheureusement, dans l'état actuel de la science, cette étude est encore peu avancée, et malgré les efforts de la physiologie chimique, tentés dans ces derniers temps, il reste encore de nombreuses et importantes questions à résoudre.

Le carbone, l'hydrogène, l'oxygène, l'azote, réunis dans quelques cas à de faibles quantités de soufre ou de phosphore, sont les seuls éléments dont la nature dispose pour créer cette variété presque infinie de substances végétales, si différentes par leurs propriétés, par leurs usages. Dans l'aliment qui entretient la vie des animaux, comme dans le poison actif qui la détruit, on retrouve toujours ces mêmes corps élémentaires , associés dans les proportions les plus diverses.

On peut diviser les principes immédiats du règne végétal, en trois groupes, si on a égard au nombre des éléments qui les constituent en corps :

1° *Quaternaires,* contenant : carbone, hydrogène, oxygène, azote ;

2° *Ternaires,* contenant : carbone, hydrogène, oxygène ;

3° *Binaires,* contenant : carbone et hydrogène, ou carbone et oxygène , ou carbone et azote.

C'est par l'examen des principes immédiats qui existent dans les graines, qu'il convient d'aborder l'étude de la composition des végétaux ; d'autant plus, que nous retrouverons ces mêmes principes répandus dans les organes des plantes. Dès lors, une fois que nous aurons bien établi leurs propriétés et leur composition élémentaire, il suffira de les signaler là où ils peuvent se rencontrer dans l'organisme.

§ 1. *Principes azotés quaternaires des végétaux.*

On savait depuis fort longtemps que plusieurs semences contiennent de l'azote, par la raison qu'on peut en extraire des matières azotées à peu près semblables à celles qu'on retire des tissus des animaux. M. Gay-Lussac énonça ce fait de la manière la plus générale, en établissant que toute semence renferme un principe abondant en azote (1).

Les matières animales azotées donnent quand on les chauffe en vase clos, un produit ammoniacal. Or pour se convaincre de la généralité du principe posé par M. Gay-Lussac, il suffit de soumettre à la même opération une semence quelconque.

A la vérité, on n'obtient pas toujours immédiatement une liqueur ammoniacale; le riz, par exemple, quand il est chauffé dans une cornue, donne un produit à réaction acide; mais il est facile d'y démontrer la présence de l'ammoniaque par l'addition de la chaux qui la rend libre à l'instant même. Les pois, les haricots, en un mot toutes les légumineuses jusqu'ici essayées, produisent directement une liqueur à réaction très alcaline. Ces différences dans les produits de la distillation sèche des graines, s'expliquent très naturellement. Abstraction faite de l'enveloppe, on peut considérer une graine comme formée de deux parties ; l'une non azotée, ayant une composition ternaire, et fournissant par l'action de la chaleur

(1) Gay-Lussac, *Annales de Chimie et de Physique*, t. LIII, p. 110, 2e série.

un liquide à réaction acide ; l'autre, de composition quaternaire, azoté par conséquent et donnant une liqueur ammoniacale , en sorte que la réaction acide ou alcaline du produit , dépend réellement de la prédominance de l'une de ces deux parties sur l'autre.

M. Gay-Lussac a soumis à la distillation toutes les espèces de graines qu'il a pu se procurer, et toutes ont donné de l'ammoniaque, soit directement , soit indirectement. J'ajouterai que les nombreuses analyses que j'ai eu occasion d'entreprendre, depuis plusieurs années, sont venues justifier la généralité du principe émis par l'illustre chimiste que je viens de citer. De son côté, M. Payen est arrivé à la même conclusion, et de plus il a fait voir, qu'à l'époque de la germination, la matière azotée des graines se porte de préférence sur les parties les plus récemment organisées. Ainsi, les spongioles situées à l'extrémité des radicelles, produisent constamment des vapeurs ammoniacales durant leur destruction par le feu, alors même qu'elles appartiennent à des graines, qui distillées dégagent une liqueur acide, dans laquelle l'ammoniaque ne devient sensible qu'après l'intervention de la chaux (1).

La substance animalisée s'extrait assez facilement de certaines semences, aussi la connaît-on

(1) Payen, *Mémoire sur la composition chimique des végétaux,* p. 7.

1.   10

depuis fort longtemps. Dans le froment cette substance s'y trouve sous des états sensiblement différents.

Si après avoir formé une pâte avec de la farine de blé, on la soumet à l'action d'un mince filet d'eau, en ayant soin de la malaxer continuellement, l'amidon est entraîné par le lavage, et il reste dans les mains de l'opérateur une matière grisâtre, très élastique, d'une odeur fade toute particulière ; c'est le gluten des chimistes. Par cette simple manipulation, on fait une analyse imparfaite sans doute, mais qui suffit dans beaucoup de cas, pour apprécier la qualité de la farine sous le rapport de sa richesse en gluten, substance que l'on considère avec raison comme la partie essentielle des éléments nutritifs qui entrent dans la farine des céréales.

L'eau de lavage qui a passé sur le gluten, ne tarde pas à s'éclaircir, en laissant déposer la fécule accompagnée de quelques lambeaux de la matière animalisée. Si après avoir décanté cette liqueur éclaircie, on la fait bouillir, on voit apparaître des écumes blanches qui se coagulent comme du blanc d'œuf, et qui offrent d'ailleurs les caractères de l'albumine animale. L'eau dans laquelle l'albumine s'est solidifiée, contient nécessairement toutes les substances solubles de la farine. En l'évaporant, elle laisse des matières ana-

logues à la gomme, du sucre et quelques traces
de sels.

A l'exception de l'amidon , qui renferme très
peu de matières étrangères , les diverses substances obtenues par le lavage, sont loin d'être à
l'état de pureté. J'ai dit que les graines contiennent
toujours des corps gras ; or, dans l'opération que
je viens de décrire, aucune matière huileuse n'a
été mise en évidence. Comme une semblable matière ne saurait se rencontrer en quantité notable dans l'amidon, **ni** dans les substances solubles dans l'eau, il faut qu'elle reste avec le gluten ; c'est ce qui a lieu. Le gluten, l'albumine coagulée, ne sont donc pas des principes immédiats
purs. On peut en effet en retirer des matières
grasses, et de plus en les examinant avec attention, on reconnaît que le gluten ordinaire renferme plusieurs substances azotées, qu'on ne saurait confondre. En faisant bouillir le gluten brut
avec de l'alcool, on finit par obtenir un résidu fi-
breux, grisâtre, que M. Dumas a nommé *fibrine
végétale*. En se refroidissant, les liqueurs alcooliques laissent déposer un produit, dont les propriétés rappellent le caséum du lait. Enfin, si l'on
concentre l'alcool froid privé du caséum, il s'en
sépare une substance pultacée, que MM. Dumas et
Cahours ont appelée glutine.

L'analyse indique donc dans le froment quatre
substances azotées. Ces substances **quand elles**

sont encore réunies dans le gluten obtenu par le lavage de la farine, retiennent des matières grasses dont on la débarrasse par l'alcool et l'éther. Voici, d'après MM. Dumas et Cahours, la composition des principes azotés du froment, desséchés à 140° centig. (1).

	Carbone.	Hydrogène.	Azote.	Oxygène, soufre et phosphore.
Fibrine	53,2	7,0	16,4	23,4
Albumine	53,7	7,1	15,7	23,5
Caséine (caséum).	53,5	7,1	16,0	23,4
Glutine	53,3	7,2	15,9	23,6

Légumine. On rencontre encore dans les végétaux, une substance différente des précédentes, que M. Braconnot a signalée le premier dans les graines de la famille des légumineuses, et que MM. Dumas et Cahours ont retrouvée dans diverses semences. La *légumine,* qui joue un rôle important dans l'alimentation des animaux, s'obtient de la manière suivante :

Les semences préalablement concassées, sont mises à digérer dans l'eau tiède pendant deux ou trois heures. On les écrase ensuite dans un mortier ; sur la pulpe, on verse environ son poids d'eau froide, après une heure de macération, on exprime à travers une toile. Par le repos, le liquide exprimé dépose de la fécule. On passe pour avoir la liqueur entièrement éclaircie, et l'on y

(1) Dumas et Cahours, *Annales de Chimie et de Physique,* p. 390, 3ᵉ série.

ajoute peu à peu de l'acide acétique étendu de huit à dix fois son poids d'eau. Par l'addition de l'acide, il se forme un précipité très blanc, floconneux, de légumine, qu'on recueille sur un filtre; on lave avec de l'eau. Après le lavage la légumine est traitée par l'alcool, ensuite on la fait sécher, on la pulvérise pour la mettre en digestion dans l'éther, afin de la débarrasser de toute la matière grasse. La précipitation par l'acide acétique doit être faite avec précaution; il faut ajouter juste la quantité d'acide, car un des caractères de la légumine est de se dissoudre dans l'acide acétique.

La légumine précipitée d'une dissolution concentrée, par l'acide acétique faible, a un aspect nacré, chatoyant. Les moyens que l'on met en usage pour la priver de matière grasse, indiquent suffisamment qu'elle est insoluble dans l'alcool et dans l'éther. L'eau *froide* dissout au contraire la légumine, en grande quantité. En faisant bouillir cette dissolution aqueuse, elle se coagule et laisse déposer des flocons analogues à ceux formés par l'albumine dans la même circonstance. L'acide chlorhydrique faible, précipite la légumine, comme le fait l'acide acétique; à l'état concentré il la dissout en prenant une teinte violette, caractère qui appartient aussi à l'albumine; mais une propriété importante qui, suivant MM. Dumas et Cahours, ne permet pas de la confondre avec cette dernière substance, c'est que l'acide phosphorique à trois atomes d'eau précipite aussi la légumine. Les alcalis la dissolvent à la température ordinaire.

Composition de la légumine, provenant de diverses semences (1).

	D'AMANDES DOUCES.	D'AMANDES DE PRUNES.	D'AMANDES D'ABRICOTS.	DE MOUTARDE BLANCHE.	DE NOISETTES.	DES POIS.	DES LENTILLES.	DES HARICOTS.
Carbone ..	50,9	50,9	50,7	50,8	50,7	50,5	50,5	50,7
Hydrogène.	6,7	6,7	6,7	6,7	6,7	6,9	6,7	6,8
Azote....	18,8	18,6	18,8	18,6	18,8	18,2	18,2	17,6
Oxygène ..	23,6	23,8	23,8	23,9	23,8	24,4	24,6	24,9
	100,0	100,0	100,0	100,0	100,0	100,0	100,0	100,0

Ce sont très probablement ces mêmes composés azotés , ou tout au moins des substances qui en diffèrent peu, que l'on trouve réparties dans l'ensemble d'un végétal. M. Payen après avoir constaté la présence de ces substances dans les radicelles et les spongioles, l'a démontrée dans presque tous les organes. L'examen a d'ailleurs porté sur un grand nombre d'espèces de différentes familles. La sève ascendante d'un figuier (*ficus carica*), celle d'un tilleul, du *populus nigra*, de la vigne,

(1) Dumas et Cahours, *Annales de Chimie et de Physique*, t. VI, p. 423. 3ᵉ série.

ont donné par le feu, des vapeurs ammoniacales. En outre, il a reconnu ces matières azotées dans les bourgeons, les jeunes feuilles, les stigmates, les anthères et leurs supports (1). Ainsi, selon M. Payen, les liquides nourriciers qui s'élèvent depuis les extrémités radicellaires, jusqu'aux dernières limites des feuilles, charrient un principe azoté, l'accumulent dans tous les organes naissants, en même temps qu'ils le déposent sur toute l'étendue des conduits qu'ils parcourent. On pouvait alors supposer que dans cette dernière situation, la substance azotée s'associait à d'autres matières à constitution ternaire pour former des membranes et des tissus. Or, dans les organes des nombreuses espèces étudiées sous ce rapport, M. Payen est parvenu à dissoudre par les alcalis, et à éliminer totalement la substance animalisée, sans produire sur ces organes, la moindre déchirure perceptible au microscope; d'où il faut bien conclure que si cette substance accompagne partout et toujours les jeunes tissus des plantes, elle n'en fait cependant point partie intégrante (2). Ainsi, la matière animalisée semble garder une sorte d'indépendance vis à vis des organes qui la sécrètent, qui la contiennent ou qui

(1) Payen, *Mémoire sur les développements des végétaux,* p. 36.

(2) Payen, *Mémoires sur les développements des végétaux,* p. 42.

la conduisent; en un mot, elle paraît conserver une sorte de mobilité qui permet son déplacement. Il faut bien qu'il en soit ainsi, car vers l'époque de la maturité, on voit la substance azotée se porter plus particulièrement vers les organes de la génération, et se condenser pour ainsi dire dans les semences: J'ai eu plusieurs fois l'occasion de m'assurer que le trèfle, la betterave, le navet, contiennent bien moins d'azote après avoir rendu leurs graines ; et tous les cultivateurs savent, que dans cette condition, les plantes fourragères sont de fort mauvais aliments pour le bétail.

Le *cambium*, cette matière globulo-cellulaire qu'on retrouve constamment là où le végétal tend à former du ligneux, renferme suivant MM. de Mirbel et Payen, le même principe azoté de nature animale, mélangé avec des substances ternaires, dont la composition, comme nous le verrons bientôt, se représente, à très peu près, par du carbone et de l'eau (1). A mesure que le tissu cellulaire se développe aux dépens du cambium, les matières animalisées tendent à s'éloigner de l'organe consolidé. Le départ de ces matières lors de l'accroissement des cellules, explique très bien comment le bois de cœur, dans les vieux arbres, contient à peine quelques millièmes d'azote,

(1) De Mirbel et Payen, *Compte rendu de l'Académie des Sciences*, T. XVI, p. 98.

quand tous les organes récemment développés, en renferment une proportion qui s'élève à plusieurs centièmes. A l'aide de l'analyse chimique, il est possible de suivre l'apparition ou l'éloignement de la matière azotée : ainsi, dans l'aubier et le bois, on la voit diminuer de la périphérie au centre ; on constate encore cette diminution dans les branches, en allant de leur extrémité, jusqu'à leur point de jonction avec le tronc.

§ 2. *Principes immédiats à composition ternaire.*

DE L'AMIDON.

L'amidon est renfermé dans les cavités des cellules végétales, sous la forme de petits grains blancs, qui n'offrent aucune structure cristalline.

Dès l'année 1716, Leeuwenhoeck reconnut que ces grains se présentent sous la forme de globules plus ou moins réguliers. Il crut apercevoir pour chaque globule une enveloppe, une espèce de sac différent par sa nature, de la matière qui s'y trouvait contenue. M. Raspail confirma par ses recherches les observations de Leuwenhoeck ; de plus il chercha à apprécier le diamètre des globules, et arriva à cette conclusion que leur enveloppe est insoluble, et que la partie interne peut seule se dissoudre dans l'eau (1). Depuis MM. Payen et Persoz ont établi

____

(1) En 1812, Villars, dans un mémoire sur la structure de la

que si réellement les globules d'amidon sont entourés d'un tégument, ce tégument n'existe qu'en quantité à peine appréciable, et qui ne dépasse pas $\frac{1}{4000}$ du poids de la matière amylacée. Ces premiers travaux furent suivis des recherches de M. Payen, qui se livra depuis cette époque à l'étude de l'amidon, avec un zèle et une persévérance qui doivent lui assurer la reconnaissance des chimistes et des physiologistes.

M. Payen a soumis à l'examen microscopique un très grand nombre de fécules ; les grains les plus gros qu'il ait observés, sont ceux d'une variété de pomme de terre, du *menispermum palmatum*, et du *canna gigantea*.

Les globules d'amidon ont souvent un aspect polyédrique, figure qui résulte évidemment de la pression qu'ils exercent réciproquement les uns sur les autres, lorsqu'ils ont été comprimés dans les cellules des végétaux. Malgré une grande analogie de forme, les grains d'amidon d'espèces végétales diverses, portent cependant une physionomie particulière ; mais un caractère commun au plus grand nombre des fécules, est de présenter des contours arrondis, lorsque leurs grains se baignent librement dans un suc aqueux, lorsqu'ils ne sont pas accumulés, serrés dans plusieurs cellules contiguës.

pomme de terre, avait déjà évalué le volume des globules de différents fécules.

On a déduit de recherches microscopiques et chimiques, que l'amidon est homogène dans ses propriétés, comme dans sa composition, que ses globules sont formés de couches concentriques, la couche externe offrant exactement les mêmes caractères que les couches internes (1). A l'état normal, l'amidon est insoluble dans l'eau, comme dans l'alcool; il est très extensible, et présente sous l'influence de certains agents une contractilité des plus remarquables.

Les fécules amylacées retiennent l'eau avec beaucoup de force; la quantité d'eau retenue varie d'ailleurs avec la température à laquelle a été effectuée la dessiccation. Ainsi, la fécule de pomme de terre, humide, poreuse, fortement comprimée, conserve encore 45 pour 0/0 d'eau, c'est la *fécule verte* des fabricants. L'amidon sec est très hygrométrique : lorsqu'après une dessiccation préalable on le laisse séjourner dans une atmosphère saturée à 20° centigrades, il contient alors près de 36 p. 0/0 d'eau, et son volume apparent s'accroît dans le rapport de 1 à 1 1/2 : sous cet état l'amidon est d'une blancheur éclatante, et ses grains ont une telle adhérence, qu'ils offrent par leurs réunions une masse assez plastique pour recevoir l'empreinte d'un cachet; cependant cet amidon, comprimé sur du papier,

(1) Fritzsche, *Annales de de Poggendorf*, t. XXXII, p. 129.

ne lui cède pas une trace d'eau visible ; il est trop adhérent pour être tamisé, et quand on le jette sur une plaque chauffée à 125°, ses particules se réunissent aussitôt. La fécule du commerce, à l'état où elle se trouve dans les magasins, contient 18 p. 0/0 d'eau ; elle est pulvérulente, bien qu'en la comprimant légèrement dans la main, il soit possible de la réunir en pelotte. Après une dessiccation opérée à la température ordinaire, dans le vide sec, l'amidon ne retient plus que 10 p. 0/0 d'humidité, et il ne faut pas moins qu'une chaleur de 140°, pour le dessécher complètement ; l'eau qu'il conserve à cette température appartient à sa constitution, et on ne peut la lui enlever qu'en le combinant avec les bases (1).

MM. Collin et Gaultier de Claubry ont découvert un caractère important de l'amidon, celui de donner une belle couleur bleue ou violette, par son union avec l'iode (2). Selon M. Payen, la couleur est d'autant plus intense, plus rapprochée du bleu pur, plus stable, que l'amidon est mieux agrégé ; l'effet de la désagrégation est de lui communiquer par l'action de l'iode, des nuances violettes qui virent de plus en plus au rouge. On voit la même fécule, au premier degré de son agréga-

(1) Payen, Mémoire cité, p. 88.
(2) Collin et Gaultier de Claubry, *Annales de Chimie*, t. XC, p. 92.

tion dans les plantes, prendre en présence de l'iode des nuances rougeâtres d'abord, violettes ensuite, et enfin d'un bleu bien déterminé (1).

M. Lassaigne a signalé une propriété fort curieuse qui appartient à la combinaison d'iode et d'amidon ; c'est que si après avoir déterminé la couleur bleue dans une liqueur amylacée, on vient à la chauffer à la température de 89° à 90°, la solution se décolore complètement pour reprendre sa teinte primitive par l'effet du refroidissement (2).

Cette propriété que possède l'amidon de bleuir au contact de l'iode, fait que l'un de ces deux corps devient un excellent réactif pour décéler la présence de l'autre. Toutefois, comme pour réagir dans cette circonstance, l'iode doit se trouver à l'état libre, il est convenable, lorsque la couleur bleue ne se manifeste pas dans une solution où l'on soupçonne de l'iode, et dans laquelle on a introduit de l'amidon, d'ajouter quelques gouttes d'acide sulfurique pour décomposer l'acide hydriodique dans le cas où il pourrait exister.

On sait que si l'on délaye de l'amidon dans de l'eau bouillante, il en résulte de l'empois. Suivant M. Payen, ce changement dans l'état de la fécule est du à un gonflement, une rupture,

(1) Payen, Mémoire cité, p. 105.

(2) Lassaigne, *Journal de Chimie médicale*, t. IX, p. 510.

une désagrégation de ses grains. En chauffant,
par exemple, 1 gramme d'amidon délayé dans
15 grammes d'eau, on reconnaît, à l'aide du
microscope, que vers 60° cent. les grains les
plus jeunes, ceux qui sont doués d'une moindre
cohésion, ont absorbé beaucoup d'eau, et que
l'expansion des parties internes a produit le dé-
chirement d'un certain nombre de globules; cependant, à ce degré de température, on aperçoit
encore des grains de fécule qui n'ont point atteint
leur maximum de gonflement, et dont pour ce motif la substance n'est pas encore disséminée dans
le liquide ; ce n'est qu'entre 72° et 100 °cent. que
le maximum d'expansion devient général, et c'est
alors que l'empois acquiert de la consistance (1).

L'extensibilité si prononcée de l'amidon délayé
dans l'eau, sous l'influence de la chaleur, fit con-
jecturer à M. Payen qu'un effet inverse serait occasionné par un abaissement de température. De
l'empois délayé et jeté sur un filtre, laissa
écouler un liquide diaphane, incolore, qui,
congelé à — 10° centigrades, puis dégelé ensuite,
montra une grande partie de la substance
amylacée, contractée en flocons volumineux avec
toutes ses propriétés caractéristiques. A l'aide
d'évaporations exécutées dans le vide, et par une
série de contractions effectuées successivement

(1) Payen, Mémoire cité, p. 96.

par des congélations et des dégels, on parvint
à séparer de l'amidon qui avait été distendu
ou dissous dans cinquante à deux cents fois
son volume d'eau chaude. Au reste, les particules
de la fécule dissoute, alors même qu'elle est di-
luée dans une grande masse de liquide, conservent
encore de telles relations, qu'un tissu extrêmement serré les arrête et les réunit en laissant
passer seulement l'eau qui les tenait en suspension. Cette séparation ne saurait se réaliser au
moyen d'un filtre ordinaire, c'est dans la nature
que M. Payen a pris le tissu qui a servi à ses expériences ; il l'a trouvé dans les spongioles des
radicelles des plantes : une dissolution diaphane
d'empois, renfermant $\frac{1}{100}$ d'amidon, fut répartie
dans deux éprouvettes ; dans l'une on fit plonger
les radicelles d'un bulbe de jacinthe, on vit vingt
heures après leur immersion, des flocons d'amidon se séparer du liquide. Dans l'autre éprouvette, après le même espace de temps, la liqueur
conservait encore toute sa limpidité (1). Il
semble donc hors de doute que c'est à l'ex-
pension des grains d'amidon qu'est due la production de l'empois, et d'après les mesures de
M. Payen, un globule de fécule amylacée acquiert
sous l'influence de l'eau et de la chaleur, un volume au moins trente fois plus grand que celui
qu'il possédait avant son imbibition.

(1) Payen, Mémoire cité, p. 99.

Nous avons vu précédemment comment on peut extraire l'amidon de la farine de froment ; cette méthode de lavage n'est pas celle que l'on suit généralement, pour se procurer cette substance dont on consomme une quantité si considérable dans les arts. Autrefois, on retirait la fécule amylacée du blé ; aujourd'hui, le plus communément c'est la pomme de terre qui la fournit.

Dans les régions équatoriales, l'amidon se prépare avec la yuca (*jatropha manihot*). Plusieurs espèces de palmiers en fournissent également.

Pour retirer l'amidon du blé, on mout grossièrement le grain que l'on délaye ensuite avec de l'eau, dans de grandes cuves ; on a soin d'ajouter à l'eau une certaine quantité d'eau sure provenant des opérations précédentes. La matière ainsi délayée éprouve bientôt la fermentation putride, le gluten de froment est détruit ; la liqueur devient acide, et l'amidon se dépose. Au bout d'une quinzaine de jours, on décante le liquide acide, que l'on remplace par de l'eau fraîche, et l'on agite. Dès que la fécule s'est déposée, on décante de nouveau. On passe alors l'amidon à travers un tamis de crin, qui retient le son le plus grossier. Après que le nouveau dépôt de fécule amylacée est opéré, on enlève l'eau qui le recouvre ; le son fin qui a passé par le tamis se trouve à la surface de la couche d'amidon ; il est facile de l'enlever. On délaye encore la fécule, et on la fait passer par un tamis de soie qui retient les parties les plus ténues du son. On moule en pains l'amidon ainsi purifié, on le fait sécher à l'air, et quand il a acquis une consistance convenable, on le concasse en petits fragments pour faciliter sa complète dessiccation.

Amidon de pommes de terre. On rape les tubercules, après les avoir nettoyés par des lavages, afin de les débarrasser de la terre adhérente. On jette la pulpe sur un tamis, dans lequel arrive un courant d'eau ; on remue continuellement jusqu'à ce que le liquide devienne limpide. La fécule entraînée par l'eau, se dépose dans des cuves placées au dessous du tamis. On enlève l'eau, et l'on effectue encore deux ou trois lavages par décantation. L'amidon est soumis ensuite à la dessiccation. On pose d'abord les pains de fécule humide sur une aire absorbante, c'est ordinairement un sol formé avec du plâtre. Dans les grandes fabriques, la dessiccation se termine à l'étuve. Les eaux de lavages se putréfient promptement à cause de la matière azotée qu'elles renferment ; la masse de ces eaux fétides présentait jusqu'à ces derniers temps un grave inconvénient ; on ne savait comment s'en débarrasser dans les féculeries, lorsque M. Dailly, un de nos praticiens les plus éclairés, eut l'heureuse idée de les utiliser comme engrais.

Amidon du manihot. Le manihot donne des

racines très grosses et riches en amidon. On les sort de terre peu de temps après qu'elles ont fleuri; plus tard la fécule est moins abondante. Pour en extraire l'amidon, on suit exactement le procédé appliqué à la pomme de terre ; mais dans certains cas, il est prudent de multiplier les lavages, car il est des racines de jatropha qui contiennent un suc des plus vénéneux. Dans l'Amérique méridionale, on distingue le manioc en *yuca dulce* (douce) et *yuca brava* (méchante) ; cette dernière épithète s'appliquant au jatropha à suc vénéneux. Les deux *yuca* ne sont cependant qu'une seule et même espèce ; du moins un habile botaniste, M. Goudot, qui a résidé pendant de longues années en Amérique, n'a pu reconnaître aucune distinction spécifique entre ces deux variétés. Le principe nuisible de la *yuca brava* doit être très volatile, ou facilement destructif par la chaleur, car on peut manger impunément la racine après qu'elle a été rôtie, mais les animaux qui la consomment quand elle est crue, ne tardent pas à éprouver les plus graves accidents.

Les Indiens préparent rarement de l'amidon avec le jatropha, bien que dans les régions chaudes, cette racine soit souvent la base de leur nourriture. C'est de la *yuca brava* qu'ils retirent la *cassave*, qui remplace le pain dans leur alimentation. Chez les Indiens des missions de Rio Méta, un des principaux affluents de l'Orénoque, j'ai vu préparer la cassave de la manière suivante : on déchirait les racines de manioc, sur une rape formée avec des fragments de silex, enchâssés à la surface d'un tronc d'arbre ; la pulpe était mise ensuite à égoutter dans une longue passoire, en forme de boyau, et faite avec l'écorce entière provenant du dépouillement d'une espèce de ficus ; le suc égoutté, on ajoutait de l'eau pour achever le lavage ; le liquide sortait à peu près clair, sans entraîner une quantité notable d'amidon. Pour cuire la pulpe lavée, et en former des galettes de cassave, on l'étendait sur un plat de terre placé sur le feu ; l'opération était terminée, lorsque la cassave était sèche, et légèrement rôtie à l'extérieur. Le pain de cassave est peu agréable, mais il jouit de la propriété de se conserver pendant longtemps malgré la chaleur et l'humidité, aussi quand on navigue sur les grands fleuves, cet aliment est une provision indispensable, et dont un voyageur doit toujours se munir. Les Indiens assurent qu'on ne réussit pas à obtenir de la cassave avec la *yuca dulce.*

Amidon de palmiers. Aux Molluques, aux Philippines, dans les plaines de l'Apure, certains palmiers donnent une sorte de fécule. On rencontre cette matière dans une substance molle qui occupe ordinairement le centre de ces arbres. Cette *moelle* des palmiers est desséchée, et tamisée en forme de grains qui dans le commerce portent le nom de *sagou*.

La fécule amylacée, obtenue par les procédés que je viens d'indiquer, n'est pas d'une pureté absolue; en supposant même que de fréquents lavages l'aient débarrassée de toutes les substances solubles qui peuvent s'y trouver, elle doit encore retenir des matières grasses, des principes azotés, des substances colorantes. On purifie l'amidon en faisant suivre les lavages à l'eau, par l'action de l'alcool ; de l'acide acétique et de l'ammoniaque. L'amidon à son plus grand état de pureté, et desséché à 100° cent., contient, d'après les analyses de M. Jacquelain :

Carbone	44,9
Hydrogène	6,3
Oxygène	48,8
	100,0 (1)

Par une légère torréfaction, la fécule amylacée subit une notable modification ; elle devient soluble dans l'eau et présente alors les propriétés de la gomme (2). L'amidon torréfié la remplace même dans plusieurs applications ; cependant on ne saurait le confondre avec la gomme,

(1) Jacquelain , *Annales de chimie et de physique*, t. LXXIII, p. 181, 2° série.

(2) Vauquelin et Bouillon Lagrange , *Bulletin de Pharmacie*, t. III, p. 54.

sous le rapport chimique. Les acides agissent avec plus ou moins d'énergie sur l'amidon, en donnant naissance à divers produits. L'acide nitrique, quand il est affaibli par l'eau, se borne à dissoudre la fécule ; mais à un certain état de concentration, il exerce une action destructive. Dans cette réaction il se forme plusieurs acides, au nombre desquels se rencontre l'acide oxalique. En employant de l'acide sulfurique très dilué, Kirchhoff est parvenu à changer l'amidon en une matière sucrée analogue à celle qui fait partie du mout de raisin (1). L'opération peut s'exécuter dans une bassine de plomb, d'argent, ou ce qui est préférable, dans des vases de bois, dans lesquels la masse liquide est chauffée par la vapeur. On délaye la fécule dans l'eau aiguisée par de l'acide sulfurique. Pour un kilogr. d'amidon, on prend 4 kil. d'eau, contenant 20 grammes d'acide du commerce. On fait bouillir pendant 36 heures, en ayant soin de remplacer l'eau à mesure qu'elle s'évapore ; on agite continuellement avec une spatule, de manière à favoriser la dissolution ; cette précaution est surtout nécessaire au commencement de l'opération. Lorsque l'ébullition est terminée, on sature l'acide par une addition de craie en poudre, on filtre la liqueur à travers une chausse

(1) Kirchhoff, *Journal de Physique*, t. LXIV, p. 226.

de laine ; on concentre jusqu'à consistance de sirop clair, et on laisse refroidir. Par le refroidissement, il se dépose du sulfate de chaux, on l'enlève, et l'on continue la cuite du sirop jusqu'à ce qu'il ait acquis une consistance convenable. En augmentant la dose d'acide sulfurique, on accélère la transformation de la fécule ; sept à huit heures suffisent quand l'eau contient $\frac{1}{10}$ d'acide ; M. Persoz assure que la conversion peut s'effectuer en deux heures seulement, en faisant réagir sur 1 kil. d'amidon, 240 grammes d'acide étendu de 2800 grammes d'eau (1).

Suivant M. Couverchel, qui s'est livré à des recherches ingénieuses sur la végétation, plusieurs acides organiques peuvent également changer la fécule en sucre ; tels sont les acides oxalique, tartrique et malique.

On n'a pas encore donné une explication satisfaisante de la transformation de l'amidon en matière sucrée. L'acide employé ne paraît subir aucune modification, on le retrouve tout entier après l'opération ; M. de Saussure croit que la réation a pour résultat la fixation de l'eau ; ainsi, 100 parties de fécule, lui ont donné 110,40 parties de sucre (2). M. Couverchel et M. Gué-

(1) Persoz, *Annales de Chimie et de Physique*, t. LII, p. 93, 2ᵉ série.

(2) Saussure, *Bibliothèque britannique*, t. LVI, p. 333.

rin prétendent au contraire avoir obtenu moins de sucre qu'ils n'avaient employé d'amidon.

Le gluten exerce sur l'amidon une réaction analogue à celle produite par les acides ; Kirchhoff a découvert que sous l'influence des matières azotées qui se rencontrent dans la farine, la fécule se convertit en sucre (1). On délaye 2 parties d'amidon dans 4 parties d'eau froide ; en ajoutant ensuite 20 parties d'eau bouillante, il en résulte un empois épais, dans lequel on introduit une partie de gluten sec et en poudre, on maintient le mélange à la température de 60° centigrades ; l'empois devient de plus en plus liquide ; on peut filtrer au bout de six à huit heures. En concentrant, on obtient un sirop au milieu duquel on aperçoit du sucre en petits cristaux. On sait que pendant l'acte de la germination, il se produit de la matière sucrée fermentescible. Kirchhoff a conclu de ses expériences, que cette production de sucre est due à la réaction du gluten sur l'amidon. Une graine germée, le malt d'orge par exemple, continue à réagir sur la fécule avec laquelle on le met en présence. C'est un fait bien connu des cultivateurs qui se livrent à la fabrication de l'eau de vie de pommes de terre.

Avant de soumettre les pommes de terre à la fermentation, on les fait cuire à la vapeur, on les

(1) Kirchoff, *Journal de Pharmacie*, t. II, p. 250.

écrase, et on y ajoute 3 pour 100 de leur poids d'orge germée réduite en farine. On délaye avec de l'eau chaude, de manière à communiquer à toute la masse une température d'environ 60° centigrades, on laisse reposer pendant deux heures, ensuite on étend d'eau. La masse délayée, si on agit sur 100 kilog. de pommes de terre, doit occuper un volume d'environ 3 hectolitres, et conserver une température de 20 à 23° centigrades. On ajoute de la levure de bière, la fermentation dure à peu près pendant trois jours. Par la distillation de 100 kil. de tubercules, on obtient en moyenne 16 litres d'eau de vie à 50° de l'alcoograde centésimale (19° de Cartier.) Pour la fermentation des grains, on emploie un dixième de malt d'orge. Le mélange de grains crus et de malt est concassé au moulin. On forme une pâte liquide avec de l'eau chaude, on laisse également reposer pendant deux heures : on étend avec de l'eau, on ajoute de la levure, en un mot on suit la marche indiquée pour les pommes de terre. Aussitôt après la macération du grain, ou des pommes de terre, on s'aperçoit de la transformation de la fécule ; elle est devenue soluble et possède une saveur sucrée, et cette conversion se continue pendant la fermentation déterminée par la levure de bière (1).

Mathieu de Dombasle, *Annales de Chimie et de Physique,* t. XIII, p. 284.

Ces faits, on le voit, ne sauraient être expliqués par l'expérience de Kirchhoff ; dans la fermentation de la pomme de terre, la masse de fécule à saccharifier est trop considérable, relativement à la quantité de gluten qui peut exister dans l'orge convertie en malt. De plus, le gluten dans les grains non germés, exerce une action à peine appréciable. Le principe qui dans les opérations précédentes, transforme l'amidon en sucre, doit donc se développer durant la germination. Ce point si important de l'art du distillateur a été discuté avec une rare sagacité par M. Dubrunfaut (1), qui a parfaitement constaté l'action de l'orge germée sur la fécule.

Dans un empois assez épais, qui avait été préparé avec 500 gram. d'amidon et 4 kilogrammes d'eau, et qui était à la température de 69° centigrades, on mit 125 grammes d'orge germée et concassée ; après avoir agité le mélange, on le plaça dans une cuve chauffée à 56° centigrades, un quart d'heure après, la masse se trouvait entièrement liquéfiée ; déjà elle possédait une saveur douce, qui devint très sucrée au bout de deux heures. En agissant sur un empois plus fluide que le précédent, M. Dubrunfaut put obtenir par cette même méthode un sirop d'un jaune ambré, qui laissé dans une étuve, se prit en une masse

(1) Dubrunfaut, *Mémoires de la Société royale d'Agriculture,* année 1823, p. 146.

concrète analogue au sucre d'amidon. En faisant usage d'avoine , de seigle, de froment, germés, la liquéfaction de l'empois s'opéra encore, mais moins complètement qu'avec le malt. L'orge crue donna des résultats incomparativement moins satisfaisants que les grains germés , l'empois se liquéfia beaucoup plus lentement, et la saccharification mit ainsi plus de temps à se développer. Toutes les expériences tentées par M. Dubrunfaut, ont d'ailleurs justifié la pratique, de la préférence qu'elle accorde à l'orge germée, pour disposer les grains ou la fécule à subir la fermentation alcoolique. MM. Persoz et Payen sont parvenus à isoler la matière, qui dans l'orge germée jouit de la propriété de convertir l'amidon en sucre. Cette matière a été nommée *diastase.*

Diastase. — Cette substance existe dans les graines des céréales qui ont germé; on la rencontre surtout près des germes, il paraît même que les radicelles n'en contiennent pas. La diastase ne s'observe pas davantage dans les pousses ou dans les racines de la pomme de terre, on la rencontre uniquement dans les tubercules, près du point où se développent les jeunes tiges, précisément comme le remarque M. Payen, à l'endroit où l'on conçoit que sa présence soit utile pour dissoudre la fécule. On l'a encore reconnue dans l'écorce et sous les bourgeons : toujours en contact avec de l'amidon (1). Pour la préparer, on fait macérer pendant quelques instants de l'orge germée en poudre, dans de l'eau à 25° ou 30° centigrades. On soumet ensuite à la presse, et l'on filtre le liquide trouble qui est exprimé. La liqueur filtrée est chauffée au bainmarie, à une température de 75° centigrades; la plus grande partie de la matière azotée se coagule par la chaleur ; on l'enlève par une nouvelle filtration. Le liquide filtré peut déjà servir comme diastase brute, il produit toutes les réactions de cette matière, mais il renferme encore de la matière azotée et une petite quantité de sucre : on précipite la diastase en versant de l'alcool anhydre dans la liqueur. La diastase précipitée est mise à sécher à une très douce chaleur; on doit éviter surtout de la chauffer humide à une température de 90° ou 100° centigrades. On peut encore se procurer cette substance, en écrasant dans un mortier l'orge récemment germée; on l'humecte avec son poids d'eau, et l'on soumet le mélange à l'action d'une forte presse. Le liquide qui en sort est mêlé avec une quantité d'alcool suffisante pour détruire sa viscosité, en précipitant la majeure partie des substances azotées, qu'on sépare par le filtre. En ajoutant à la li-

(1) Payen et Persoz, *Annales de Chimie et de Physique*, t. LIII, p. 73; t. LVI. p. 367, 2ᵉ série.

queur filtrée assez d'alcool anhydre, on obtient de la diastase, dont on achève la purification en la dissolvant dans l'eau, et la précipitant de nouveau par l'alcool. Après avoir fait subir à la diastase plusieurs de ces traitements, on la reçoit sur un filtre, on l'enlève encore humide, et pour la faire sécher, on l'étend en couches minces sur des lames de verre exposées dans un courant d'air sec, à la température de 40° à 45° centigrades.

D'après M. Payen, lorsque la diastase a été préparée avec soin, son énergie est telle, qu'une partie en poids suffit pour liquéfier complètement deux mille parties d'amidon. La diastase est solide, blanche, amorphe, insoluble dans l'alcool pur, soluble dans l'eau et l'alcool faible : sa solution aqueuse n'a pas de saveur, elle n'est point précipitée par le sous-acétate de plomb, cette solution s'altère assez promptement, elle devient acide et cesse alors de réagir sur la fécule. Desséchée, elle se conserve beaucoup mieux; cependant au bout de deux ans, elle semble avoir perdu ses principales propriétés. La diastase est sans aucune action sur les teintures végétales, sur l'albumine, le gluten, le sucre de canne, la gomme arabique, le ligneux. Ce qui la caractérise particulièrement, c'est son action énergique sur la fécule, elle peut servir avantageusement à isoler et purifier les corps précédents,

quand ils sont en présence de l'amidon. A l'aide de
la diastase, le phénomène de la liquéfaction de
l'amidon par l'action de l'orge germée, devient
très net. Il n'est plus possible de supposer que
cette dissolution de la fécule est opérée par le gluten, ou par l'hordéine, comme l'avait cru M. Dubrunfaut. Si, par exemple, on traite de l'empois
délayé dans de l'eau chauffée à 70 ou 75° centigrades, par une dose de diastase répondant
à 0,005 du poids de l'amidon qui en fait partie,
et qu'on agite vivement le mélange, la liquéfaction est instantanée. Après la réaction de la
diastase, il ne reste plus dans la liqueur que les
corps étrangers qui souillaient la fécule, et dont
la proportion s'élève rarement au delà de 0,008.

Par l'action de la diastase, ou de l'orge germée, l'amidon en se liquéfiant ne se transforme
pas entièrement en sucre; il y a des produits
distincts à considérer dans cette transformation.
Le sirop sucré que l'on obtient en concentrant
l'empois liquéfié, renferme du sucre susceptible
d'éprouver la fermentation alcoolique et une
matière gommeuse, la dextrine. On peut séparer ces deux substances par l'alcool à 84° centé-
simaux, qui dissout le sucre et laisse la gomme
intacte; on peut encore faire cette séparation par
l'addition de l'alcool: la dextrine se rassemble
au fond du vase, et le principe sucré reste seul
dissous. Les quantités respectives de dextrine et

de sucre produites par l'action de la diastase,
sont variables, et dépendent à la fois de la température à laquelle on opère, et de la durée de la
réaction. Dans la première phase de l'opération,
la dextrine domine ; aussi, quand on a en vue la
préparation de cette substance, il est avantageux
de faire cesser la réaction aussitôt après la liquéfaction de l'empois, après s'être convaincu à
l'aide de l'iode, qu'il n'existe plus d'amidon en
nature dans la dissolution. On peut donc obtenir
à volonté, selon les usages auxquels on le destine, du sirop de fécule plus ou moins riche en
principe sucré. Dans tous les cas, on fait usage
d'orge germée, séchée à une basse température,
moulue, et dans l'état où les brasseurs l'emploient ;
dans la pratique, il en faut de 5 à 10 parties pour
réagir sur 100 parties de fécule. On met dans
une chaudière 400 kilog. d'eau, en supposant
que l'on opère sur 100 kilog. d'amidon : quand
la température est portée à environ 27° centigrades, on y délaye la farine d'orge germée ; on
chauffe jusqu'à 60° centigrades ; on introduit
alors la fécule, en agitant continuellement la
masse avec un râble de bois. On s'applique à maintenir la température entre 65° et 70° centigrades ;
il ne faut pas dépasser 75°. Au bout d'une demi-
heure, le liquide s'éclaircit, il devient liquide
comme de l'eau. Alors on élève rapidement la
température à 90° ou 100°. On laisse reposer,

on filtre et on évapore rapidement, en ayant soin de retirer les écumes qui se forment. La liqueur est suffisamment concentrée quand elle s'échappe de l'écumoire en une large nappe. On verse le sirop dans des récipients , où par le refroidissement, il se prend en une gelée opaque. Pour préparer la *dextrine* sèche, on étend le sirop en couches minces à l'air, dans un séchoir. Quand on se propose d'obtenir un sirop de dextrine plus riche en principe sucré, tel que celui qui sert à la fabrication des liqueurs alcooliques, à la bonification des vins de qualités inférieures, on opère comme il a été dit, jusqu'au moment où la fécule est devenue soluble : à cette époque, on entretient la température de la masse entre 65° et 70°, pendant trois ou quatre heures, et c'est alors seulement qu'on porte la chaleur à 99° ou 100°. On achève d'ailleurs l'opération exactement de la même manière (1).

M. Dubrunfaut a observé que le sirop de dextrine contient d'autant plus de sucre, que l'amidon se trouve délayé dans une plus grande quantité d'eau, toutes les autres circonstances restant d'ailleurs les mêmes. En employant 45 parties d'eau et 25 d'orge germée pour une partie de fécule, cet habile manufacturier est par—

____

(1) Payen et Persoz, *Annales de Chimie et de Physique*, t. LIII, p. 73, 2ᵉ série.

venu à transformer en sucre les 9/10° de l'amidon (1).

M. Guérin a constaté un fait curieux, qui laisse entrevoir comment la diastase développée dans les plantes peut agir sur l'amidon; c'est que la réaction a lieu, même à la température ordinaire. Dans une expérience où M. Guérin opéra à 20° centigrades, au bout de vingt-quatre heures, l'empois donna un sirop qui contenait 77 pour 100 de matière sucrée (2).

Dextrine pure. Le moyen dont s'est servi M. Payen pour débarrasser la dextrine du sucre qui l'accompagne ordinairement, consiste à précipiter le sirop de fécule préalablement dissous dans l'alcool faible, par de l'alcool très peu aqueux; la dextrine se sépare; c'est en réitérant huit ou dix fois de suite la dissolution et la précipitation , qu'il est parvenu à l'obtenir entièrement pure. Amenée à cet état, elle se dessèche facilement quand on l'étend en couches de peu d'épaisseur, et elle n'adhère aucunement à la surface de la porcelaine ou du verre, ce qui n'arrive pas quand elle retient du principe sucré (3). La dextrine fortement desséchée et réduite en poudre, pèse spécifiquement 1,51.

(1) Guérin, *Annales de Chimie,* t. 60, p. 42, 2ᵉ série.
(2) Guérin, id., t. 60, p. 36.
(3) Payen, Mémoires cités, p. 151.

La densité de l'amidon pur est 1,51, celle du sucre de fécule 1,61 (1).

M. Payen a trouvé dans la dextrine séchée à 100° centigrades :

$$
\begin{array}{lr}
\text{Carbone.....} & 44,3 \\
\text{Hydrogène...} & 6,0 \\
\text{Oxygène.....} & 49,7 \\
\hline
& 100,0 \ (2)
\end{array}
$$

composition identique avec celle de l'amidon.

Nous avons vu que l'eau aiguisée d'acide sulfurique transforme l'amidon en matière sucrée, et que sous ce rapport, l'acide se comporte comme le fait l'orge germée. Comme l'orge germée, l'acide fait d'abord passer la fécule à l'état de dextrine, et en arrêtant à temps la réaction, il est possible d'obtenir cette substance, ainsi que l'ont démontré MM. Biot et Persoz (3). Qu'on triture, par exemple, de l'amidon avec de l'acide sulfurique concentré; si on délaye ensuite le magma avec la moitié de son volume d'eau, et qu'on le laisse en repos pendant une heure, on peut, au moyen de l'alcool, précipiter la presque totalité de l'amidon employé, à l'état de dextrine.

(1) Payen, Mémoires cités, p. 169.
(2)   Idem,   p. 157.
(3) Biot et Persoz, *Annales de Chimie et de Physique*, t. LII, p. 73, 2ᵉ série.

M. Payen a fait la remarque que l'amidon ne se rencontre jamais dans les tissus végétaux qui sont à l'état rudimentaire; les spongioles, les radicelles, les bourgeons foliacés, l'intérieur des ovules, en sont dépourvus. L'amidon ne se trouve pas davantage dans l'épiderme, dans les premières cellules des tissus sous-adjacents. Ce principe immédiat semble exclu des parties du végétal qui sont le plus directement exposées aux agents atmosphériques : on ne le rencontre qu'à une certaine profondeur, et les globules qui constituent l'amidon, augmentent en nombre et en volume dans les cellules les plus éloignées de la superficie. Les organes souterrains des plantes, certains bulbes, la plupart des tubercules, sont ordinairement riches en fécule amylacée. On dirait que la lumière modifie à l'instant même cette substance, lorsqu'elle est soumise à l'influence vitale, et qu'elle ne se conserve que dans l'obscurité.

Sur les globules de certaines fécules, on aperçoit un point ou hile qui, selon quelques observateurs, servirait à fixer chaque globule aux parois des cellules qui renferment l'amidon. Il arrive souvent que le hile ne peut être distingué, même à l'aide des microscopes les plus puissants, et, pour le mettre en évidence, il faut avoir recours à la dessiccation qui, en faisant éprouver un retrait à la masse globuleuse, laisse

en saillie la partie qui porte le hile , à cause de sa
plus forte cohésion. M. Payen ne pense pas que
le hile soit un point d'attache permanent, qui lie
le grain de fécule aux parois intérieures de la
cellule. Il le considère, comme étant l'orifice du
conduit par lequel l'accroissement s'est effectué
par intussusception. Pour appuyer cette opinion, M. Payen fait observer que dans un grand
nombre de cellules végétales , particulièrement
dans celles des pommes de terre , des rhizomes,
les globules d'amidon se développent en quantité
telle, qu'il est vraiment impossible que chacun
d'eux soit uni directement à la paroi interne de
la cellule (1).

De l'Inuline.

L'inuline découverte par Roze dans l'*Inula
helenium,* présente certaines analogies avec l'a-
midon. Cette espèce de fécule constitue la plus
grande partie de la matière solide des tubercules
du topinambour et du dahlia, tubercules qui,
selon M. Payen, ne renferment pas d'amidon.
L'inuline se dissout dans l'eau bouillante; par le
refroidissement elle se dépose en globules , qui,
vus au microscope, paraissent diaphanes, adhérents, et réunis en chapelets. Quand on soumet de l'inuline sèche, enfermée dans un tube, à

(1) Payen, Mémoires cités, p. 183.

la température de 168₀, elle fond complètement; par cette fusion, elle acquiert de nouvelles propriétés, elle est alors soluble dans l'eau froide et dans l'alcool.

L'inuline est transformée en dextrine et en sucre par les acides minéraux; mais elle possède certaines propriétés qui permettent de la distinguer de la fécule amylacée. D'abord l'iode ne la colore pas; ensuite, l'acide acétique qui n'exerce aucune réaction sur l'amidon, se comporte avec l'inuline exactement comme le font les acides sulfurique, phosphorique, et hydrochlorique; enfin la diastase, dont la réaction sur la fécule est si prompte et si énergique, ne lui fait subir aucune modification. Il est donc facile de séparer ces deux substances lorsqu'elles sont mélangées, en traitant le mélange, soit par l'acide acétique, qui dissout l'inuline, soit par la diastase qui liquéfie l'amidon (1).

M. Payen a analysé l'inuline séchée à 105° cent., et après avoir été fondue à 168°. Sous ces deux états, elle présente la même composition :

	Inuline à l'état normal.	Inuline fondue.
Carbone	46,6	44,6
Hydrogène	6,1	6,2
Oxygène	49,3	49,2
	100,0	100,0

(1) Payen, Mémoires cités, p. 175.

On voit que c'est exactement la composition de l'amidon et de la dextrine.

On peut extraire l'inuline de l'aunée; il suffit de faire bouillir la racine de cette plante dans trois ou quatre fois son poids d'eau; par le refroidissement de la liqueur, l'inuline se précipite. Ainsi obtenue, elle est blanche, pulvérulente, et ressemble à l'amidon.

Du ligneux et de la cellulose.

La partie la plus solide des plantes, celle qui en forme en quelque sorte le squelette, est le ligneux dans les arbres, et la fibre ligneuse chez les plantes herbacées. On a cru pendant longtemps que l'on pouvait obtenir le ligneux chimiquement pur, en traitant les bois réduits en poudre fine, par divers agents ayant la faculté de dissoudre les matières gommeuses, résineuses et salines, qui s'y trouvent le plus communément associées. Mais dans ces derniers temps, on a fait voir que le ligneux ainsi préparé, est formé réellement de deux substances ayant chacune une composition et des propriétés différentes. L'une, la *cellulose*, constitue le tissu des bois et de tous les organes des plantes; l'autre, le ligneux proprement dit, remplit, consolide en quelque façon les cellules. Cette distinction entre ces deux éléments essentiels à la constitution des bois, fut d'abord établie d'une manière très précise par M. Mohl;

mais il était réservé à M. Payen de fixer l'opinion des chimistes et des physiologistes sur la vraie nature de ces principes immédiats (1).

En traitant par différents dissolvants le tissu végétal naissant encore à l'état gélatineux, comme les ovules non fécondés des amandes, des abricotiers, etc., les poils du coton, la matière membraneuse du cambium des concombres, les spongioles des radicelles, les feuilles, les bois, etc. ; M. Payen s'est procuré la cellulose à l'état de pureté, et présentant une composition élémentaire presque identique, comme on peut le voir dans les analyses suivantes :

COMPOSITION DE LA CELLULOSE DESSÉCHÉE A 160°.

	CARBONE	HYDROGÈNE	OXYGÈNE
Des ovules de l'amandier.............	43,6	6,1	50,3
Des ovules du poirier et du pommier..	44,7	6,1	49,2
De l'helianthus annuus	44,1	6,2	49,7
Moelle de sureau	43,4	6,0	50,6
Coton épuré deux fois	44,4	6,1	49,5
Cellulose des feuilles de chicorée endive	43,4	6,1	50,5
Des trachées du bananier	43,2	6,5	50,3
Du tissu intérieur des feuilles de l'agave	44,7	6,4	48,9
Coton du peuplier de Virginie........	44,1	6,5	49,4
Membranes purifiées du cœur de chêne	44,5	6,0	49,5
Cellulose extraite du bois de sapin....	44,4	7,0	48,6
Périsperme du phytelephas	44,1	6,3	49,6
Cellulose des champignons de couches .	44,5	6,7	48,8

(1) Dumas, *Comptes rendus de l'Académie des sciences*, t. VIII, p. 53.

Ainsi le tissu primitif, le squelette du bois, est encore isomère avec l'amidon ; de la part des acides minéraux, la cellulose éprouve d'ailleurs une modification qui la rapproche encore de la fécule amylacée, car en la traitant par l'acide sulfurique on la transforme en dextrine et en sucre.

La composition de la cellulose diffère donc considérablement du ligneux obtenu du bois à l'aide des dissolvants ; en effet, le ligneux considéré comme pur par les chimistes qui l'ont analysé, contient :

	CARBONE	HYDROGÈNE	OXYGÈNE	ANALYSTES.
Ligneux extrait : du bois de chêne	52,5	5,7	41,8	Gay-Lussac et Thénard.
du bois de hêtre	51,5	5,8	42,7	Gay-Lussac et Thénard.
du buis	50,0	5,6	44,4	Prout.
du saule. . . .	49,8	5,6	44,6	Prout.
du chêne. . . .	49,7	6,0	44,3	Payen.
du hêtre	49,4	6,1	44,5	Payen.
du tremble. . .	48,0	6,4	45,6	Payen.
Bois à l'état normal : de chêne. . .	54,4	6,2	39,4	Payen·
de hêtre . . .	54,4	6,3	39,3	Payen.
de herminiera	47,2	5,3	46,9	Payen.

On s'aperçoit, par les résultats de ces analyses, que le bois à l'état normal contient plus de carbone que le ligneux obtenu par voie de purification, et que cette dernière substance est aussi plus riche en carbone que la cellulose qui en fait nécessairement partie. Dans le ligneux purifié, la cellulose est donc associée à un principe qui remplit ses cellules, qui *l'incruste*, et c'est à cette matière que M. Payen a donné le nom de matière incrustante : c'est le ligneux proprement dit, c'est le corps qui communique au bois sa dureté, sa tenacité. Il domine dans les bois durs, dans les noyaux; il répond au *duramen* des physiologistes. M. Payen s'est assuré que la matière incrustante constitue presque en totalité les concrétions qu'on observe dans les poires *pierreuses*, dans le liège, et qui sont assez dures pour émousser les instruments tranchants. Comme cette matière incrustante est fragile, elle peut être broyée, et il devient possible de la séparer du tissu qui l'environne, parce que ce dernier se déchire en fibres sous le pilon; par le tamis, on peut obtenir la matière incrustante à peu près à l'état de pureté : il suffit de la traiter par l'alcool, par l'éther, pour lui enlever les substances grasses ou résineuses qui s'y trouvent mêlées. D'après l'analyse de M. Payen, cette matière, qu'il considère comme le ligneux exempt de cellulose, contient :

Carbone........	53,8
Hydrogène.....	6,0
Oxygène	40,2
	100,0 (1)

(1) Payen, *Comptes rendus de l'Académie des sciences*, t. VIII; p. 169.

Abstraction faite des matières résineuses susceptibles d'être dissoutes par l'alcool ou par l'éther, des substances solubles dans l'eau, les tissus végétaux doivent donc présenter une composition élémentaire qui varie entre celle de la cellulose et celle de la matière incrustante : ce sont là les limites extrêmes ; et la composition totale de ces tissus sera d'autant plus riche en carbone, qu'ils contiendront moins de cellulose. La matière incrustante étant soluble dans les lessives alcalines, c'est en traitant les tissus ligneux par la soude ou la potasse que M. Payen parvient à se procurer la cellulose, qui est beaucoup moins attaquable par ces agents. Cependant les solutions alcalines n'enlèvent pas toujours les dernières traces du principe ligneux, et pour isoler complètement la cellulose, M. Payen a mis à profit l'action de l'acide azotique, acide qui, comme l'a observé M. Dutrochet, laisse intacte la matière des cellules, et dissout au contraire le ligneux dont elle est incrustée. C'est par ce procédé que M. Dutrochet a réussi à isoler, sans l'altérer, le tissu du bois d'ébène, et à le priver du ligneux et de la matière colorante (1).

Les faits qui viennent d'être exposés, et qui sont relatifs à la constitution chimique des bois,

______

(1) Payen; *Comptes rendus de l'Académie des sciences*, t. VII, p. 1055.

corroborent les observations antérieures recueillies par les physiologistes. C'est ainsi que l'on
comprend mieux maintenant les changements
que subissent les cellules végétales à mesure
qu'elles s'accroissent et vieillissent; c'est par
l'apparition de la matière ligneuse incrustante que
leurs parois, d'abord minces, transparentes, incolores, s'épaississent, deviennent opaques et
acquièrent de la consistance. Par les dissections
opérées par M. Payen, à l'aide de moyens purement chimiques, on peut se convaincre que les
tissus de tous les végétaux phanérogames ou
cryptogames peuvent être ramenés à une substance unique, la cellulose, ayant une composition invariable et formant les utricules du tissu
cellulaire. Cette matière se trouve à peu près à
l'état isolé, dans les parois épaissies des cellules
de plusieurs périspermes, tels que ceux du dat-
tier, du dracæna. Il résulte des recherches microscopiques auxquelles s'est livré M. Payen, de
concert avec M. Adolphe Bronguiart, que les matières qui s'ajoutent aux jeunes cellules, ne se
déposent pas sur la face interne de leurs parois,
mais qu'elles pénètrent et s'insinuent dans leur
tissu. Le rapport de la cellulose à la matière ligneuse, dans le développement des parois des cellules, varie nécessairement dans des limites fort
étendues, puisque certains périspermes ne renferment que de la cellulose pure, tandis que les

concrétions pierreuses de la poire et du liège sont composées presque en totalité de ligneux incrustant (1).

Le bois, dans l'acception la plus ordinaire de ce mot, est la partie solide du tronc et des branches; ses propriétés, ses usages, varient avec les espèces végétales qui le produisent. Le bois est plus dense que l'eau, et s'il est vrai qu'il flotte, quand il est en morceaux, cela provient de l'air qui en remplit les pores. La sciure de bois, la rapure de liège, descendent au fond de l'eau dès qu'elles sont suffisamment imbibées, quand l'air a été expulsé. La pesanteur spécifique des bois blancs réduits en poudre, comme ceux de l'érable et du sapin, est de 1,46; les essences les plus lourdes, comme le chêne et le hêtre, pèsent 1,53 (2). Par la raison ci-dessus indiquée, un volume de bois pris en masse, pèse quelquefois moins qu'un égal volume d'eau.

(1) Adolphe Brongniart, *Comptes rendus de l'Académie des sciences*, t. X, p. 9.1.

(2) Berzélius, *Traité de Chimie*, t. VI, p. 123, traduction française.

DENSITÉS DE DIFFÉRENTS BOIS, DÉTERMINÉES PAR BRISSON.

Grenadier	1,35	Oranger	0,70
Gaïac, ébène	1,33	Coignassier	0,70
Buis	1,32	Orme, le tronc	0,67
Chêne de 60 ans, le cœur	1,17	Noyer	0,67
Néflier	0,94	Poirier	0,66
Olivier	0,92	Cyprès d'Espagne	0,64
Mûrier d'Espagne	0,89	Tilleul	0.60
Hêtre	0,85	Noisetier	0,60
Frêne, le tronc	0,84	Saule	0,58
Aune	0,80	Thuya	0,56
If	0,80	Sapin mâle	0,55
Pommier	0,79	Peuplier blanc d'Espagne	0,52
Prunier	0,78	Sapin femelle	0,49
Erable	0,75	Peuplier	0,38
Cerisier	0,75	Liège	0,24

Les densités qui précèdent peuvent servir à évaluer le poids des blocs dont on connaîtrait le volume ; mais quand on cube des bûches superposées, la densité réelle n'est plus d'aucune utilité dans la pratique. En moyenne, on établit que le stère de :

Chêne, hêtre, bouleau en grosses bûches, pèse . . . . 450 kil.

Sapin en grosses bûches. . . . 325

Chêne ou tremble de charbonnage. 225

Toutefois on ne doit pas perdre de vue que l'âge, le climat, la nature du sol, exercent une influence marquée sur la pesanteur spécifique d'une même espèce de bois (1).

(1) Dumas, *Traité de Chimie*, t. I, p. 549.

Le bois, suivant les usages auxquels on le destine, se distingue en bois de chauffage, de construction, de teinture.

Immédiatement après leur abattage, les bois renferment encore une proportion d'eau considérable. D'après les expériences de Marcus-Bull, sur 100 parties de bois vert soumises à la dessiccation à 100°,

Le noyer perd. . . . . . . 37,5 parties.
Le chêne blanc. 41
L'érable. 48

En moyenne, on estime à 40 pour 100 l'eau accidentelle contenue dans les bois verts ; par une dessiccation effectuée à l'air et prolongée durant 8 à 10 mois, ils perdent seulement 25 pour 100 d'humidité. C'est généralement dans cette condition que l'on emploie les bois comme combustible, et l'on voit qu'ils contiennent encore environ un quart de leur poids en eau, qui non seulement ne concourt pas à produire de la chaleur, mais qui en dépense au contraire une grande quantité pour passer à l'état de vapeur. Il y a donc un intérêt réel à n'employer pour le chauffage que des bois convenablement séchés ; l'avantage qui en résulte est tellement évident, que dans plusieurs usines, on fait sécher dans des étuves le bois qui a déjà passé plusieurs mois à l'air (1).

(1) Péclet, *Traité de la Chaleur*, t. I, p. 159.

La composition du ligneux, telle que nous l'avons établic, peut être représentée par du carbone et de l'eau. On a ainsi :

Carbone en moyenne 52
Hydrogène et oxygène dans les proportions pour faire de l'eau. 48

Les bois contenant du carbone, de l'hydrogène et de l'oxygène, les produits définitifs de sa combustion parfaite doivent être de l'acide carbonique et de l'eau. La chaleur dégagée pendant cette combustion dérive nécessairement de l'union des éléments combustibles du bois avec l'oxygène de l'atmosphère. Or, dans le cas particulier, l'hydrogène se trouvant déjà en présence avec la proportion d'oxygène exigée pour sa combustion, on peut le considérer comme brûlé, vu l'état de condensation où se trouve l'oxygène. La chaleur produite par le bois dépend donc uniquement de la quantité de carbone qu'il contient.

Les physiciens sont convenus d'appeler *unité de chaleur*, la quantité de chaleur nécessaire pour élever un kilogramme d'eau, d'un degré du thermomètre centigrade. Cette unité est assez souvent désignée par le nom de *calorie* (1). Ceci posé, on comprendra facilement la table suivante, qui résume les expériences entreprises

(1) Péclet, *Traité de la Chaleur*, t. I, p. 156.

par Rumford, pour évaluer le pouvoir calorifique de diverses espèces de bois; ainsi, puisque 1 kilog. de bois de tilleul a développé 3460 unités de chaleur, il s'ensuit que cette quantité de combustible serait capable d'élever de 1° centigrade; de porter, par exemple, de 10° à 11° centigrades 3460 kilog d'eau.

CHALEUR DÉGAGÉE PAR LA COMBUSTION D'UN KILOGRAMME DE BOIS (1).

ESPÈCES	CALORIES, ou NOMBRE D'UNITÉS DE CHALEUR DÉVELOPPÉE
Tilleul, bois sec, de 4 ans	3460
Idem, fortement desséché dans un poêle . .	3960
Hêtre, bois sec, de 4 ans	3375
Idem, fortement desséché dans un poêle . .	3630
Orme, sec, de 4 à 5 ans.	3037
Chêne, bois à brûler.	3550
Frêne, sec.	3075
Mérisier, sec	3375
Sapin, sec, bois de menuiserie.	3037
Idem, fortement desséché sur un poêle. . .	3750
Peuplier, bois de menuiserie..	3450
Idem, fortement desséché sur un poêle. . .	3712
Charme, bois de menuiserie	3187
Chêne, sec	3300

Il résulte d'expériences faites par Clément, que le pouvoir calorifique du charbon est de 7050 unités de chaleur. Le bois sec contenant, comme nous l'avons vu, 52 pour 100 de car-

____

(1) Peclet, *Traité de la chaleur*, t. I, p. 162.

bone, on en déduit théoriquement que son pouvoir calorifique = 3666.

Marcus Bull s'est livré en Amérique, à des observations suivies, pour déterminer les quantités relatives de chaleur dégagées par différentes espèces de bois. En discutant ces nombreuses observations, M. Péclet a été conduit à admettre que les bois secs ont sensiblement le même pouvoir calorifique, et qu'en outre : 1° La valeur calorifique d'un kilog. de bois desséché par les moyens artificiels, = 3500 unités de chaleur. 2° Que la même valeur d'un kilog. de bois, ayant de dix à douze mois de coupe, contenant 20 à 25 pour 100 d'eau, = 260 unités (1).

Comme points de comparaisons, je rappellerai ici, le pouvoir calorifique des combustibles employés concuremment avec le bois.

1 kilogramme de charbon de bois	produit	7226	unités de chaleur		
»	»	de houille	»	6010	»	»
»	»	de tourbe	»	3005	»	»
»	»	de charbon de tourbe	»	6400	»	» (2)

Bien que les bois amenés au même état de dessiccation absolue, soient d'après les expériences de Bull, capables de produire sous le même poids, des quantités de chaleur à très peu près égales, leur conformation, leur manière de brûler, ne les rendent pas également propres aux mêmes

(1) Péclet, *Traité de la Chaleur*, t. I, p. 174.
(2)   Idem.   t. I, p. 128.

emplois. Comme le remarque M. Péclet, qui a fait une étude approfondie de toutes les questions qui se rapportent au chauffage, les bois durs, compactes, ne brûlent d'abord qu'à leur surface ; la chaleur en se propageant au centre des bûches, en dégage des gaz inflammables qui se consument peu après l'introduction du bois dans le foyer, et bientôt, il ne reste plus qu'une masse incandescente qui brûle lentement et sans flamme. Les bois légers se comportent tout différemment ; l'air les pénètre avec facilité, ils se déchirent d'ailleurs par l'action de la chaleur, et le charbon qu'ils contiennent se consume, pour ainsi dire, en même temps que les gaz qu'ils émettent. On voit de suite, pourquoi dans les usines où l'on est dans la nécessité d'obtenir une température élevée, une flamme longue et incessante, on donne la préférence aux bois tendres. Là au contraire où une température moins intense est suffisante, quand le point de plus grande chaleur doit se trouver voisin du foyer, il y a avantage à consommer des bois durs (1).

La solidité des bois, leur durée, la facilité avec laquelle ils reçoivent les formes que l'industrie sait leur donner, en font une matière de première nécessité. Leurs qualités spéciales, telles que leur résistance, leur cohésion, leur

(1) Péclet, *Traité de la Chaleur*, t. I, p. 174.

élasticité, le poli qu'ils sont susceptibles de recevoir, décide du choix des essences dans les applications. Le chêne, si abondant dans les forêts des régions tempérées, est considéré avec raison comme un excellent bois de construction. La force, la beauté, dont sont douées certaines espèces, la propriété de résister pendant long-temps aux effets destructifs de l'eau et de l'atmosphère, le font nécessairement placer au premier rang. Il convient également aux constructions maritimes, aux charpentes des édifices, aux travaux hydrauliques, à la confection des meubles.

Dans certaines contrées, le sapin est aussi très employé; il croît rapidement, et acquiert de grandes dimensions. Son bois réunit la force, la légèreté et l'élasticité. Le châtaignier, l'orme, le frêne, le charme, procurent des bois durables, et qui remplacent assez souvent le chêne, et le sapin. Les bois légers, comme le bouleau, le saule, le tilleul, à raison de la facilité avec laquelle on les travaille, sont presque exclusivement réservés pour la menuiserie.

Ce qu'on exige surtout des pièces destinées à la construction, c'est la grandeur de leurs dimensions. Comme données particulières aux arbres qui croissent sous le climat de la France, on peut adopter les nombres qui vont suivre :

ARBRES.	HAUTEUR ORDINAIRE DU TRONC.	DIAMÈTRE ORDINAIRE.
	mètres	centimètres
Sapin	8 à 30	120
Mélèze.		100
Peuplier	6 à 20	81
Pin.	5 à 20	87
Platane.		92
Chêne, orme		80
Bouleau, aune.		75
Hêtre, alisier..	5 à 15	72
Tilleul		66
Frêne.		60
Saule		30
Marronnier.	4 à 15	92
Châtaignier.		72
Érable	3 à 15	72
Cormier	4 à 12	45
Acacia	4 à 8	49
Charme, mérisier, pêcher. . .		54
Sorbier, mûrier	3 à 7	42
Poirier sauvage..		36
Pommier sauvage	2 à 6	33
Noyer	2 à 5	92 (1)

Ce sont là les renseignements que l'on possède
sur les arbres européens parvenus au point de développement convenable pour être abattus. Les
circonstances de sol étant égales, ces dimensions
dépendent particulièrement de l'âge; mais les
mêmes espèces acquièrent quelquefois un accroissement extraordinaire, et je crois devoir
réunir dans ce chapitre, les principaux faits re-

(1) Gourlier, *Dictionnaire de l'industrie manufacturière*, t. II;
p. 400.

cueillis sur la longévité et les dimensions auxquelles certains arbres peuvent parvenir.

Tout le monde a pu se convaincre de la rapidité avec laquelle croissent les arbres pendant
leur jeunesse ; mais cette croissance a-t-elle une
limite bien déterminée ? et en approchant de cette
limite, l'accroissement diminue-t-il comme cela
arrive chez les animaux ? Nous avons reconnu
que, dans les climats où la végétation reste suspendue pendant une partie de l'année, l'augmentation du diamètre des arbres se fait périodiquement, par l'addition d'une couche concentrique de
ligneux ; de sorte qu'il est possible de juger de
l'âge d'un arbre dicotylédon, par le nombre de
ces couches concentriques, comptées à partir de
l'axe du tronc.

Pour constater la valeur de l'accroissement des
couches ligneuses aux époques diverses de la vie
végétale, De Candolle a mesuré leur épaisseur,
et il a vu que si l'augmentation annuelle du ligneux offre une certaine régularité, cette régularité est cependant loin d'être absolue, même
pour une espèce unique. Le chêne présente surtout
des anomalies frappantes ; ainsi un tronc dont la
croissance en diamètre avait eu lieu avec lenteur, a crû plus rapidement en vieillissant. Ce savant botaniste a observé de jeunes arbres de la
même espèce dont la croissance, d'abord très
lente, s'est ensuite accélérée pour se ralentir du-

rant une troisième période de leur existence. De l'ensemble de ces observations, de Candolle conclut : que les arbres les plus communs en Europe, croissent avec une certaine rapidité jusqu'à l'âge de cinquante à soixante-dix ans, et qu'à partir de cette époque, leur accroissement qui devient moins prompt, reste régulier jusqu'à l'extrême vieillesse. Suivant ce savant observateur, les inégalités de développement qu'on remarque dans les couches ligneuses, seraient dues à ce que la moyenne des racines de l'arbre aurait pénétré dans des zônes de bons ou de mauvais terrains, ou bien encore à cette autre circonstance, que l'individu sur lequel ont porté les mesures, aurait été débarrassé du voisinage d'arbres qui avaient crû dans le même sol. Quant à la diminution constante dans l'accroissement des couches ligneuses que les arbres éprouvent toujours lorsqu'ils sont arrivés à un âge déterminé, De Candolle en verrait la cause, et dans la plus grande profondeur à laquelle seraient parvenues les racines, qui, plus éloignées de l'air, prospèreraient moins, et à l'obstacle matériel que l'écorce, à la fois plus vieille, plus sèche et plus résistante, opposerait au développement du tronc. M. Knight assure, par exemple, que de vieux poiriers, après qu'ils eurent été débarrassés de la partie extérieure de leur écorce, formèrent plus de bois dans l'espace de deux étés, qu'ils n'en avaient créé durant les vingt ans qui précédèrent cette opération (1).

Dans les climats équinoxiaux, les forêts produisent une multitude d'arbres gigantesques, et dont un très grand nombre pourraient être utilisés ; malheureusement, les renseignements positifs que nous possédons sur les bois de ces régions sont fort incomplets. La consommation du bois de charpente est nécessairement restreinte, dans des pays où une population peu considérable est répandue sur la surface immense d'un territoire, dont les voies de communication sont difficiles ; aussi dans le plus grand nombre de localités, on emploie les essences que l'on a sous la main ; cependant dans les villes, où déjà il faut aller chercher les matériaux à une certaine distance, l'expérience a indiqué ceux dont les qualités offrent une compensation aux dépenses occasionnées par leurs transports. Dans la *Nueva Granada* on fait souvent usage, dans les constructions et pour la confection des meubles, du *diomate* (l'*astronium graveolens ?*), connu dans le commerce sous le nom de bois de Sainte-Marthe. On le recherche pour sa dureté ; en beauté il surpasse l'acajou ; sa couleur est plus foncée. Comme dans tous les bois très durs, l'aubier du *diomate* présente une

(1) De Candolle, *Physiologie végétale*, p. 975.

teinte très différente de celle du cœur, qui est
rouge et nuancée de veines fortement colorées,
surtout dans la proximité des nœuds. M. Goudot a mesuré un tronc de cet arbre, qui avait
$1^m,6$ de diamètre, l'aubier compris, et 32 centimètres en bois de cœur. On voit des clochers
d'églises formés avec des poutres de diomate, qui
résistent aux intempéries depuis plus d'un siècle.
Cet arbre croît dans les terrains arides des régions les plus chaudes. Il est rare de l'observer
à une élévation de 450 mètres au dessus du niveau de la mer.

Le cédron (*cedrela odorata*), sans doute à
cause de son odeur aromatique, n'est jamais attaqué par les insectes ; cette précieuse propriété
fait qu'il est très estimé comme charpente, ou
comme bois de menuiserie ; la plupart des canots
avec lesquels on navigue sur les grands fleuves,
sont taillés dans des blocs de cet arbre ; on
en fait aussi des ustensiles de ménage, des plats
(*bateas*) pour les laveurs d'or et de platine.
Le cédron prend un développement considérable ; M. Goudot en a mesuré un dans la forêt du
Quindiù qui avait 46 mètres de hauteur, et $1^m,9$
de diamètre. Dans les montagnes, cet arbre
occupe une zône beaucoup plus large que
le diomate ; on le trouve entre 1000 et 2000
mètres d'élévation absolue, circonstance qui,
d'après mes observations, donnerait comme li-

mites extrêmes de la température des lieux qu'il habite, 24° à 19° centigrades.

Le *nogal* (*juglans... ?*) produit un bois très apprécié dans l'ébénisterie. Il croît dans les Cordilières, à des hauteurs comprises entre 2,000 et 3,000 mètres. (Temp. 20° à 14° centigrades.) Le bois du nogal est d'un brun assez foncé, qui rappelle la couleur du noyer d'Europe.

L'*escobo* est fort abondant dans les régions tempérées des montagnes ; il appartient à la famille des laurinées, on en fait des planches et des poutres ; son bois se détériore assez promptement. Le *pino* (*taxus montana de Wildenow*) est un des grands arbres qui se rencontrent sur les sommets des Andes, à 3,000 et 3,500 mètres de hauteur ; il donne des charpentes de bonne qualité.

L'*arayan*, le *guayacan* (*myrthicæ*), fournissent des bois très utiles, très durs, susceptibles de prendre un poli parfait. Ils conviennent particulièrement pour faire les cylindres des moulins à sucre. Le *caracoli* (*anacardium caracoli*), les figuiers (*iguerones*), sont des arbres qui atteignent une hauteur et une grosseur extraordinaires ; leur bois est blanc, léger, de peu de durée ; on en fait des canots, des grands réservoirs pour entreposer le jus de la canne à sucre. Divers arbres qui appartiennent aux *ardisiacæ*, *rutacæ*, *saxifragæ*, *salicariæ*, etc., fournissent

aussi des bois de construction, plus ou moins estimés.

Sous les tropiques, les arbres offrent souvent
un luxe de végétation qui frappe d'étonnement
les voyageurs européens. Dans la vallée de la
Magdalena, à San Luis, près Ibagué, M. Goudot
a vu un *ceiba* (*bombax pentandrum*), âgé d'environ soixante ans, dont le tronc a 8 mètres de
circonférence, et dont le feuillage couvre une
surface circulaire de 39 mètres de diamètre:
c'est à l'ombre de ce ceiba, que se tient le marché du village.

Les belles vallées d'Aragua, dans Venezuela,
possèdent un arbre d'une grande célébrité, c'est
le fameux *zamang del guayre*, qu'on aperçoit à
plus d'une lieue de distance, et à l'ombre duquel
je me suis reposé, le 24 janvier 1823, en allant
de Turmero à Maracay. Selon M. de Humboldt,
le *zamang* est une belle espèce de mimosa;
ses branches forment une cime hémisphérique
de 187 mètres de circonférence; elles s'étendent comme un vaste parasol, et inclinent vers
la terre, dont leurs extrémités restent éloignées
de 3 à 5 mètres; le tronc de cet arbre extraordinaire a 19,5 mètres de hauteur, et 2,9 mètres
de diamètre. Le zamang par les souvenirs
qui s'y rattachent, est un objet de vénération
pour les Indiens. Depuis qu'on l'observe avec attention, cet arbre ne paraît pas avoir changé d'as-

pect; les premiers conquérants de Venezuela semblent l'avoir trouvé dans le même état où il est aujourd'hui (1). A l'époque où M. de Humboldt mesurait le zamang de Turmero, un côté de son branchage était entièrement dépouillé de feuilles. Vingt ans plus tard, je l'ai trouvé complètement vert, mais les feuilles des branches exposées au sud, étaient moins abondantes, moins vigoureuses que les autres.

Au Mexique, dans la ville de Toluca, l'*arbol de manitas* (*cheirostemon*) est révéré par les indigènes, à cause de son antiquité; cet arbre, d'après la tradition, serait antérieur à la conquête (2).

Le *draconnier* d'Orotava est aujourd'ui l'un des plus anciens monuments du monde. M. de Humboldt lui donne 5,2 mètres de diamètre. Sa hauteur, déterminée par M. Ledru, est de 20 mètres. Lors de la découverte de l'île de Ténériffe, en 1402, le draconnier avait les dimensions qu'il possède actuellement (3).

Le *magahoni*, ou bois d'acajou (*cedrelæ magahoni*) est un arbre d'une très longue durée. A la Jamaïque, il atteint environ deux mètres de diamètre, et M. Hooker affirme qu'il faut qu'un

(1) Humboldt, *Voyage aux régions équinoxiales*, t. V, p. 140.
(2) De Candolle, *Physiologie*, p. 9?6.
(3) Humboldt, *Etudes de la nature*, t. 2, p. 31.

magahoni soit âgé de deux siècles pour donner une quantité suffisante de bois de cœur. Le courbaril (*hymenæa courbaril*), qui est un des plus grands arbres des Antilles, produit comme l'acajou un bois très dur, et tout aussi recherché pour l'ébénisterie. Il atteint souvent 6 mètres de diamètre (1).

Le *baobab* (*adansonia digitata*) parvient à la vieillesse la plus extrême. Adanson en a observé un aux îles du cap Vert, dans le tronc duquel, on a retrouvé une inscription écrite par deux voyageurs anglais, trois siècles auparavant. Cette inscription était recouverte par 300 couches ligneuses. D'après les observations recueillies par ce voyageur sur la croissance de divers baobabs, on a essayé de former une table qui indique les progrès de la végétation et l'âge probable de cet arbre.

Age du baobab.	Diamètre du tronc.	Hauteur.
1 an,	0,03	1,6
20	0,32	5,0
30	0,65	7,1
100	1,30	9,4
1000	4,50	18,8
2400	5,85	20,8
5150	9,75	23,7

De Candolle a fait remarquer que cette durée des baobabs est d'autant plus surprenante, que le

(1) De Candolle, *Physiologie*, p. 1002.

bois de cet arbre est tendre, et souvent carié. D'un autre côté, il faut convenir que l'énormité de la base relativement à la hauteur, donne au baobab une stabilité que l'on ne trouve dans aucun arbre, et qui lui permet de résister aux ouragans les plus violents (1).

On peut douter, je crois, de la réalité des âges assignés aux baobabs d'après les observations d'Adanson. Il est facile de s'égarer dans des évaluations de cette nature; les irrégularités que présente souvent la croissance des arbres plantés dans le même sol, ne permettent pas d'accorder une grande confiance aux déductions qui se tirent de la grosseur du tronc, quand on ne peut pas compter les couches concentriques. Comme preuve de ce que j'avance, je puis présenter des observations recueillies par M. le gouverneur de la Guyane française, sur la croissance de deux baobabs (*Adansonia digitata*) qui furent plantés en 1821 dans le jardin botanique de Cayenne. En 1842, on a trouvé (2) :

	mètres.		mètres.
N° 1. Longueur de la tige, du sol aux premières branches,	2.35	Diamètre à la base.	1,65
		Id. à la naissance des branches.	1,29
N° 2. Idem.	3,30	Diamètre à la base	0,81
		Id. à la naissance des branches.	0,46

Sur l'arbre n° 2 les branches étaient peu dé-

(1) De Candolle, *Physiologie*, p. 100.

(2) *Bulletin des séances de la Société royale d'agriculture*, t. III, p. 5.

veloppées et nullement en rapport avec la grosseur du tronc.

Le *cyprès chauve* (*taxodium distichum*) est
un arbre très abondant au Mexique, et dans la
partie méridionale des États-Unis ; à Chapultepec,
il existe un de ces cyprès, appelé *el cyprès de
Montezuma*, parce qu'il passe pour avoir végété
sous le règne de ce prince. En 1831, l'arbre
était encore en pleine vigueur ; son tronc avait
alors une circonférence de 12,5 mètres. Un autre
cyprès, qui se trouve aujourd'hui à Santa-Maria
de Tesla près Oaxaca, à l'ombre duquel, selon
une tradition, se serait abrité Fernand-Cortez,
a 12 mètres de tour, et 32 mètres de hauteur.
Michaux a mesuré dans les Florides, des taxodium
dont les dimensions se rapprochent assez des
précédentes (1).

Nous n'avons que des données incertaines sur
l'âge que peuvent atteindre les palmiers ; leurs dimensions sont cependant assez bien connues. En
Égypte, au rapport de M. Delille, les dattiers ont
ordinairement une hauteur qui s'éloigne peu de
20 mètres. Dans les Andes du Quindiù, on a mesuré
des *ceroxylon andicola*, dont le tronc avait 60 à
70 mètres. M. Martius assigne aux plus grands
palmiers du Brésil les dimensions que voici (2) :

(1) De Candolle, *Physiologie,* p. 100.
(2) Martius, *Voyage au Brésil.*

	Hauteur totale.	Diamètre.
OEnocarpus batana	26 mètres.	0,32
Euterpe oleracea.	39	0,23
Euterpe edulis	32	0,18
Iriartea exorhiza.	29	0,32
Guilielma speciosa	28	0,19
Cocos oleracea.	23	0,32
Cocos nucifera.	23	0,22

Parmi plusieurs palmiers (*arica oleacera*) plantés en 1821 dans le jardin botanique de Cayenne, le plus élevé avait, vingt ans après, 14^m,70 de hauteur, comptés du sol à la naissance de la couronne : 0^m,92 de diamètre à la base ; le diamètre, mesuré à 2 mètres au dessus du terrain, n'était plus que de 0^m,64. Au reste, M. le gouverneur de la Guyanne a donné des ordres pour assurer la conservation de ces palmiers et des baobabs, dé sorte qu'on pourra suivre avec une grande exactitude l'accroissement de ces arbres, dont on connaît avec certitude l'époque de la naissance (1).

Les arbres particuliers à l'Europe présentent aussi des individus très remarquables, sous le double rapport de la longévité et des dimensions. On cite un ormeau qui se trouvait sur la promenade de Morges , et dont l'âge déduit du nombre des couches ligneuses, devait approcher de 335 ans ; son tronc avait près de 5^m,5 de diamètre. Le tilleul , dans les régions tempérées , est un

(1) *Bulletin de la Société royale d'agriculture*, t. III, p. 5.

arbre susceptible d'acquérir un développement considérable. Celui qui fut planté à Fribourg, pour célébrer le gain de la bataille de Morat, en 1476, avait en 1831 une circonférence de $4^m,46$. On connait près de la même localité, à Villars-en-Moing, un autre tilleul plus ancien que le précédent, puisqu'il était déjà célèbre par sa grosseur en 1746 ; en 1831, cet arbre présentait une circonférence de $11^m,7$; sa hauteur était de $22^m,7$.

Le tilleul de Neustadt n'est pas moins curieux par sa grandeur, l'extension de ses branches, et les dates historiques qui s'y rattachent. Si on s'en rapporte à d'anciens documents, cet arbre devait déjà être très fort en 1229. Il est dit dans un poème écrit en 1408, que ce tilleul est soutenu par 67 colonnes ; en 1664, il fallait 82 piliers en pierre, pour en supporter les branches, et en 1831, le nombre de ces soutiens s'élevait à 106. La circonférence du tronc mesurée à environ deux mètres au dessus du sol, a été trouvée par M. Trembley, de 11,87 mètres. Une ancienne mesure prise 150 ans auparavant, avait donné à très peu près le même nombre ; résultat qui indique que dans un siècle et demi, le tronc du tilleul de Neustadt n'a point éprouvé d'accroissement perceptible ; on lui donne l'âge de 7 à 800 ans. Les vieux tilleuls sont au reste assez communs dans toute l'Europe. Je citerai encore celui du château de Chaillé, près de Melles ; en 1804, il avait 15 mètres de circonférence.

Le hètre (*fagus sylvatica*) croît rapidement dans sa jeunesse ; mais dans un âge plus avancé cette croissance devient extrêmement lente. Deluc a vu en 1818, près de Genève, plusieurs de ces arbres, dont le tronc avait de 5 mètres à 4^m,4 de circonférence. De Candolle a mesuré un mélèze (*laryx europœa*) âgé de 255 ans, dont le tronc offrait un diamètre de 1^m,78. Un mélèze de 54 ans avait un diamètre de 1^m,02, selon Pœderlé (1).

Le châtaigner du mont Etna aurait, selon les voyageurs, 58^m,5 de tour. Cet arbre serait alors le plus gros de tous ceux décrits jusqu'à ce jour ; mais l'on soupçonne que ce fameux châtaigner est formé par la réunion de plusieurs troncs soudés ensemble, émanants d'une souche commune. On cite encore comme remarquables par leur grosseur, les châtaigniers

De Sainte-Agathe, ayant 22,7 de circonférence (2).
Della Nave. 20,8   id.
De Glocester. 16,2   id.
De Sancerre.. 9,7   id.

Le platane est un des plus gros arbres des climats tempérés. Un voyageur qui a visité la vallée de Bujukderé, près de Constantinople, en a ren-

(1) De Candolle, *Physiologie*, p. 988.
(2) De Candolle, *Physiologie*, p. 992.

contré un de 29 mètres de hauteur, et dont le tronc creusé intérieurement jusqu'au niveau du sol, présentait une circonférence de 48^m,2. Un platane venu dans le Norfolk, et âgé de 31 ans, avait, selon Hunter, 2^m,37 de circonférence. Les cyprès parviennent à une très grande vieillesse. Il en existe dans le jardin du palais de Grenade, qui ont plus de trois siècles. A la Somma, près de Milan, on montre un cyprès qui avait en 1794, 5^m,2 de circonférence (1).

Une tradition établit qu'un oranger du couvent de Sainte-Sabine, à Rome, a été planté par saint Dominique, en 1200; cet arbre existe encore. L'oranger de Versailles connu sous le nom de *François premier*, a un peu plus de trois cents ans. En 1804, on montrait dans l'orangerie de Bonn, des arbres âgés de trois siècles, et dont les troncs avaient 78 centimètres de circonférence (2). J'ai eu l'occasion d'observer en Amérique des citronniers très vieux, et qui avaient acquis un développement considérable, j'estime que le tronc de plusieurs de ces arbres avait près de 7 décimètres de diamètre.

Un érable (*acer pseudo-platanus*), du village de Trons, dans les Grisons, âgé aujourd'hui de plus de 500 ans, a 2^m,7 de diamètre.

(1) De Candolle, *Physiologie*, p. 994.
(2) De Candolle, *Physiologie*, p. 999.

1. 14

On connait plusieurs chênes qui ont de 800 ans à 1000 ans. Hunter a observé un de ces arbres, encore très vigoureux, qui avait 3^m,5 de diamètre. Evelyn qui a énuméré les plus gros chênes connus de son temps, en Angleterre, en cite un à Welbecklane, qui devait avoir 860 ans; le diamètre de sa base était de 3^m,9.

Un olivier de Pescio, décrit par Picconi a 7^m,7 de circonférence, et doit être âgé d'environ sept siècles.

Le cèdre du Liban végète vigoureusement, surtout dans les terrains suffisamment perméables. Selon M. Paul de Vibray, qui se livre en Sologne à d'utiles essais sur les essences forestières, la croissance de cet arbre est plus rapide que celle de la plupart des autres conifères. On donne aux cèdres qui ont crû sur le Liban, et qui ont été mesurés en 1574 par Nauwolf, et plus tard par Labillardière, en 1787, près de 1000 ans d'existence. De Candolle pense que cet âge est exagéré, et en contradiction avec des observations faites sur des arbres dont l'époque de la naissance est connue avec certitude. Voici les mesures qui ont été rassemblées par divers observateurs :

	Age.	Circonférence.	
Cèdre de Chelsea	83 ans.	3,66	
de Paris	40	2,14 selon Thouin.	
le même	83	2,87	Loiseleur.
des environs de Londres	200	4,88	Hunter.
idem	113	4,27	Hunter.
Cèdre du Liban	600 ?	11,12	Maundrel.
de la Sologne	30	1,62	de Vibray.

L'if (*taxus baccata*) produit un bois dur et peu altérable, deux propriétés qui contribuent beaucoup à la conservation des arbres. On possède sur l'âge et les dimensions de l'if, des données que je crois devoir rapporter :

Localités.	Age probable.	Circonférence.	Observateurs.
If du comté de York . . .	1220 ans.	8,61	Pennant.
Même localité	1220	4,22	Id.
du comté de Surrey . . .	1287	9,18	Evelyn.
de Fortheringal (Ecosse)	2580	19,00	Pennant.
du comté de Kent . . .	2800	19,08	Evelyn.

Selon Duhamel, il est fort difficile d'adopter une règle qui indique l'âge auquel il convient d'abattre un arbre, pour en retirer le plus grand profit comme bois de construction. Lorsque le bois est trop jeune, il n'a point encore acquis toute la perfection qu'il peut atteindre, et quand il est trop vieux, ses pores sont obstrués, il commence à se détériorer précisément par les parties les plus anciennement formées, et il n'est pas rare alors de trouver au centre du tronc, du bois réellement plus léger qu'à la circonférence. Dans les arbres déjà parvenus à un certain degré de caducité, c'est le bois du centre pris à leurs pieds, qui est décidément le plus mauvais ; et l'on reconnait sur toute la longueur du tronc, que le bois de centre est inférieur en qualité, à celui qui a été formé plus récemment. Ces bois une fois mis en œuvre, dépérissent toujours par les fibres qui ont appartenu aux couches internes de l'arbre. C'est d'après Duhamel, une faute grave, que de laisser sur pied un arbre qui a déjà donné des signes de dépérissement, puisque la partie la plus précieuse est exposée à tomber en pure perte. L'âge, les dimensions, sont des indices qui ne suffisent pas toujours pour décider s'il est opportun d'abattre les arbres, parce que l'exposition, la situation, le sol, ont une trop grande influence sur leur vigueur, leur développement, et leurs qualités. On doit les couper quand ils sont sur le retour ; le moment le plus propre est celui qui précède immédiatement l'altération du cœur, et bien que les effets destructifs de la vieillesse se fassent principalement sentir dans l'intérieur, cette dégradation intestine se manifeste cependant au dehors, toute l'habitude de l'arbre en souffre (1).

Duhamel a donné les caractères suivants, comme marque du retour, et d'un manque de vigueur (2) :

(1) Duhamel, *de l'Exploitation des bois*, t. I, p. 126.
(2) Duhamel, *de l'Exploitation des bois*, t. I, p. 133.

1° Un arbre dont les branches supérieures forment une cîme arrondie, a peu de force. Quand au contraire, un arbre est vigoureux, on aperçoit toujours certaines branches qui s'élèvent beaucoup au dessus des autres.

2° Quand les arbres se garnissent de bonne heure au printemps; quand surtout les feuilles jaunissent en automne, et tombent prématurément, c'est encore un signe certain d'affaiblissement.

3° Un arbre doit être réputé peu vigoureux, quand il *se couronne,* c'est à dire lorsque plusieurs branches meurent vers le haut ; car c'est un caractère qui indique avec certitude, que le bois du centre commence à s'altérer.

4° Quand l'écorce se détache du tronc, ou qu'elle se sépare de distance en distance, par l'apparition de gerçures, on doit être convaincu que l'arbre est dans un état de dégradation très avancé.

5° Les mousses, le lichen, l'agaric, fixés sur l'écorce; les taches rousses, ou noires dont elle est recouverte, font toujours soupçonner une altération du bois.

6° L'écoulement de la sève, par des gerçures qui existent dans l'écorce, indique la mort prochaine des arbres.

En France, les taillis de bois *feuillus* sont généralement coupés à l'âge de 20 ou 30 ans. Dans les futaies, l'abattage porte communément sur des arbres de 100 à 130 ans, en laissant quelquefois, selon les exigences, des aménagements, des réserves, destinés à atteindre l'âge de 200, et 250 ans.

L'opinion qui domine chez les forestiers, relativement au moment le plus propice pour effectuer les coupes, est qu'il faut choisir l'époque de l'année où la sève est dans le plus grand état de repos, ou celui où elle se trouve en moindre quantité dans les arbres. Pour le climat de la France, le temps fixé par l'ordonnance de 1669, portant règlement sur les bois et forêts, est depuis le mois d'octobre jusqu'à la fin de mars. Les expériences faites par Duhamel, tendent à établir que l'époque choisie n'est pas celle où les arbres renferment le moins de liquide séveux, et que les coupes faites en d'autres saisons que celles indiquées par l'ordonnance, ont donné des résultats très satisfaisants. Tout bien considéré, dit cet illustre agronome, il faut s'en tenir aux lumières qu'on peut tirer des observations. Ainsi Duhamel a conclu de ses nombreuses recherches, qu'il y a autant de sève en hiver qu'en été, et que c'est dans le printemps et dans la saison chaude, que les arbres se dessèchent le plus promptement. Selon ce célèbre observateur, des arbres abattus en été, se sont mieux conservés que ceux qui l'avaient été pendant l'hiver ; et les bois provenant de coupes faites dans ces deux saisons opposées , ont offert la même résistance ; enfin, il a été constaté que l'époque de l'abattage n'a aucune influence sur leur durée, et leur conservation (1).

Tous les peuples ne coupent pas les bois destinés aux constructions dans les mêmes saisons, comme les Français le font encore; les Anglais choisirent pendant longtemps l'hiver. Ce qui décide surtout à transporter le bois pendant l'hiver, c'est qu'alors les attelages sont moins occupés dans les fermes; les plus mauvaises routes sont d'ailleurs praticables, parce qu'elles sont endurcies par la gelée, et en outre il est plus facile de réunir des travailleurs.

Ce fut pour encourager les tanneries, qu'en Angleterre, en 1603, on défendit d'exécuter les coupes durant la morte saison, sous peine de confiscation des arbres abattus, ou d'une amende double de leur valeur ; on crut toutefois devoir établir une exception en faveur des bois destinés à certains services publics. L'écorce monta depuis à un prix tellement élevé, que le plus grand nombre des coupes eut lieu au printemps, et cet usage devint bientôt si général, que l'amirauté se vit dans la nécessité d'offrir une forte prime, pour décider

____

(1) Duhamel, *de l'Exploitation des bois*, t. I, p. 400.

les exploitants à abattre en hiver le chêne propre à l'architecture navale. Dès le dix septième siècle, les habitants du comté de Stafford cherchèrent à réunir les bénéfices du commerce des écorces, au profit de la prime offerte par l'administration, en écorçant sur pieds les chênes, durant le printemps, pour les abattre l'hiver suivant.

Buffon et Duhamel prouvèrent qu'en dépouillant les arbres de leur écorce, deux ou trois ans avant de les couper, on peut rendre l'aubier presque aussi dur que le bois de cœur. La recommandation de ces deux illustres académiciens n'a pas été suivie en France; mais depuis 1770, les Hollandais ont pratiqué cette méthode, qui a été adoptée dans les forêts royales de l'Angleterre (1).

C'est un fait incontestable, que la nature du sol influe considérablement sur la rapidité de la croissance, et sur la qualité du bois. Un chêne, un orme, dont l'accroissement aura eu lieu dans une terre humide, seront moins durs, moins denses que les mêmes essences venues dans un terrain sec. Duhamel a reconnu, que bien que les arbres originaires d'un fond marécageux soient fort imprégnés d'humidité, ils sont cependant plus légers que ceux de même nature

(1) Dupin, *Ann. de Chim. et de Phys.*, t. XVII, p. 276, 2ᵉ série.

venus dans un terrain moins humide. Leur aubier est très épais comparativement au bois fait, et comme ils sont très cassants, ils se prêtent difficilement aux contours qu'on est obligé de leur faire prendre, soit dans les constructions navales, soit dans la confection des futailles ; leurs pores étant d'ailleurs larges, ouverts, et dépourvus de cette espèce de vernis qui revêt ceux des bons bois, ils sont perméables et peu convenables pour la fabrication des douves. Ces bois tendres et poreux, que les ouvriers nomment creux et gras, ne conviennent nullement pour les ouvrages exposés aux intempéries; mais on en fait de belle menuiserie, et ils présentent même pour cette destination certains avantages. D'abord ils sont d'un travail facile, ensuite ils ne se *tourmentent* point comme les bois plus compactes, et ils se gercent peu. C'était certainement dans le but de mettre les arbres à l'abri de cet excès d'humidité si nuisible à la qualité des bois de construction que les Romains, au rapport de Vitruve, les entouraient d'une tranchée, six mois avant de les abattre (1).

Les arbres qui ont crû dans de bonnes terres suffisamment égouttées, ont une écorce fine, et leur aubier est peu abondant. A la vérité les couches ligneuses sont moins épaisses que celles qui

____

(1) Duhamel, *Exploitation des bois*, t. I, p. 46.

se forment en présence d'une humidité surabondante, mais elles sont beaucoup plus denses et plus adhérentes entre elles; leur structure est aussi plus uniforme. Le bois de cette origine a un grain fin, serré; ses pores sont petits et bien remplis de matière incrustante. Cette compacité dans leur structure les rend très pesants, alors même qu'ils sont secs, et avec le temps ils acquièrent une grande dureté, ce qui contribue à les préserver de l'attaque des insectes. Duhamel estime, d'après ses propres expériences, que la différence de densité des bois venus dans un terrain marécageux ou dans un sol convenable et un peu sec, est dans quelques circonstances, comme 5 est à 7. Ces bois denses supportent un poids considérable, mais quand ils sont desséchés, ils sont très peu flexibles sous la charge, et par la surcharge ils se rompent en grands éclats, ce qui n'a pas lieu avec les bois *creux* et *gras*, qui cassent net. Malgré l'inconvénient que présentent les bois doués d'une certaine compacité, d'être très sujets à se fendre et à se tourmenter en se desséchant, ce sont cependant ceux que l'on doit préférer pour les pièces qui doivent résister à des frottements, par la raison qu'ils ne se dépècent pas comme les bois dont les couches ligneuses n'adhèrent point fortement entre elles.

Si les terrains humides sont défavorables à la

production des bonnes essences recherchées dans les constructions, cela doit s'entendre uniquement des arbres qui peuvent se développer dans les sols les plus variés. Les terres marécageuses sont au contraire très propices, indispensables aux arbres qui, par leur nature, se plaisent dans le voisinage de l'eau, et qui généralement sont plus estimés à cause de la hauteur qu'ils atteignent, que par leur solidité et leur durée.

Les terres arides et trop sèches ont aussi leurs inconvénients pour la culture forestière. Il est rare que dans cette situation, les arbres puissent acquérir une taille qui permette de les utiliser dans les travaux de quelque importance (1). Au reste, l'homogénéité absolue ne se rencontre presque jamais dans une pièce de bois. Les couches ligneuses d'un même arbre, selon qu'elles ont été formées dans une année sèche ou pluvieuse, chaude ou tempérée, se ressentent de ces influences météorologiques. Leur épaisseur, leur densité, sont des plus variables, et en les examinant isolément avec une attention particulière, on trouve de ces couches ligneuses semblables à celles qui constituent les bois qui ont crû dans les terrains les plus opposés par leur constitution (2).

La dessiccation des bois, leur conservation après qu'ils sont coupés, sont des points de la plus

(1 Duhamel, *Exploitation des bois*, t. I, p. 69

(2) Duhamel, *Exploitation des bois*, t. I, p. 57,

haute importance. Les arbres sur pied contiennent une grande quantité d'eau. Immédiatement après leur abattage, cette humidité se dissipe, rapidement d'abord, et beaucoup plus lentement ensuite. Cette dessiccation graduelle est nécessairement favorisée par la chaleur et l'état de sécheresse de l'atmosphère; elle est au contraire ralentie, entravée par le froid et l'humidité. Il arrive un moment où le bois ne varie plus sensiblement par une exposition prolongée à l'air, ou du moins cette variation, qui se fait tantôt dans un sens et tantôt dans un autre, est tout à fait subordonnée aux vicissitudes hygrométriques de l'atmosphère. Le bois a perdu dès lors toute l'eau qu'il peut abandonner par ce moyen de dessiccation, on le considère comme propre aux constructions; il est *saisonné*, pour employer l'expression technique.

Cette dessiccation du bois vert est souvent préparée par des immersions dans l'eau. C'est en effet un usage fort répandu que celui de tenir le bois plongé dans l'eau douce, pendant un temps plus ou moins considérable. On a prétendu que l'immersion favorise le dessèchement des arbres, en dissolvant les sels déliquescents ou solubles qui entrent dans la sève; quoi qu'il en soit de cette opinion, il est incontestable que dans les pays chauds, il est avantageux de mettre les bois sous l'eau, pour les empêcher de se fendre par suite d'une dessiccation trop rapide. Les Vénitiens plongeaient dans la mer le bois de chêne destiné à la construction de leurs vaisseaux. On assure que l'orme et le hêtre s'améliorent beaucoup par leur séjour dans l'eau, particulièrement dans l'eau salée, et que par une immersion préalable, on leur assure une dessiccation parfaite par l'action de l'air (1).

M. John Knowles, qui a étudié les moyens le plus universellement employés pour le *saisonnage*, rapporte des expériences entreprises dans les arsenaux de Deptford et de Woolwich, pour déterminer les progrès de dessiccation des bois, soit dans l'air, soit dans l'eau. Les pièces étaient placées verticalement, tantôt dans la situation qu'ils avaient occupés lors de leur croissance, tantôt dans une position renversée. Contre l'attente générale, on trouva que les bois posés dans leur situation naturelle, se dessèchent plus vite, toutes circonstances égales d'ailleurs , que dans la situation inverse. Il est résulté de ces expériences : 1° que les pièces de bois sont mieux *saisonnées* quand on les tient pendant trente mois en plein air, mais à l'ombre et à l'abri de la pluie; 2° qu'elles perdent une plus grande partie de leur poids primitif, après six mois d'immersions et de dessiccations alternatives, qu'en séjournant sous

____

(1) Knowles, *Annales maritimes et coloniales,* année 1825.

l'eau pendant le même espace de temps. Les constructeurs pensent généralement qu'il est convenable de ne faire usage du bois que trois ans après qu'il a été abattu (1).

Duhamel recommande, lorsqu'il s'agit de constructions, de rejeter rigoureusement les matériaux provenant d'arbres déjà sur le retour; d'autant plus, que l'altération du bois de cœur, échappe souvent à l'examen le plus attentif, pour se manifester plus tard, quand il s'est écoulé un temps suffisant après l'abattage. C'est là sans aucun doute un précepte dont il est prudent de se souvenir, mais le bois ne porte pas toujours avec lui le germe prochain de sa destruction. Celui qui est réputé le plus sain, celui qui a été *saisonné* avec les soins les plus minutieux, n'échappe pas davantage, quand il est placé dans des circonstances défavorables à sa conservation.

Les bois périssent par trois causes principales, qu'il est possible d'apprécier, et qui toutes les trois exigent pour se développer une condition semblable, celle d'un air chaud, stagnant et suffisamment humide. Comme la généralité des matières organisées, le bois quand il est mouillé, en présence de l'oxygène de l'air, et sous l'influence d'une température convenable, éprouve une décomposition, que l'on a comparée à une combus-

______

(1) Dupin, *Ann. de chim. et de phys.*, t. XVII, p. 277.

tion lente, dont nous aurons à nous occuper plus spécialement par la suite. C'est pour obvier autant que possible, à cette détérioration, qu'on n'emploie les matériaux de constructions qu'après qu'ils ont subi une dessiccation assez avancée.

Indépendamment de cette première cause de destruction, que l'on peut prévenir en usant de quelques précautions, le bois a encore deux ennemis redoutables : ce sont d'un côté les insectes, de l'autre certaines plantes de la famille des cryptogames. Ainsi dans un cas, le bois est détruit parce qu'il sert de sol aux nombreux champignons qui croissent à sa surface, et dont les racines pénètrent profondément dans son intérieur. Dans l'autre, il devient la nourriture d'animaux qui vivent et se reproduisent aux dépens de sa propre substance. Il n'y a rien dans ces deux faits qui puissent nous étonner, à présent que nous connaissons quelle est la constitution intime du bois. Nous savons en effet, qu'au nombre des principes solubles qui imprègnent le tissu ligneux, se trouve une matière azotée, analogue par sa composition aux substances animales qui existent si abondamment dans les végétaux alimentaires. Il y a donc dans le bois, une nourriture pour les insectes qui s'y logent, et si j'affirme maintenant, me réservant toutefois de le démontrer plus tard, que toute matière organique azotée, devient en s'altérant un engrais actif, nous comprendrons comment il arrive, que des plantes qui ont la faculté de vivre dans des lieux obscurs, chauds et humides, peuvent se multiplier dans la charpente des édifices, sur les membrures des vaisseaux, et occasionner cette pourriture sèche qui désagrège les couches ligneuses et les réduisent en poussière.

La promptitude avec laquelle le bois est quelquefois dévoré par les insectes, est réellement incroyable. Il y a plusieurs années, les thermites se propagèrent avec une telle rapidité dans les ports de la Rochelle et de Rochefort, qu'en peu de temps, des travaux considérables furent détruits. Un savant entomologiste, dont la science déplore la perte prématurée, Audoin, chargé par le ministère de faire une enquête sur les faits signalés, reconnut que les ravages causés par ces insectes, avaient été réellement considérables. C'est principalement dans les climats où la température est constamment élevée, où il n'y a pas d'hiver, que les thermites occasionnent les dommages les plus sérieux. A Popayan, il est difficile de rencontrer dans un bâtiment, même de construction récente, un morceau de charpente qui ne soit pas vermoulu. Les bois les plus durs, les plus compactes, ne résistent pas toujours à l'invasion de ces animaux, qui n'épargnent que quelques espèces de bois odorants, comme le cèdre, par exemple. Dans de semblables localités, il est de toute impossibilité de conserver les livres et les papiers. Je me souviens à cette occasion, qu'ayant reçu en 1830 la mission d'examiner les archives d'Anserma, une des villes les plus anciennes de la province de Popayan, je ne trouvais que des registres illisibles, et presque réduits en fragments. Cependant, la date des documents qu'il m'importait de consulter, ne pouvait guère remonter au delà de l'année 1600.

La pourriture sèche qui résulte du développement des cryptogames sur le ligneux, est un véritable fléau pour la marine. Selon M. Knowles, cette maladie des bois aurait été signalée dès la plus haute antiquité ; il croit même reconnaître la pourriture sèche (*dry-rot*) dans la plaie appelée *lèpre des maisons*, dans le quatorzième chapitre du *Lévitique*. Un bâtiment envahi par la pourriture, devient en très peu de temps incapable de tenir la mer ; on cite à cet égard, le vaisseau le *Foudroyant*, de 80 canons, lancé en 1798, et qu'il fallut radouber et refondre presque en entier, dès 1802 (1).

Les champignons qui provoquent la pourriture sèche, ont été étudiés par Sowerby. M. Knowles en signale particulièrement deux : l'un décrit sous le nom de *xylostroma gigantium*, ne s'é-

_ (1) Dupin, *Ann. de Chim. et de Phys.*, t. XVII, p. 290, 2ᵉ série.

tend guère plus loin que la partie du bois malade qui l'a vu naître; mais une autre espèce, le *boletus lacrymans*, se propage au contraire avec une rapidité effrayante, et désorganise profondément la contexture du ligneux qui en est atteint. Ces champignons qui se montrent à bord des vaisseaux, se trouvent ordinairement entre les bordages, et la membrure, dans les situations humides et où l'air se renouvelle peu (1).

On a cherché quelle est la température qui favorise le plus la pourriture sèche; on a trouvé qu'elle est comprise entre 7° et 32° centigrades. Ce sont là les limites extrêmes : au dessous du minimum, la végétation languit; au dessus de 32°, les champignons se flétrissent. A l'aide de ces connaissances, on espéra affranchir les navires de la pourriture, en élevant convenablement leur température. Les essais furent tentés en hiver, à bord du vaisseau *La reine Charlotte;* on porta l'air de la cale à de 55° centigrades. Le résultat général qu'on obtint par ce procédé, ne répondit pas aux espérances qu'on avait conçues. Tout en anéantissant dans les parties basses du navire, la végétation des champignons, on la favorisait dans les lieux situés à une certaine élévation au dessus de la cale, par la raison que l'air chaud et très humide qui émanait du point

(1) Dupin, *Ann. de Chim. et de Phys.*, t. XVII, p. 291, 2e série.

où étaient les poêles, laissait condenser, en se refroidissant, la plus grande partie de l'eau dont il était saturé. Il en résultait au dessus du faux pont, une humidité permanente, accompagnée d'une chaleur suffisamment élevée, circonstance reconnue comme la plus favorable à la pourriture sèche. Ainsi, par le chauffage local d'un des points les plus humides du bâtiment, on ne faisait réellement que déplacer le mal, sans le détruire. Aussi fut-on conduit à mettre en usage un moyen mieux conçu, et qui fut un peu plus efficace ; ce fut de chauffer les entreponts en même temps que la cale, en assurant une ventilation suffisante ; mais ce moyen n'a pas été adopté dans la pratique.

L'extrême lenteur de la croissance des arbres, offre un véritable contraste avec la promptitude de leur détérioration, lorsqu'ils sont une fois convertis en matériaux de construction. Dans les pays avancés en civilisation, les demandes des nombreuses industries qui consomment des bois, deviennent de plus en plus importantes, tandis que d'un autre côté le développement des populations, en diminuant chaque jour l'étendue du sol forestier, tend à limiter la culture des arbres, et provoque ce résultat, déjà réalisé dans certaines contrées, que la production du bois est insuffisante et qu'elle n'est plus en rapport avec sa consommation. On comprend qu'en présence de cette disette que chaque nation entrevoit dans un avenir plus ou moins éloigné, il ait été fait des tentatives multipliées, dans l'espoir de découvrir un procédé efficace de conservation.

La durée bien reconnue que présente certains arbres, comme le teck, l'ébènier, le gaïac, dut naturellement conduire à cette opinion, que les matières grasses et résineuses que ces arbres contiennent, sont capables de protéger le bois contre la plupart des causes de destruction; les enduits gras et résineux sont d'ailleurs les moyens mis le plus anciennement en usage pour le garantir du contact de l'air, le préserver de l'humidité extérieure, en enfin pour le mettre à l'abri de l'invasion des animaux nuisibles : mais il est à peine nécessaire d'ajouter que ces enduits ne remplissent que très imparfaitement le but qu'on se propose en les appliquant : les peintures, les vernis, s'écaillent par le moindre frottement ; ils ne détruisent pas toujours les causes d'altération intérieures ; ils peuvent même les provoquer, les favoriser jusqu'à un certain point, lorsqu'ils sont appliqués sur des pièces insuffisamment desséchées, en s'opposant à toute dessiccation ultérieure. Au reste, on n'a jamais considéré les enduits comme des préservatifs très satisfaisants, et on a toujours compris qu'il fallait faire pénétrer l'agent conservateur dans l'intérieur des pièces à conserver, qu'il fallait en un mot, en imprégner le tissu ligneux. C'était réellement dans la nécessité de cette pénétration que résidait toute la difficulté, car le nombre des substances chimiques dont on peut espérer un bon effet, comme préservatif, est assez étendu et le serait davantage, si l'on n'était limité dans leur choix, par la question économique qui exige impérieusement, que ces substances soient à très bas prix.

Pendant longtemps, le procédé à l'aide duquel toutes les tentatives furent faites pour faire pénétrer les substances préservatrices préalablement dissoutes, a consisté dans une sorte de macération plus ou moins prolongée, que l'on faisait subir aux bois : par ce moyen, la pénétration était aussi lente qu'imparfaite, et pour arriver à imbiber profondément de fortes pièces, il aurait fallu employer des années. Or, la lenteur dans l'exécution d'un procédé de ce genre, est déjà un grave inconvénient, en ce qu'il augmente considérablement la valeur des matériaux. A l'aide d'une machine très ingénieuse et en agissant par pression, un habile industriel, M. Bréant, est parvenu à faire pénétrer des liquides sur tous les points intérieurs d'une masse de bois, d'une grande longueur et d'un fort diamètre. En injectant ainsi des matières huileuses ou résineuses, M. Bréant a obtenu des résultats qui sont encore considérés comme très avantageux, sous le rapport de la conservation des bois. Mais ce procédé d'injection forcée n'a pas été, que je sache, accueilli par l'industrie, probablement à cause de la valeur élevée de la machine et de la main-d'œuvre qu'il exige. Un savant allemand , M. Moll, mettant à profit la découverte que l'on venait de faire d'un antiseptique par excellence, la créosote, proposa d'introduire cette substance dans les bois à conserver, en la faisant pénétrer à l'état de vapeur. Le prix élevé auquel s'est maintenue la créosote, a probablement été un obstacle à l'adoption du projet de M. Moll.

Bien antérieurement à ces essais , on avait employé dans le même but et avec des succès variables , un assez grand nombre de matières. Sans m'astreindre à tracer un historique de ces diverses tentatives , je dois rappeler que le sublimé corrosif , et l'arsenic furent à différentes époques, essayés dans les chantiers de construction de l'Angleterre. Le haut prix du perchlorure de mercure, suffit pour l'exclure du nombre des agents utiles dont on pourrait disposer ; et lorsqu'on travailla des pièces de charpentes imprégnées d'acide arsénieux, des échardes en pénétrant dans la peau , occasionnèrent des empoisonnements, à la suite desquels succombèrent plusieurs ouvriers (1).

(1) Dupin, *Annales de chimie et de physique*, t. XVII, p. 287.

On a observé que les navires qui transportent de la chaux vive, ont une très grande durée. Il était naturel de chercher à tirer parti de cette observation ; on fit séjourner dans un puits rempli de chaux, les bois qu'on voulait préserver ; les résultats furent opposés à ceux qu'on avait espérés ; les bois après cette préparation n'eurent même pas la durée ordinaire (1).

Telle était l'état de la question, lorsque M. le docteur Boucherie communiqua à l'Académie des sciences un travail des plus remarquables sur la conservation des bois (2). On peut en juger par la série des recherches entreprises par ce savant distingué, et qui ont eu pour objet :

1° De protéger les bois contre les caries sèches et humides,

2° D'augmenter leur dureté,

3° De conserver et de développer leur flexibilité et leur élasticité,

4° De rendre impossible le jeu qu'ils éprouvent et les disjonctions qui en résultent, par l'action des variations atmosphériques,

5° De diminuer leur inflammabilité et leur combustibilité,

6° De leur communiquer des couleurs et des odeurs variées et persistantes.

(1) Dupin, *Annales de Chimie et de Physique*, t. XVII, p. 286.
(2) Boucherie, *Annales de chim. et de phys.*, t. LXXIV, p. 113, 2ᵉ série.

Dans tous les essais qu'il a cru devoir tenter, M. Boucherie est parti de cette proposition, dont la justesse n'a plus besoin de démonstration pour nous : *que toutes les altérations que présentent les bois, proviennent des matières solubles qu'ils renferment*. Dans cette idée, il fallait pour conserver le bois, rendre insolubles et inertes ces mêmes matières, ou les enlever entièrement. M. Boucherie a d'abord cherché à réaliser le premier moyen, en faisant pénétrer dans le tissu du bois, une dissolution contenant une substance capable de se combiner chimiquement, et de former un précipité avec la matière soluble originaire de la sève. Pour résoudre ce problème, M. Boucherie examina quelles réactions éprouvent, de la part de divers agents chimiques à bon marché, les matières solubles qu'il s'agissait de précipiter. Le pyrolignite de fer *brut* lui a paru réunir toutes les conditions désirables : en effet, il est à très bas prix ; l'oxyde de fer forme des combinaisons stables avec la plupart des matières organiques qui se rencontrent dans la sève ; son acide n'a aucune propriété corrosive ; enfin le pyrolignite brut contient une quantité notable de créosote.

Les faits sur lesquels s'appuie M. Boucherie, pour établir les propriétés conservatrices du pyrolignite, reposent sur des expériences nombreuses, entreprises, soit sur des matières végétales très altérables, soit sur le bois lui-même. Si l'on prend, par exemple, de la farine, des pulpes de carottes ou de betteraves, et qu'après les avoir imbibées de pyrolignite, on les abandonne à elles-mêmes, à côté de pareilles matières non préparées; on reconnait que les substances imprégnées du sel de fer résistent à la décomposition, tandis que celles qui ne le sont pas, subissent une altération manifeste.

Le bois pénétré du pyrolignite de fer qui a servi aux expériences, a été choisi parmi les plus altérables. En décembre 1838, on plaça dans les parties les plus humides des celliers de Bordeaux, des cercles et des barriques de choix, à côté du même bois imprégné. Déjà en août 1839, une altération profonde put être remarquée dans les cercles et les douves; après deux ou trois années de séjour, ils tombaient en poudre au moindre effort, quand les bois préparés étaient encore aussi solides qu'au premier jour (1).

L'acide pyroligneux avec lequel on prépare le pyrolignite de fer, s'obtient par la carbonisation du bois. Si dans une cornue de grès, munie d'une allonge et d'un ballon tubulé, garni d'un tube propre à recueillir les gaz, on introduit de la sciure ou des copeaux de bois, et qu'ensuite

____

(1) *Comptes rendus de l'Académie des sciences*, t. II, p. 896.

on porte graduellement la température de la cornue jusqu'à la chaleur rouge, voici ce qu'on observe pendant la destruction du ligneux, opérée en vase clos : la décomposition, qui est annoncée par un dégagement de gaz, accompagné de vapeurs blanches, commence bien au dessous du rouge. Les gaz peuvent être recueillis dans des flacons d'abord remplis d'eau ; les vapeurs qui obscurcissent les gaz à leur sortie de la cornue, se condensent presque en totalité, dans le ballon intermédiaire placé entre l'allonge et le tube qui donne issue aux produits gazeux ; on voit se déposer de l'eau contenant de l'acide acétique (pyroligneux) en une huile empyreumatique. Cette huile fétide se dissout en partie dans l'eau acidulée du ballon, à laquelle elle communique sa saveur âcre et son odeur infecte. Quant aux gaz, ils consistent en acide carbonique, oxyde de carbone et hydrogène carboné. Si on brise la cornue, après que l'opération est terminée, on y trouve du charbon. Par une distillation conduite avec lenteur, on obtient à peu près les produits suivants de la distillation de 100 parties de bois :

Charbon.	28 à	30
Eau acide	28	30
Huile (goudron).	7	10
Gaz et eau non condensée .	30	37

Dans les arts, cette distillation s'exécute dans des cylindres de tôle. Ces appareils sont munis à leur partie supérieure, d'un tube qui conduit les produits de la distillation dans des récipients, des tonneaux convenablement rafraichis, pour faciliter la condensation des vapeurs ; de ces réfrigérants part un autre tube, qui mène les gaz combustibles dans le foyer de l'appareil, de manière à utiliser la chaleur qui résulte de leur combustion. Les cylindres qui font l'office de cornues, sont mobiles et disposés de telle sorte, qu'on les place et qu'on les enlève du fourneau avec la plus grande facilité ; il arrive ainsi que la distillation est continue, et que le charbon se refroidit à l'abri du contact de l'air. Pour distiller 100 parties de bois, on en brûle communément 12,5 parties comme combustible, pour chauffer l'appareil. La liqueur acide et empyreumatique qui se dégage pendant la distillation du bois en vases clos, peut être recueillie en partie du moins, quand même on emploie pour la carbonisation, le procédé ordinaire des forêts ; il suffit d'adopter quelques dispositions qui permettent de condenser les vapeurs qui sortent des tas de bois en combustion. Une fois que l'on s'est procuré de l'acide pyroligneux brut, il est facile de l'unir au peroxyde de fer, pour obtenir le pyrolignite, en le faisant digérer sur des rognures de tôle ou de la vieille ferraille.

Dans l'intérêt de la question économique, M. Boucherie a cherché à se rendre compte de la quantité de pyrolignite absolument nécessaire pour précipiter et rendre par conséquent insolubles les principes altérables, qui se trouvent dans le tissu ligneux ; il a reconnu qu'un cinquantième du poids du bois pris à l'état vert est plus que suffisant.

Bien que M. Boucherie considère le pyrolignite de fer comme l'agent conservateur le plus énergique, en même temps qu'il est un des plus économiques dont on puisse disposer ; il emploie aussi plusieurs sels solubles, abordables par la modicité de leur prix, et qui sont très efficaces, quand le bois qu'ils doivent préserver n'est pas continuellement mouillé. C'est ainsi qu'il a introduit dans le bois des dissolutions de sel marin, de chlorure de calcium, l'eau mère des marais salants : des cercles de tonneaux dont le bois avait été préparé avec ces chlorures, après avoir fait un long séjour dans des celliers très humides, en sont sortis tout aussi intacts, que des cercles semblables qui avaient reçu du pyrolignite de fer; et de plus la flexibilité du bois imprégné de sels alcalins, est restée ce qu'elle était au commencement de l'expérience.

Après avoir trouvé les substances les plus efficaces pour conserver les bois, il restait à les introduire et à les faire pénétrer profondément dans la masse ligneuse. Ayant reconnu comme ses devanciers, que la macération des pièces de bois dans différentes liqueurs est insuffisante, parce que les substances dissoutes ne s'insinuent qu'à une très petite profondeur, M. Boucherie, essaya divers moyens d'injection bien inférieurs au procédé imaginé par M. Bréant, et qui pour ces motifs ne donnèrent aucun résultat satisfaisant. Ce fut après avoir échoué dans ces tentatives, que M. Boucherie adopta cette idée, que la pénétration doit s'exécuter sur les bois encore à l'état vert, avant que la dessiccation les ait sensiblement altérés. Il se demanda ensuite si la force qui détermine l'ascension de la sève pendant la vie d'un arbre, ne persiste pas durant un certain temps après son abattage, et si cette persistance une fois constatée, il ne serait pas possible d'utiliser cette force ascensionnelle pour imbiber la masse du ligneux? Tous les essais tentés dans cette direction répondirent pleinement aux espérances que le raisonnement avait laissé concevoir. M. Boucherie avait découvert un moyen infaillible de porter dans les canaux les plus ténus de l'organisme végétal, les agents capables de rendre incorruptibles les substances qui s'y rencontrent.

Sans doute, on savait déjà que la force ascensionnelle survit pendant quelques jours à la section des racines, et nous avons rapporté des expériences qui montrent qu'une branche munie de ses feuilles, exerce quand son extrémité inférieure est plongée dans l'eau, une force de succion considérable. Il est encore vrai, que les

physiologistes avaient mis à profit cette force ascensionnelle, pour faire arriver dans les tiges ligneuses des matières colorantes, dans le but de
rechercher la route suivie par la sève. Mais ces
procédés ingénieux étaient restés dans le domaine de la science. Personne, avant M. Boucherie, n'avait imaginé d'appliquer à un usage
industriel la force vitale qui réside dans les plantes. Voici comment cet habile observateur énonce
le principe qui fait la base de la méthode qu'il a
suivie d'abord, pour introduire dans le bois vert
les agents conservateurs :

« Si l'on coupe un arbre d'une grande hauteur,
« et qu'on en plonge le pied en saison convena-
« ble, dans une solution saline faible ou con-
« centrée, une forte aspiration s'exerce de la
« part de l'arbre sur le liquide, qui pénètre ainsi
« dans son tissu et parvient bientôt au point le
« plus élevé de sa tige, et même jusqu'à ses
« feuilles terminales, si l'on a eu soin de four-
« nir une quantité suffisante de liqueur » (1).

Au mois de septembre, un peuplier de 28 mètres de hauteur et de 40 centimètres de diamètre, dont le pied plongeait de 20 centimètres
dans une dissolution de pyrolignite de fer, marquant 8° à l'aréomètre de Beaumé, absorba dans
l'espace de six jours 3 hectolitres de liquide.

(1) Boucherie, *Annales de Chimie et de Physique*, t. LXXIV,
page 132. 2ᵉ série.

Dans ses premières expériences, M. Boucherie opérait l'absorption en plaçant dans un vase contenant la dissolution, le pied des arbres sciés à leur base; mais cette manière d'opérer n'était pas exempte d'inconvénients; le poids d'un arbre vert et muni de son branchage est quelquefois assez considérable, et pour le soulever, le soutenir verticalement, il faut s'aider de moyens mécaniques qu'on n'a pas toujours à sa disposition, et qui dans tous les cas sont embarrassants et dispendieux. Pour tourner cette difficulté, M. Boucherie essaya avec succès de faire absorber les dissolutions aux arbres couchés sur le sol, en adaptant à la section du pied un sac en toile imperméable, faisant fonction de réservoir. Enfin, il réussit à faire absorber les dissolutions, à l'arbre encore debout et attenant à ses racines. A cet effet, il creuse une cavité dans la partie inférieure du tronc, qu'il met ensuite en communication avec un vase rempli de liquide. Cette méthode fut encore simplifiée en opérant comme je vais l'indiquer : Le tronc de l'arbre est perforé avec une tarière, dans sa plus grande épaisseur ; il en résulte un canal d'environ deux centimètres de diamètre, et dans lequel on introduit une scie qui permet d'étendre linéairement l'ouverture à droite et à gauche, jusqu'à 3 ou 4 centimètres de la surface extérieure. La plus grande partie des vaisseaux séveux de la tige se trouve ainsi accessible. On recouvre alors toutes les parties ouvertes avec une toile imperméable et fixée solidement; et l'on adapte à l'une des ouvertures circulaires un tube qui communique avec le réservoir (1).

M. Boucherie a été nécessairement conduit à rechercher si la force aspiratrice qui détermine l'ascension des liquides dans les arbres, est variable aux différentes époques de l'année; il a trouvé par des expériences entreprises en décembre et février, sur le chêne, le charme, le platane, que durant la saison froide, les liquides s'élèvent à plusieurs décimètres, mais qu'ils ne parviennent jamais à la hauteur qu'ils atteignent dans l'été, le printemps, et surtout en automne, où l'on observe l'ascension la plus prononcée. Ce résultat a un intérêt physiologique évident; il prouve que si l'hiver est une époque de repos pour la sève, ce repos n'est cependant pas absolu. Il existe cependant une exception remarquable aux faits généraux qui viennent d'être énoncés; elle est offerte par les arbres résineux qui gardent leur feuillage jusqu'au printemps. On s'est assuré, en expérimentant sur des conifères, que le mouvement ascensionnelle de la sève persiste pendant toute la durée de l'hiver; à tel point qu'il est toujours possible

(1) Boucherie, *Annales de Chimie et de Physique*, tome LXXIV, p. 134, 2ᵉ série.

d'imprégner la totalité de leur tige, par voie d'aspiration, à toutes les époques de l'année. Comme le remarque M. Boucherie, ce fait devait être prévu par la persistance de l'état frais et vert des feuilles de ces arbres.

Sous le point de vue des applications industrielles, il devenait intéressant de décider si la pénétration est d'autant plus énergique, plus active, que l'arbre est lui-même plus vigoureux, plus abondamment pourvu de branches, plus garni de feuilles. L'expérience a montré que la pénétration des liquides a encore lieu après l'enlèvement du plus grand nombre des branches, pourvu qu'on ait la précaution de conserver à l'arbre son bouquet terminal. Une tige munie d'une suffisante quantité de branches feuillues, continue, comme nous l'avons dit, à exercer une succion après qu'elle est séparée des racines; mais pendant combien de temps cette faculté se conserve-t-elle? C'était là un point capital à fixer. A la fin de septembre, le pied d'un pin de 40 centimètres de diamètre, ne fut plongé dans la dissolution que 48 heures après l'abattage, néanmoins l'imbibition fut complète. En juin, on obtint un succès semblable avec un platane coupé depuis 36 heures. Cependant il est certain que l'aspiration est d'autant plus énergique, qu'elle a lieu le plus immédiatement possible après l'abattage. La force qui la détermine décroît

rapidement, à mesure qu'on s'éloigne de la première journée, elle est presque anéantie au
dixième jour. Dans de bonnes conditions, ces
dix jours suffisent pour opérer une imprégnation
parfaite. Dans une expérience faite sur un peuplier, M. Boucherie a vu la liqueur absorbée,
parvenir en sept jours à une élévation de 27 à
30 mètres.

Dans le tronc des bois blancs, on trouve après
l'absorption, un axe de diamètre variable qui
échappe, ou plutôt qui résiste à l'imprégnation.
Dans les bois durs, ce sont les parties du cœur
qui restent non pénétrées. M. Boucherie après
avoir constaté ces faits, les explique ainsi : Dans
les bois blancs, d'après l'opinion de ceux qui les
mettent en œuvre, la partie centrale, celle qui
ne se laisse pas imbiber, est à la fois la moins
résistante et la plus corruptible, là il n'y a plus
de circulation, plus de vie ; c'est du bois mort
enterré au milieu des couches ligneuses encore
vivantes. Cette non pénétration des parties ligneuses apparaît dans quelques occasions, ailleurs qu'au centre des tiges ; elle se montre sous
les formes les plus variées, sur divers points du
tronc ; elle parait dépendre, comme on l'a dit, de
la présence du bois soustrait aux phénomènes
vitaux, et qui impénétrable lui-même, se pose
comme un obstacle au passage des liquides ;
c'est ainsi qu'un nœud, une carie, deviennent le

plus souvent la base, le point de départ des zônes qui ne se trouvent pas imprégnées. Pour ce qui est de la non pénétration des parties les plus centrales du cœur de chêne, de l'ormeau, etc., M. Boucherie l'envisage comme preuve évidente de ce que la circulation des fluides séveux a cessé depuis longtemps.

La distinction la plus ordinaire que l'on établit entre l'aubier et le cœur dans les bois durs, est basée sur la différence de couleur que présente le tronc coupé suivant un plan perpendiculaire à son axe. Dans le chêne, par exemple, les couches concentriques à peu près blanches, appartiennent à l'aubier; celles qui se trouvent plus voisines du centre et d'une teinte plus foncée, dépendent déjà du bois de cœur. Mais selon M. Boucherie, cette distinction n'est plus la même lorsqu'on la fonde sur le fait de la pénétration, et que l'on considère comme aubier toute la partie du tronc qui s'imbibe, et comme cœur tout le ligneux qui refuse d'admettre du liquide. Avec ces définitions, on trouve que la zône de l'aubier est beaucoup moins restreinte, car alors elle peut constituer les trois quarts de la masse du tronc.

Le pyrolignite de fer une fois introduit, ne se bornerait pas, suivant M. Boucherie, à assurer la conservation du bois, il augmenterait encore sa densité. Le bois imprégné de ce sel de fer, se durcit assez pour présenter aux outils une résistance extraordinaire dont se plaignent les ouvriers qui le travaillent.

La flexibilité et l'élasticité des bois sont des propriétés qui sont recherchées pour certains usages. Les bois qui les possèdent et qui les conservent, conviennent particulièrement aux constructions navales. Aussi la marine estime beaucoup plus et paye plus cher les sapins du nord, destinés à la mâture, que nos sapins des Pyrénées. La flexibilité et l'élasticité des bois dépendent en grande partie de l'humidité qu'ils retiennent, et pour conserver et même pour exagérer ces propriétés, M. Boucherie introduit dans le bois par voie d'absorption, un sel déliquescent, du chlorure de calcium qui tend à retenir l'humidité, et qui de plus, parait développer dans le bois une souplesse remarquable. Les expériences pour constater l'effet des sels déliquescents, ont été faites sur le pin, qui est, comme on sait, un des bois les plus cassants. Après l'avoir imprégné avec des dissolutions concentrées, on le fit débiter en planches très minces. J'ai vu chez M. Boucherie plusieurs de ces planches de 2 à 3 millimètres d'épaisseur, qui après avoir été fortement tordues en tous sens, reprenaient aussitôt après, la même surface plane qu'elles avaient avant d'avoir été soumises à la torsion.

Le *jeu* des bois façonnés provient du changement de volume occasionné par les influences hygrométriques de l'atmosphère. Quand les bois au moment de leur emploi n'ont pas encore acquis une dessiccation suffisante, comme cela arrive fréquemment pour les fortes pièces, les disjonctions se manifestent au plus haut degré lorsque, par l'effet du temps, la dessiccation s'est accomplie. C'est pour obvier à cet inconvénient que les constructeurs sont obligés de faire des approvisionnements qui engagent un capital considérable. Cet état de choses a préoccupé depuis long-temps les ingénieurs. On est parvenu à la vérité à dessécher plus rapidement en pratiquant l'équarrissage des bois dans les coupes, mais il en est résulté encore une grande perte de temps. On a renoncé enfin à la dessiccation par étuve ou par la vapeur, comme occasionnant des frais trop élevés.

Après avoir reconnu que les disjonctions des pièces assemblées ne commencent à se faire sentir, qu'alors que le bois est sur le point de perdre le dernier tiers de l'eau qu'il renfermait au sortir de la coupe, M. Boucherie pensa que pour prévenir tout *travail*, il suffirait de conserver dans le tissu ligneux cette quantité d'eau, de s'opposer en un mot à une dessiccation ultérieure. Les faits sont venus justifier cette prévision. Les bois entretenus invariablement humides, dans une certaine limite, par l'intervention d'un sel déliquescent, n'ont plus varié dans leur volume malgré les changements les plus brusques survenus dans les circonstances atmosphériques. Les pièces ainsi imprégnées éprouvent cependant de grandes variations dans leur poids, par l'effet de ces mêmes circonstances, mais leur forme n'est plus sensiblement modifiée. Des planches de grandes dimensions et d'une épaisseur des plus minimes, furent prises dans une pièce de bois préparé au chlorure de calcium, plusieurs de ces voliges furent laissées dans leur état ordinaire, d'autres ont été peintes à l'huile sur une ou deux faces; après un an d'assemblage, ces planches n'ont éprouvé aucun *jeu*, tandis que des tablettes semblables, de même épaisseur et présentant une même surface, provenant d'un bois de même nature, mais non imprégné, se sont voilées d'une manière extraordinaire (1).

M. Boucherie n'a pas limité l'application de la force ascensionnelle à l'introduction dans le corps des arbres d'agents propres à conserver les bois, ou à leur communiquer une stabilité de volume si désirable dans les constructions, il a mis la même force à profit pour imbiber la masse ligneuse des couleurs les plus variées, et il est parvenu à donner aux bois les plus communs un

(1) Boucherie, *Annales de Chimie et de Physique*, t. LXXIV, p. 151. 2ᵉ série.

aspect agréable, qui permettra probablement de les employer à la confection des meubles précieux. Dans le cas le plus général, on colore le tissu des bois en y faisant pénétrer, toujours par voie d'absorption et successivement, des dissolutions de substances capables de donner naissance à un précipité. On sait, par exemple, qu'en versant dans un sel de fer du prussiate de potasse dissous, les deux dissolutions, très faiblement colorées, donnent par leur mélange un précipité de bleu de Prusse. C'est à l'aide de précipités analogues opérés dans le tissu même des arbres, que M. Boucherie teint les bois. Pour colorer en bleu de Prusse, il introduit, toujours par voie d'absorption, d'abord un sel de fer, et ensuite une solution de prussiate de potasse.

Le pyrolignite de fer seul donne une teinte brune là où il pénètre, teinte qui s'allie de la manière la plus agréable à l'œil, avec la couleur naturelle des parties les plus denses qui résistent à la pénétration. En faisant succéder au pyrolignite déjà introduit, une dissolution de matière tannante, on produit de l'encre dans la masse du bois, qui prend alors une teinte qui varie du noir-bleu au gris. Par les nombreuses réactions de ce genre que la chimie indique, on conçoit que l'on peut obtenir une grande variété de couleurs.

Au nombre des propriétés utiles communiquées au bois par les dissolutions salines qui les imprègnent, il ne faut pas omettre celle d'être rendus très peu combustibles. C'est M. Gay-Lussac qui le premier a pensé à rendre les tissus végétaux incombustibles en les imbibant de matières salines (1). Par incombustibles, il ne faut pas entendre inaltérables par la chaleur rouge, car, on le comprend aisément, la protection des sels ne va pas jusque-là; mais des tissus qui s'allument très facilement, et qui pour cette raison sont capables d'occasionner des incendies, cessent de brûler avec flamme une fois qu'ils sont imbibés de certains sels; ils prennent feu avec difficulté, s'éteignent d'eux-mêmes, se carbonisent et ne peuvent plus propager la combustion. C'est précisément ce qui arrive aux bois imprégnés, ils s'enflamment et s'incinèrent avec une extrême lenteur, à ce point que deux cabanes exactement semblables, construites, l'une en bois imprégné, l'autre en bois ordinaire, ayant été incendiées au même moment, la dernière était déjà complètement brûlée, alors que l'intérieur de l'autre se trouvait à peine carbonisé (2).

Dans la pratique, l'ingénieux procédé par voie d'*aspiration vitale* n'est pas exempt de certaines

(1) Gay-Lussac, *Annales de chimie et de phys.* t. XVIII, p. 211, 2ᵉ série.

(2) Boucherie, *Annales de Chimie et de Physique*, t. LXXIV, p. 153, 2ᶜ série.

difficultés. D'abord, on ne peut l'exécuter avec avantage qu'aux époques de l'année où le fluide séveux est en mouvement, quand les arbres sont pourvus de leur feuillage. Ce temps est limité à quelques mois de l'année, et l'usage reconnu, fondé d'ailleurs sur certaines convenances, ayant fixé l'époque des coupes à la morte saison, les habitudes de l'économie forestière oppose souvent un obstacle à l'abattage des arbres pendant le printemps ou l'automne. Pour remédier à tous ces inconvénients, M. Boucherie se livra à de nouvelles recherches qui l'ont conduit à trouver le moyen d'imprégner en toute saison, en hiver même, les bois destinés à être conservé, et cela dans un très court espace de temps. Cette seconde méthode est applicable aux bois en grumes, comme à celui déjà équarri, pourvu qu'il ait été récemment abattu (1).

Pour imprégner les bois par ce procédé, on les place verticalement, et on adapte à leur extrémité supérieure un sac en toile imperméable destiné à recevoir les dissolutions salines qui doivent les pénétrer (2).

(1) Boucherie, *Compte rendu de l'Académie des Sciences,* t. XII; p. 337.

(2) M. Boucherie emploie des tissus rendus imperméables par le caoutchouc. On obtiendrait probablement des tissus convenables et moins coûteux, en induisant de la toile avec un mélange, à partie égale, d'arcanson et de bitume d'Alsace.

Le liquide s'infiltre aussitôt par la partie supérieure, et presqu'au même moment où cette pénétration a lieu, la sève s'écoule par la partie inférieure. Il est toutefois des bois dont le tissu renferme de grandes quantités de gaz, dans ce cas l'écoulement de la sève ne se manifeste qu'alors que ces gaz ont été expulsés, puis elle continue à tomber sans interruption. On juge que l'opération est terminée, que la pénétration est complète, quand on reconnaît que la liqueur qui sort par la partie inférieure, est identique avec la dissolution versée sur la partie supérieure. Dans mon opinion, cette méthode doit être préférable à celle de l'aspiration. En effet, dans cette seconde manière d'opérer, on procède par un véritable déplacement; la sève est expulsée en presque totalité, et l'agent salin introduit n'a plus à combattre que la minime quantité de substances solubles qui a pu rester adhérente au tissu ligneux. On peut d'ailleurs teindre les bois, en introduisant successivement les dissolutions colorantes. Par un déplacement effectué par l'eau seule, on arriverait sans doute à un résultat déjà favorable à la conservation, puisque le ligneux se trouverait débarrassé de la presque totalité des matières que l'on considère comme les plus altérables. La rapidité avec laquelle le fluide introduit se substitue à la sève qu'il déplace, et le volume de cette sève expulsée que l'on peut recueillir, dépassent tout ce qu'on pouvait imaginer avant d'avoir fait l'expérience. Ainsi, dans la forêt de Compiègne, un tronc de hêtre de 16 mètres de longueur sur 86 centimètres de diamètre moyen, cubant par conséquent un peu plus de 9 mètres, a laissé écouler en vingt-cinq heures, dans le mois de décembre, 3,060 litres de sève, qui ont été remplacés par 3,210 litres d'acide pyroligneux (1). Le liquide pénétrant agit si bien en déplaçant la sève, que, suivant la remarque de M. Boucherie, on peut extraire par cette méthode les matières sucrées, mucilagineuses, les sucs résineux et colorants que contiennent les arbres. Peut-être, et je soumets cette idée aux planteurs des régions tropicales, peut-être, dis-je, serait-il possible d'appliquer très avantageusement ce procédé à l'extraction des matières colorantes des bois de teinture.

Le commerce des bois employés à la teinture ne s'étend pas au delà des localités assez favorisées pour que l'exportation devienne facile ; ainsi à une certaine distance des côtes, ou du voisinage des grandes rivières, l'exploitation devient absolument impraticable, à cause de la difficulté souvent insurmontable que présente le transport d'une marchandise aussi pesante et aussi volumineuse. La plupart des matières colorantes

(1) Expérience citée dans le *Moniteur industriel.*

qui existent dans les bois, étant solubles, il est possible de les exporter à l'état d'extrait. Diverses tentatives de ce genre ont déjà.été faites, et si elles n'ont pas été suivies de succès, il faut en voir la cause dans la méthode qui a été suivie jusqu'à ce jour, et qui a consisté à traiter les bois réduits en très petits fragments, par l'eau bouillante, de manière à obtenir le principe colorant. Mais dans les forêts de l'Amérique, où les bras manquent au travail, où l'on est dépourvu des moyens mécaniques qui pourraient y suppléer, l'issue défavorable de semblables entreprises ne pouvait être douteuse. Par la méthode Boucherie, les principales difficultés se trouveraient levées ; il ne s'agirait plus en effet que de débiter les arbres en tronçons ; les tissus imperméables pour opérer le lavage ou le déplacement sont aisément transportables ; le caoutchouc est d'ailleurs assez abondant pour les confectionner sur place si cela devenait nécessaire, et l'appareil le plus gènant pour exécuter l'industrie que je propose, se réduirait à une ou plusieurs chaudières d'évaporation.

Bois de teinture. La plupart de ces bois appartiennent à la famille des légumineuses, les principales espèces connues dans le commerce sont :

1° Le bois de campêche (*hœmatoxylon campechianum*) d'un jaune rougeâtre qui devient brun en vieillissant. Son odeur faible et aromatique est analogue à celle de la violette. Indépendamment d'un assez grand nombre de sels alcalins et terreux, le campêche renferme, 1° une huile volatile, 2° une matière azotée, 3° un principe colorant particulier, l'hématine, découvert par M. Chevreul (1).

L'*hæmatoxylon* croît dans les régions chaudes des tropiques ; le Mexique, les Antilles, en exportent des quantités considérables. Le nom de bois de *Fernambouc*, ou *bois de Brésil,* se donne dans le commerce au ligneux de plusieurs arbres du genre *cæsalpinia.* Le *Cæsalpinia crista* de la Jamaïque ; le *C. sappan* du Japon, le *C. echinata de Santa Marta,* fournissent des produits très estimés. La composition chimique du fernambouc se rapproche de celle du campêche ; la matière colorante qui le caractérise a été nommé *brésiline* par M. Chevreul ; on l'obtient en petits cristaux d'une couleur orangée (2).

Ces bois arrivent en Europe, en bûches privées d'aubier, et d'environ un mètre de longueur. C'est probablement au même *cæsalpinia* qu'il convient de rapporter les bois de Caliatour, de Californie et de Nicaragua.

Le santal rouge est fourni par le *ptærocarpus*

(1) Chevreul, *Chimie appliquée à la teinture,* 30° leçon, p. 88.

(2) Chevreul ; *Chimie appliquée à la teinture ;* 30° leçon ; p. 91.

santalinus; il contient une matière tinctoriale particulière; la santaline, observée par Peltier (1).

Enfin, les bois jaunes du commerce sont le fustet, *rhus cotinus*, de la famille des térébinthacées, originaire de l'Europe méridionale, et les bois de Cuba et de Tampico qui sont probablement des variétés du *morus tinctoria.*

Du sucre.

Le sucre se rencontre dans presque toutes les parties des plantes; on a constaté sa présence dans les fleurs, les feuilles, les tiges et les racines. Il est moins abondant dans les semences, et l'on peut même affirmer qu'au moment de l'apparition des graines, la quantité des matières sucrées réparties dans l'ensemble du végétal, se trouve considérablement amoindrie. Ainsi le sucre, comme l'amidon, paraît contribuer à la production de la semence.

La saveur si caractéristique du sucre, suffit dans le cas le plus général pour déceler sa présence; néanmoins on s'exposerait à une appréciation inexacte, si l'on s'en rapportait uniquement à ce caractère. Plusieurs matières possèdent une saveur sucrée très prononcée, sans

(1) Chevruel; *Chimie appliquée à la teinture,* 30ᵉ leçon; p. 94.

être pour cela du sucre, dans le sens que les chimistes attachent à cette dénomination. Pour les chimistes, les véritables sucres possèdent une propriété qui les distinguent des matières avec lesquelles ils peuvent avoir d'ailleurs la plus grande analogie; cette propriété caractéristique est celle de se transformer sous l'influence de l'eau, d'une température convenable, du ferment, en alcool et en acide carbonique. Il est certain cependant, et j'ai déjà cité l'amidon, que des corps qui n'appartiennent pas au genre sucre peuvent, par la fermentation, donner de l'alcool, mais dans cette circonstance on a constaté, comme je l'ai dit, que ces corps par l'action même du ferment se changent d'abord en sucre, qui subit ensuite la fermentation alcoolique.

On reconnaît aujourd'hui que les sucres fermentescibles doivent être divisés en deux espèces principales, établies sur les caractères les plus facilement appréciables. L'une qui se présente en cristaux durs, transparents, se rencontre avec assez d'abondance pour être exploitée, dans la canne, la betterave, la sève de l'érable et celle de certains palmiers; l'autre qu'on obtient difficilement à l'état solide, qui se présente le plus ordinairement à l'état sirupeux, dont la saveur est moins sucrée, moins franche, existe dans le raisin et la plupart des fruits. Les caractères chimiques de ces deux sucres que l'on désigne par les noms de sucre de canne et de sucre de raisin ou *glucose*, sont d'ailleurs assez différents; et d'après les belles recherches de M. Biot, leurs propriétés physiques, particulièrement l'action que leurs dissolutions exercent sur la lumière polarisée, ne permettent réellement pas de les réunir en une seule et même espèce. Dans le règne végétal, ces deux sucres se rencontrent assez souvent à l'état de mélange, et les moyens dont la chimie dispose, permettent de transformer facilement le sucre de canne en glucose. La transformation inverse n'a pas encore été réalisée; mais rien n'indique qu'elle soit impossible, et l'époque n'est peut-être pas éloignée où le sucre préparé avec la fécule de pomme de terre, pourra être changé en sucre crystallisé semblable à celui qui provient de la canne.

Sucre crystallisé. Ce sucre s'obtient facilement en crystaux volumineux, transparents, qu'on désigne par le nom de *sucre candi.* Il suffit pour favoriser la crystallisation, de laisser séjourner des fils dans des terrines remplies d'un sirop convenablement concentré. Le sucre est fusible; par l'action de la chaleur ménagée, il brunit et passe à l'état de *caramel;* une plus haute température en opère la décomposition. Il est beaucoup moins soluble dans l'alcool que dans l'eau; l'alcool très concentré n'en dissout même que de très faibles quantités.

L'analyse du sucre de canne faite par M. Peligot, donne pour sa composition :

Carbone........ 42,1
Hydrogène..... 6,4
Oxygène 51,5
____
100,0 (1)

Telle est la composition du sucre desséché à la
température de 100° centigr.; mais cette substance, comme la plupart des matières organiques, renferme une certaine proportion d'eau de
constitution qu'elle abandonne en se combinant avec certaines bases. Ainsi, le sucre s'unit
à l'oxyde de plomb ,pour former un véritable
sucrate, dans lequel la matière sucrée privée
de son eau de constitution, joue le rôle d'a-
cide; cette combinaison, qui se présente sous
la forme de cristaux blancs et mamelonnés,
analysée par M. Péligot, indiquerait pour la composition du sucre anhydre :

Carbone..... 47,1
Hydrogène... 5,9
Oxygène..... 47,0
____
100,0

Il est possible d'amener le sucre ordinaire à

(1) Péligot, *Annales de chimie et de physique*, t. LXVIII,
p. 124, 2ᵉ série.
J'ai calculé les analyses de M. Péligot avec le poids atomique
du carbone : 75.

1.   17

cette composition, en le privant de son eau de constitution; ainsi le caramel obtenu en chauffant le sucre à 180°, jusqu'à ce qu'il ne laisse plus dégager de vapeur aqueuse, a, suivant M. Péligot, la composition du sucre anhydre, tel qu'il se trouve dans sa combinaison avec l'oxyde de plomb.

A part toute considération théorique, on voit que pour reconstituer le sucre anhydre en sucre hydraté, il faudrait y ajouter pour 100 parties 11,76 d'eau, renfermant hydrogène 1,3 et oxygène 10,46.

Les 111,76 parties contiennent alors en éléments :

Carbone.......	47,1 pour cent	42,1	sucre ordinaire.
Hydrogène	7,2	6,4	
Oxygène......	57,46	51,5	
	111,76	100,0	

On peut donc considérer le sucre normal comme formé de

Sucre anhydre.	100,0
Eau	11,8

La totalité du sucre qui provient de l'Amérique méridionale, une grande partie de celui fabriqué dans les Indes orientales, sont extraites de la canne. Les tiges d'un grand nombre de plantes du genre *arundo*, fournissent du sucre, mais c'est l'*arundo saccharifera* que l'on cultive le plus généralement dans ce but.

En Amérique, on plante trois variétés de

cannes à sucre : la canne créole, la canne de Batavia, et la canne d'Otaheiti.

La canne créole a la feuille d'un vert foncé; sa tige est mince, les nœuds sont très rapprochés. Cette espèce, originaire de l'Inde, est arrivée sur le nouveau continent, après avoir passé par la Sicile, les Canaries et les Antilles. La canna de Batavia est indigène à l'île de Java, son feuillage est très large et d'une teinte pourprée qui la fait souvent désigner sous le nom de *caña morada*; on destine principalement son vesou à la fabrication du rhum. La canne d'Otaheiti est aujourd'hui la plus répandue dans la culture, son introduction est due aux voyages de Bougainville, de Cook et de Bligh. Bougainville en dota l'île de France, d'où elle se répandit à Cayenne, à la Martinique, et bientôt après dans le reste des Antilles et sur la terre ferme (1). Dans l'opinion de M. de Humboldt, c'est une des acquisitions les plus importantes que l'agriculture des régions tropicales doive aux voyages des naturalistes. Cette canne végète avec une vigueur extraordinaire, sa tige est plus élevée, plus grosse, plus riche en suc que celles des deux autres espèces. Sur une même surface de terrain, elle donne plus de vesou que la canne de Batavia, et de plus, par le développement de sa tige, elle fournit une bien plus grande quantité de combus-

(1) Humboldt, *Voyage aux régions équinoxiales*, t. V, p. 100.

tible. Je l'ai observée dans presque toutes les cultures du littoral de Venezuela, de la nouvelle Grenade, et de la côte du Pérou. On avait craint d'abord que la canne d'Otaheiti ne dégénérât par le fait de sa transplantation en Amérique ; une expérience de plus d'un demi-siècle a parfaitement rassuré les planteurs, en prononçant en faveur de cette belle espèce ; aujourd'hui, on reconnaît que les précieuses qualités qui l'ont fait introduire, se sont conservées sans altérations. A la vérité, on a quelquefois assuré que dans certaines localités cette canne a dégénéré, qu'elle est devenue moins productive, mais cette dégénérescence n'est pas particulière à l'espèce d'Otaheiti, on la voit se manifester sur la canne créole, après une culture prolongée dans les terrains peu profonds, et qui ne sont pas irrigués.

La canne à sucre se plante par bouture. On prend des morceaux de tige d'environ un demi-mètre de longueur et qui portent plusieurs *boutons* (*ojos*), on en couche deux ou trois dans des trous de 15 à 18 centim. de profondeur, de 8 à 10 centim. de largeur, et on les recouvre avec une terre meuble et humide. Il faut de quinze à vingt jours pour que les jets se montrent hors du sol. L'espace qu'il convient de laisser entre chaque plant, dépend beaucoup de la fertilité du terrain. Dans les sols les plus propices, la distance des lignes est d'environ un mètre, et sur la longueur de ces lignes, les pieds sont espacés d'à peu près un demi-mètre. Quand les terres n'ont pas une grande valeur pécuniaire, on trouve qu'il est plus avantageux de laisser un plus grand espace entre les cannes, de manière à favoriser l'accès de l'air et de la lumière. Ainsi, il n'est pas rare de voir des cultures où les plantes sont séparées par une distance de un mètre et demi. L'époque à laquelle on enterre les boutures, ne saurait être indiquée d'une manière générale. On choisit toujours le temps où d'après l'expérience, on peut prévoir l'arrivée prochaine des pluies. Aussi dans les localités où l'irrigation est possible, il n'y a pas d'époques fixes pour la plantation, on l'exécute dans tous les mois de l'année. L'emplacement pour recevoir les boutures se creuse ordinairement à la houe, un nègre peut faire dans sa journée soixante ou quatre-vingts trous ; quand le sol a été labouré, comme cela se pratique dans quelques îles des Antilles, ce travail peut être doublé. Les terres meubles, riches, lorsqu'elles ne manquent pas d'ailleurs d'une certaine humidité, sont les plus convenables pour la canne à sucre ; la plante souffre dans un sol argileux qui s'égoutte difficilement. Dans ces terres humides, les boutures ne doivent pas être placées horizontalement, mais bien sous un certain angle, de façon qu'une des extrémités sorte de plusieurs centimètres hors du sol ; la tige enfoncée en partie se trouve braquée en quelque sorte, ce qui a fait nommer cette manière de planter, plantation en canon.

Lorsque la tige sortie de la bouture est déjà garnie de feuilles étroites et opposées, c'est alors que l'arrosage est nécessaire. Les sarclages doivent être faits avec soin, jusqu'à ce que la plante soit assez développée pour étouffer les herbes nuisibles. A chaque sarclage on a l'attention de butter.

La canne, vers le neuvième mois qui suit la plantation, commence à se dépouiller. Les feuilles inférieures tombent les premières, et ainsi successivement, de sorte que parvenue à sa maturité, il ne lui reste qu'un bouquet de feuilles terminales. La floraison a lieu communément au bout de l'année, et on considère la maturité comme étant suffisamment avancée, 2 ou 3 mois après cette époque, à laquelle la tige prend une couleur jaune de paille. Au reste, les planteurs ne sont pas tous du même avis : il en est qui font la coupe avant la floraison, parce qu'ils croient avoir observé que le sucre diminue lors de l'apparition de la fleur. On comprend d'ailleurs que la durée de la végétation dépend surtout du climat, et de la nature du sol. Il y a telle localité où l'on coupe la canne lorsqu'elle est âgée d'un an, telle autre où la récolte ne se fait qu'au bout de 15 à 16 mois. Selon les observations recueillies par le colonel Codazzi, dans Venezuela, et qui s'appliquent à la *caña* d'Otaheiti ; au niveau de la mer, dans les sites où la température moyenne est de 27°,3 cent. la canne murit en onze mois. Dans les endroits plus élevés, et où par conséquent le climat est moins chaud à latitude égale, il faut plus de temps pour la culture:

La température moyenne étant 25°,6 la culture dure 12 mois.

                          23°,2   14

                          19°,2   16 (1)

Les dimensions auxquelles parvient la canne d'Otaheiti sont aussi extrêmement variables ; dans les circonstances les plus favorables à son développement, elle atteint quelquefois une hauteur de 5 mètres, mais c'est là une exception, et son élévation normale est entre 3^m et $3^m,8$.

Les grandes plantations sont divisées en carrés de 80 à 100 mètres de côtés, de manière que chacun de ces carrés se récoltant à diverses époques, il en résulte un roulement favorable aux travaux de culture et à la fabrication du sucre.

La canne se coupe très près de la racine. Avant de la porter au moulin, on retranche le bouquet de feuilles qu'elle a conservé. Ces têtes de canne à l'état vert constituent une excellente nourri-

(1) Codazzi, *Resumen de la Geografia de Venezuela,* p: 141.

ture pour les chevaux et pour le bétail; quand elles sont desséchées, elles servent à couvrir les habitations. Après la première récolte, les rejetons surgissent et donnent de nouvelles tiges, qui ne demandent d'autres soins que quelques sarclages. Dans les bonnes terres, une plantation primitive produit cinq à six récoltes par rejetons. Mais j'ai entendu les planteurs, affirmer que le produit en sucre diminue d'année en année. A Venezuela, on replante tous les cinq à six ans (1).

La canne débarrassée de feuilles est passée au moulin, pour en exprimer le jus. Ces moulins sont formés par l'assemblage de trois cylindres faits en bois dur ou en métal, et dont la disposition est telle, que la canne est *laminée* plusieurs fois. Les cannes privées du suc qui a pu en être extrait par la pression, prend le nom de bagasse, on l'emploie comme combustible, après l'avoir fait sécher.

Le suc exprimé renferme du sucre crystallisable, de la matière azotée analogue à l'albumine, et quelques matières salines. A sa sortie du moulin, il est reçu dans une grande chaudière placée sur un long fourneau, qui supporte quatre autres chaudières de moindre dimension, situées sur la même ligne et en avant de la *chaudière réservoir* qui se trouve la plus rapprochée de la chemi-

____

(1) Codazzi, *Resumen de la Geografia de Venezuela*, p. 141.

néo, et par conséquent la plus éloignée du foyer. Le suc est d'abord amené à l'ébullition dans cette dernière chaudière, après avoir reçu un peu de lait de chaux; il se forme bientôt une écume qu'on enlève. Le suc en partie privé d'écume est porté dans la chaudière immédiate, où il est entretenu en ébullition constante, et dans laquelle on favorise la production des écumes par une nouvelle addition de chaux. De là, on fait couler le sirop dans la chaudière suivante où la clarification s'achève; puis dans la quatrième chaudière où le liquide atteint l'état sirupeux, et enfin dans la cinquième chaudière, celle qui est sur le foyer et dans laquelle la cuite se termine. On reconnaît que le sirop est à point, quand en prenant une goutte entre le pouce et l'index, et écartant subitement les doigts, la matière s'étire en un fil qui se rompt près du pouce et remonte en tournant vers l'index.

Le sirop cuit est versé d'abord dans un *rafraîchissoir*, et ensuite dans des crystallisoirs; ce sont des caisses percées de plusieurs trous bouchés avec des chevilles. Après vingt-quatre heures de séjour, on agite la masse avec un mouveron, afin d'accélérer la crystallisation; quand elle est achevée, on débouche les trous pour donner issue au sirop. Ce sirop est cuit de nouveau et mis à crystalliser.

Le sucre débarrassé du sirop est exposé à l'air,

et quand il est suffisamment sec et égoutté , on le met en barriques, pour être expédié en Europe, sous la désignation de *sucre brut*, de *moscouade*. Assez souvent cependant, le sucre brut subit dans les colonies, une sorte de purification, on le blanchit. A cet effet, on l'introduit et on le comprime dans des formes; puis on verse dessus un sirop de sucre blanc, fait à la température ordinaire. Cette dissolution, en traversant la masse de sucre, dissout et entraîne la mélasse.

Le procédé que je viens de décrire est surtout particulier aux Antilles. Sur le continent américain , dans plusieurs provinces de la *Nueva-Granada*, et je puis citer le *Socorro*, où les cultivateurs se livrent à la fabrication du sucre, la méthode que j'ai pu observer me semble beaucoup plus simple. Dans les grands établissements, il y a deux chaudières ; l'une qui sert de réservoir et dans laquelle le suc est porté à l'ébullition, immédiatement après sa sortie du moulin (trapiche), et où la concentration et la clarification se font en grande partie, et cela sans addition de chaux. L'autre chaudière sert à terminer la cuite. Le sirop cuit est transformé , suivant les demandes, soit en sucre brut (papelon), soit en sucre blanc. Dans le premier cas, le sirop est coulé dans de petits moules, dans lesquels il prend la forme et la dimension de briques. Il se refroidit aussitôt, il est expédié à l'instant même. Son grain est cristallin, sa couleur très légèrement jaune, sa saveur très agréable. Dans le second cas, le coulage se fait dans des formes en terre cuite, qui ne diffèrent en rien de celles en usage dans nos raffineries. Quand la masse est froide, on place sur la base du pain de sucre, qui se trouve occuper la partie supérieure à cause de la position renversée de la forme, une légère couche d'argile, et on verse un sirop de sucre blanc; la purification a lieu avec la plus grande facilité, et j'ai vu des sucres blancs ainsi préparés qui ne le cédaient en aucune façon, pour la beauté et la qualité, aux sucres raffinés en Europe. Un fait qui m'a surtout frappé, dans les fabriques de sucre que j'ai visitées, a été l'absence presque complète des mélasses, surtout dans les ateliers où l'on opère sur une petite échelle. Ce qui s'explique d'ailleurs par la promptitude de la cuite du vesou, et peut-être aussi par la non intervention des engrais dans la culture.

On croit en effet, aujourd'hui, que les mélasses proviennent en grande partie de l'imperfection des procédés employés, des altérations que le suc éprouve pendant sa concentration. Déjà dans ces derniers temps, l'attention des planteurs avait été dirigée sur les méthodes évaporatoires qui missent la cuite à l'abri d'une température capable d'altérer le sucre. Howard a établi des appareils dans lesquels l'évaporation s'effectue dans le vide. La chaudière purgée d'air, est chauffée à l'extérieur par un courant de vapeur dont la température n'excède pas 65° centig. Le procédé d'Howard a été simplifié, en concentrant le sirop par voie de distillation, et en condensant la vapeur de manière à diminuer considérablement la pression atmosphérique qui pèse sur le liquide, et par conséquent son point d'ébullition. Des différents appareils imaginés pour opérer la cuite des sirops sous une pression moindre que celle de l'atmosphère, il paraît que dans les colonies, on accorde la préférence à celui construit par M. Derosne. Cet appareil n'exige pas d'eau comme réfrigérant, condition importante dans nombre de localités où l'eau est tellement rare, que l'on utilise celle qui provient de l'évaporation du vesou pour les besoins des habitations (1).

La quantité de sucre fournit par la canne est assez variable. M. Codazzi estime que dans Venezuela les limites extrêmes du rendement par les procédés actuels, sont 6 et 15 pour 100, et en moyenne 7 et demi. D'après des renseignements pris à la Guadeloupe, M. Dupuy, pharmacien de la marine, porte le produit de la canne à 7,1 pour 100. Le rendement en sucre est nécessairement subordonné à la proportion de vesou obte-

______
(1) Casaseca, Manuscrit.

nue au moulin; or, cette proportion est elle-même très variable. Des expériences faites par M. Dupuy dans plusieurs communes de la Guadeloupe, montrent que l'on retire de 56 à 62 de vesou pour 100 de canne. Dans cette île les moulins les plus répandus donnent (1). . . : 56

A la Nouvelle Orléans, selon M. Avequin. . 50

A Cayenne, d'après M. Sénèz . . . : : 36

A la Havanne, suivant M. Casaseca (2) :

    La canne rubanée a donné 45

    Id.   cristalline 35

    Id.   d'Otaheiti. 56

    Id.   id. 56

Jusqu'à présent, on admettait, sous l'autorité des chimistes les plus habiles, que la canne renfermait deux espèces distinctes de sucres, l'un susceptible de crystalliser, l'autre incrystallisable et donnant naissance aux mélasses dans le traitement du vesou. Les recherches de M. Peligot ont démontré que cette opinion est erronnée, que dans la canne, la totalité du sucre qu'elle contient peut crystalliser, et que la préexistence d'un sucre sirupeux est entièrement chimérique; déjà en 1826, M. Plagne, chargé d'une mission aux Antilles, était arrivé à la même conclusion, mais le résultat de ses tra-

(1) Péligot, *Annales maritimes et coloniales*, août 1842.

(2) Casaseca, *Analyse du vesou faite à la Havanne* (manuscrit).

vaux ne fut publié qu'en 1840. Depuis, M. Casaseca, professeur de chimie à la Havanne, a confirmé ce fait si important pour l'industrie sucrière des colonies. La composition du vesou se trouve ainsi ramenée à une très grande simplicité; en effet après de très faibles quantités de matière azotée albumineuse, d'une substance déliquescente découverte par M. Hervy (1), de substance grasse, de plusieurs sels et de silice, matières qui, réunies ne vont pas au delà de 2 ou 3 centièmes, on peut dire que le jus de la canne consiste essentiellement en eau et en sucre crystallisable qui y entre dans la proportion de 18 à 20 pour 100 (2). Après une macération suffisamment prolongée dans l'eau froide, la canne abandonne les matières qui font partie du vesou, et on obtient ainsi de la bagasse complètement privée de sucre, et que l'on peut considérer comme du ligneux. La solution aqueuse évaporée, donne le sucre, qui traité par l'alcool faible, se dissout en laissant insoluble l'albumine coagulée, mêlée à quelques sels terreux. Pour apprécier la totalité des sels qui ont pu se dissoudre dans l'alcool, ou qui sont restés avec l'albumine, il suffit de brûler les matières. La très petite proportion d'albumine et de sels qui entrent dans la composition du vesou, permet réellement d'envisager la

(1) Hervy, *Journal de Pharmacie*, 1841.
(2) Péligot, *Annales maritimes et coloniales*, août 1842.

substance soluble contenue dans la canne comme du sucre. L'analyse de la canne peut donc se réduire à une détermination exacte de l'humidité qu'elle renferme , puis à un traitement par l'eau de la canne complètement desséchée, afin de dissoudre le sucre. Le ligneux lavé et ramené à un état constant de dessiccation , donnera par différence la matière soluble. En procédant à peu près ainsi, M. Péligot a trouvé que la canne d'Otaheiti récoltée en 1839 à la Martinique, contenait,

Eau	72,1
Ligneux	9,9
Matières solubles (sucre).	18,0
	100,0

Ce résultat se trouve confirmé par l'analyse de la même variété de canne , récoltée à la Guadeloupe en 1841 , et examinée sur les lieux mêmes par M. Dupuy. Elle contient :

Eau	72,0
Ligneux	9,8
Matières solubles (sucre).	17,8
Sels	0,4
	100,0 (1)

L'analyse de la canne créole, faite à la Havanne par M. Casaseca, semble indiquer dans cette variété une plus forte proportion de ligneux ; elle contient néanmoins la même dose de sucre crystallisable que celle d'Otaheiti.

(1) Péligot. *Annales maritimes et coloniales,* août 1842.

La canne créole (*caña de la Tierrá*) est composée de :

Eau	65,9
Ligneux. .	16,4
Sucre. . .	17,7
	100,0 (1)

M. Péligot a analysé la canne d'Otaheiti venue sous diverses conditions de pousses et d'âges ; les diverses parties d'une même tige, enfin les nœuds, qui, comme on devait s'y attendre, sont plus riches en substance ligneuse. Voici les résultats auxquels est arrivé cet habile chimiste (2).

	EAU.	MATIÈRES SOLUBLES (sucre).	LIGNEUX.
Première pousse	73,4	17,2	8,9
Deuxième pousse, sur premiers rejetons.	71,7	17,8	10,5
Troisième pousse, sur deuxièmes rejetons.	71,6	16,4	12,0
Quatrième pousse, sur troisièmes rejetons.	73,0	16,8	10,2
Partie inférieure d'une canne. .	73,7	15,5	10,8
Partie centrale	72,6	16,5	10,9
Partie supérieure.	72,8	15,5	11,7
Nœuds d'une canne.	70,8	12,0	17,2
Cannes de huit mois.	73,9	18,2	7,9
Cannes de dix mois	72,3	18,5	9,2

On voit en résumé, en faisant toutefois une exception pour les nœuds qui sont espacés sur les

(1) Casaseca, Manuscrit.
(2) Péligot, *Annales maritimes et coloniales*, août 1842.

tiges, que la plante prise dans ces diverses conditions a présenté la même composition. Du moins on
ne saurait affirmer que les différences assez légères qu'on remarque dans les résultats, ne sont pas
dues aux erreurs inhérentes au procédé employé.
L'ensemble de ce travail important, en même temps
qu'il établit la composition moyenne de la canne
d'Otaheiti, montre que les substances gommeuses,
mucilagineuses, le sucre incrystallisable dont on
supposait si gratuitement l'existence, ne se rencontrent pas dans cette plante. D'où il faut bien
conclure avec M. Péligot, que les mélasses qui
apparaissent pendant la cuite du vesou sont le
fait de la fabrication, opinion à laquelle je me
range d'autant plus facilement, que, comme je
l'ai dit précédemment, j'ai vu dans bon nombre
de circonstances la totalité du suc de canne
donner du sucre cristallin. Ces analyses démon-
trent d'ailleurs mieux que pourrait le faire toute
discussion, l'imperfection des méthodes suivies
pour l'extraction du sucre. Elles prouvent en
effet, que dans les moulins on laisse dans la
bagasse à plus du tiers du jus contenu dans la
canne. Cette perte pourrait sans doute être
considérablement atténuée, en faisant usage de
moyens plus parfaits pour exercer la pression.
Toutefois, il paraît que les planteurs des colonies
seraient peu disposés à employer une pression
très forte, dans la crainte de briser la bagasse et

de l'amener à un tel état de division, qu'il deviendrait très incommode de l'utiliser comme combustible. Sous ce rapport, il y a évidemment intérêt à ménager le ligneux de la canne, qui est toujours un auxiliaire précieux, et souvent indispensable, de la fabrication du sucre. Mais M. Dupuy, qui a examiné avec une grande attention l'ensemble des méthodes pratiquées dans les sucreries des colonies, pense qu'en perfectionnant les pressoirs de manière à les amener à faire rendre constamment à la canne 65 à 66 pour 100 de jus, on conserverait à la bagasse sa valeur comme combustible, en augmentant suffisamment le rendement en sucre (1).

La bagasse, à sa sortie des moulins, parait entièrement privée de parties humides. J'en ai vu qui, après avoir été pressée deux fois consécutivement, semblait tout à fait sèche, et il est douteux qu'une pression beaucoup plus forte que celle qu'elle avait subie, en eût exprimé une quantité notable de liquide. Cependant il suffisait de la goûter pour se convaincre qu'elle retenait encore du sucre. Dans le but d'enlever à la bagasse le sucre qu'elle retient encore à la sortie du moulin, sans employer des machines plus puissantes, M. Péligot a proposé de les immerger dans l'eau et de les presser une seconde fois. On obtiendrait ainsi un vesou faible, qui, réuni au vesou primitif, porterait un rende-

(1) Péligot, *Annales maritimes et coloniales*, août 1842.

ment de 7,1 à 10 de sucre pour 100 de canne. En suivant ce procédé suggéré par la théorie, M. Dupuy a extrait en grand, un cinquième de sucre en sus de la quantité ordinaire, sans rien changer au travail habituel de la sucrerie, et sans que la bagasse fût trop divisée pour être brûlée sous les chaudières (1). On ne saurait nier que l'introduction d'une assez grande masse de vesou faible ne nécessite une plus grande quantité de combustible, et que dans bien des circonstances cette nécessité ne devienne un véritable obstacle; mais sur le continent, là où le bois est encore à la portée des sucreries, la méthode de M. Peligot semble susceptible d'être appliquée avec succès.

Les rendements si différents, fournis par des cannes qui contiennent à peu de choses près la même dose de sucre crystallisable, prouvent que les procédés de concentration et de purification du vesou, contribuent aussi à la perte qui a été signalée. M. Peligot indique plusieurs causes qui doivent concourir à la détérioration du sucre. Telles sont, 1° la fermentation visqueuse qui rend le vesou épais, filant comme un mucilage; par suite de cette singulière altération, la cuite du sirop présente de graves inconvénients, et la crystallisation du sucre resté intact s'opère avec difficulté. 2° L'acidité qui se développe assez souvent dans

(1) Péligot, *Annales maritimes et coloniales*, août 1842.

le vesou qui n'est pas porté immédiatement dans les chaudières , acidité qui exige pour être anéantie ou prévenue l'intervention de la chaux. Cet alcali , comme j'ai eu occasion de le faire remarquer, n'est pas indispensable dans le traitement du jus de canne , son utilité dans les circonstances normales , se borne probablement à faciliter la défécation en formant un précipité insoluble avec quelques unes des matières organiques qui existent toujours en très petites proportions dans le vesou ; peut-être aussi, en faisant un savon de chaux avec les matières grasses qui adhèrent à la tige de la canne et qui se détachent pendant le passage au moulin. Lorsque la chaux est ajoutée pour corriger l'acidité qui s'est développée accidentellement dans le jus , elle constitue de l'acétate, du lactate, sels éminemment solubles, incrystallisables et qui retiennent une portion de sucre à l'état liquide. 3° L'influence fâcheuse des sels minéraux qui peuvent se rencontrer dans la canne. Ainsi le sel marin en se combinant avec le sucre, forme un composé délisquescent, dans lequel une partie de sel est unie à six parties de sucre ; cette combinaison rend encore incristallisable une forte proportion de sirop. On ne saurait donc être trop circonspect, suivant M. Peligot , dans le choix des engrais que l'on donne à la culture de la canne , car il importe surtout d'en éloigner les fumiers trop chargés de sel marin :

peut être est-ce à l'absence de ce sel dans le sol, que les cultures très éloignées des côtes de la mer, doivent de rendre plus aisément et en plus grande quantité du sucre crystallisable.

M. Codazzi estime à 1875 kilog. (1) la quantité de sucre blanc produite par un hectare cultivé en canne d'Otaheiti dans la province de Caracas. Admettant comme rendement moyen 7 1/2 de sucre pour 100 ; on voit que le poids de la canne passée au moulin, s'élève à 19134 kil. Prenant pour la composition moyenne de la plante

Ligneux (sec). . . .	11,0
Sucre (minimum). .	15,5
Eau.	73,5
	100,0

on trouve qu'un hectare de terrain produit dans la récolte,

Ligneux (sec). .	2105 kil.
Sucre	2966
Eau	14063
	19134 kil.

La canne d'Otaheiti laissant écouler, quand elle passe au moulin, environ 56 p. 100 de vesou qui renferme 0,175 de sucre, les 19134 kil., donnent

(1) M. Lestiboudois porte à 48770 hectares la surface cultivée en cannes dans les colonies françaises le produit officiel étant estimé à 80 millions de kil. de sucre, le rendement par hectare s'élèverait à 1644 kil.

effectivement en vesou 10715 kil. contenant :

Sucre. . 1875 kil.
Eau . . 8840

Aux 2105 kil. de ligneux indiqué par l'analyse, si l'on joint le sucre qui est resté dans la bagasse, on a en totalité 3496 kil. de combustible. On suppose en pratique que 1 kil. de bois desséché peut vaporiser 3 kil. et demi d'eau ; en donnant au sucre contenu dans la bagasse le même pouvoir calorifique qu'au ligneux, on trouve que théoriquement, la canne donne bien plus que le combustible nécessaire à la cuite du vesou. Mais tout le sucre qui reste dans le ligneux de la canne exprimée est loin d'être utilisé ; la bagasse, quand elle est mise à sécher, subit une fermentation rapide ; elle répand une odeur d'acide acétique très prononcée ; la presque totalité du sucre est détruite. En effet, des bagasses sèches examinées par M. Péligot, ne renfermaient plus qu'une faible proportion de principe sucré. Néanmoins si l'on tient compte des têtes de tiges, et de la température initiale du vesou qui approche de 30° cent., on comprend que la canne produise assez de combustible pour l'extraction du sucre qu'elle renferme.

Sucre de betterave.

La présence de sucre dans la betterave fut observée par Margraff. Achard, de Berlin, essaya d'appliquer cette découverte en traitant en grand les racines; mais ce fut seulement à l'époque du système continental, que la fabrication du sucre de betterave reçut en France un degré de perfection qui la rendit avantageuse. La betterave, aujourd'hui si généralement cultivée, provient selon Thaer, de la *beta vulgaris*. Les deux variétés principales de cette racine sont la betterave rouge que l'on cultive depuis fort longtemps dans les potagers, et la betterave blanche. Entre ces deux extrêmes viennent se ranger les racines ponceau, couleur de chair, annulaires, etc. Les graines d'un même plant produisent souvent des variétés de couleur assez dissemblables, cependant les betteraves entièrement rouges ou entièrement blanches, paraissent être les plus constantes, et Thaer a émis l'opinion que les variétés intermédiaires dérivent de leur croisement (1).

La betterave champêtre présente une racine très volumineuse qui croît en grande partie au dessus du sol; c'est une plante des plus robustes, que l'on cultive depuis très longtemps en Alsace et en Suisse pour la nourriture du bétail. La racine à laquelle on a donné autrefois la préférence pour la fabrication du sucre est conique; sa peau est rose, et son intérieur est dessiné

(1) Thaer, *Principes raisonnés d'Agriculture*, t. IV, p. 218.

en couches concentriques colorées ; mais il paraît que la betterave blanche de Silésie, introduite en France par M. Matthieu de Dombasle, est la plus productive.

Cette plante vient bien dans presque tous les terrains, à la condition qu'ils soient suffisamment fumés. En Alsace, elle réussit dans des sols meubles, comme dans les terres fortement argileuses. Une autre qualité précieuse que présente cette racine, c'est de croître dans des climats très différents. On la cultive avec succès dans le nord et dans le midi de la France.

Le betterave se sème en plan ou en pépinière ; c'est cette dernière méthode qui semble décidément prévaloir, parce qu'elle laisse du temps pour bien préparer le sol, et surtout pour accumuler et transporter les engrais.

Dans un sol bien préparé et fortement fumé, on sème la graine au cordeau. La pépinière n'occupe guère que le dixième de la surface que doit avoir la sole de betteraves. On place la graine lorsque les gelées du printemps ne sont plus à redouter, et le repiquage des plants, dans l'est de la France, s'exécute vers la mi-mai et même dans le commencement de juin, sur les soles qui ouvrent la rotation. Les betteraves sont ordinairement espacées de 4 décimètres ; on donne un premier sarclage lorsque les feuilles commencent à se développer. Dans le nord, la récolte ne commence guère qu'à la fin de septembre, et se termine généralement dans le cours du mois d'octobre. On est toujours disposé à retarder l'arrachement, par la raison que les betteraves croissent visiblement durant l'arrière-saison. Ces récoltes tardives ont plus d'un inconvénient dans les contrées où le froment d'automne doit succéder à la plante sarclée. Sans parler des embarras qui surgissent par le fait d'une saison pluvieuse et de la difficulté des labours, il en résulte le plus souvent de mauvaises semailles de céréales. Pour obvier à ces inconvénients, qui exercent l'action la plus fâcheuse sur nos récoltes de froment, nous avons enlevé des betteraves à l'époque où il était convenable de donner le labour pour les semailles d'automne, c'est à dire plus d'un mois avant la récolte générale des racines. Pour agir ainsi, nous nous sommes fondés sur ce fait intéressant constaté par les recherches chimiques de M. Péligot, que les betteraves ont à tous les âges de leur existence, la même composition. Dans la récolte prématurée que nous avons essayée, nous avons naturellement recueilli un poids de racines moindre que si nous eussions attendu ; mais la faculté nutritive de ces betteraves devait être ce qu'elle aurait été plus tard ; restait à déterminer si ces racines étaient de nature à se conserver, si le bétail les consommait sans répugnance. C'est ce dont nous avons pu nous convaincre durant l'hiver. De sorte que la marche à suivre pour obtenir en poids un rendement moyen, en récoltant néanmoins avant l'époque ordinaire, sera de repiquer plus serré, de moins espacer les plants de betteraves. Si l'expérience prononce en faveur de cette méthode ; le seul inconvénient que présente la culture de la betterave en première sole fumée, celui d'occasionner souvent de mauvaises semailles de céréales d'automne, disparaîtra complètement.

L'arrachement des betteraves se fait facilement à la main, pour les espèces qui croissent hors de terre. On emploie la bêche, le trident, certaines charrues pour retirer celles qui se développent sous le sol. En Alsace, on effeuille et on nettoie sur le terrain ; les parties vertes de la plante donnent une masse considérable d'engrais qu'il est prudent d'enfouir promptement.

Pour extraire le sucre des betteraves, on les lave, on les râpe, et on soumet la pulpe à l'action d'une forte presse. Comme le jus de canne, le jus de betterave s'altère promptement au contact de l'atmosphère. On le chauffe ; quand la température est parvenue à 70° centigrades, on y ajoute de la chaux délayée en bouillie claire, pour neutraliser l'acidité, et favoriser la défécation en s'unissant à l'albumine. Lorsque le jus a jeté quelques bouillons, on abaisse sa température, on enlève les écumes, le suc est clarifié ; au bout d'une heure, il devient tout à fait limpide, et d'une couleur légèrement jaune. Ce jus est porté sur un filtre contenant du charbon animal, qui a déjà servi à décolorer du sirop concentré; de ce filtre, il se rend dans une chaudière située au dessous de celle dans laquelle s'est opérée la clarification; on l'évapore rapidement jusqu'à ce qu'il marque 15 à 17° de l'aréomètre. On fait alors couler le sirop arrivé à cet état de concentration, dans des réservoirs où il reste pendant quelques heures; il se forme un dépôt abondant. On décante le liquide, on le concentre, et quand il marque 27° à l'aréomètre, mesuré chaud, on le passe sur une couche épaisse de charbon animal en grains et préalablement mouillé. La cuite du sirop clarifié et décoloré s'achève par les procédés suivis dans la fabrication du sucre de canne.

En France, on évalue le rendement moyen de 100 kilog. de betteraves à $4^k,6$, de sucre blanc (1). On peut juger de la perte éprouvée durant le traitement, par la composition de la betterave.

Le procédé analytique suivi par M. Peligot, pour analyser cette racine, est très facile à exécuter, et suffit aux besoins de l'industrie (2); il

____

(1) Documents relatifs au projet de loi sur le sucre indigène, recueillis par la Commission de la Chambre des Deputés.

(2) Péligot, *Recherches sur l'analyse de la betterave à sucre.*

consiste à prendre 25 à 30 grammes de betterave coupée en tranches très minces ; on place
ces tranches dans une soucoupe de porcelaine
tarée, et on les dessèche au bain de sable ou à
l'étuve, à l'aide d'une température un peu inférieure à 100 centigrades. On considère la racine
comme desséchée quand son poids ne diminue
plus sensiblement, malgré son séjour dans l'é-
tuve. On a ainsi la proportion d'eau, et celle des
matières solides et sèches. Ces matières sont
pulvérisées, et traitées à plusieurs reprises par
l'alcool bouillant, à la densité de 0,83 de l'alcoograde de Gay-Lussac. M. Péligot recommande
de sécher et de pulvériser plusieurs fois le résidu
du traitement par l'alcool, pour le reprendre de
nouveau par l'alcool bouillant, afin d'enlever
tout le sucre renfermé dans les cellules.

Le produit insoluble dans l'alcool est desséché
et pesé ; il consiste principalement en ligneux, et
en albumine coagulée. Par différence de poids, on
peut en conclure la quantité de sucre qui a été
dissoute dans l'alcool. On traite par l'eau bouillante le mélange d'albumine végétale et de ligneux ;
la matière se gonfle considérablement ; elle reprend l'aspect qu'avait la betterave avant qu'elle
eût été desséchée ; un principe que nous con-
naîtrons bientôt sous le nom de pectine, se dissout ; le résidu insoluble consiste surtout en ligneux mêlé à un peu d'albumine coagulée, qui

desséché et pesé donne par différence le poids de la matière dissoute dans l'eau.

Pour démontrer que c'est du sucre crystallisable qui a été dissous dans l'alcool, il suffit de placer la dissolution alcoolique dans le vide, au dessus d'un vase contenant de la chaux vive; l'eau s'évapore rapidement, l'alcool se concentre, et le sucre se dépose en crystaux incolores et transparents, analogues au sucre candi. Lorsque la betterave contient, comme cela arrive assez fréquemment, quelques sels solubles dans l'alcool, notamment du nitrate de potasse, il devient nécessaire pour en déterminer la proportion, d'incinérer une partie du sucre dosé. C'est à l'aide de cette méthode analytique que M. Péligot a recherché quelle est la composition de la betterave à sucre, aux diverses époques de sa croissance. Les racines examinées avaient été cultivées au Muséum d'histoire naturelle, et dans les environs de Paris.

LOCALITÉS.	ÉPOQUES DE L'ARRACHEMENT.	MATIÈRE SÈCHE POUR 100.	EAU.	SUCRE.	LIGNEUX ET ALBUMINE.	PECTINE?
École de botanique.........	2 août, racines très petites..............	9,5	90,5	5,0	4,5	avec le ligneux.
	1er septembre, racine de 1100 gr..........	7,4	92,6	4,2	2,5	1,0
	1er septembre, racine de 460 gr..........	9,4	90,6	5,0	2,8	1,6
	7 septembre, racine de 7 à 800 gr........	10,0	90,0	7,3	1,9	0,8
	Racines très jeunes, pesant environ 0gr.,3 gr.	13,7	86,3	5,9	4,4	3,4
Jardin de M. Ad. Brongniart.	26 septembre, racines de 80 à 100 gr......	16,1	84,9	10,0	3,3	1,8
	9 octobre, racine de 150 gr..............	14,1	85,9	»	»	»
	13 novembre, racine de 150 gr...........	13,9	86,1	»	»	»
Vigneux.................	23 septembre, racine de 500 gr..........	16,9	83,1	11,0	3,2	1,8
	23 septembre, racine de 700 gr..........	13,0	87,0	8,6	2,7	1,7
Grenelle.................	7 août, racine de 300 gr.................	15,5	84,5	8,9	6,6	avec le ligneux.
	11 août, racine de 600 gr...............	12,6	87,4	8,2	2,8	1,6
	30 août, racine de 1 kilogr.............	13,1	86,9	8,6	3,1	1,4
	Betterave venue en fleur, pesant 200 gr....	16,5	83,5	9,8	3,3	3,4
	Betterave porte graine, de 2 ans.........	5,5	94,5	0,0	2,5	1,1 (1)
(2) Roville (Meurthe).......	Betterave blanche de Silésie	15,8	84,2	10,6	·3,1	2,1
	Feuilles de betterave	6,4	93,6	1,3	3,6	(3)

(1) Contenait en outre 0.9 de nitre qui a été dosé.

(2) Analysée par M. Braconnot.

(3) Nitre 1,5. L'albumine est comprise dans 1,3 de sucre.

M. Braconnot, en suivant le même procédé, a trouvé à la betterave blanche de Silésie, cultivée à Roville, une composition qui s'accorde dans les limites voulues, avec les analyses précédentes. Néanmoins cet habile chimiste croit que cette méthode donne une proportion de sucre un peu trop forte, et il fonde son opinion sur ce que l'alcool, indépendamment du sucre, dissout des sels solubles qui sont contenus dans la racine, et un principe organique mal défini, de nature mucilagineuse.

Dans l'examen approfondi que M. Braconnot a fait du jus de la betterave, il a reconnu que le principe azoté, l'albumine qui s'y trouve, ne se coagule pas par l'action de la chaleur, même en prolongeant l'ébullition du liquide, et en le rapprochant par l'évaporation. Ce savant chimiste attribue la non coagulation de l'albumine, à l'absence de sels de chaux dans le suc de betterave; il donne pour preuve ce fait, que si l'on ajoute à ce suc, une petite quantité d'un sel calcaire, tel que du chlorure de calcium, de l'acétate de chaux, ou même du sulfate de chaux réduit en poudre, et que l'on chauffe le mélange, la totalité de l'albumine se précipite instantanément en flocons volumineux. On obtient par cette simple addition d'un sel de chaux, une liqueur aussi limpide et moins colorée que le jus déféqué par la chaux caustique; cette liqueur évaporée convenablement, et placée dans une étuve , se prend en une masse de sucre cristallin, presque com·plètement privé de mélasse. De ses observations , M. Braconnot conclut qu'il y a lieu d'espérer que le sulfate de chaux en poudre pourra remplacer avantageusement la chaux vive dans la défécation du jus, sans en présenter les inconvénients (1).

L'albumine du jus de betterave est mise en évidence, par l'addition de quelques gouttes d'acide acétique ; en faisant bouillir , on la rassemble en flocons. En traitant cette albumine par l'alcool bouillant, on en retire une graisse jaunâtre contenant deux matières : l'une analogue à la cire , l'autre ayant la constitution du suif.

Selon M. Braconnot, le suc de la betterave blanche de Silésie renferme (2) :

1. Sucre crystallisable.
2. Sucre incrystallisable (3).

3. Albumine.
4. Pectine.
5. Matière mucilagineuse.
6. Ligneux.
7. Phosphate de magnésie.
8. Oxalate de potasse.
9. Malate de potasse.

(1) Braconnot, *Annales de Chimie et de Physique*, t. LXXII, p. 440, 2ᵉ série.

(2) Braconnot, *Annales de Chimie et de Physique*, t. LXXII, p. 444, 2ᵉ série.

(3) M. Braconnot n'a réellement pas prouvé l'existence de sucre incrystallisable.

10. Phosphate de chaux.
11. Oxalate de chaux.
12. Acide gras (suif).
13. Cire.
14. Chlorure de potassium.
15. Sulfate de potasse.
16. Nitrate de potasse.
17. Oxyde de fer.
18. Matière azotée, soluble dans l'eau.
19. Matière odorante.
20. Sel ammoniacal, en petite quantité.
21. Acide pectique.

De l'ensemble des analyses de M. Péligot, il résulte évidemment que l'on peut admettre pour la composition moyenne de la betterave :

Eau. 87
Matière soluble dans l'eau (sucre) . .   8
Substances insolubles (ligneux). . .   5
                                       ______
                                         100

On voit par là que dans le traitement de la betterave on n'extrait guère que les 3/5 du sucre qui y est contenu. Mais il arrive, comme dans le traitement de la canne, qu'une partie de cette perte provient du sucre qui reste dans la plante après qu'elle a été exprimée. Ainsi avec les presses aujourd'hui en usage, on retire de 100 kil. de betteraves rapées, 60 à 70 kil. de jus, quand la racine en contient réellement 95 kil. On ne peut donc compter comme soumis à la fabrication, que 65 kil. de jus, renfermant d'après la moyenne des analyses, 5 kil. 1/2 de sucre. La perte réelle éprouvée durant le traitement, se réduit donc quand on obtient 4 kil. 1/2 de sucre pour 100 kil. de racine, à environ 1/5. Cette perte déjà forte, est souvent évaluée plus haut encore, quand on admet dans la racine 10 et 11 pour 100 de sucre crystallisable. Dans le travail de la canne, le sucre laissé dans la bagasse est complètement perdu, puisqu'il est brûlé ou détruit par la fermentation. Sous ce rapport, la betterave offre sur la canne un avantage positif, c'est que le sucre qui reste dans les pulpes, sert à l'alimentation du bétail. En effet, la pulpe possède à très peu de chose près, la même faculté nutritive que la racine qui la produit; en un mot la pulpe est de la betterave qui n'a pas été déchirée par les râpes, et si elle est un peu inférieure à la racine entière, cela tient à ce qu'à poids égal elle renferme une proportion un peu plus forte de ligneux, c'est à dire le ligneux qui appartenait au jus qui est sorti de la presse. On peut même évaluer approximativement la composition de la pulpe relativement à celle de la racine. D'après la constitution moyenne que nous avons assignée à la betterave, et en supposant qu'elle ait rendu 0,65 de jus et 0,35 de pulpe, il est facile de voir que cette pulpe se compose pour 100 de :

Eau 78,5
Sucre 7,2
Ligneux 14,3
——————
100,0

composition qui tend à faire croire qu'il faut 111 kil. de pulpe, pour remplacer 100 kil. de betterave dans l'alimentation du bétail.

Une des causes qui influe peut être le plus sur la faiblesse du rendement de la betterave, vient de la difficulté de la conserver lorsqu'elle est arrivée à l'état de maturité. Les racines étant récoltées à la fin de l'automne, elles ont à redouter autant les hivers rigoureux, qu'une température trop douce. La gelée détruit leur organisation, et durant les hivers doux, la végétation continue aux dépens du principe sucré élaboré pendant la croissance. Si la betterave contient réellement, à toutes les époques de son existence, les mêmes quantités de sucre (1), il y aurait probablement un avantage marqué à ne pas attendre son complet développement; en commençant le travail de la sucrerie avant la saison ordinaire de la récolte, et en semant plus dru, on arriverait probablement à compenser la différence en moins du poids des racines, qui serait une des conséquences de cette innovation. Si cette vue ingénieuse de M. Peligot est réalisable dans la pratique, au moins dans certaines limites, la culture de la betterave rentrerait dans celle de la canne, en permettant au travail de la sucrerie un roulement qui dispenserait de toute conservation.

Le produit en betterave rendu par le sol, varie

(1) Péligot, *Recherches sur l'analyse de la betterave*, p. 21.

nécessairement selon le terrain, les soins donnés à la culture, et la masse d'engrais dont on peut disposer; voici les rendements officiels admis en France (1)

	Récolte par hectare.
Pas-de-Calais	31400 kilog.
Aisne	25500
Nord	35000
Somme	24500
Eure-et-Loir	8500
Seine-et-Oise	27250
Cher	38000
Seine-et-Marne	30000
Meurthe (Roville) (2)	17500
Moyenne	26405 kilog.

Cette moyenne s'approche beaucoup de celle qui se déduirait de nos récoltes de Bechelbronn, enregistrées depuis environ sept ans.

En adoptant le rendement de 4 6/10, on trouve qu'en France un hectare cultivé en betterave, produit dans l'état actuel 1215 kilog. de sucre, et cela en 7 mois; la production réelle, la totalité du sucre élaboré sur un hectare étant au moins de 2112 kilog.

Comme point de comparaison, je rappellerai qu'un hectare cultivé en canne d'Otaheiti fournit 4875 kil. de sucre en 14 mois environ, la quantité

(1) Tiré des Réponses à une Commission d'enquête de la Chambre des Députés.

(2) Mathieu de Dombasle, *Supplément aux Annales de Roville*, p. 62 (17493 kilog.)

indiquée par l'analyse pour la même surface étant de 2966 kilog.

En Alsace, je trouve, d'après nos comptes de 1841, que pour cultiver un hectare de betteraves, on a dépensé 113 journées d'homme et 35 journées de cheval. Dans un document sur les sucreries de la Guadeloupe, on admet qu'un domaine de 150 hectares est exploitée par 150 nègres, ce qui en évaluant la durée de la culture à 14 mois, porterait le nombre de journées d'hommes à 425 par hectare·(1). Une semblable dépense de force est de nature à absorber la plus grande partie des bénéfices ; aussi dans l'enquête faite à l'occasion de la loi sur les sucres, on a fait voir que pour le domaine dont il est ici question, la dépense de culture et de fabrication égale la valeur du produit. Cependant la canne présente sur la betterave un avantage considérable, qui est de fournir le combustible nécessaire à la cuite de son vésou ; on appréciera d'autant mieux cet avantage, quand on saura que pour produire 100 kil. de sucre de betterave on consomme 40 kil. de houille (2).

D'après Neuman, la consommation du sucre par tête et par an, dans diverses contrées, peut être représentée ainsi (3). ·

(1) Documents relatifs au projet de loi sur le sucre indigène.

(2) *Enquête sur les sucres;* opinion de M. Dumas.

(3) *Moniteur de la Propriété et de l'Agriculture,* numéro du 31 janvier 1843.

Angleterre . . . . 10 kilog. par personne.
Irlande 2
Belgique 7,5
Hollande. 7
France. 4
Espagne 3,12
Suisse 3
Prusse ⎫
Danemark ⎬ 2,25
Portugal ⎭
Suède et Norwège. 1,5
Autriche 1,15
Italie 1
Russie 0,65

Dans les pays où le sucre est à très bon marché, il devient un aliment ordinaire, sa consommation prend alors une extension considérable ;
sur les marchés publics des grandes villes de
l'Amérique méridionale, on vend des rations composées de sucre brut et de fromage. M. Codazzi
évalue à 50 kil. le sucre consommé par un ha-
bitant de Venezuela (1).

Sucre d'érable (acer saccharinum). L'érable
est très commun dans l'ouest des Etats-Unis; souvent ces arbres couvrent entièrement une surface
de 1 à 2 hectares ; mais le plus communément ils
sont dispersés dans les forêts, au milieu des pins,
des peupliers et des frênes, et dans cette circonstance, on peut s'attendre à en rencontrer
soixante à quatre-vingts par hectare de forêt. Cet
arbre croît surtout dans les sols riches, où il

____

(1) Codazzi, *Resumen de la Geografía de Venezuela*, p. 142.

atteint la hauteur du chêne; le tronc a environ 1 mètre de diamètre; au printemps, l'érable se couvre de fleurs, avant l'apparition des feuilles. On suppose qu'il est parvenu à son complet développement à l'âge de 20 ans.

On se procure la sève de l'érable en perforant le tronc, à la profondeur de 2 à 3 centimètres. On place alors un tuyau légèrement incliné, et qui ne pénètre pas tout à fait au fond du trou ; au dessous de cette espèce de gouttière , se trouve un vase, pour recevoir le liquide qui doit s'écouler. L'usage est de perforer d'abord l'arbre sur le côté qui regarde le sud ; quand l'abondance de la sève commence à diminuer, on ouvre alors une autre issue, sur le côté nord du tronc. La saison la plus favorable est le commencement du printemps, en février, mars et avril; la sève s'écoule pendant cinq ou six semaines. On obtient d'autant plus de liquide que les jours sont plus chauds et les nuits plus fraîches; la quantité recueillie en 24 heures varie de un demi-litre à 22 litres; la température de l'air exerce sur l'évacuation de la sève la plus grande influence ; par exemple elle cesse totalement pendant les nuits où il gèle, après un jour qui a été très chaud.

Ces arbres ne paraissent pas souffrir des perforations réitérées; on cite un érable qui a encore fleuri après avoir donné du sucre pendant 42 années consécutives. Dans certains cas, que l'on doit toutefois considérer comme exceptionnels, on a obtenu en vingt-quatre heures, jusqu'à 104 litres de sève, d'où on a retiré 2 kil. 22 de sucre crystallisé; mais un érable de dimension ordinaire en émet dans une saison favorable 113 litres, produisant 2 kil. 5 de sucre, c'est cette quantité que l'on envisage comme le rendement annuel d'un arbre. On doit, par conséquent, supposer qu'en général la sève contient à peu près 2,2 pour 100 de son poids en sucre commercial. On a reconnu que par la culture l'*acer saccharinum* devient plus productif. Ainsi des érables des forêts qui ont été isolés, en abattant les arbres environnants qui leur dérobaient la lumière du soleil, ou bien encore des arbres transplantés dans des jardins., ont rendu une sève plus abondante, plus dense, et qui renfermait jusqu'à 3 pour 100 de sucre.

L'extraction du sucre de la sève d'érable ne présente rien de particulier; on suit une méthode analogue à celle qui est pratiquée pour le traitement du jus de la canne ou de la betterave. On doit se hâter de la soumettre à l'ébullition, parce qu'elle s'altère et qu'elle fermente très rapidement, à ce point que dans plusieurs localités des Etats-Unis, on en fait une liqueur alcoolique, analogue à celle donnée par le vesou qui a subi la fermentation. Dans la préparation du sucre d'érable, on obtient une quantité notable de mélasse, sans doute à cause de l'abondance des sels solubles qui existent dans la sève. On sait, d'ailleurs, que par sa combustion, l'érable laisse des cendres très riches en potasse (1).

Sucre de palmier. Le palmier qui, dans les parties méridionales de l'Inde, fournit du sucre crystallisé en grande quantité, est connu à Sumatra sous le nom de *anau*, c'est le *cleophora* de Gœrtner, qui atteint une hauteur de plus de 30 mètres. Ses fruits forment par leur réunion des grappes qui ont environ 1 mètre de long. Les Indiens se procurent la sève, en coupant un des jets destinés à porter des fruits, et ajustant à la section fraîche, un vase, une callebasse dans laquelle le liquide se rassemble ; dans une grande culture, on voit un appareil ainsi adapté à chaque palmier. La sève est enlevée toutes les 24 heures ; il suffit de l'évaporer pour en extraire du sucre, qui ne diffère en rien du plus beau sucre de canne, quand il a été raffiné ; à l'état brut, sous lequel il est consommé dans une grande partie des Indes, on le nomme *yaggri ;* c'est alors une espèce de cassonnade humide et gluante. La sève du palmier est souvent transformée en une liqueur vineuse très estimée des Indiens, c'est une boisson fort en usage dans ces contrées. La moelle de l'arbre fournit du sagou. En général,

(1) Rush, *Transactions of the American philosophical society,* t. III, p. 74.

les palmiers qui sont cultivés dans l'Inde, donnent trois produits utiles : du sucre, de l'huile et une matière amylacée. A Chinapatan, on en cultive trois ou quatre variétés (1).

Pour établir une pépinière de palmiers (*coco-nut palm*), on prend comme semence les noix qui se sont détachées naturellement, on les laisse sécher à l'air, dans leur enveloppe. La terre qui doit être ensemencée, est bêchée à une profondeur de 6 décimètres ; on la laisse ressuyer pendant trois ou quatre jours. On enlève ensuite une épaisseur de terre de 3 décimètres, et on recouvre la surface mise à nu avec 2 décimètres de sable. Les fruits sont placés sur ce terrain ainsi préparé, recouverts avec un peu de sable (7 centimètres), et une légère couche de terre végétale (5 centimètres). On arrose convenablement pendant trois jours consécutifs.

Au bout de 3 mois, les jeunes palmiers peuvent être transplantés. On les espace à 6 mètres l'un de l'autre, dans toute direction. Pour les recevoir on prépare des trous d'environ 6 décimètres de profondeur, dans lesquels on met une épaisseur de sable de 2 décimètres, sur laquelle on place les plants qui sont encore adhérents au fruit, on achève de remplir avec du sable, et on recouvre avec un peu de terre. Chaque jour,

(1) Marsden, *History of Sumatra.*

durant trois ans, les jeunes arbres doivent recevoir de l'eau. Le palmier commence à être productif à l'âge de 7 ou 8 ans, et il continue à donner des fruits, ou de la sève à sucre, pendant un temps très considérable et sans occasionner aucun frais de culture (1).

Cette production de sucre prouve que la sève de la plupart des palmiers est riche en matière saccharine ; il est évident d'ailleurs que toute sève capable de donner une liqueur vineuse par la fermentation, pourrait fournir du sucre, et si les palmiers ne sont pas plus généralement exploités dans ce but, c'est qu'alors on doit renoncer à la récolte de leurs fruits. Or, dans l'Inde, comme dans l'Amérique méridionâle, le produit en huile qui se retire des noix de palmiers, a presque toujours une plus grande valeur que celle qui peut résulter de la production du sucre.

Du sucre de raisin, ou glucose.

Nous avons établi précédemment, que par l'action des acides, ou de l'orge germée, l'amidon se tranforme en un principe sucré, fermentescible, qui, sous le rapport de la saveur et des propriétés physiques, diffère notablement du sucre que nous venons d'étudier. Comme ce principe

(1) Buchanan, *A Journey from Madras, etc.*, t. I, p. 155.

sucré se rencontre en abondance dans le raisin ; que Proust l'a d'ailleurs découvert dans ce fruit, il a pris le nom de sucre de raisin, qu'on a changé dans ces derniers temps en celui de glucose, sous lequel sont connus aujourd'hui tous les sucres analogues. Le glucose se présente sous la forme de petits crystaux blancs, très mous, qui se groupent en amas tuberculeux. Il se ramollit à 60° c., et devient tout à fait sirupeux à 90° c. L'alcool anhydre ne le dissout pas, mais l'alcool aqueux en prend une quantité assez considérable.

Dans le raisin, le glucose est associé à la crème de tartre (bitartrate de potasse), au tartrate de chaux, et quelques autres matières salines. Pour l'extraire de ce fruit, on sature l'acidité du moût par de la craie, ou du marbre réduit en poudre ; on sépare le tartrate de chaux qui s'est formé aux dépens de l'excès d'acide du bitartrate ; on clarifie la liqueur, et on la concentre jusqu'à ce qu'elle marque, chaude, 35° à l'aréomètre ; par le refroidissement, le sucre de raisin se prend en une masse crystalline, que l'on soumet à une forte pression après l'avoir laissée égoutter. Aujourd'hui, le glucose du commerce est préparé avec de l'amidon ; on en fabrique des quantités considérables, qu'on emploie à l'amélioration des vins, des bières ou des cidres, pour remplacer le principe sucré qui peut manquer dans certains moûts ; en fermentant, il augmente nécessairement la proportion d'alcool dans les liqueurs vineuses.

Les glucoses provenant de l'amidon, ou du raisin, ont une composition semblable, qui est aussi celle du sucre qu'on trouve dans l'urine des diabétiques.

GLUCOSE :

	de raisin, selon Saussure.	d'amidon, selon Guérin.	de diabète, selon Péligot.
Carbone . . .	36,7	36,1	36,4
Hydrogène . ..	6,8	7,0	7,0
Oxygène	56,5	56,9	56,6
	100,0	100,0	100,0

Commè le sucre de canne, le glucose en se combinant à certaines bases, abandonne une partie de son eau de constitution. A l'état où il est uni avec l'oxyde de plomb, il contient :

Carbone	43,3
Hydrogène ..	6,3
Oxygène....	50,4
	100,0

Il est facile de voir par ces analyses, que le glucose crystallisé renferme :

Glucose anhydre .	100
Eau..	19

En comparant les deux sucres pris à l'état crystallisé, il devient évident que le glucose ne diffère du sucre de canne que par une plus forte proportion d'eau.

En effet, on peut représenter ainsi la composition du glucose ou sucre de raisin :

<pre>
Carbonne. . . . . . . 42,2 ⎫
Hydrogène. . . . .   6,2 ⎬ 100 de sucre de canne.
Oxygène . . . . . .   51,6 ⎭
        ⎧ Hydrogène. .   1,8 ⎫
Eau   ⎨ Oxygène: . . 14,0 ⎬ 15,8.
        ⎩
                            ─────────
                   115,8 de sucre de raisin.
</pre>

La canne, la betterave, les palmiers, le raisin, l'amidon transformé en glucose, sont les sources qui aujourd'hui produisent les matières sucrées qui entrent dans la consommation. Cependant des essais plus ou moins heureux ont été faits pour extraire du sucre de l'*ananas*, de la *châtaigne*, de la *batate*, de l'*orange douce*, etc. En Hongrie, on a proposé de cultiver la citrouille comme succédanée de la canne ; enfin, M. Pallas est parvenu à extraire sur une assez grande échelle, du sucre crystallisé de la tige du maïs. De semblables essais avaient déjà été tentés en Allemagne, et bien avant la conquête, les Mexicains préparaient avec le suc de la tige de maïs, un sirop qui se vendait sur les marchés. M. Pallas n'a pu en extraire que 3 pour 100 de sucre crystallisé. Dans une expérience que j'ai faite en Amérique, conjointement avec M. Roulin, le sucre brut obtenu répondait à 6 pour 100.

Les tiges que nous avions fait presser dans un moulin à sucre, avaient été cultivées à Mariquita (température moyenne 23°), on les avait coupées très peu de temps après la floraison. Le vesou était d'un vert très prononcé, d'une saveur herbacée désagréable. Néanmoins, après une clarification convenable, le sucre ressemblait au sucre brut de la canne; mais il attirait l'humidité de l'air, bien que la défecation eût été opérée avec addition d'un peu de chaux.

M. Pallas a reconnu que le jus de tiges du maïs qui a été châtré afin de s'opposer à la fructification, contient plus de sucre.

Principes sucrés non fermentescibles.

Mannite. Le sucre de manne se rencontre dans différentes plantes. On a déjà constaté sa présence dans le suc des ognons, dans celui des asperges, dans l'aubier de plusieurs espèces de pins, dans divers champignons: La manne, qui est une exsudation du *fraxinus ornus*, du *pinus larix,* en contient près des quatre cinquièmes de son poids : aussi c'est de cette matière qu'on extrait ordinairement la mannite. A cet effet, on dissout la manne dans l'alcool bouillant; par le refroidissement la mannite crystallise; on l'exprime et on lui fait subir de nouvelles crystallisations. Quand on veut retirer la mannite des betteraves ou du suc d'ognon, il faut d'abord détruire par la fermentation vineuse le sucre qui existe toujours dans ces plantes. A ce sujet, M. Pelouze a émis l'opinion que la mannite que l'on obtient est un produit de la fermentation. Ainsi, suivant cet habile chimiste, durant la fermentation du jus de betterave, le sucre crystallisable passerait d'abord à l'état de sucre de raisin, et ce dernier se transformerait ensuite en mannite (1).

La mannite crystallise en aiguilles très blanches, demi-transparentes; elle est légèrement sucrée, soluble dans l'eau. Suivant MM. Liébig et Oppermann elle contient :

$$
\begin{array}{ll}
\text{Carbone.......} & 39,6 \\
\text{Hydrogène. .....} & 7,7 \\
\text{Oxygène. . . . . .} & 52,7 \\
\hline
& 100,0 \ (2)
\end{array}
$$

Sucre de réglisse. Ce principe, qu'on obtient de la réglisse *glycirrhiza glabra*, s'obtient en une masse jaune translucide ; il possède la saveur sucrée qui caractérise la racine. Ce sucre est soluble dans l'eau et dans l'alcool.

De la gomme.

La gomme est très répandue dans le règne vé-

(1) Pelouze, *Annales de Chim. et de Phys.*, t. XLVII, p. 419, 2⁰ série.

(2) Liébig, *Traité de Chimie organique*, t. 1, p. 533.

gétal, il n'est peut-être pas une seule plante qui n'en contienne. On divise les gommes en deux espèces : la gomme proprement dite, dont le type est la gomme arabique qui exsude de l'*acacia vera*, et le mucilage végétal, tel que le présente la gomme adraganthe.

La gomme en se dissolvant dans l'eau, donne lieu à un liquide épais et gluant. Elle est insoluble dans l'alcool. Plusieurs plantes en renferment une si forte proportion, que leur infusion ne donne pour ainsi dire autre chose. Telles sont l'*althæa*, la *malva officinalis*, etc.

La gomme ne crystallise pas, elle se présente en morceaux concrétionnés qui résultent de la solidification des gouttes qui s'écoulent spontanément des arbres qui la produisent. Par une ébullition longtemps continuée avec de l'acide sulfurique dilué, elle se transforme en glucose. L'acide nitrique la modifie, et de cette modification résulte plusieurs produits, au nombre desquels se trouve l'acide mucique. L'analyse de MM. Gay-Lussac et Thénard donne, pour la composition de la gomme arabique :

Carbone.	42,3
Hydrogène.	6,9
Oxygène.	50,8
	100,0

Pour se procurer le mucilage végétal, on traite par l'eau la graine de lin et on exprime. On l'obtient encore en faisant tremper de la gomme adraganthe dans environ 1000 parties de ce liquide, et décantant la dissolution qui recouvre la masse mucilagineuse. Le mucilage forme une gelée plus ou moins épaisse, qui délayée dans une grande quantité d'eau, donne une liqueur visqueuse. Le mucilage gélatineux soumis à la dessiccation, devient dure, translucide; dans l'eau il recouvre son premier état (1).

De la gelée végétale; pectine et acide pectique.

On sait qu'il existe dans le suc de tous les fruits une matière gélatineuse, à laquelle beaucoup d'entre eux doivent la propriété de former des gelées. Cette matière peut être obtenue au moyen de l'alcool. Si on verse, par exemple, de l'alcool dans du jus de groseille nouvellement exprimé, il se forme au bout de quelque temps un précipité gélatineux; cette gelée, soumise à une pression graduée, et lavée avec de l'alcool affaibli, donne le principe gélatineux dans un état suffisant de pureté : c'est la pectine découverte par M. Braconnot.

La pectine sèche est en fragments membraneux, demi-transparents, qui ressemblent à de la colle de poisson. Plongée dans environ cent fois son

____

(1) Berzélius, *Traité de Chimie*, t. V. p. 224.

poids d'eau, elle se gonfle considérablement et finit par s'y dissoudre complètement en donnant lieu à une gelée consistante. En augmentant la quantité d'eau, on forme une dissolution mucilagineuse d'un aspect légèrement opalin.

La pectine pure est insipide au goût; elle n'affecte aucunement la couleur du tournesol. Les acides faibles sont sans action sur elle; un léger excès (1) de potasse ou de soude ne lui fait subir aucun changement apparent, et cependant, sous l'influence de ces alcalis, la pectine est singulièrement modifiée, puisqu'elle est changée en un corps particulier, à réaction acide; car en saturant l'alcali introduit, il se coagule aussitôt en une masse transparente, gélatineuse, d'acide pectique. Puisque sous l'influence des alcalis la pectine éprouve une modification aussi remarquable, il est permis de penser, avec M. Braconnot, que l'acide pectique que l'on trouve tout formé dans les plantes, a une origine semblable : opinion qui, au reste, tend à corroborer celle émise anciennement par Vauquelin, lorsqu'il attribuait le développement des acides dans les végétaux à la présence des alcalis (2).

(1) Si on ajoutait un trop grand excès d'alcali, on obtiendrait aussitôt un précipité formé de souspectate. L'ammoniaque ne change pas la pectine en acide pectique.

(2) Braconnot, *Annales de Chim. et de Phys.*, t. XLVII, p. 274, 2ᵉ série.

L'acide pectique en gelée se liquéfie aussitôt par l'addition de quelques gouttes d'ammoniaque. En évaporant cette dissolution sur une assiette de porcelaine, on obtient du pectate acide d'ammoniaque, qui se gonfle dans l'eau distillée, s'y dissout et épaissit une grande quantité de liquide. Comme l'ammoniaque ne réagit pas sur la pectine, M. Braconnot a mis à profit cette propriété négative, pour décider si l'acide pectique existe tout formé dans certaines plantes. Ainsi, en traitant des carottes par de l'eau froide, rendue légèrement ammoniacale, on se procure un liquide dans lequel un acide détermine aussitôt la précipitation de l'acide pectique (1). La pectine et l'acide pectique peuvent donc se rencontrer simultanément dans les végétaux, et M. Jacquelain a prouvé que l'acide s'y trouve souvent à l'état de pectate alcalin ou terreux. C'est à ces pectates que M. Payen attribue l'origine des carbonates des mêmes bases, qui font partie des cendres des plantes, l'acide organique étant détruit par la combustion (2).

Pour obtenir facilement l'acide pectique, M. Braconnot indique la méthode suivante, en donnant comme exemple une opération faite sur

(1) Braconnot, *Annales de Chim. et de Phys.*, t. XXX, p. 99, 2ᵉ série.

(2) Payen, *Comptes rendus de l'Académie des sciences*, t. XV, p. 907.

des carottes. Les racines étant bien lavées, on les réduit en pulpe au moyen d'une râpe; on soumet à la presse et on lave le marc avec de l'eau distillée, ou à son défaut avec de l'eau de pluie (1). On continue les lavages jusqu'à ce que l'eau sorte incolore ; on fait avec le marc lavé et de l'eau une bouillie demi-liquide , dans laquelle on ajoute , en agitant , une dissolution de potasse ou de soude caustique (2) en quantité telle, que la liqueur reste constamment et faiblement alcaline au goût jusqu'à la fin de l'opération. On fait bouillir le mélange pendant un quart d'heure ; l'on juge d'ailleurs que l'ébullition a été suffisamment prolongée quand un échantillon d'épreuve de la liqueur prend entièrement en gelée par l'addition d'un acide. On passe alors le liquide bouillant à travers une toile, on lave la masse avec de l'eau (toujours exempte de chaux), et on rassemble les liqueurs chaudes qui sont épaisses , mucilagineuses , et qui se prendraient en masse si on les laissait refroidir. On y verse un peu de chlorure de calcium dissous dans beaucoup d'eau ; on obtient ainsi une gelée très abondante de pectate de chaux insoluble , que l'on peut laver à grande eau après l'avoir mis sur une toile. On fait alors bouillir

(1) Il faut employer une eau exempte de sels calcaires.

(2) On peut faire usage des alcalis du commerce rendus caustiques par la chaux vive.

cette combinaison pendant quelques minutes, avec de l'eau aiguisée d'une petite quantité d'acide chlorhydrique, qui dissout la chaux et met l'acide pectique en liberté. Cet acide, jeté sur une toile, se lave avec la plus grande facilité (1).

M. Frémy a analysé les deux substances dont nous venons de tracer l'histoire. Ses analyses l'ont conduit à ce résultat fort curieux, que l'acide pectique a exactement la même composition que la pectine, dont il dérive (2).

	Pectine.	Acide pectique.
Carbone. . .	42,9	42,8
Hydrogène .	5,1	5,2
Oxygène . .	52,0	52,0
	100,0	100,0

(1) Braconnot, *Ann. de Chim. et de Phys.*, t. XXX, p. 97, 2e série.

Voici les proportions indiquées par M. Braconnot pour exécuter l'opération qui vient d'être décrite : pour 100 parties de marc de navets ou de carottes, il faut à peu près 600 parties d'eau et 2 parties de potasse caustique. On prépare des gelées aromatiques avec l'acide pectique. « Quand je veux faire une gelée au citron, « dit M. Braconnot, je prends une partie d'acide en gelée, bien « égouttée, que je délaye dans trois parties d'eau distillée ; j'y ajoute « une petite quantité d'une dissolution très étendue de potasse « ou de soude pure, jusqu'à ce que l'acide soit dissous et saturé, « ce dont on peut s'assurer avec le papier de tournesol rougi par « un acide. J'expose à la chaleur cette dissolution, et j'y fais fon- « dre trois parties de sucre, dont une petite portion a été frottée « sur l'écorce d'un citron. J'ajoute à la liqueur pour décomposer « le pectate, une petite quantité d'acide chlorhydrique, ou sulfu- « rique très étendu, ayant à peu près la force du vinaigre ; j'a- « gite le mélange, qui prend de la consistance et se forme en « gelée peu de temps après... »

(2) Frémy, sur la Pectine et l'acide pectique.

J'ai cru devoir insister sur ces deux principes, parce qu'ils paraissent jouer un rôle important dans les phénomènes de la vie végétale. L'étude approfondie de la pectine et de l'acide pectique, contribuera très probablement à jeter du jour sur les métamorphoses que subissent les matières organiques pendant l'acte de la végétation. On a trouvé l'acide pectique dans toutes les plantes où on l'a cherché ; ainsi, M. Braconnot a rencontré cet acide dans les racines de navet, de carotte, de betterave, de phytolacca, de scorsonère, de pivoine, de patience, de phlomide tubéreuse, dans les bulbes, dans les tiges et dans les feuilles des plantes herbacées ; dans les couches ligneuses et l'écorce de tous les arbres examinés, dans les pommes, les poires, les prunes, les abricots, les fruits des cucurbitacées. M. Braconnot est même très disposé à penser que l'acide pectique pourrait bien constituer le cambium ou la matière organisatrice de Grew et de Duhamel (1).

Des acides végétaux.

Dans la série de corps que nous venons d'étudier, un seul, le sucre, possède la propriété de crystalliser. Les autres sont amorphes, et leur

(1) Braconnot, *Ann. de Chim. et de Phys.*, t. XXVIII, p. 173, 2ᵉ série.

disposition globulaire, gélatineuse, a fait présumer qu'ils forment en quelque sorte la ligne de démarcation où commencent les êtres doués de la vitalité. On avait pensé aussi que ces matières amorphes, que ces produits de l'organisation végétale, presque organisés eux-mêmes, pouvaient seuls concourir d'une manière efficace à la nourriture des animaux. Cette idée manque d'exactitude ; car, s'il est vrai que l'albumine, la caséine, la légumine , l'amidon , la gomme , soient des éléments puissants de nutrition, il l'est également que le sucre peut jouer un rôle important dans l'accomplissement de ce phénomène, en se comportant comme l'amidon, les graisses et les autres principes à composition ternaire, en devenant comme eux un auxiliaire toujours utile, souvent indispensable, des aliments azotés.

Cette tendance à considérer l'état amorphe des principes immédiats les plus importants de l'organisme, comme un caractère spécial et distinctif, ne peut se maintenir en présence des observations récentes dues à M. Mittscherlich. Cet illustre chimiste a reconnu en effet que si les précipités minéraux qui se déposent dans les liquides, sont formés dans plusieurs circonstances, de crystaux plus ou moins développés, ils apparaissent quelquefois aussi sous la forme de petites sphères accolées, ou de masses agrégées, dont les particules ne se réunissent pas en crystaux, mais qui restent séparées par une couche mince de liquide. Examinées au microscope, ces masses se présentent sous forme de flocons, de lambeaux d'apparence granuleuse ou gélatineuse, qui se maintiennent tendres et flexibles comme des matières végétales ou animales fraîches, tant qu'on les conserve sous l'eau ; en se desséchant, elles se réduisent en poudre ou acquièrent l'aspect vitreux (1).

Les corps dont il nous reste à examiner la constitution chimique, peuvent être en général obtenus à l'état crystallisé ; leur individualité semble plus prononcée; ils sont plus stables, mieux caractérisés, et leurs propriétés spécifiques les rapprochent souvent des corps inorganiques. Tels sont, par exemple, les acides créés durant la vie végétale.

Les acides végétaux présentent tous les caractères généraux qui appartiennent aux acides minéraux, en participant d'ailleurs des propriétés inhérentes aux substances organiques. Ainsi, ils forment des sels en s'unissant aux bases ; avec la potasse, la soude, l'ammoniaque, ils donnent lieu à des sels solubles dans l'eau ; les autres bases produisent des composés solubles ou insolubles, selon la nature de l'acide. Ces acides libres, non combinés, se rencontrent assez sou-

____

(1) Berzélius, *Rapport annuel*, 1841, p. 20.

vent dans les fruits, quelquefois dans les feuilles, plus rarement dans les graines et les racines; mais, unis aux bases, on les trouve dans presque toutes les parties des plantes. Leur nombre, déjà fort élevé, augmente rapidement avec les nouvelles recherches; aussi, à l'exception de quelques uns d'entre eux employés dans les arts, leur étude présente un faible intérêt. Je me bornerai par conséquent à présenter quelques observations sur ceux de ces acides qui sont les plus répandus.

Acide oxalique. Cet acide existe à l'état libre dans les poils du pois chiche, et uni à la potasse, constituant un sel acide, le bi-oxalate de potasse, dans l'oseille, *oxalis acetosella*, le *rumex acetosa*, l'*oxalis corniculata*. C'est de la première de ces plantes qu'on extrait encore le sel d'oseille dans quelques contrées. On exprime le suc de l'*oxalis*, on le fait bouillir et on le clarifie avec des blancs d'œufs, puis on l'évapore en consistance de sirop. Le sel se dépose en crystaux bruns, que l'on purifie. La plante ne rend guère que 0,003 de son poids en sel d'oseille commercial.

Pour retirer l'acide oxalique du sel d'oseille, on dissout ce sel dans environ vingt fois son poids d'eau, on précipite la dissolution par l'acétate de plomb, on obtient de l'oxalate de plomb insoluble, on lave le précipité, l'oxalate de plomb est alors mis dans une capsule où on le décompose avec de l'acide sulfurique dilué : il se produit du sulfate de plomb, et l'acide oxalique mis en liberté reste en dissolution ; on concentre la liqueur et l'on obtient l'acide en longs prismes incolores. Cet acide est très énergique, son affinité pour la chaux est telle, qu'il enlève cette base alors même qu'elle est unie à l'acide sulfurique. Aujourd'hui, on prépare cet acide pour les besoins des arts, en faisant réagir l'acide nitrique sur l'amidon.

Acide tartrique. Il se rencontre surtout dans le raisin à l'état de bi-tartrate de potasse, sel qui se dépose sur les parois des tonneaux dans lesquels on conserve le vin. Après l'avoir purifié par voie de crystallisation, on l'émet dans le commerce sous le nom de crème de tartre. On emploie la crème de tartre pour obtenir l'acide tartrique. On réduit le sel en poudre, et on le met dans une bassine avec de l'eau ; quand l'eau bout on ajoute de la craie, dont la chaux s'unit à l'excès d'acide du bitartrate. La dose de craie introduite est suffisante quand il ne se dégage plus d'acide carbonique par une nouvelle addition de ce carbonate : il se forme du tartrate de chaux qui se précipite, et dans la liqueur il reste dissous du tartrate neutre de potasse. On décompose ce dernier sel en ajoutant un sel soluble de chaux. Le tartrate de chaux est réuni, lavé et décomposé par l'acide sulfurique étendu

d'eau. On obtient du sulfate de chaux et de l'a-
cide tartrique que l'on fait crystalliser.

On a découvert dans le tartre des vins du Haut-
Rhin un acide particulier, l'acide racémique, qui
possède la composition de l'acide tartrique.

Acide citrique. L'acide citrique se trouve dans
le suc de plusieurs plantes , dans les citrons, le
tamarin, les groseilles. C'est du citron qu'on extrait l'acide employé dans les arts.

Le suc de citron renferme beaucoup de mucilage; on peut s'en débarrasser en grande partie
en faisant subir à la liqueur acide un commencement de fermentation. Le suc s'éclaircit rapidement, le mucilage se dépose. On décante et on
sature l'acide au moyen de la craie réduite en
poudre. Pour saturer les dernières portions d'a-
cide, on ajoute quelquefois un peu de chaux vive.
Après avoir laissé déposer le citrate de chaux, on
décante à l'aide de siphons le liquide surnageant;
le citrate est délayé et lavé à l'eau chaude, jusqu'à ce que l'eau décantée sorte incolore. On
laisse égoutter le sel calcaire, puis on le décompose par l'acide sulfurique étendu d'environ six
fois son poids d'eau. On sépare la liqueur acide
du sulfate de chaux; on la concentre d'abord à feu
nu dans une chaudière de plomb ou dans des vases en grès. Lorsqu'elle est réduite au cinquième
de son volume primitif, on achève l'évaporation

au bain marie. On met à crystalliser quand il s'est déjà formé une couche solide d'acide citrique à la surface du liquide. Un jus de citron de bonne qualité, rend environ trois pour cent d'acide.

Acide tannique. On désigne sous le nom de tannin une substance qui se rencontre fréquemment dans l'écorce de certains arbres, et qui jouit de la précieuse faculté de rendre imputrescible les peaux qui en sont imprégnées. L'art du tannage est fondé sur cette propriété du tannin. Quand dans une infusion d'acide tannique on verse une solution de gélatine, il se produit à l'instant un précipité insoluble, formé par l'union de l'acide avec la matière animale. En faisant macérer un morceau de peau dans une solution de tannin, la combinaison s'effectue également, mais dans l'intérieur même du tissu; le tannin quitte peu à peu la dissolution pour s'unir à la gélatine de la peau.

Le tannin n'existe pas uniquement dans les écorces; on a constaté sa présence dans divers organes des plantes. H. Davy assigne dans cent parties des substances suivantes, les quantités de tannin qui vont être indiquées (1).

	Tannin.
Noix de Galles.	27,4
Ecorce de chène (entière).	6,3

(1) Dumas, *Traité de Chimie*, t. V, p. 858.

Ecorce de marronnier d'Inde (entière).......	4,3
Ecorce d'orme (entière)...............	2,7
Ecorce de saule................	2,2
Ecorce intérieure blanche des vieux chênes ..	15,0
id. des jeunes chênes ...	16,0
id. des marronniers d'Inde.	15,2
Ecorce intérieure colorée des chênes........	4,0
Sumac de Sicile................	16,2
Sumac de Malaga................	10,4
Thé Souchong.................	10,0
Thé vert...................	8,5
Cachou de Bombay...............	54,3
Cachou du Bengale...............	48,1

On peut retirer le tannin de la noix de galle par le procédé suivant : On place une mèche de coton dans la douille d'une allonge en verre longue et étroite qui repose sur une carafe ordinaire. Au dessus de la mèche on place la noix de galle en poudre fine et légèrement comprimée; la poudre doit occuper environ la moitié de la capacité de l'allonge, dans laquelle on verse de l'éther; on bouche imparfaitement l'appareil et on l'abandonne à lui-même. Le lendemain on trouve dans la carafe qui sert de récipient, deux couches bien distinctes : l'une, la supérieure, est très légère et très fluide; l'autre, beaucoup plus dense, et qui pour cette raison occupe la partie inférieure, est légèrement ambrée et de consistance sirupeuse. On enlève la couche supérieure pour en retirer l'éther, et on lave à plusieurs reprises, avec ce liquide, la couche sirupeuse; l'éther qui provient de ces lavages, évaporé à l'étuve, laisse un résidu spongieux très brillant, très peu coloré, dont la saveur astringente est des plus prononcées : c'est le tannin ou l'acide tannique aussi pur qu'on ait encore pu l'obtenir (1).

Acide gallique. Cet acide se trouve réuni au tannin dans la plupart des écorces ou dans les principes astringents des plantes. L'acide gallique paraît être le résultat d'une sorte de fermentation subie par le tannin, ainsi que semble l'indiquer le procédé que l'on suit pour le préparer. On expose à l'air, pendant environ un mois, des noix de galle réduites en poudre et entretenues dans un état constant d'humidité. La poudre se couvre de moisissure, on l'exprime, et le marc est traité par l'eau bouillante pour en extraire l'acide gallique qui s'est développé durant la fermentation. L'acide gallique purifié crystallise en longues aiguilles soyeuses ; pour se dissoudre, il exige 100 parties d'eau froide. Sa dissolution ne précipite pas la gélatine.

J'ai réuni dans un tableau la composition des principaux acides végétaux. Je me réserve de présenter la composition des acides gras en traitant des matières grasses.

(1) Pelouze, *Annales de Chim. et de Phys.* t. LIV, p. 337; 2° série.

ACIDES SECS (1).	CARBONE.	HYDROGÈNE.	OXYGÈNE.	AZOTE.	DANS 100 D'ACIDE HYDRATÉ.	
					ACIDE.	EAU.
Oxalique.	33,8	»	66,2	»	57,3	42,7
Tartrique. . . , ...	36,8	3,0	60,2	»	88,0	12,0
Racémique	36,8	3,6	60,2	»	78,7	21,3
Citrique (cristallisé). . .	36,3	4,4	59,3	»	»	»
Citrique (sec)	41,9	3,4	54,7	»	»	»
Malique	41,9	3,4	54,7	»	86,7	13,3
Méconique.	48,8	1,1	50,1	»	76,5	23,5
Quinique	54,3	5,1	40,6	»	81,4	18,6
Tannique.	51,4	3,5	45,1	»	»	»
Gallique.	63,1	1,5	35,4	»	71,5	28,5
Acétique	47,5	5,8	46,7	»	85,1	14,9
Benzoïque.	74,4	4,3	21,3	»	93,0	7,0
Cyanhydrique (prussique)	44,7	3,6		51,7	»	»

(1) Par acide sec il faut entendre l'acide privé de son eau de constitution, et tel qu'il se trouve engagé dans les sels d'argent ou de plomb.

Des alcalis végétaux.

Les bases alcalines qui se forment pendant la végétation contiennent toujours une certaine proportion d'azote. Leurs propriétés générales sont celles des alcalis ; leurs dissolutions aqueuses ou alcooliques ramènent au bleu la teinture de tournesol rougie, et elles constituent des sels en s'unissant aux acides. Ces bases ont dans leur manière de se comporter une certaine analogie avec l'ammoniaque. Comme l'ammoniaque, les alcalis organiques se combinent avec les hydrates des oxacides, et quand ils sont privés d'eau de crystallisation, ils fixent les hydracides sans rien perdre de leur poids.

La découverte des bases végétales est due à Sertuerner, qui, dès 1804, signala la *morphine* dans l'opium. La plupart de ces alcalis sont inso-

lubles ou peu solubles dans l'eau; tous se dissolvent dans l'alcool; il en est quelques uns qui sont
assez volatils pour pouvoir être distillés.

On se procure les alcalis organiques insolubles,
en épuisant les parties des plantes qui les contien·
nent, par de l'eau aiguisée d'acide chlorhydrique ou
sulfurique, et l'on précipite les dissolutions acides
convenablement concentrées en les sursaturant
avec de l'ammoniaque ou de l'hydrate de chaux.
L'alcali précipité est ordinairement impur, coloré; on le purifie en le dissolvant dans l'alcool
et faisant crystalliser. Pour obtenir les bases solubles et volatiles, comme la nicotine, on traite
la plante par un acide faible, on concentre la dissolution, et après avoir ajouté une solution de
potasse, on distille; l'alcali, mêlé d'ammoniaque,
passe avec la vapeur aqueuse. Pour séparer
l'ammoniaque, on sature la liqueur distillée par
de l'acide oxalique, on évapore et l'on reprend
par de l'alcool froid, qui ne dissout pas sensiblement l'oxalate d'ammoniaque, tandis qu'il se
charge de l'oxalate de la base végétale. On chasse
l'alcool, et l'oxalate est décomposé par une solution aqueuse de potasse. Dans un flacon qui renferme le résultat de cette décomposition on introduit de l'éther et l'on agite fortement. Par le
repos, le liquide se sépare en deux couches distinctes; la couche supérieure est formée par l'é-
ther tenant en dissolution l'alcali organique.

1.   21

COMPOSITION DES ALCALIS VÉGÉTAUX.

BASES.	CARBONE.	HYDROGÈNE	OXYGÈNE.	AZOTE.	PLANTES qui LES PRODUISENT.	AUTEURS de LA DÉCOUVERTE.	AUTEURS des ANALYSES.
Quinine	74,4	7,3	9,7	8.6	Quinquinas.	Pelletier et Caventou.	Regnault.
Cinchonine. . . .	78,4	7,4	15,1	9,1	id.	id.	id.
Aricine.	71,0	7,0	44,0	8.0	id.	Pelletier et Coriol.	Pelletier.
Morphine.	72,3	6,7	16,2	4,8	Pavots	Sertuerner.	Regnault.
Codéine	74,3	6,9	13,9	4,9	id.	Robiquet.	id.
Narcotine	65.6	5,6	25,4	3,4	id.	Desrone.	id.
Thébaïne.	74,4	6,8	11,9	6.9	id.	Thiboumméry.	Kane.
Pseudo-morphine.	52,7	5,8	37,4	4,1	id.	Pelletier.	Pelletier.
Chelidonine. . . .	68,9	5,6	13,5	12,0	id.	Godefroy.	Will.
Atropine.	71,0	7,8	16,4	4,8	Belladona.	Mein.	Liébig.
Jervine	76,4	9,4	8,3	5,9	Ellébore.	Simon.	Will.
Solaline.	62,1	8,9	27,4	1,6	Pomme de terre.	Desfosses.	Blanchet.
Brucine.	70,4	6,5	16,0	7,1	Strychnos.	Pelletier et Caventou.	Regnault.
Strychnine. . . .	75,7	6,5	9,4	8,3	id.	id.	id.
Piperine.	71,9	6,5	16,7	4,9	Poivre.	OErstedt.	Regnault.
Caféine	49,8	5,1	16,3	28,8	Café, thé.	Runge.	Pfaff-Liébig.
Théobromine . . .	47,0	4,6	13,0	35,4	Cacao.	Woskresenski.	Woskresenski.
Nicotine.	73,3	9,7	»	17,0	Tabac.	Reimann et Posselt.	Barral.
Cicutine.	76,5	12,5	«	11,0	Ciguë.	Giescke.	Ortigosa.

Des matières grasses.

Sous cette dénomination nous comprendrons toutes les matières huileuses, liquides ou solides ; celles qui sont analogues à la cire végétale, et qui se trouvent réparties dans les différents organes des plantes.

Un caractère commun à presque toutes les matières grasses est d'être insolubles dans l'eau. Elles se dissolvent en quantité sensible dans l'alcool, et surtout dans l'éther. On peut diviser les corps gras en deux classes : l'une qui embrasse ceux qui sont modifiés facilement par l'action des alcalis, qui forment des savons ; l'autre, dans laquelle viennent se ranger les matières grasses qui ne sont pas saponifiables, ou du moins qui ne sont attaquées par les alcalis que dans des circonstances toutes particulières.

Quand on chauffe un mélange d'huile grasse avec une dissolution d'alcali caustique, on remarque bientôt que l'huile s'incorpore avec le liquide alcalin ; la masse prend un aspect laiteux. Après une ébullition soutenue, si l'alcali est en excès, il apparaît des grumeaux, et en enlevant le liquide excédant, on obtient une masse blanche, soluble dans l'eau ; l'huile est saponifiée, et le produit de cette saponification est uni à une partie de l'alcali qui a été employé. Si maintenant dans une dissolution chaude de ce savon, on verse de l'acide chlorhydrique, cet acide s'empare de la potasse ou de la soude, et met en liberté la substance grasse qui était combinée avec l'alcali; elle se rassemble à la surface du liquide. Il est alors facile de constater que cette graisse n'est plus celle dont on a fait usage; par exemple, elle se dissout complètement dans l'alcool bouillant, et par le refroidissement il se dépose des crystaux brillants, nacrés, d'un corps gras doué de propriétés acides. En évaporant l'alcool où ces cristaux se sont formés, on en obtient une nouvelle quantité, et quand la dissolution alcoolique est complètement évaporée, on aperçoit un autre corps gras, liquide, huileux, également acide. Par des procédés que la chimie indique, on parvient à séparer, à isoler ces différents acides qui possèdent des caractères distinctifs; ainsi, en saponifiant certains corps gras, on obtient trois acides particuliers : les acides stéarique, margarique et oléique. Les alcalis transforment donc en principes acides les substances huileuses neutres : cette transformation a été mise en évidence par les admirables recherches de M. Chevreul, recherches qui constituent par leur ensemble, un des travaux les plus remarquables de la science moderne. Avant M. Chevreul, on croyait que le savon résultait de l'union directe des graisses avec les alcalis.

Les acides gras ne sont pas les seuls produits de la saponification; leurs poids ne représente pas celui de la substance grasse saponifiée. C'est qu'il faut tenir compte d'une matière qui préexiste dans les huiles, et qui en est éliminée par l'action des alcalis; et comme ce principe est soluble dans l'eau, il reste dans les liqueurs alcalines.

C'est le principe doux de Schèele. Pour l'obtenir, on prend parties égales d'huile d'olive et de litharge en poudre très fine, on met ces matières avec un peu d'eau dans une bassine, on chauffe modérément, en agitant continuellement et en prenant la précaution d'ajouter de temps en temps de. l'eau chaude pour remplacer celle qui s'évapore. Lorsque le mélange a pris une consistance épaisse, on ajoute une nouvelle quantité d'eau, on retire la bassine du feu. Dans cette opération, la litharge se comporte comme un alcali. Les acides gras développés s'unissent à l'oxyde de plomb et forment du margarate et de l'oléate insolubles, et le principe doux, la *glycérine* reste dissoute dans l'eau, unie à de l'oxyde. Pour isoler la glycérine, on fait passer dans le liquide aqueux, préalablement filtré, un courant d'hydrogène sulfuré; il se forme du sulfure de plomb qu'on sépare par le filtre. L'eau ne contient plus autre chose que le principe sucré; on l'évapore d'abord au bain marie, et la glycérine obtenue est placée dans le vide sec, à

une température de 20° à 25° cent., pour lui enlever toute l'eau.

Ainsi obtenue, la glycérine est liquide, transparente, incolore, d'une consistance sirupeuse,
d'une saveur sucrée. très prononcée. Suivant
M. Chevreul, elle contient (1) :

$$
\begin{array}{ll}
\text{Carbone} & 40,1 \\
\text{Hydrogène} & 8,9 \\
\text{Oxygène} & 51,0 \\
\hline
& 100,0
\end{array}
$$

En dosant les produits de la saponification,
M. Chevreul a constaté que le poids des acides
gras et de la glycérine excède toujours celui du
corps gras saponifié. Dans une expérience,
100 parties de graisse ont fourni :

$$
\begin{array}{ll}
\text{Acides gras.} & 96,2 \ (2) \\
\text{Glycérine . .} & 9,7 \\
\hline
& 105,9
\end{array}
$$

Cet excès de poids ne tient pas à l'absorption
de l'oxygène, comme on s'en est assuré ; ce gain
provient évidemment, d'après les analyses élémentaires toujours si précises de M. Chevreul,
de la fixation des éléments de l'eau dans les principes qui ont été isolés. Les acides gras et
la glycérine contiennent une proportion d'eau
qui n'entrait pas dans leur constitution quand

(1) Chevreul, *Recherches chimiques sur les corps gras*, p. 340.
(2) Chevreul, id. p. 335.

ils étaient unis à l'état de corps gras neutre. On peut d'ailleurs s'assurer de l'existence de l'eau d'hydratation renfermée dans les acides libres, en les combinant avec des bases métalliques.

On doit donc considérer les matières grasses, comme des combinaisons de glycérine jouant le rôle de base, avec des acides particuliers; ces combinaisons, analogues aux sels, si on n'envisage que leur constitution, se trouvent le plus souvent mélangées dans les huiles et les graisses. Quand on parvient à les obtenir à l'état de pureté, elles présentent des propriétés qui rappellent celles de leurs acides. Ainsi l'union de l'acide stéarique et de la glycérine forme la stéarine, qui est solide à la température ordinaire, fusible à environ 62° c. L'acide stéarique fond à 72°. L'oléine (oléate de glycérine) reste fluide à — 4°, et l'acide oléique est liquide. Une huile a par conséquent d'autant plus de consistance, qu'il entre dans sa constitution une proportion plus forte d'un acide gras solide. Elle est au contraire d'autant plus molle, plus liquide, que cet acide est lui-même plus fluide. La cire du myrica cerifera, par exemple, qui est assez dure pour être réduite en poudre, est presque entièrement formée de stéarine. Dans les huiles végétales fluides, l'oléine domine toujours. On peut d'ailleurs, par une simple pression exercée sur un corps gras placé entre du papier non collé, séparer le principe solide du principe liquide; ce dernier est absorbé par le papier. Le produit solide que l'on obtient par-ce procédé peut encore retenir un peu d'oléine; pour l'en débarrasser, on le fond avec de l'huile essentielle de térébenthine, et l'on exprime de nouveau la masse fondue; l'oléine, devenue plus fluide par l'addition de l'huile essentielle, passe entièrement dans le papier.

En opérant de cette manière, M. Braconnot a trouvé que :

100 parties d'huile d'olives contiennent 28 de matière solide.
    Id.   d'amandes,   24
    Id.   de colza,   46   (1)

Les huiles végétales sont toutes plus légères que l'eau, selon M. de Saussure, à la température de 12°, les densités sont :

Pour l'huile de noix. 0,928
d'amandes . . . 0,920
de lin 0,939
de ricin 0,970
d'olives. 0,919

Indépendamment des acides solides et liquides qu'on retire des graisses, on en connait plusieurs qui sont volatils.

(1) Braconnot, *Annales de Chimie*, tome XCIII, p. **235**. Les huiles soumises à la compression étaient congelées.

Composition des acides gras du règne végétal.

ACIDES NON COMBINÉS.	CARBONE.	HYDROGÈNE	OXIGÈNE.	POINT de FUSION.	ORIGINE.
Stéarique.. . .	77,0	12,6	10,4	70°	Huiles végétales.
Margarique . .	75,9	12,4	11,7	60°	id.
Oleique	77,1	11,4	11,5	liquide.	id.
Cocostéarique.	73,7	8,5	17,8	35°	Beurre de coco.
Myristique. . .	74,1	12,1	13,8	49°	Beurre de noix muscades
Palmitique. . .	75,4	12,3	12,3	60°	Huile de palme.
Valérianique..	59,3	9,7	31,0	liquide.	Valériane.

Les matières grasses absorbent l'oxygène de l'atmosphère. L'absorption est d'abord très lente, à peine sensible; mais une fois qu'elle est déterminée, elle marche avec des progrès rapides, à tel point que si l'huile offre une grande surface à l'air; si elle imbibe par exemple un tissu, l'inflammation peut avoir lieu. Le résultat de cette oxydation est toujours un épaississement des huiles, et il en est plusieurs qui se solidifient complètement, et qu'on désigne pour ce motif par le nom d'huiles siccatives; elles sont surtout recherchées pour la fabrication des vernis. L'huile de noix, quand elle reste longtemps exposée à l'air, acquiert la consistance de la gelée, ses propriétés grasses ont totalement disparu, à ce point qu'elle ne tache plus le papier.

L'altération des graisses en présence de l'air et de l'humidité est encore plus marquée. Les huiles qui sont inodores, sans saveur, prennent dans ces circonstances un goût désagréable et une odeur très persistante. Les fruits charnus oléifères, les graisses oléagineuses mouillées, éprouvent une véritable fermentation, dont le résultat est la désunion des acides et de la glycérine. J'ai eu l'occasion d'observer une semblable production d'acide libre, pendant la putréfaction de semences riches en matières grasses.

Les huiles soumises à l'action de la chaleur, subissent de profondes modifications. La glycérine qu'elles renferment se décompose et donne des produits pyrogénés, parmi lesquels s'en rencontre un d'une odeur pénétrante, que M. Berzélius nomme acroléine. Quant aux acides qui surgissent de cette distillation, ils dépendent de la nature même des acides contenûs dans les graisses. Ainsi, par la distillation, l'acide stéarique donne de l'acide margarique, l'acide oléique de l'acide sébacique, acide volatil crystallisable et soluble dans l'eau chaude.

Les substances grasses des plantes sont principalement accumulées dans les fruits, et particulièrement dans les semences. Dans les parties herbacées elles sont moins abondantes, moins élaborées. Les huiles paraissent être enfermées dans le tissu végétal, sous forme de gouttelettes. Dans une semence émulsive, comme l'amande ordinaire quand elle se développe, on reconnait que le tissu cellulaire est plein d'une liqueur incolore et transparente. A mesure que la semence prend de l'accroissement , on voit chaque cellule se remplir de gouttelettes huileuses qui vont en augmentant en nombre et en volume. En même temps un dépôt solide de matière azotée se forme au sein du liquide , en trouble la transparence ; c'est ce dépôt qui épaissit les parois des cellules (1). Il faut que la force capillaire qui retient les principes gras dans le tissu de certaines semences, soit considérable , car ayant fait bouillir dans l'eau des graines de colza qui renferment 50 pour 100 d'huile, je n'ai vu aucune trace de matière huileuse monter à la surface du liquide. La graine de madia n'a pas abandonné plus d'huile dans la même circonstance. Au reste , le beurre paraît être retenu dans le lait par une force semblable, car du lait en pleine ébullition ne rend qu'une quantité insignifiante de matière butyreuse (2).

(1) Dumas, *Traité de Chimie*, t. VI, p. 564.

(2) Dans un ordre de phénomènes bien différents de ceux qui nous occupent ici, puisqu'ils se rapportent à une opération métallurgique, je connais un cas qui a peut-être une certaine analogie avec celui que je rappelle en ce moment. Dans les usines d'amalgamation de l'Amérique, une partie de la perte en mercure est due à l'état de division extrême que prend ce métal par suite de son *incorporation* avec le minérai d'argent réduit en pâte. La *lis,* pour me servir du mot technique, est du mercure tellement ténu, qu'il est facilement entraîné dans les lavages. Aux corpuscules globulaires de métal, adhère une pellicule d'eau qui s'oppose avec une énergie singulière à leur réunion, à leur fusion en une seule masse. Il faut broyer longtemps, triturer fortement la *lis* pour en réduire une faible partie à l'état de mercure coulant. Le moyen le

Nous admettons, M. Dumas et moi, que dans les semences l'huile est destinée à développer de la chaleur, en brûlant au moment de la germination. Une série d'expériences commencées dans mon laboratoire par M. Letellier, semble appuyer cette opinion.

Après avoir déterminé par un essai préliminaire fait au moyen de l'éther, la matière huileuse contenue dans des semences, on les a fait germer, puis on a recherché à deux époques de la germination, la quantité d'huile renfermée dans la graine germée; dans des expériences entreprises sur le colza et le madia, on a vu que par le fait de la germination, une proportion considérable de matière grasse est détruite.

Un gramme de chacune de ces deux graines a été mis à germer. La germination fut arrêtée lorsque les cotylédons commencèrent à verdir ; les jeunes plantes avaient alors deux à trois centimètres de longueur.

De semblables quantités des mêmes graines,

---

plus efficace pour liquéfier la lis, c'est de la chauffer, de manière à chasser toute l'humidité interposée qui forme l'obstacle réel à l'union des particules métalliques. Il n'est pas impossible que dans le lait, la matière butyreuse soit divisée à l'état de lis, c'est à dire que chaque globule gras soit entouré d'une pellicule d'eau. Toujours est-il qu'il faut pour obtenir du beurre en masse un frottement, un battage longtemps continué, et qu'une méthode infaillible pour réunir promptement la substance grasse, consiste à évaporer le lait à siccité, afin d'expulser l'eau interposée entre les globules butyreux.

ont été laissées en germination jusqu'à ce que les cotylédons eussent acquis une couleur verte très prononcée; on fit cesser la végétation quand les radicules eurent atteint un développement de dix à douze centimètres.

RÉSUMÉ DE L'EXPÉRIENCE.

	Colza.	Madia
1 gramme de graines avant la germination, contenait.... huile	0,50	0,41
1 gramme de graines mises à germer, à la 1re période, cont .	0,43	0,39
1 gramme de graines, après avoir germé jusqu'à la 2e pér. .	0,28	0,18

Il sera fort intéressant de connaître la limite de la perte éprouvée par les principes huileux pendant la première végétation, et de constater ensuite le retour des mêmes principes, à mesure que la plante avancera vers la maturité. M. Letellier continue ces expériences.

Les usages nombreux auxquels sont employées les huiles, en font un objet de fabrication de la plus haute importance. Les matières huileuses sont généralement extraites des olives, des graines oléagineuses et des fruits de plusieurs palmiers. On sépare l'huile par la pression, on peut souvent l'opérer sur la graine en nature, on obtient alors un produit de belle qualité, mais peu abondant; ainsi le ricin donne de l'huile par l'action seule de la presse. En Amérique, pour préparer cette huile on fait d'abord subir à la graine de ricin une légère torréfaction, et ensuite on fait bouillir dans un vase contenant de l'eau; la matière huileuse se dégage aisément de la semence torréfiée. C'est un procédé analogue que l'on suit quelquefois pour obtenir le beurre de cacao.

Dans l'extraction de l'huile des graines, on commence par concasser les semences sous des pilons disposés en bocards, ou bien à l'aide de cylindres creux en fonte, tournants en sens contraire, et séparés l'un de l'autre par un espace que l'on peut faire varier à volonté. Ces cylindres sont alimentés par une trémie constamment chargée. Cette première opération a pour objet de réduire le volume des semences, et de les rendre plus saisissables sous les meules qui doivent les réduire en pâte. Ces meules sont en pierres, disposées verticalement et tout à fait semblables à celles employées à écraser les fruits. La pâte peut, comme je l'ai dit, donner déjà de l'huile par l'action de la presse, mais le plus ordinairement on trouve avantageux de la presser à chaud. A cet effet, on la porte dans des *chauffoirs;* ce sont de petites chaudières en fonte ou en cuivre, chauffées à feu nu, et dans lesquelles la matière est continuellement mise en mouvement par un agitateur mu mécaniquement. Lorsque la graine broyée est suffisamment chaude, ce qui arrive au bout de quelques minutes, on la met dans de petits sacs en laine que l'on place dans une étoffe de crin doublé en cuir, et qu'on soumet à la presse.

Après une première pression, le marc ou tourteau resté dans les sacs est broyé de nouveau, chauffé et exprimé. L'huile obtenue par seconde pression est toujours moins pure, plus mucilagineuse, que celle retirée par la première opération.

Les tourteaux sortent des sacs entièrement secs, cependant ils retiennent encore une très forte proportion d'huile, et il n'est pas rare d'en recontrer qui donnent à l'essai par l'éther, 8 à 15 pour 100 de leur poids en huile. On les emploie à la nourriture du bétail et comme engrais pour les terres.

L'huile nouvellement exprimée est trouble, très mucilagineuse, elle s'éclaircit par le repos ; cependant elle retient toujours certaines substances qui diminuent sa qualité, surtout quand elle est destinée à l'éclairage ; ces substances font qu'elle brûle en répandant de l'odeur et de la fumée, qu'elle salit les lampes. Aussi l'épure-t-on généralement à l'aide d'un procédé imaginé par M. Thénard, et perfectionné par M. Dubrunfaut.

L'huile est mise dans un tonneau qu'on ne remplit qu'à moitié. On y introduit, en agitant constamment, 2 pour 100 de son poids en acide sulfurique concentré. On brasse jusqu'à ce que la masse ait pris un aspect verdâtre. Quand le dépôt des matières altérées par l'acide commence à se former, on ajoute avec précaution de la craie délayée en bouillie épaisse. On cesse d'introduire le carbonate calcaire quand le papier de tournesol indique que l'acide sulfurique est saturé. On laisse déposer, on soutire et l'on filtre l'huile soutirée dans des cuves dont le fond est percé de trous garnis de mèches de coton ou de laine cardée. Cette filtration est longue et embarrassante, on peut la remplacer par une opération mise en pratique depuis quelque temps.

On place l'huile trouble dans une grande futaille, et on la bat avec du tourteau pulvérisé et sec. Pour 6 hectol. d'huile on emploie 50 kilogr. de tourteau. Après vingt minutes de brassage, on laisse déposer. Huit à dix jours après cette opération, on peut soutirer environ 4 hectol. d'huile parfaitement claire, qu'on remplace par une égale quantité d'huile trouble provenant du traitement par l'acide sulfurique. Trois jours après, on peut exécuter un soutirage semblable au premier, et ainsi de suite, jusqu'à ce qu'on ait clarifié, avec les 50 kilogr. de tourteau, près de 200 hectol. d'huile (1).

Certains fruits à pulpes offrent plus de difficultés que les graines dans le traitement qu'on leur fait subir pour en extraire l'huile. Pour traiter les olives, on les écrase sous des meules, et la pâte

(1) Dumas, *Traité de Chimie*, t. VI, p. 625.

mise dans des espèces de paniers plats en spar-
terie, est soumise à l'action de la presse. Par
la première pression on obtient l'huile vierge;
elle est recherchée pour la préparation des
aliments. Après avoir ôté les cabas de la presse,
on introduit dans chacun d'eux de l'eau bouillante, et on les replace sous le pressoir; on
retire ainsi une nouvelle quantité d'huile. Enfin
les marcs sont traités dans des ateliers spéciaux,
ils donnent encore un produit de qualité inférieure et qu'on emploie particulièrement dans la
fabrication du savon.

Les fruits du palmier rendent très facilement
l'huile qu'ils renferment. J'ai fait extraire des
baies de la palma réal, un beurre de très bonne
qualité, d'un goût très agréable, en les faisant
simplement bouillir dans l'eau.

Le coco donne deux qualités d'huile, selon le
mode d'extraction. Pour préparer l'huile la plus
appréciée, on râpe la partie charnue du fruit, et
on en presse la pulpe, qui donne un liquide laiteux dont on retire l'huile par l'ébullition; on
la décante après un repos suffisant. A la température de 27 à 30°, cette huile est fluide et presque incolore; on l'emploie pour les usages de la
table. La qualité inférieure s'obtient en laissant
putréfier les cocos; quand la putréfaction est
déterminée, on place les pulpes oléagineuses dans
des chaudières de cuivre exposées au soleil, et on

1.   22

enlève l'huile qui vient se rassembler à la surface de la masse liquide ; pour la priver de l'humidité qu'elle retient toujours, on la chauffe à
une température un peu supérieure à celle de
l'eau bouillante. Cette huile est brune, d'une
odeur assez forte ; elle contient des acides gras,
qui probablement ont été mis en liberté par la
fermentation putride.

La valeur du produit en graines oléagineuses
d'une surface donnée de terrain, le rendement en
huile de ces mêmes graines, dépendent, comme
on le comprend, de diverses causes qu'il n'est
pas toujours facile d'apprécier avec exactitude,
comme le climat, la nature du sol, les soins ap-
portés dans la culture. Les observations faites
sur diverses plantes à graines oléagineuses par
M. Gaujac, à Dagny (Seine-et-Marne), peuvent
cependant donner une idée comparative de ce
rendement (1) :

(1) Gaujac, *Annales de l'Agriculture française*, t. XLI, 1re série.

PLANTES CULTIVÉES.	PRODUITS SUR UN HECTARE.			DANS 100 DE GRAINES	
	GRAINES.	HUILE.	TOURTEAU.	HUILE.	TOURTEAU.
	kil.	kil.	kil.		
Plantes hivernales					
Colza.	2400	955	1300	40	54
Julienne.	1925	350	1400	18	75
Navette.	2100	700	1312	33	62
Rutabaga.	1950	650	1217	33	62
Choux frangé	2100	700	1312	33	62
Choux navet.	1867	617	1137	33	61
Plantes printanières . . .					
Cameline	2187	595	1575	27	72
Soleil.	2000	300	1600	15	80
Lin.	1950	420	1350	22	69
Pavot blanc	1312	612	687	46	52
Chènevis	1000	250	700	25	70
Navette d'été	1500	480	975	30	65

On doit aussi à M. Mathieu de Dombasle quelques essais entrepris à Roville sur la culture comparée des plantes oléagineuses ; voici les résultats obtenus par cet habile agronome (1). Produits par hectare :

PLANTES.	GRAINES en volume.	GRAINES en poids.	HUILE par hectolitre de graine.	HUILE pour 100 par-ties de graine	HUILE produite sur un hectare
	hectolitre.	kil.	litre.		kil.
Colza (*Brassica campestris*). . . .	21	1428	22	30	428
Navette d'hiver	16	1088	26	36	392
Colza de printemps (*B. napus*)	14	910	23	33	300
Navette de printemps	12	816	21	29	237
Moutarde noire (*Sinapis nigra*).	15	»	18	»	»
Moutarde blanche (*S. alba*). . . .	13	»	15	»	»
Pavot (*papaver somniferum*) . .	14 ½	957	28	39	373
Lin (*Linum usitatissimum*) . . .	12	804	15	21	169
Caméline.	15 ½	1038	»	»	»

Ces résultats de cultures sont bien moins avan-

(1) Mathieu de Dombasle, *Annales de l'Agriculture française.*

tageux que ceux obtenus par M. Gaujac. Comme je l'ai dit, la richesse du sol, les soins donnés à la terre , ont pu contribuer aux divergences observées , car ici l'influence du climat peut être négligée. Il est toutefois une circonstance qui peut encore expliquer les différences des rendements en huile, c'est celle de l'intensité de la pression exercée sur la graine. Dans les cas les plus ordinaires, l'imperfection des pressoirs laisse dans les tourteaux une proportion d'huile assez forte. J'en citerai deux exemples :

1° De 1256 kilogrammes d'un beau colza récolté en 1842 , pesant 66$^{kil.}$,93 l'hectolitre, nous avons retiré :

> Huile. . . . . 513,88 kil.
> Tourteau 629,50

Pour 100 de colza :

> Huile. 40,81
> Tourteau 50,12
> Déchet 9,07
> ———————
> 100,00

Or, par l'analyse on a extrait de la même graine 50 pour 100 d'huile.

2° En 1840 et 1841, nous avons entrepris quelques essais sur la culture du madia sativa, en première sole, fumée avec 54,000 kil. d'engrais de ferme. La récolte de l'année 1840 a été favorable ; le madia était intercalé avec des carottes.

La culture a duré cent vingt-sept jours. Nous avons obtenu par hectare :

Graines de madia (semences déduites) . . . : 1102 kil.
(l'hectolitre pesait 51 kil.)
Fanes desséchées, employées comme litière . 3500
Carottes détachées de leurs fanes 14530

Les graines ($21^{hect.}$,6) ont fourni :

Huile. . . . . . 289 kil.
Tourteau 775,8

100 kilog. de graines ont donné :

Huile. 26,24
Tourteau 70,42
Déchet 3,34 (1)
——————
100,00

Ces résultats s'accordent dans les limites voulues, avec ceux qui ont été publiés par quelques cultivateurs.

Cette même graine de madia qui a donné au pressoir 26,24 d'huile pour 100, en contenait réellement 41 d'après l'analyse. Cette différence entre les résultats pratiques et ceux du laboratoire, expliquent très bien pourquoi les tourteaux sont généralement si riches en matière huileuse. Lorsque ces tourteaux sont destinés à la nourriture du bétail, la perte n'est peut-être pas très regrettable , par la raison que les substances grasses concourent évidemment à la nutrition ;

(1) Boussingault, *Compte rendu de l'Académie des Sciences,* t. XIV, p. 349.

mais quand les résidus de la fabrication passent dans le sol comme principes fertilisants, on peut considérer l'huile qu'ils retiennent comme à peu près perdue.

La détermination exacte de la proportion des principes gras contenue dans les graines oléagineuses est un sujet de recherche bien digne d'exercer les agronomes. C'est une opération facile; il suffit, en effet, de traiter les semences par l'éther sulfurique qui dissout à froid les matières grasses. Lorsque la nature de la graine le permet, on la pulvérise et on la met en digestion avec de l'éther. On renouvelle l'éther de temps en temps. Après un premier traitement la graine est broyée de nouveau, le broyage se fait alors sans difficulté, même sur les semences très grasses qui ne se laissent pas broyer quand elles contiennent toute leur huile. On fait digérer de nouveau, et on peut terminer le traitement, en faisant bouillir avec un mélange à volumes égaux d'éther et d'alcool.

Les dissolutions éthérées sont mises, à mesure qu'on les retire de dessus la graine, dans une capsule de porcelaine dont le poids est connu. L'éther s'évapore spontanément et l'huile reste; on la chauffe pendant quelque temps au bain marie pour expulser les dernières traces d'éther. Le résidu huileux est repris par l'eau, pour enlever le peu de principes solubles autres que les

matières grasses, qui auraient pu se dissoudre
dans l'éther ; le résidu est desséché de nouveau
et pesé. On peut employer la même méthode
pour doser les matières grasses ou résineuses
contenues dans les différentes parties des plantes,
dans les fourrages par exemple. Souvent il est à
peu près impossible de pulvériser les matières
qui doivent être traitées par l'éther. Pour le foin,
la paille, il faut d'abord les couper menus ; après
le premier traitement on les sèche fortement,
on les broye, et la poudre est traitée de nouveau
par les dissolvants. Pour de semblables matières
qui ne renferment que quelques centièmes de
principes gras, il est avantageux de commencer
le traitement par l'eau bouillante, afin d'enlever
les substances sucrées et gommeuses. L'éther
agit ensuite avec plus d'énergie, et la substance
qu'on recueille dans la capsule tarée, n'a plus
besoin du traitement aqueux ; on la pèse directement.

Des renseignements fournis par les observateurs qui se sont occupés des graines oléagineuses, on peut admettre pour le rendement moyen
en huile les chiffres suivants :

SEMENCES.	POIDS de l'hectol.	HUILE rendue par 100 part. de semence.	SEMENCES.	POIDS de l'hectol.	HUILE rendue par 100 part. de semence.
Colza	68	30 à 41	Radis oléifère . . .	»	50
Colza de printemps .	65	33	Sesame jugoline . .	»	50
Navette d'hiver. . .	68	30 à 36	Tilleul d'Europe . .	»	48
Navette de printemps	»	29	Arachide	»	43
Julienne.	»	18	Chou ordinaire. . .	»	30 à 39
Rutabaga	»	33	Moutarde blanche .	»	36 à 38
Chou frangé	»	30 à 39	Moutarde noire. . .	»	15
Chou-navet	»	33	Moutarde sauvage .	»	30
Cameline	67	27 à 31	Euphorbe épurge. .	»	30
Soleil	»	15	Prunier domestique	»	33
Lin	67	11 à 22	Gaude.	»	29 à 36
Pavot	66	34 à 63	Courge	»	25
Olives	43	9 à 11	Citronnier.	»	25
Chènevis	»	14 à 26	Onoporde acanthe .	»	25
Noix.	»	40 à 70	Graines d'épicea. . .	»	24
Rien	»	62	Faine	46	15 à 28
Noisette.	»	60	Pomme épineuse. .	»	15
Cresson alénois . .	»	56 à 58	Pépins de raisins. .	»	22
Amande douce. . .	»	40 à 54	Marron d'Inde . . .	»	8
Amande amère. . .	»	28 à 46	Madia sativa	51	26 à 28

La quantité d'huile rendue par une graine soumise au pressoir, est nécessairement inférieure à celle qui y est contenue ; et l'huile retenue dans le tourteau est d'autant plus considérable que l'amidon, le ligneux, les principes albumineux, sont en proportion plus grande. Ainsi, le maïs qui renferme de 8 à 10 pour 100 d'une huile fluide, n'en donne cependant que des traces par la pression, l'huile restant imbibée dans le tissu de la graine.

Les fruits huileux et charnus, comme ceux des olives et des palmiers, donnent un produit assez élevé. Dans les pays méridionaux de l'Europe, particulièrement dans ceux assez bien abrités pour que les oliviers aient résisté à l'hiver rigoureux de 1789, on récolte avec une bonne culture 918 kil. d'huile par hectare. Les arbres qui après avoir succombé durant cet hiver mémorable, ont repoussé sur souches, rendent encore aujourd'hui, suivant M. de Gasparin, de 287 kil. à 597 kil. d'huile par hectare, selon l'espace laissé entre eux, espace qui varie de 5 à 7 mètres (1).

A conditions égales de climat, on comprend d'ailleurs que le fumier donné au sol doit influer sur l'abondance des récoltes. Il est des pays où on ne fume l'olivier qu'indirectement, c'est à dire qu'on n'engraisse régulièrement le terrain resté libre entre les arbres, que dans le but de favoriser une culture intercalée. Il en est d'autres où l'on introduit tous les trois ou quatre ans une forte dose d'engrais. A Marseille, au rapport de M. Sinetty, une surface qui porte 40 oliviers, reçoit annuellement 2,500 kil. de fumier (2).

L'olivier est doué d'une longévité remarquable. J'en ai cité un qui est âgé de plus de sept siècles, et la durée de son existence semble n'avoir d'autres limites que celle des hivers rigoureux qui le font périr. Le produit doit donc dépendre en grande partie de l'âge des individus qui composent une plantation. En

(1) Renseignements communiqués par M. de Gasparin en 1841.
(2) De Gasparin, *Mémoires d'agricult.*, t. II, p. 413.

recueillant des renseignements nombreux auprès des cultivateurs, M. de Gasparin est parvenu à réunir les éléments d'une table que je crois devoir présenter ici, et dans laquelle se trouve exprimée la quantité d'huile fournie par les arbres parvenus à des âges très différents. Cette table indique des produits moyens, ceux, en un mot, qu'on obtient dans les circonstances ordinaires de la culture du midi de la France (1).

AGE DES ARBRES.	PRODUIT EN HUILE PAR ARBRE.	AGE DES ARBRES.	PRODUIT EN HUILE PAR ARBRE.
Ans.	Litres.	Ans.	Litres.
11	0,35	24	0,90
12	0,39	25	0.97
13	0,43	26	1,04
14	0,47	27	1,11
15	0,51	28	1,18
16	0,55	29	1,25
17	0.59	30	1,32
18	0,63	31	1,39
19	0.67	32	1,46
20	0,71	33	1,53
21	0,75	34	1,59
22	0,79	35	1,66
23	0,83		

M. de Gasparin estime qu'à l'âge de onze ans, un olivier qui est resté à peu près improductif, coûte déjà au propriétaire qui l'a planté 11 f. 26 c., et qu'en tenant un compte exact des dépenses et

(1) De Gasparin, *Mémoires d'Agriculture,* t. II, p. 424.

des intérêts accumulés, la somme des frais, pour un arbre parvenu à sa trentième année, excèdent toujours la valeur du produit qu'on peut raisonnablement en espérer. Ainsi, le fondateur d'une olivette, sous le climat du midi de la France, se trouvera toujours dans une situation économique désavantageuse dont il ne pourra sortir que par une culture perfectionnée, mieux entendue que celle qui a été suivie jusqu'à ce jour (1). Cependant, on peut dire en faveur de l'olivier, que cet arbre réussit dans des terrains qui seraient impropres à toute autre industrie agricole. Un trou dans un rocher lui suffit, si le climat est favorable, et s'il reçoit une dose convenable d'engrais. Mais la cause qui affaiblit réellement les avantages que peut offrir en France la culture de l'olivier, c'est la sorte de périodicité des hivers qui le détruisent. Dans un intervalle de cent douze ans, de 1709 à 1821, les olivettes ont éprouvé trois grandes mortalités, ce qui porterait leur durée à environ quarante ans. En prenant vingt ans comme âge moyen dans notre climat, et en admettant un espacement de 5 mètres pour les oliviers, on trouve pour la production d'huile sur un hectare, 284 litres, ou 261 kil. Dans une condition plus favorable, celle où les arbres d'une olivette auraient atteint leur trente-cinquième année, ce produit s'élèverait à 691 kil.

(1) De Gasparin, *Mémoires d'Agriculture,* t. II, p. 429.

Le cocotier (*lodoicea cocus nucifera*) est une des plantes qui produisent le plus d'huile avec le moins de travail possible; déjà la culture de ce palmier s'accroît rapidement dans la province de Maracaybo; il vient très bien dans les régions chaudes peu distantes des bords de la mer, là où la température moyenne se maintient entre 27°-5 et 25°-6. On le retrouve encore sur le bord des grands fleuves, et c'est un usage assez répandu, que celui de mettre du sel dans le trou qui doit recevoir la semence. Lorsqu'il est transplanté loin du rivage, il se plaît surtout dans la proximité des habitations, ce qui a fait dire par les Indiens que le cocotier aime à entendre causer sous ses branches. C'est un arbre qui recherche un sol imprégné de substances salines, et ces substances ne manquent jamais près des endroits habités par l'homme. A l'âge de quatre ans, ce palmier émet ses premières fleurs, il produit des fruits l'année suivante, et continue à fructifier jusqu'à l'âge de quatre-vingts ans. Les régimes portent communément 12 cocos, et on peut admettre qu'un arbre rend par année 50 noix dont on extrait 4 litres d'huile. Sur un hectare, on rencontre ordinairement 225 plants capables de produire par an 900 kil. d'huile (1). C'est très probablement à ce chiffre que s'élève le

(1) Codazzi, *Resumen de la Geografía de Venezuela*, p. 133.

rendement des palmiers à huile de la vallée du Cauca.

Les palmiers doivent donc être comptés parmi les plantes les plus productives en matières huileuses ; ce sont aussi celles dont la culture exige le moins de dépenses, et dont la récolte est la moins exposée. Certaines espèces fournissent des huiles comestibles d'un goût très agréable ; toutes sont d'ailleurs fort convenables pour la fabrication du savon. A mesure que l'industrie agricole se développera dans les régions équatoriales, la production des huiles de palmiers prendra un accroissement rapide, et qui influera nécessairement d'une manière désastreuse sur la culture de l'olivier, culture déjà menacée en Europe par l'envahissement du mûrier. L'extension prodigieuse que le commerce de l'huile de palme a prise sur la côte d'Afrique, durant ces dernières années, tend à justifier cette prévision. Jusqu'en 1817, cette huile qui provient en partie de l'*elais guinœensis*, était considérée comme article de droguerie. Ce fut à cette époque qu'un parfumeur de Londres imagina de la faire entrer dans la confection du savon de toilette. Depuis lors, elle est devenue la base d'un commerce d'échange d'autant plus profitable aux nations qui s'y livrent, que les achats se font toujours avec des objets manufacturés, comme des tissus, de la quincaillerie, des armes, de la poudre. On peut prévoir l'avenir de ces relations commerciales, quand on sait qu'en 1817, l'importation de l'huile de palme en Angleterre ne dépassait pas 72,000 kil., et que déjà en 1836 elle était de plus de 32 millions de kilog.

En prenant pour unité la surface d'un hectare, je trouve qu'en moyenne

Les plantes oléagineuses printanières donnent 360 kil. d'huile.
Les plantes oléagineuses d'hiver   600
L'olivier (midi de l'Europe).   600
L'olivier (France)   426
Les palmiers (Amérique)   900

Des huiles essentielles.

Les végétaux aromatiques doivent l'odeur qui les caractérise à des principes volatils. A cause de plusieurs propriétés communes qui les rapprochent des huiles grasses, comme l'insolubilité dans l'eau, la solubilité dans l'éther et dans l'alcool, l'inflammabilité, on désigne ordinairement ces principes par le nom d'huiles essentielles, d'essences. On les rencontre dans toutes les parties des végétaux ; mais dans telle plante, l'huile réside principalement dans les fleurs, dans telle autre elle abonde dans les feuilles, dans l'écorce, etc. Il arrive quelquefois que les diverses parties d'une même plante contiennent des huiles de différente nature ; ainsi on retire de l'oranger trois huiles distinctes, selon que l'on traite les fleurs, les feuilles ou le zeste du fruit. Dans certains cas, le principe volatil est si bien emprisonné dans les cellules végétales , que la dessiccation ne le dissipe pas. Dans d'autres, comme dans la plupart des fleurs, l'huile se forme à la surface, et elle se volatilise immédiatement après sa formation.

Les huiles essentielles sont moins volatiles que l'eau, cependant elles se vaporisent avec la vapeur aqueuse; aussi c'est par la distillation qu'on les extrait ordinairement. Dans ce but, on met la plante dans la cucurbite d'un alambic qui contient de l'eau, et l'on distille. Les vapeurs formées se condensent dans le réfrigérant et les liquides se rendent dans le récipient; l'essence, en raison de sa moindre densité, occupe la partie supérieure de l'eau. Pour extraire des huiles très peu volatiles, il convient d'augmenter la température pendant la distillation; à cet effet, on place dans l'alambic de l'eau saturée de sel marin, dont le point d'ébullition s'élève ainsi à 110°. On obtient par ce moyen une plus grande quantité de produits volatils dans un temps donné.

Pour extraire l'essence des fleurs odoriférantes qui ne retiennent l'huile que faiblement, on forme des couches alternatives de fleurs fraîches et de ouate de coton imbibée d'huile grasse. Dès que l'huile fixe a absorbé l'huile volatile , on renouvelle les fleurs, et quand l'on juge que l'huile fixe est saturée, on distille la ouate avec de l'eau pour en séparer l'essence.

Il est quelques huiles volatiles qu'on peut extraire par la pression; telles sont celles de citron et de bergamotte. L'huile mélángée avec le suc de l'écorce, s'écoule et surnage sur le liquide exprimé.

Les principes volatils des plantes présentent des propriétés physiques assez variées. Généralement ils sont liquides, plus légers que l'eau ; cependant il en existe qui ont une densité supérieure ; d'autres sont solides comme le camphre. Sous le rapport de leur composition, on peut diviser les huiles volatiles en trois catégories : 1° les huiles dans lesquelles il n'entre que du carbone et de l'hydrogène, 2° les huiles oxygénées, 3° les huiles essentielles sulfurées. Indépendamment du soufre, l'essence de moutarde contient encore de l'azote.

Les huiles essentielles finissent par s'altérer au contact de l'air; elles fixent de l'oxygène, et plusieurs d'entre elles s'acidifient. Sous l'influence de ce gaz, l'huile d'amandes amères se change en acide benzoïque, l'huile de cannelle en acide cinnamique ; dans le cas le plus général, elles donnent naissance à l'acide acétique. Les huiles volatiles obtenues d'une même plante renferment presque toujours deux principes distincts qu'il est possible de séparer par une distillation ménagée ; l'un de ces principes est un carbure d'hydrogène, l'autre une huile oxygénée (1).

ESSENCES.	DENSITÉ.	CARBONE.	HYDROGÈNE.	OXYGÈNE.	ANALYSTES.
Térébenthine	0,86	88,4	11,6	»	Dumas.
Citron	0,84	88,5	11,5	»	Dumas.
Genièvre	0,84	88,4	11,6	»	Blanchet et Sell.
Sabine	0,915	88,4	11,6	»	Dumas. Laurent.
Elémi	0,85	88,4	11,6	»	Deville. Stenhouse.
Cèdre (liquide)	0,98	88,9	11,1	»	Walter.
Amandes amères.	1,043	79,5	5,7	14,7	Woehler et Liebig.
Reine des prés	»	69,1	5,6	25,3	Dumas.
Cannelle.	1,06	81,6	6,2	12,2	Dumas et Péligot.
Girofle. . . , ...	1,06	70,0	7,9	22,1	Dumas.
Anis.	0,99	81,4	8,3	10,3	Dumas. Cahours.
Fenouille.	1,00	77,2	8,5	14,3	Blanchet et Sell.
Cunin (huile oxygénée) .	»	81,1	8,1	10,8	Gerhard et Cahours.
Menthe poivrée purifiée .	0,94	85,7	11,1	3,2	Kane.
Menthe privée de principes solides	0,90	77,8	12,0	10,2	Kane.
Lavande	0,87	75,8	11,7	12,5	Kane.
Cèdre (solide).	»	81,8	11,3	6,9	Walter.
Romarin.	0,88	83,6	11,5	4,9	Kane.
Mentha pulegium . .	0,93	79,0	10,9	10,1	Kane.
Menthe verte.	0,88	85,4	11,1	3,4	Kane.
Organum vulgare . .	0,87	86,3	11,4	2,3	Kane.
Basilic (partie solide) . .	»	63,8	11,5	24,7	Dumas et Péligot.
Estragon.	0,94	81,6	8,3	10,1	Laurent.
Rose.	0,83	75,1	12,1	12,8	Blanchet et Sell.
Muscade (partie solide) .	»	63,3	10,5	26,2	Mulder.
Fève de tonka (solide). .	»	73,8	4,7	21,5	Delalande.
Asarum (liquide). . .	»	75,4	9,8	14,8	Blanchet et Sell.
Id (concrète) . . .	»	69,5	7,8	22,7	Blanchet et Sell.
Persil (concrète)	»	65,5	6,4	28,1	Blanchet et Sell.
Camphre.	»	»	»	Soufre.	Azote.
Moutarde.	1,04	49,0	5,0	32,3	13,7 | Lœwig.

Camphre. Le camphre est uni aux huiles essentielles dans plusieurs plantes de la famille des labiées. Il exsude de certains *laurus* ; c'est du *laurus camphora* qu'on extrait en Orient le camphre répandu dans le commerce. L'extraction se

(3) Gerhard et Cahours, *Annales de Chimie et de Physique,* t. I, p. 60, 3ᵉ série.

fait exactement comme s'il s'agissait de se procurer une huile essentielle. On place des copeaux de *laurus* avec de l'eau dans des cucurbites en fer, surmontées de chapiteaux en terre, dans l'intérieur desquels sont disposées des cordes faites en paille de riz ; le camphre se condense à la surface de ces cordes à l'état d'une poudre grise. Ce produit brut est expédié en Europe ; on le raffine par voie de sublimation.

Selon M. Dumas, le camphre contient :

$$
\begin{array}{lr}
\text{Carbone} & 79,2 \\
\text{Hydrogène} & 10,4 \\
\text{Oxygène} & 10,4 \\
\hline
& 100,0
\end{array}
$$

Des résines.

Les huiles essentielles tiennent presque toujours en dissolution des substances fixes qui leur donnent une certaine viscosité. Ce sont les résines qui, par leur union avec les essences, constituent les *baumes* qui exsudent de l'écorce de certains arbres. Par la volatilisation de l'huile volatile, la résine apparaît à l'état solide. Il existe d'ailleurs une certaine relation de constitution entre les huiles volatiles et les résines. La plupart des essences absorbent, comme nous l'avons établi, l'oxygène de l'atmosphère, et par cette absorption elles s'épaississent et se résinifient.

Ainsi, dans certains cas, la résine peut dériver de l'oxydation d'une huile essentielle ; dans d'autres, le principe résineux est simplement mis en liberté, par le fait de la vaporisation de l'huile qui le tenait en dissolution.

Les résines sont solides, souvent friables, quelquefois molles. Elles sont fusibles, très combustibles et fixes. On croit que les résines sont inodores quand elles sont pures, et que l'odeur particulière à quelques unes d'elles vient de l'huile essentielle qu'elles conservent encore. Les résines sont insolubles ou très peu solubles dans l'eau ; il en est qui se dissolvent aisément dans l'alcool et l'éther ; il en est aussi, comme le copal, qui ne s'y dissolvent qu'en très petite quantité. Certaines résines présentent une réaction acide ; elles se combinent avec les bases en les neutralisant. Au reste, la plupart des matières résineuses, retirées des plantes sont considérées par les chimistes comme des mélanges de plusieurs résines particulières, dont l'étude est encore fort peu avancée.

Quelques résines sont très employées dans les arts, telles sont la colophane, le copal, etc. Plusieurs baumes sont également utilisés comme médicaments ; on peut citer ceux de tolu, du Pérou, de copahu, etc.

La colophane s'extrait de diverses variétés du genre *pinus*. Dans les landes de Bordeaux, c'est le *pinus maritimus* qui la produit. Lorsque cet arbre est parvenu à l'âge de trente à quarante ans, on pratique, à partir de la partie inférieure du tronc, des incisions qu'on a soin de renouveler une ou deux fois par semaine ; on continue à faire ces entailles jusqu'à une hauteur de 2 à 3 mètres au dessus du sol ; la dernière entaille arrive à cette élévation environ quatre ans après que l'arbre a été incisé pour la première fois. C'est alors que l'on commence une nouvelle série d'entailles du côté opposé et à partir du sol ; on agit ainsi successivement tout autour de l'arbre. On peut de cette sorte faire rendre de la térébenthine à un pin pendant 60 ans. Cette térébenthine qui exsude des entailles, se rassemble dans une cavité établie dans le sol.

La térébenthine brute contient toujours des matières étrangères, de la terre, des feuilles, etc. On la purifie en la rendant fluide par la chaleur et la filtrant chaude sur de la paille. En la distillant, on la sépare en huile essentielle qui se condense dans le réfrigérant, et en colophane ou *arcanson* qui reste dans la cucurbite. De 125 kil. de térébenthine, on extrait ordinairement 15 kil. d'essence et 110 kil. de colophane (1).

Le copal est produit par un arbre assez com-

(1) Thénard, *Traité de Chimie*, t. IV, p. 526.

mun à Madagascar et que **M.** Perrotet a reconnu pour l'*hymenæa verrucosa*. Le baume ou la sève qui exsude à la surface de l'écorce, se solidifie par le contact de l'air, et la résine se recueille à l'état où on la rencontre dans le commerce (1).

Voici la composition des résines qui ont été analysées :

RÉSINES.	CARBONE.	HYDROGÈNE.	OXYGÈNE.	ANALYSTES.
De copahu	79,3	10,1	10,6	H. Rose.
Animé	84,6	11,5	3,9	Laurent.
Colophane.	79,3	10,1	10,6	Blanchet et Sell.
Principe crystallisé de la colophane (acide sylvique)	79,7	9,8	10,5	Trommsdorff.
Principe non crystallisable de la colophane(acide pinique)	79,3	10,3	10,4	H. Rose.
Elémi	79,3	10,3	10,4	H. Rose.
Du baume de tolu	68,4	6,3	25,3	Deville.

Caoutchouc.

Le caoutchouc que nous avons signalé dans la sève de certains arbres, possède quelques propriétés qui le rapprochent des résines. Ainsi l'éther pur et privé d'alcool le dissout. La plupart des huiles essentielles en opèrent également la dissolution, surtout à chaud. C'est avec une semblable dissolution qu'on rend les étoffes imperméables. Selon Faraday, le caoutchouc pur est composé de :

$$
\begin{array}{lr}
\text{Carbone} & 87,2 \\
\text{Hydrogène} & 12,8 \\
\hline
& 100,0
\end{array}
$$

(1) Perrotet, *Journal de Pharmacie*, p. 406, 2ᵉ série.

Cires végétales.

Les plantes produisent avec une certaine abondance, des matières assez semblables à la cire d'abeille, et qui par quelques unes de leurs propriétés se rapprochent des corps gras. Proust a reconnu que la cire végétale fait partie de la fécule verte d'un grand nombre de végétaux. Dans le chou elle existe en forte proportion. On la rencontre souvent formant un enduit à la surface des feuilles, des fruits, des écorces; cette matière est loin d'être identique, elle résulte presque toujours de la réunion de plusieurs principes distincts qui n'ont pas encore été convenablement étudiés, mais parmi lesquels il y a évidemment de véritables substances grasses, c'est à dire des corps saponifiables et des matières analogues aux résines. Je mentionnerai ici celles de ces cires végétales qui sont le moins imparfaitement connues.

Cire de palmier. Elle est produite par le *ceroxylon andicola*, qui est très abondant dans la cordillière centrale de la Nueva-Granada. Dans le Quindiù, je crois avoir rencontré la limite inférieure du céroxylon, sur les bords du torrent de *Tochecito*, à la hauteur de 2600 mètres au dessus de la mer. J'ai suivi ce palmier jusqu'à 3000 mètres d'élévation absolue. Les températures moyennes extrêmes comprises entre ces deux stations peuvent être évaluées à 11° et 18°. Vers la limite supérieure, le *ceroxylon* est exposé durant les nuits sereines à un froid qui approche du point de la congélation de l'eau ; aussi le rencontre-t-on souvent avec le grand chêne d'Amérique, dont il peut très bien supporter le climat (1).

Les Indiens se procurent la cire en raclant l'épiderme du palmier. Les raclures sont ensuite mises bouillir dans l'eau : la cire surnage sans se fondre ; elle est seulement amollie et les impuretés qu'elle renferme se déposent. On réunit cette matière sous la forme de boules que l'on fait sécher au soleil. C'est avec cette substance à laquelle on ajoute souvent une petite quantité de suif, pour la rendre moins fragile, que l'on fait les pains de cire et les bougies que l'on trouve dans le commerce du pays. Lorsqu'elle a été fondue, la *cera de palma* est d'un jaune foncé, légèrement translucide, aussi fragile que la résine, et présentant une cassure céroïde bien caractérisée. Elle exige, pour entrer en fusion, une température un peu supérieure à celle de l'eau bouillante. L'alcool la dissout facilement à chaud ; en se refroidissant, la dissolution se prend en une masse gélatineuse. L'éther la dissout, ainsi que les alcalis.

(1) Boussingault, *Annales de Chim. et de Phys.*, t. LIX, p. 19, 2ᵉ série.

La cire du palmier renferme deux principes :
l'un, fusible au dessous de 100°, est doué des
caractères physiques de la cire d'abeille ; l'autre
possède les propriétés de la résine. L'analyse a
donné, pour la composition de ces substances :

	cire.	résine.
Carbone.	81,6	83,7
Hydrogène	13,3	11,5
Oxygène	5,1	4,8
	100,0	100,0

Cire du myrica cerifera. On obtient cette cire,
en faisant bouillir dans l'eau les baies de plusieurs
espèces de *myrica*, arbre très commun dans la
Louisiane et dans les régions tempérées des Andes. Ces baies rendent jusqu'à 25 pour 100 de
cire, et un arbuste peut produire annuellement
environ 12 à 15 kil. de fruits. La cire brute est
verte, cassante, et quand on en fait des bougies,
il convient d'y faire entrer une certaine proportion de suif. D'après M. Chevreul, la cire du
myrica est saponifiable.

Cire de la canne à sucre (cérosie). La canne,
particulièrement la variété *violette*, est recouverte
par une poussière glauque, de nature cireuse, qui
fond à 82°. La cérosie est assez dure pour être
pulvérisée ; on peut en fabriquer des bougies qui,
par leur beauté et l'éclat de leur lumière, ne le
cèdent en rien à celles faites avec le spermaceti.
M. Avequin, qui a fixé l'attention sur cette matière,
trouve par ses expériences, qu'un hectare de

canne violette peut fournir environ 100 kilog. de cire (1).

La cérosie est entièrement soluble à chaud dans l'alcool. L'éther ne la dissout point à froid, elle paraît constituer un principe immédiat parfaitement défini, auquel M. Dumas assigne la composition suivante (2) :

$$
\begin{array}{ll}
\text{Carbone.} . . & 81,4 \\
\text{Hydrogène .} & 14,1 \\
\text{Oxygène} . . & \underline{4,5} \\
& 100,0
\end{array}
$$

Chlorophylle.

On donne ce nom à la matière verte qui colore les feuilles. Les essais qui ont été tentés dans la vue d'isoler cette matière, rendent probable qu'elles se rapprochent des cires végétales : en effet, Pelletier et Caventou ont cherché à l'obtenir en traitant par l'alcool froid le marc bien exprimé et bien lavé de plusieurs plantes herbacées. Par l'évaporation de la liqueur alcoolique, ces habiles chimistes ont obtenu une substance d'un vert foncé, qui réduite en poudre et traitée par l'eau chaude, a abandonné à ce liquide une petite quantité d'une matière colorante brune. La chlorophylle ainsi préparée offre les propriétés que

(1) Avequin, *Journal de Pharmacie*, t. XXVI.

(2) Dumas, *Annales de chimie et de physique*, t. LXXV, p. 222, 2° série.

Proust lui reconnaît. Elle se dissout dans l'éther, l'alcool, les huiles, les alcalis. Exposée à l'action de la chaleur, elle se ramollit et se décompose avant d'entrer en fusion. L'acide acétique la dissout en proportions très appréciables (1). Il en est de même des acides sulfurique et chlorhydrique; l'eau la précipite de ces dissolutions acides. Ces caractères sont insuffisants pour établir la pureté de la substance examinée. Depuis lors, M. Berzelius a fait quelques essais sur la chlorophylle qui n'ajoutent que fort peu de chose à l'histoire de cette substance. Il a reconnu par exemple que cette matière colorante montre des signes non équivoques de réduction et de réoxydation. M. Berzelius émet d'ailleurs l'opinion, que la chlorophylle n'existe qu'en proportion extrêmement faible dans les plantes, à ce point que les feuilles d'un grand arbre n'en contiennent peut être pas 6 grammes (2).

Des matières colorantes.

Les matières qui colorent les différentes parties des plantes sont extrêmement nombreuses; elles offrent les nuances les plus variées, mais les plus communes dérivent du rouge, du jaune et du

(1) Pelletier et Caventou, *Ann. de Chim. et de Phys.*, t. IX, p. 194, 2ᵉ série.

(2) Berzélius, *Ann. de Chim. et de Phys.*, t. LXVII, p. 323, 3ᵉ série.

vert. Il est rare qu'une matière colorante existe isolément ; presque toujours elle est associée avec un ou plusieurs principes immédiats des végétaux, souvent colorés eux-mêmes. Ainsi les substances rouges sont généralement unies à des substances jaunes, jouissant à peu près des mêmes propriétés, circonstance qui rend très embarrassant l'isolement d'une de ces matières.

Les substances colorantes sont solides, peu sapides, inodores. Les unes sont solubles dans l'eau ; les autres ne se dissolvent que dans l'alcool ou l'éther. Toutes se combinent avec les alcalis, et quelques unes d'entre elles s'unissent intimement aux acides ; la plupart éprouvent une altération profonde, une véritable destruction de la part de la lumière solaire, surtout sous l'influence d'un air humide. On sait que c'est par l'action de la lumière et de l'humidité qu'on blanchit la toile écrue, la cire d'abeille, etc. Une température suffisamment élevée agit comme la lumière. Plusieurs couleurs végétales sont altérées, blanchies, quand elles restent exposées à une chaleur de 150° à 200°. L'oxygène de l'air, qui détruit si promptement certaines couleurs, en développe d'autres dans certaines circonstances.

Les alcalis ou les acides en s'unissant aux couleurs des végétaux, en modifient presque constamment les nuances, et souvent même les changent entièrement. Par exemple, certaines couleurs bleues deviennent rouges par les acides, vertes ou jaunes par les alcalis. En neutralisant l'acide ou l'alcali, la couleur reprend ordinairement sa teinte primitive.

Plusieurs matières, qui sont incolores à l'état où elles ont été formées dans les plantes, se colorent par l'action réunie de l'oxygène et d'un alcali. C'est le cas pour certains principes immédiats non colorés, tels que l'orcéine, qui s'oxyde et passe au bleu, au contact simultané de l'air et de l'ammoniaque.

Le plus grand nombre des matières colorantes sont détruites et blanchies par le chlore. Beaucoup des mêmes matières s'unissent intimement avec l'alumine, l'oxyde d'étain, pour former des laques, composés insolubles, dans lesquels les couleurs se trouvent fixées. Ainsi une liqueur colorée devient souvent incolore quand on l'agite avec de l'hydrate d'alumine. Le charbon réduit à un grand état de division chimique, se comporte comme l'alumine, et l'on sait que c'est un *décolorant* dont on fait un usage très fréquent. Les matières colorantes ont le plus souvent une composition ternaire ; cependant il en est quelques unes qui renferment de l'azote ; et plusieurs d'entre elles présentent ce phénomène remarquable, qu'en s'oxydant sous l'influence de l'ammoniaque, elles s'assimilent l'azote de cet alcali. J'indiquerai maintenant l'origine et la préparation de quelques unes de ces matières.

Indigo. Cette substance si importante dans l'art

de la teinture, a été dès les temps les plus reculés, une des branches principales du commerce de l'Asie. Pendant longtemps, l'indigo fut considéré en Europe comme une substance minérale originaire de l'Inde ; aussi l'a-t-on désignée autrefois sous le nom de pierre *indique* ou *indic*, d'où est venu ensuite et confusément celui d'*indigo*. Ce ne fut qu'après la découverte de l'Amérique, que l'on connut la vraie nature de cette matière tinctoriale, bien qu'avant cette époque on fabriquât de l'indigo en Arabie, en Egypte, et même dans l'île de Malte (1).

L'indigo de Guatimala est un des plus estimés, il est moins impur que celui qui vient de la Caroline ; néanmoins il renferme .encore plus de la moitié de son poids en matières étrangères. D'après l'examen qui en a été fait par M. Chevreul, cet indigo contient sur 100 parties :

Solubles dans l'eau. . .	Ammoniaque Matière verte Extractif Gomme	. . . 12
Solubles dans l'alcool . .	Matière verte Résine rouge	. . . 30
Solubles dans l'acide chlorhydrique.	Carbonate de chaux. .	2
	Résine rouge	6
	Oxyde de fer Alumine	. . . 2
Résidu.	Silice.	3
	Indigo pur	45
		100 (2)

(1) De Beauvais Raseau, *Art de l'Indigotier*, p. 1.
(2) Chevreul, *Annales de Chimie*, t. LXVI, p. 20.

L'indigo est volatil ; aussi pour l'obtenir à l'état de pureté, on en met une petite quantité dans un creuset de platine que l'on ferme avec son couvercle ; on le place ensuite sur quelques charbons. L'indigo se volatilise et se condense en crystaux sur la partie moyenne des parois du creuset. Il est ordinairement souillé par un peu d'huile empyreumatique, qu'on lui enlève en le traitant par l'alcool bouillant. L'indigo pour se sublimer passe à l'état de vapeur violette ; pendant la volatilisation, il y en a toujours une partie qui se décompose. Débarrassé des principes avec lesquels il est mêlé, ce principe ne cède rien à l'eau ni à l'éther ; l'alcool en prend une très petite quantité. L'acide sulfurique concentré le dissout en le modifiant.

Tous les corps avides d'oxygène semblent réduire ou désoxyder ce principe colorant ; il passe au jaune, et devient soluble dans l'eau en présence des alcalis. En exposant à l'air la liqueur alcaline chargée d'indigo décoloré, elle absorbe rapidement l'oxygène, l'indigo redevient insoluble et se précipite avec sa couleur bleue primitive. Telle est l'action désoxydante que l'indigo en poudre fine et en présence d'une eau alcaline, éprouve de la part du sulfate de protoxyde de fer, du sulfhydrate d'ammoniaque, du protoxyde d'étain. Il suffit même pour le décolorer, de le mettre en contact avec du gaz hydrogène à l'état naissant, condition qu'on réalise facilement, en jetant de la limaille de fer ou de zinc dans de l'eau contenant de la matière colorante préalablement dissoute dans de l'acide sulfurique. A peine le dégagement d'hydrogène commence-t-il à se manifester, que la teinte bleu-foncé de la dissolution perd de son intensité, et peu à peu elle devient d'un gris très pâle. Lorsque la décoloration est terminée, que le dégagement d'hydrogène a cessé, l'indigo incolore réagit sur l'air en s'oxydant, et la liqueur reprend bientôt la couleur bleue. Cette propriété de l'indigo de devenir soluble dans les dissolutions alcalines sous l'influence des corps désoxydants, est mise à profit dans les laboratoires et dans les arts pour l'obtenir à l'état de pureté, et pour préparer une liqueur tinctoriale. Si l'on fait un mélange de 15 parties d'indigo du commerce réduit en poudre fine, 10 parties de sulfate de protoxyde de fer, 15 parties de chaux, 60 parties d'eau, et qu'on abandonne toutes ces matières pendant plusieurs jours dans un vase fermé, on obtient un liquide décoloré. Ce liquide, décanté, étant exposé à l'air, laisse déposer de l'indigo bleu, qu'il suffit de laver d'abord avec de l'acide chlorhydrique étendu, et ensuite avec de l'eau. C'est avec des ingrédients analogues qu'on prépare en teinture la cuve à indigo. C'est dans la liqueur alcaline qu'on trempe le tissu qu'on veut teindre ; ensuite on l'expose à l'air jusqu'à ce qu'il soit devenu bleu; on le retrempe et on l'expose ainsi successivement, jusqu'à ce que le tissu ait acquis la nuance désirée, après quoi on le soumet au lavage. L'indigo bleu régénéré par l'oxygène de l'air reste fixé sur l'étoffe; c'est, comme on sait, une des couleurs les plus solides.

Les chimistes ne sont pas d'accord sur la véritable nature de l'indigo décoloré, que l'on peut d'ailleurs obtenir à l'état solide. Les uns le considèrent comme de l'indigo désoxygéné; les autres comme de l'indigo hydrogéné; dans cette dernière supposition, l'hydrogène fixé viendrait de l'eau décomposée, dont l'oxygène se porterait sur les corps avides d'oxygène, que l'on fait agir dans cette circonstance. La dernière de ces opinions paraît même prévaloir aujourd'hui. Quoi qu'il en soit, voici la composition des deux indigos, telle qu'elle a été déterminée pour chacun d'eux par M. Dumas (1).

	Indigo bleu.	Indigo blanc.
Carbone	73,1	73,0
Hydrogène....	4,0	4,5
Azote.........	10,8	10,6
Oxygène	12,1	11,9
	100,0	100,0

Les plantes qui jusqu'à présent ont pu fournir de l'indigo avec profit, sont peu nombreuses;

(1) Dumas, *Annales de chim. et de phys.*, t. II, p. 203, 3° série.

elles appartiennent au genre *indigofera, isatis* et *nerium.* C'est le genre *indigofera* qui est le plus généralement cultivé pour produire cette matière tinctoriale, et l'on sait que l'*indigofera argentea* offre la culture la plus avantageuse. M. Chevreul a constaté que dans la plante, l'indigo n'est point coloré, et que c'est par conséquent durant l'extraction qu'il passe au bleu. L'*indigofera anil* renferme, indépendamment des principes que l'on rencontre ordinairement dans les végétaux, de l'albumine, de la cire, de la résine, et cette substance rouge qui fait partie de l'indigo du commerce (1). Des expériences dues à Pelletier, et faites sur le *polygonum tinctorium*, ont confirmé les anciennes recherches de M. Chevreul, en rendant encore plus évidente l'état particulier sous lequel existe l'indigo, en permettant de constater facilement la présence de ce principe colorant dans les feuilles. Pelletier, après avoir desséché une feuille, la met en digestion avec de l'éther dans un flacon fermé. La totalité de la chlorophylle se dissout, la feuille se décolore complètement; en l'exposant ensuite à l'air, elle devient bleue, si elle contient de l'indigo.

Dans la république de Venezuela, où j'ai eu l'occasion d'observer avec attention la culture des indigofères, on donne la préférence aux terres

______

(1) Chevreul, *Annales de Chimie*, t. LXVIII, p. 284.

1.   24

légères et susceptibles d'être irriguées. Au reste,
et je ne saurais trop insister sur ce point, l'agriculture des régions chaudes des tropiques,
n'offre d'avantages assurés qu'autant qu'on peut
arroser. L'indigo exige un climat chaud. A une
élévation de 1,000 mètres au dessus du niveau de
la mer, là où la température moyenne n'est plus
que de 22° à 23°, la culture de cette plante cesse
déjà d'être productive. On rencontre cependant des
indigofères sylvestres à 1,500 mètres d'élévation
absolue ; mais il paraît que les essais tentés pour
en extraire la matière colorante ont été infructueux. Dans la vallée d'Aragua, où se trouvent
les plus belles plantations, on sème en ligne ;
les trous destinés à recevoir la semence ont environ 5 centimètres de profondeur, et sont espacés
de 65 centimètres. Dans chaque trou, on dépose
une pincée de graines, que l'on recouvre d'un
peu de terre. Les semailles se font dans un sol
humide et bien égoutté, ou bien, dans les localités
qui ne possèdent pas un système d'irrigation,
à l'époque des premières pluies. Les semences
lèvent durant la première semaine. On sarcle
dans le cours du mois, et le sarclage, qui est
toujours utile pour assurer aux plantes une vigoureuse végétation, est encore commandé ici
dans l'intérêt de la bonne qualité des produits
qu'on attend de la culture. Il est hors de doute
qu'une des causes qui contribuent à produire

des indigos inférieurs, est la présence des mauvaises herbes qui entravent la marche de la fermentation, et souillent de substances nuisibles, la matière colorante qui résulte de la fabrication.

La première coupe a lieu vers l'époque où la pante va fleurir. Pour commencer la récolte, le planteur se décide surtout par l'apparence des feuilles. Elles doivent être d'un vert obscur, brillantes et enduites d'un duvet léger et velouté, qui, sous certaines inflexions, leur donne un reflet argenté. C'est une opinion très répandue, que les feuilles qui perdent leur duvet par l'effet d'une pluie abondante, rendent beaucoup moins de matière colorante. Il s'écoule ordinairement cinquante à soixante jours entre les semailles et la première coupe ; le temps nécessaire au développement des feuilles dépend nécessairement du climat. Dans les environs de Maracay, où la température moyenne est de 25°,5, la récolte ne se fait qu'au troisième mois. La seconde coupe a lieu quarante-cinq à cinquante jours après la première, et l'on fait ainsi plusieurs récoltes successives, jusqu'à ce qu'on s'aperçoive que la plante dégénère. Dans les bons fonds, la sole d'indigo peut durer deux ans ; dans les terres de qualité inférieure, on retourne généralement à la fin de la première année.

On coupe la plante à 3 ou 4 centimètres du sol. La récolte est aussitôt transportée aux *tanques*

Ce sont de grands réservoirs rectangulaires, faits en maçonnerie et disposés en amphithéâtre. Le réservoir supérieur ou *trempoir* est beaucoup plus grand que les deux autres. Dans la vallée d'Aragua, on en voit qui ont 6 mètres sur 4 mètres et demi, et $0^m,5$ de profondeur.

Le second réservoir ou *batterie*, est plus étroit et plus profond que le *trempoir*. C'est dans le troisième réservoir, ou *reposoir*, que doit se rendre le liquide de la batterie pour y déposer l'indigo. Dans plusieurs indigoteries, on supprime ce troisième réservoir, le dépôt se forme dans la batterie même.

Les plantes mises avec de l'eau dans le trempoir, sont maintenues avec des planches chargées de pierres pour les empêcher de surnager. Sous l'influence d'une température de 25° à 26°, la fermentation se manifeste en cinq heures au moins, et en douze heures au plus ; la fermentation dure pendant environ dix-huit heures ; il se développe une odeur fétide, la liqueur prend une teinte verte, et des bulles de gaz recouvertes d'une pellicule irisée, viennent crever à la surface du liquide. L'art de l'indigotier réside dans la bonne conduite de cette première opération. En prolongeant outre mesure la décomposition des substances végétales, on risque de détruire une partie de la matière colorante ; en l'arrêtant prématurément, on s'expose à laisser de l'indigo dans les feuilles. On juge que la fermentation est suffisante quand, en agitant dans une tasse d'argent une certaine quantité du liquide du trempoir, on voit l'indigo se séparer, se déposer promptement avec l'apparence que l'habitude qualifie de bon produit. C'est alors que l'on fait écouler les eaux fermentées dans les batteries, où elles sont fortement agitées jusqu'à ce que le *grain* se précipite facilement. Alors on agite, en même temps qu'on fait couler les eaux dans le *reposoir*, où le dépôt a lieu au bout d'environ vingt heures ; on décante, et la pâte est placée sur des toiles. Quand elle est suffisamment égouttée, on la divise en morceaux qui sont mis à dessécher à l'ombre sous des hangards très aérés. On m'a assuré que dans nos colonies on dessèche d'abord la pâte au soleil ; dans Venezuela, les planteurs croient que ce genre de dessiccation est nuisible à la qualité de l'indigo. Dans la vallée d'Aragua, on estime que par une culture faite dans un bon terrain et par une fabrication bien dirigée, on peut obtenir, comme produit annuel et moyen d'une surface d'un hectare, 127 kilogrammes d'indigo (1).

Dans la Caroline, la culture paraît bien moins productive qu'aux régions équinoxiales, les produits qui en résultent sont d'ailleurs moins estimés. On sème en ligne après les premières pluies

(1) Codazzi, *Resumen de la Geografia de Venezuela,* p. 144.

qui suivent l'équinoxe du printemps, et l'on fait la première récolte au commencement de juillet. La seconde a lieu deux mois après, et quand l'automne est tempéré, on enlève encore une troisième coupe peu importante, à la fin de septembre. On admet qu'un nègre suffit à la culture d'un hectare, et que sur cette surface on obtient 73 kilogrammes d'indigo (1).

Aux Indes orientales, sur la côte de Coromandel, la culture de l'indigo a lieu dans des sols sablonneux non irrigués, et sur lesquels la végétation n'est possible, malgré la température extrême du climat, que durant la saison des pluies. Les terres argileuses susceptibles d'être arrosées, sont presque toutes réservées pour la culture des plantes alimentaires, et en particulier du riz en paille. Aussitôt après les pluies, qui arrivent ordinairement en décembre, on donne deux labours superficiels sur lesquels on sème l'indigo à la volée ; on recouvre la graine en promenant sur le sol des fagots d'épines de bambou, ou bien en le faisant piétiner par un troupeau de moutons. La première coupe se fait en mars, c'est la récolte principale ; les coupes suivantes, qui peuvent encore se réaliser de deux mois en deux mois, sont des plus casuelles et entièrement subordonnées à la fréquence des pluies. Le rendement se ressent des sécheresses qui manquent rarement de se

(1) Burck, *Histoire des Colonies européennes*, t. II, p. 282.

faire sentir; la plante est peu fournie, et elle n'atteint jamais 65 centimètres de hauteur. La coupe se fait après la floraison et à environ 1 décimètre au dessus du sol. On fait sécher la récolte au soleil, et ensuite on bat la plante avec des gaules. Les feuilles détachées par le battage, sont de nouveau exposées au soleil pour en assurer la complète dessiccation; ensuite on les concasse grossièrement; c'est à cet état qu'elles sont livrées au fabricant d'indigo, car dans l'Inde, le planteur ne prépare pas lui-même la matière tinctoriale.

Sur la côte de Coromandel, l'indigo est toujours extrait des feuilles sèches. Le travail de l'indigotier se réduit à faire infuser pendant deux ou trois heures, les feuilles concassées dans trois fois leur volume d'eau froide, à passer l'infusion à travers un tissu peu serré fait en poil de chèvre, à battre durant deux heures la liqueur filtrée, à y ajouter après le battage environ 48 litres d'eau de chaux pour 100 kilogrammes de feuilles sèches, à agiter pendant quelques minutes et à laisser déposer. Quand le dépôt est formé, on décante, on lave avec un peu d'eau bouillante, et l'on met à égoutter sur une toile le dépôt lavé. On soumet alors l'indigo à l'action d'une presse, puis la pâte est coupée en morceaux cubiques qui sont desséchés à l'air; chacun de ces cubes, une fois sec, pèse à peu près 90 grammes.

Dans la méthode indienne, qui diffère, comme on voit, de celle qui est suivie dans l'Amérique méridionale, tout se passe sans fermentation ; l'indigo obtenu par ce procédé est d'ailleurs peu estimé ; il est lourd, d'un bleu clair, très peu cuivré, grumeleux, et présente çà et là des points blancs et des débris de plantes.

M. Plagne, qui a étudié la culture de l'indigo dans l'Inde française, évalue à 2,920 kilogrammes de feuilles sèches le rendement annuel d'un hectare de terre de médiocre qualité. Ces mêmes feuilles donnent à la fabrication 0,018 de matière colorante commerciale. Par conséquent, sur la côte de Coromandel un hectare de terrain produit par an 53 kilogrammes d'indigo.

Malgré le prix assez élevé de l'indigo, un rendement aussi faible couvrirait à peine les frais de culture, si la journée du travailleur indien n'était pas très faiblement rétribuée : en 1826, M. Plagne la portait à 30 centimes. Les indigofères paraissent d'ailleurs n'occuper que les sols peu convenables à la culture des plantes alimentaires, et à en juger par l'impôt ou la redevance payés par le planteur, la valeur de l'hectare de ces terrains n'atteindrait pas 1,200 fr. Le nombre des journées d'homme dépensées pour la culture d'un hectare d'indigo pendant un an est de 167. Voici, toujours sous l'autorité de M. Plagne, les dépenses occasionnées pour cette culture et le travail de l'indigoterie (1).

DÉPENSES DE CULTURE POUR UN HECTARE (2).

	F.	C.
Impôt..................................	58	40
Labours................................	10	50
Semences (23^k,36).....................	7	»
Sarclage...............................	4	70
Récoltes (trois coupes).................	26	30
Dessiccation, battage, etc..............	8	75
	115	65

DÉPENSES DE FABRICATION.

	F.	C.
Main d'œuvre pour traiter 2,920 kil. de feuilles	17	50
Intérêt du capital engagé dans l'achat des feuilles	8	55
Intérêt proportionnel du capital engagé dans l'usine, et des frais généraux............	26	30
Combustible............................	1	40
	53	75
Report...	115	65
Dépense totale...	169	40

Cette dépense représente le prix de revient de 53 kilogrammes d'indigo. Le prix du kilogramme est ainsi de 3 fr. 20 c.

La culture de l'indigo a été essayée à plusieurs reprises dans le midi de l'Europe, en Espagne et en Italie particulièrement. M. Léon Dufour a décrit une tentative de ce genre faite avec un cer-

(1) J'ai pris pour la surface du petit cani indien 0hect.,428.
(2) Plagne, *Annal. Maritimes et Col.*, année 1825.

tain succès dans les environs de Valencia (1), et
M. Icard de Bataglini a cultivé cette plante dans
le département de Vaucluse. Nul doute que l'indigo ne soit cultivable en Europe, où pendant trois
ou quatre mois de l'année, on éprouve une température peu différente de celle qui règne continuellement dans les vallées moyennes de Venezuela. Mais très probablement qu'en France, on
n'obtiendrait qu'une seule coupe réellement profitable, sans avoir même la certitude de recueillir
des graines. L'indigotier est une plante uniquement tropicale, qui perdrait la plupart de ses avantages si elle était jamais introduite dans l'agriculture des climats tempérés.

Avant que l'indigo fût répandu dans le commerce, le midi de la France fournissait presque
tous les marchés de l'Europe d'une couleur bleue,
la plus solide que l'on connût alors, la coque de
pastel, que fournit l'*isatis tinctoria*.

L'*isatis* est assez robuste pour supporter les
froids de l'hiver ; dans certaines contrées on le
cultive même comme fourrage. Dans le midi
on le sème en mars, la graine lève au bout de
huit à dix jours. Quand la plante est garnie de 5
à 6 feuilles on sarcle avec soin. On fait la cueillette
des feuilles lorsqu'elles ont acquis tout leur développement, qu'elles commencent à s'affaisser,

(1) Léon Dufour, *Annales de l'Agriculture française*, t. LXIX.

et qu'il se manifeste une nuance violette sur leur pourtour.

Pour préparer la coque de pastel, on broie les feuilles sous des meules cannelées, jusqu'à ce qu'elles soient réduites en pâte et qu'on n'aperçoive plus aucune nervure. Cette pâte est mise à fermenter sous des hangards. On a soin de comprimer la masse, de boucher les crevasses qui se forment, en la tassant et en l'humectant avec de l'urine à laquelle on mêle le suc noir qui s'écoule des tas en fermentation. On laisse fermenter pendant environ six semaines, en prenant la précaution d'entretenir la masse dans un état convenable d'humidité. Lorsque la fermentation est achevée, on broie la matière pour lui donner plus d'homogénéité, et on la moule pour la faire sécher en *coques*, c'est à dire en cylindres, dont la base peut avoir 12 centimètres de diamètre et la hauteur 25 centimètres. Ces *coques* ont une couleur violette à l'intérieur et sont d'une odeur agréable. La teinte bleue du pastel est due à l'indigo. Aussi, à l'époque où le commerce maritime était interrompu en France, on chercha à extraire ce principe de l'*isatis tinctoria*, en suivant des procédés analogues à ceux qui sont pratiqués pour le traitement des indigofères de l'Inde ou de l'Amérique. Pour ce motif, il peut être curieux de comparer le produit du pastel à celui des autres indigofères.

Selon Chaptal, un hectare rend par les diverses cueillettes, 22,060 kil. de feuilles fraîches de pastel, et ces feuilles contiennent au minimum 0,0018 de leur poids en indigo de première qualité. Un hectare cultivé en *isatis tinctoria* procurera donc, d'après ces évaluations, 40 kil. d'indigo marchand, quantité bien inférieure à celle qu'on obtient dans l'Inde française sur une semblable surface de terrain. Chaptal évalue les frais de culture et de fabrication de ces 40 kil. à 137 fr., sans faire figurer toutefois la rente du sol, que l'on peut fixer à 100 fr. En introduisant cette valeur pour rendre exacte la comparaison avec la culture des Indes, le prix de revient du kilog. d'indigo français serait de 5 fr. 92 c. chiffre qui est presque double de celui qui exprime le coût de l'indigo indien. Mais pour se former une opinion définitive sur l'opportunité de la culture de l'isatis, comme indigofère, il manque réellement un des éléments les plus importants de la question telle qu'elle a été posée par Chaptal, c'est de connaître la quantité d'engrais qui serait indispensable pour assurer une récolte de feuilles aussi abondante.

Le *polygonum tinctorium* a excité, dans ces dernières années, l'intérêt des cultivateurs européens. Le polygonum est originaire de la Chine, où il est cultivé depuis un temps immémorial. Il

____

(1) Chaptal, *Chimie appliquée à l'Agriculture*, t. II, p. 376.

a été introduit et propagé en France par les soins de M. Delille. Cette plante dans l'espace de trois mois, développe toutes ses feuilles. Dans le nord de la France, la récolte de la graine pourrait seule être incertaine, mais comme l'observe M. Vilmorin, les cultures du midi où la maturité ne serait jamais douteuse, fourniraient constamment des semences. M. Vilmorin a semé le polygonum sur plate-bande, au midi et sous cloche à la fin de mars ; planté ensuite vers le commencement de juin, il a complètement grené (1) ; cet habile agronome croit que les cueillettes pourront fournir 12 à 13,000 kilog. de feuilles par hectare. D'après quelques essais dus à M. Baudrimont, les feuilles du polygonum contiendraient 0,005 d'indigo. Ces données réunies indiqueraient un rendement probable de 62 kilog. de matière colorante par hectare.

M. Margueron a entrepris sur le polygonum des recherches qui paraissent faites avec un très grand soin : elles confirment d'ailleurs les prévisions de M. Vilmorin. La culture a eu lieu dans le département d'Eure et Loir. Un hectare peut porter au moins 60,000 pieds ; suivant M. Margueron chaque pied donne 125 à 140 grammes de feuillettes vertes : le total d'une cueillette peut par conséquent être estimé à 8,000 kilog. Dans

(1) Vilmorin, *Journal d'Agriculture pratique*, t. I, p. 449.

plusieurs expériences, on a retiré par voie d'infusion à froid, et traitement par la chaux, 750 grammes d'indigo de belle qualité, de 100 kil. de feuilles fraîches, c'est à dire 0,0075. Une surface d'un hectare produirait alors 60 kil. de matière colorante commerciale. M. Margueron évalue à 1140 francs les frais généraux de culture et de fabrication, appliqués au produit d'un hectare. D'après cette donnée, le prix de revient du kil. d'indigo de polygonum, serait de 19 francs. Ce prix paraîtra très élevé, mais je dois faire observer qu'avant de se prononcer définitivement sur l'opportunité de la culture des indigofères en Europe, il faudrait connaître avec précision la quantité d'indigo réel contenue dans les divers produits qu'il s'agit de comparer (1).

L'indigo obtenu du polygonum par les moyens connus, n'a pas toujours une belle apparence. Il contient des matières qui, après avoir été dissoutes dans les eaux de macération, se sont ensuite précipitées.

Pour obtenir un indigo pur du polygonum, M. Vilmorin fils a eu l'idée de mettre à profit la méthode de purification que l'on suit dans les laboratoires, méthode qui consiste, comme nous l'avons vu, à réduire l'indigo par un sel de protoxyde de fer en présence d'un alcali, et à faire précipiter par l'oxygène de l'air, l'indigo blanc

______

(1) Margueron, *Rapport sur le Polygonum tinctorium.*

tenu en dissolution dans la liqueur alcaline. M. Vilmorin divise le traitement des feuilles en deux opérations; il obtient d'abord une pâte d'indigo impur par infusion et addition de chaux; ensuite cette pâte est mise en digestion dans des vases plus profonds que larges, avec 0,20 de sulfate de fer, 0,30 de chaux éteinte, et 3 d'eau. On agite le mélange qu'on laisse digérer pendant vingt-quatre heures. Le liquide surnageant est décanté, puis exposé et fortement agité au contact de l'air. Comme on le prévoit déjà, l'indigo dissous passe au bleu et se précipite. On le recueille sur une toile et on le lave à l'acide chlorhydrique faible, et à l'eau. La cuve où s'est effectuée la réduction de l'indigo brut n'est pas épuisée par une seule opération. On continue le lavage, jusqu'à ce que les eaux qui en sortent ne donnent plus de matière colorante (1). La méthode proposée par M. Vilmorin fils, paraît applicable au traitement de tous les indigofères, et dans mon opinion, elle peut constituer un important perfectionnement.

D'après ce qui vient d'être exposé, le produit des diverses cultures serait :

Venezuela. *Indigofera argentea* .   127 kil. d'indigo par hectare.
Caroline (Amérique). *Indigofera?*..   73
Coromandel. *Nerium?*   53
France. *Isatis tinctoria*   40
       Polygonum tinctorium. .   62

(1) Vilmorin, *Journal d'Agriculture pratique*, t.   p. 438.

Orseille. Cette matière colorante, d'un pourpre foncé, se prépare avec certains lichens. Le plus estimé pour ce genre de fabrication est le *rocella tinctoria*, originaire des îles Canaries et du Cap Vert. Le *variolaria dealbata*, le *v. aspergillia*, le *lichen corallinus*, qui croissent sur les rochers de l'Auvergne, des Alpes et des Pyrénées, fournissent un produit de qualité inférieure.

Pour obtenir l'orseille, on fait macérer les lichens pendant plusieurs jours, dans une quantité d'urine égale à leur poids. On introduit alors dans le mélange, environ 5 parties de chaux éteinte, en poudre, pour 100 parties de plantes, et une légère dose d'acide arsénieux et d'alun. Une fermentation s'établit bientôt dans toute la masse, qui ne tarde pas à se colorer, toutefois la coloration n'est complète qu'au bout d'environ un mois.

L'orseille communique facilement la couleur qui lui est particulière à l'eau et à l'alcool. La solution aqueuse qui est d'un beau cramoisi, se décolore en quelques jours, quand on la conserve dans un flacon hermétiquement fermé; elle se colore de nouveau lorsqu'elle est exposée à l'air. La coloration qui a lieu pendant la fabrication de l'orseille, indique évidemment que les lichens contiennent des principes incolores par eux-mêmes, mais qui possèdent la singulière

propriété de se colorer sous l'influence de l'oxygène et de l'ammoniaque; car dans la préparation de l'orseille, l'addition de l'urine et de la
chaux, n'a d'autre but que l'introduction et le développement de cette base alcaline. Cette opinion
ressort d'ailleurs des faits découverts par Heeren et Robiquet, pendant les travaux importants
qu'ils ont exécutés sur les lichens. Ces habiles
chimistes ont, en effet, retiré de quelques unes de
ces plantes, plusieurs principes crystallins incolores. Du *variolaria orcina*, du *lichen orcella*, du
lecanora tartarea, on a extrait l'orcine. Cette
substance, que l'on peut obtenir en prismes
quadrangulaires très réguliers, est soluble dans
l'eau et dans l'alcool. La dissolution aqueuse
d'orcine mélangée avec de l'ammoniaque et exposée à l'air, devient progressivement d'un rouge
de sang foncé. Le résultat de cette oxydation de
l'orcine sous l'influence de l'ammoniaque, est un
principe colorant, l'orcéine, dans la constitution
duquel il entre de l'azote, élément qui ne fait pas
partie de l'orcine. C'est ce que montrent les analyses de ces deux matières, faites par M. Dumas :

	Orcine sèche.	Orcéine.
Carbone	67,8	55,9
Hydrogène . .	6,5	5,2
Oxygène . . .	25,7	31,0
Azote.		7,9
	100,0	100,0

Les lichens fournissent encore plusieurs prin-

1.   25

cipes analogues à l'orcine, en ce qu'ils se colorent dans les mêmes circonstances. Telle est la pseudo-érytrine de Heeren, dont la solution aqueuse et ammoniacale prend en s'oxydant une belle teinte rouge de vin.

Tournesol. Cette matière colorante se rencontre dans le commerce sous deux états, en pain et en drapeaux.

Le tournesol en pain se fait avec divers lichens qui n'ont pas encore été suffisamment spécifiés ; dans tous les cas, le tournesol s'obtient par un procédé qui diffère peu de celui pratiqué pour préparer l'orseille. On pulvérise les lichens desséchés, on mêle intimement la poudre avec des cendres riches en potasse, on introduit dans ce mélange assez d'urine pour en former une pâte molle qui ne tarde pas à entrer en fermentation, et on arrose de temps à autre avec de l'urine pour entretenir une humidité convenable. La pâte prend d'abord une teinte pourpre qui finit par passer à un bleu intense. C'est alors qu'on lui incorpore de la craie, pour lui donner une consistance qui permet de la mouler en cubes de petites dimensions, puis on la fait sécher à l'ombre.

Selon M. Robert Kane, les principes colorants du tournesol sont naturellement rouges ; ils ne deviennent bleus que par leur combinaison avec une base. Les matières colorantes qui dominent dans le tournesol en pain sont l'*erythrolitmine* et l'*azolitmine* ; qui se trouvent unies à la chaux, la potasse, l'ammoniaque, et de plus mêlées à une quantité considérable de craie et de sable.

L'*erythrolitmine* s'obtient en petits crystaux d'un rouge foncé. Elle se dissout dans l'alcool qu'elle colore fortement ; l'eau n'en dissout qu'une faible quantité. Dans une liqueur alcaline, cette substance se dissout en communiquant une teinte bleue à la solution.

L'*azolitmine* est en poudre, d'un brun rouge, insoluble dans l'alcool et peu soluble dans l'eau. Les liqueurs alcalines en prennent une proportion très appréciable, en même temps qu'elles acquièrent une belle couleur bleue. Les analyses de M. Kane assignent à ces matières colorantes la composition suivante (1).

	Erythrolitmine.		Azolitmine.
Carbone......	55,6		49,8
Hydrogène...	8,4		5,4
Oxygène.....	36,0	Oxyg. et azote...	44,8
	100,0		100,0

Le tournesol en drapeaux, qu'on nomme aussi tournesol de Provence, consiste en chiffons qui sont colorés par le suc de la maurelle (*chrozo-*

____

(1) Kane, *Annales de Chimie et de Physique,* t. II, p. 129, 3ᵉ série.

phora tinctoria), de la famille des euphorbiacées, plante dont les propriétés tinctoriales semblent avoir été connues des plus anciens naturalistes.

Voici, d'après M. Jolly, comment l'on procède à la fabrication du tournesol en drapeaux, dans la commune du Grand Gaillargues (1) :

La maurelle est broyée sous la meule, et placée dans des cabas, qui sont ensuite soumis à la presse. Le suc exprimé est d'un vert foncé, presque bleu, on le recueille dans un réservoir. Le marc, retiré des cabas, émietté, et humecté avec de l'urine, est pressé de nouveau. Dans le suc obtenu par la première pression, et qui ne contient pas d'urine, on trempe des morceaux de toile d'emballage, et quand ils sont bien imbibés, on les étend pour les faire sécher aussi promptement que possible. Une fois secs, on expose les chiffons à l'*aluminadou.* On désigne ainsi une couche de fumier de cheval en pleine fermentation, qui a environ 4 décimètres d'épaisseur. On étend les chiffons imprégnés sur ce fumier, et on les recouvre avec un peu de paille fraîche, ou avec un drap grossier, dans le but de retenir les vapeurs ammoniacales qui émanent du fumier. On retourne de temps en temps les drapeaux qui, généralement séjournent une heure à une heure et demie sur l'*aluminadou.* Les chiffons ainsi

(1) Jolly, *Ann. de Chim. et de Phys.,* t. VI, p. 116, 3ᵉ série.

préparés sont moelleux, humides, et d'un bleu magnifique. Après les avoir fait sécher, on les imbibe avec le suc mêlé d'urine provenant de la deuxième pression, et on les porte à l'étendage. Une fois secs, les drapeaux sont comme empesés, et leur couleur, suivant M. Jolly, semble avoir perdu de son éclat, par suite de cette seconde opération. On a affirmé que le tournesol en drapeaux, servait à teindre les gelées, les confitures, les dragées, le papier dont on enveloppe le sucre; il paraîtrait cependant que l'usage en est limité à colorer la croûte des fromages de Hollande (1).

Garance. La racine de garance, si fréquemment employée en teinture, renferme plusieurs matières colorantes de nuances assez différentes; mais le principe rouge le plus important, celui que l'on doit considérer comme l'élément utile de la racine, est l'alizarine, dont la découverte est due à Robiquet.

L'alizarine s'obtient en traitant la garance réduite en poudre par l'acide sulfurique concentré, et laissant le mélange en contact pendant plusieurs jours. La plupart des matières mêlées à la matière colorante rouge sont carbonisées; on lave la masse pour enlever l'acide sulfurique; et après avoir séché le résidu, on le traite d'abord par

____

(1) Jolly, *Annales de Chimie et de Physique,* t. VI, p. 120, 3ᵉ série.

l'alcool froid qui s'empare d'une substance grasse, et ensuite par l'alcool bouillant qui dissout l'alizarine. On distille la plus grande partie des liqueurs alcooliques après les avoir étendues d'eau, et la matière colorante qui se dépose, est recueillie sur un filtre.

L'alizarine est à peine soluble dans l'eau bouillante ; elle est soluble dans l'alcool, et surtout dans l'éther qu'elle colore en jaune doré. Les liqueurs alcalines la dissolvent en prenant une nuance violette des plus agréables à l'œil. L'alizarine se sublime par l'action de la chaleur, en aiguilles rouges et brillantes.

La garance (*Rubia tinctorum*) est une plante originaire du midi, mais comme elle supporte les climats septentrionaux, sa culture s'est propagée dans presque toute l'Europe. Cette plante se multiplie par graine ; cependant on trouve de l'avantage à la replanter avec les jets enracinés qui poussent au printemps. Cette culture demande un sol meuble, convenablement humide, fortement et récemment fumé. Pour recevoir les plants de garance, le terrain doit être préalablement défoncé ; opération qui s'exécute à la bêche ou à l'aide d'un labour des plus profonds. Dans l'est de la France la plantation se fait en avril ou en mai. Les rejetons doivent être mis en terre quand ils ont 15 à 16 centimètres de long. Dès que la plante a repris, on nettoie le sol ; quinze ou vingt jours après on sarcle; on donne encore plusieurs sarclages dans le cours de l'été. En Alsace la garance est plantée en lignes. On ouvre à la houe un sillon de un décimètre de profondeur, dans le sens de la largeur de la pièce; les rejetons humectés sont placés dans le sillon et recouverts avec la terre du sillon qui doit suivre. Les lignes sont espacées à 35 centimètres et les plants séparés par un intervalle de 15 à 18 centimètres. On divise le champ en planches isolées. En mars de l'année suivante, on répand sur la sole plantée, de la terre extraite des parties qui ne sont pas cultivées.

Dans les environs de Haguenau, la garance occupe le sol pendant deux années; la récolte a lieu vers la mi-novembre. Dans certaines localités du midi, cette plante dure cinq ou six ans. On s'accorde généralement à reconnaître que les produits s'accroissent avec le temps, mais dans les pays comme l'Alsace, où la plante peut être atteinte par la gelée, il est prudent d'enlever au bout de deux ans une récolte jugée déjà avantageuse, afin de ne pas la laisser exposée à un hiver rigoureux qui la détruirait complètement. Dans les contrées méridionales, les cultivateurs admettent qu'une récolte de quatrième année excède de quatre à cinq quintaux métriques de racines, une récolte de troisième année. Reste maintenant à savoir si cet excès de produit compense la prolongation de la culture. Il est d'ailleurs une circonstance qui s'oppose souvent à ce qu'on prolonge la sole de garance au delà d'une certaine limite; c'est le développement d'une espèce de *rhizoctone* qui fait périr la racine en l'entourant d'un réseau épais (1).

La récolte de la garance se fait à la houe : c'est une opération pénible, et partant coûteuse. On pratique d'abord une tranchée qui atteint la profondeur à laquelle sont parvenues les racines; c'est de cette tranchée qu'on dégage la plante, en enlevant la terre sur laquelle elle repose, en exécutant une sorte de sape. La racine n'étant plus supportée, il suffit d'en dégager le collet avec un fer pointu (une bayonnette), pour l'enlever tout entière. La garance est desséchée dans des étuves et passée au moulin; c'est à l'état de poudre qu'elle est livrée au commerce.

En Alsace où la garance reste deux années dans le sol, on considère comme rendement moyen par hectare, celui de 3,600 kil. de racines *sèches*, soit le rendement annuel de 1800 kil. Dans le midi de la France la récolte atteint 50 à 55 quintaux. La durée de la culture étant de trois ans, le produit annuel devient 1750 kil. (2). M. Crud pose un chiffre bien inférieur aux précédents;

(1) De Gasparin, *Mémoires d'Agriculture*, t. II, p. 284.
(2) De Gasparin, *Mémoires d'Agriculture*, t. II, p. 243.

dans sa culture bisannuelle, cet habile agronome n'a retiré que 1608 kil. de racines sèches (1).

Indépendamment de son produit tinctorial, la garance fournit des feuilles en abondance et qui sont estimées comme fourrage. M. de Gasparin estime le produit annuel de ces feuilles à environ 7,000 kil. par hectare.

Gaude. Cette plante, d'un usage assez fréquent, doit ses propriétés tinctoriales à un principe jaune cristallisé, découvert par M. Chevreul, la *lutéoline.* Cette substance est soluble dans l'éther, l'alcool et les dissolutions alcalines. La gaude est précieuse en teinture, parce que la couleur jaune qu'elle communique aux tissus, ne passe pas au brun(2).

La gaude se sème en août, elle hiverne et murit au mois d'août suivant. On la récolte quand la plante commence à jaunir, on la livre au commerce après l'avoir fait sécher. Un hectare produit environ 2,000 kil. de gaude marchande.

Carthame (*carthamus tinctorius*). Cette plante, dont la fleur sert en teinture, est cultivée en Orient et dans le midi de l'Europe. La culture du *carthamus* demande beaucoup de soins ; on l'effectue dans les jardins. La semence est mise en terre dans les premiers jours du prin-

(1) Crud, *Econ. théor. et prat. de l'Agriculture,* t. II, p. 139.
(2) Chevreul, *Chimie appliquée à la teinture,* 30° leçon.

temps ; on espace les pieds à environ 65 centimètres. La cueillette se fait en août : lorsque les
fleurs sont d'un jaune foncé, on les arrache, et
on les fait sécher à l'ombre.

On obtient la matière colorante rouge du carthame, en lavant les fleurs desséchées avec de
l'eau qui enlève une substance jaune. On les
traite alors par une lessive faible de carbonate
de soude ; en saturant le carbonate alcalin par
l'acide citrique, la matière colorante rouge, la
carthamine se précipite, on lave et on la fait
sécher sur une assiette.

Le carthame donne à la soie et au coton de
très belles nuances, qui malheureusement sont
peu solides.

Safran. Cette plante, que l'on cultive en
Provence, et dans le Gatinais, en Autriche,
paraît être originaire d'Asie. Il faut au safran une
terre à la fois meuble et fertile pour qu'il produise avec abondance, néanmoins on peut le
cultiver dans des sols médiocres. On garnit le
terrain retourné à une profondeur de bêche, avec
les ognons provenant d'une ancienne plantation.
Dans le midi, on transplante les bulbes dans le
mois de juin. Les premières fleurs apparaissent
vers le milieu d'octobre ; elles sont très peu
nombreuses dans la première année, on les
cueille, et on enlève les pistils. Cette cueillette

dure une quinzaine de jours. Dans l'année qui suit la plantation, on donne une façon à la surface du sol ; l'on enlève les feuilles qui se sont desséchées par l'action de la chaleur. La seconde cueillette a lieu à la même époque que la cueillette précédente, mais les fleurs sont beaucoup plus abondantes ; on continue la même culture , jusqu'à l'époque de l'arrachement des ognons , qui , d'après le témoignage de M. de Gasparin, a lieu la seconde année , dans les environs d'Orange. Dans le Gatinais, en Autriche , la plante occupe le sol beaucoup plus longtemps.

L'extraction des pistils est une occupation à laquelle la famille tout entière des cultivateurs emploie ses soirées. Dans une veillée de 5 heures, huit personnes tirent ordinairement 250 grammes de safran. A Carpentras, les pistils sont séchés au soleil ; à Orange, cette dessiccation se fait en plaçant le safran dans un tamis placé au-dessus d'un feu de sarment. Ce dernier procédé paraît préférable.

M. de Gasparin évalue à 50 kil. le safran qui résulte d'une culture de deux années faites dans la proximité d'Orange : le rendement moyen annuel serait de 25 kil. Suivant ce savant agronome , le prix de revient du kilogramme de safran peut être estimé à 33 francs. Dans le Gatinais, où la durée de la culture est de trois ans,

M. Gay porte le rendement à 64 kil. ou à 24 kil. 1/3 par année et par hectare (1).

Le safran a une odeur particulière due à la présence de plusieurs huiles essentielles ; il contient en outre de la cire , de l'albumine, de la fibre végétale et un principe jaune soluble dans l'eau et dans l'alcool.

Rocou. On l'extrait du fruit du *bixa orellana*, arbre très commun dans les régions chaudes de l'Amérique méridionale. Ce fruit, recouvert d'épines flexibles, renferme 30 ou 40 petites siliques, enduites d'une matière gluante d'un rouge de vermillon.

Dans les terrains bas et humides, le rocouyer croît rapidement et s'élève à la hauteur de 5 à 6 mètres. Dans la Guyane, on le multiplie par semis ou par plants , que l'on espace à une distance de 5 à 7 mètres. A l'âge de deux ou trois ans , une plantation d'un hectare peut déjà produire 350 à 500 kil. de rocou. Ce produit augmente encore jusqu'à ce que l'arbre ait atteint sa septième année ; le rendement décroît ensuite, et l'on assure que, parvenu à sa dixième année, le rocouyer paie à peine les frais de culture (2). Pour se procurer la matière rouge, on écrase , dans des espèces d'auges en bois, la graine du

(1) De Gasparin, *Mém. d'Agriculture*, t. II, p. 334.

(2) Leblond, *Mém. de la Société Philomathique*, t. III, p. 138, an XI.

rocouyer; après avoir délayé la pulpe, on la laisse tremper pendant plusieurs jours. Il s'établit bientôt une fermentation putride ; quand cette fermentation est presque terminée, on agite la masse, on la jette sur des tamis, et l'on reçoit dans un réservoir le liquide qui s'écoule et qui tient en suspension le principe colorant. On laisse déposer et on décante. Le rocou est recueilli à l'état d'une pâte extrêmement fluide, dont on commence la dessiccation dans une chaudière placée sur un foyer. Lorsque la pâte a acquis une consistance suffisamment épaisse, on la met dans des caisses peu profondes, et on la fait sécher à l'ombre. On n'enlève pas la matière colorante par une seule opération : la pulpe restée sur les tamis est broyée de nouveau et soumise encore à la fermentation ; l'on réitère ces manipulations jusqu'à ce que les eaux de lavage sortent incolores.

On conçoit aisément, d'après ce qui précède, comment le rocou du commerce est souvent aussi chargé d'impuretés. La méthode suivie à Santa-Fé de Bogota, où l'on reçoit les fruits du roucouyer en nature, est préférable. Elle consiste à frotter fortement sous l'eau les graines : comme la matière colorante est seulement superficielle, on l'enlève ainsi en totalité, sans dissoudre le mucilage contenu dans l'intérieur des semences. On laisse déposer, on décante, on lave avec de l'eau fraîche, et l'on obtient ainsi une matière rouge, d'une très belle apparence. On la nomme *achiote* dans le pays, et dans l'économie domestique elle remplace le safran avec avantage. Les procédés suivis pour extraire le rocou indiquent assez que cette matière est insoluble dans l'eau; l'alcool, et surtout l'éther, le dissolvent. Il est soluble dans les liqueurs alcalines, les huiles essentielles et les huiles grasses. Le rocou possède la singulière propriété de se colorer en bleu indigo, par l'action de l'acide sulfurique concentré; mais cette teinte bleue n'est pas permanente, elle perd peu à peu son éclat, et passe successivement au vert et au violet (1).

Chica. La race américaine a la coutume de se peindre la peau, et l'on trouve chez tous les individus de cette race, une prédilection prononcée pour la couleur rouge. Les Indiens qui habitent les bords de l'Orénoque et de ses affluents, emploient comme pigment deux espèces de matière colorante, le rocou et la *chica*. Cette dernière substance se retire des feuilles du *bignonia chica*, de la famille des bignoniacées. Les feuilles du bignonia sont d'un beau vert, mais elles deviennent rouges par la dessiccation. Les Indiens, pour en extraire la matière colorante, les font

____

(1) Boussingault, *Annales de Chimie et de Physique*, t. XXVIII, p. 440, 2° série.

bouillir avec de l'eau. Après l'ébullition ils passent la liqueur qui tient en suspension une fécule rouge qui se dépose par le repos. Cette fécule est lavée avec soin, et avant de la faire sécher, on la moule en gâteaux qui ont la forme d'une sphère comprimée. C'est sous cet état qu'on la trouve dans les missions de l'Orénoque.

La chica est rouge de cinabre, sans saveur, et sans odeur : on peut comparer un pain de ce pigment à un morceau d'indigo, il n'en diffère que par la couleur; comme l'indigo, la chica prend le poli métallique par le frottement d'un corps dur. Elle se dissout dans l'alcool, et dans les lessives alcalines. La chica se mêle intimement avec les corps gras, et c'est avec un semblable mélange que les Indiens se peignent le corps. On a déjà appliqué la chica à la teinture du coton, cette couleur résiste parfaitement à l'action du soleil qui, comme on sait, décolore promptement les tissus teints avec le rocou (1).

§ II. *Composition de diverses parties des plantes.*

Les principes immédiats dont l'histoire vient d'être esquissée, se rencontrent avec plus ou moins d'abondance dans différentes parties des plantes. Il est tel de ces principes qui do-

(1) Boussingault, *Annales de Chimie et de Phys.*, t. **XXVII**, p. 314, 2ᵉ série.

mine dans les racines, tel autre dans les semences, dans les écorces, les feuilles, etc. Pour
compléter l'étude de la constitution chimique
des végétaux, il convient d'examiner sous le
rapport de leur composition, celles de ces parties ou organes qui offrent un intérêt suffisant,
par la généralité de leurs applications, ou par
l'importance qu'elles peuvent avoir dans la culture.

Racines et tubercules.

Pomme de terre (Solanum tuberosum). Cette
plante est originaire de l'Amérique méridionale.
Deux voyageurs, MM. Caldcleugh et Baldwin
ont été assez heureux pour la rencontrer récemment à l'état sauvage, au Chili et près de
Montevideo. Il est vraisemblable que c'est des
montagnes du Chili que la culture de la pomme
de terre s'est propagée dans la chaîne des Andes, en s'avançant au nord, et s'établissant successivement au Pérou, à Quito et sur le plateau
de la Nueva Granada. C'est, comme l'observe
M. de Humboldt, précisément la marche qu'ont
tenue les Incas dans leurs conquêtes (1). Ce
précieux tubercule paraît n'avoir été introduit
au Mexique qu'après l'invasion européenne, et il
est bien avéré qu'on ne le connaissait pas encore

(1) Humboldt, *Essai politique sur la Nouvelle Espagne,* t. II,
p. 451.

sous le règne de Montezuma ; bien que dans l'o-
pinion de plusieurs savants, la pomme de terre
ait déjà été trouvée en Virginie, par les premiers
colons qui y furent envoyés par sir Walter Raleigh.
On prétend qu'elle fut ensuite portée en Angleterre par Drake ; mais il paraît bien établi, que
longtemps avant ce navigateur, en 1545, un marchand d'esclaves, John Hawkins, avait gratifié
l'Irlande de tubercules provenant des côtes de
la Nueva-Grenada. D'Irlande, la nouvelle plante
passa en Belgique en 1590. Sa culture fut ensuite négligée dans la Grande-Bretagne, jusqu'au moment où Raleigh l'introduisit derechef,
au commencement du dix – septième siècle.
Lorsque la pomme de terre arriva de Virginie en
Angleterre pour la seconde fois, elle était déjà
répandue en Espagne et en Italie.

On a constaté que cette plante est cultivée en
grand :

Dans le Lancashire, depuis   1684.
En Saxe   1717.
En Écosse   1728.
En Prusse   1738 (1).

Ce fut vers l'année 1710 que la pomme de
terre commença à se répandre en Allemagne,
qu'elle y devint une plante usuelle ; à la vérité,
on la cultivait dans les jardins, et ses tuber-

______

(1) Humboldt, *Essai politique*, etc., t. II, p. 461.

cules étaient réservés pour la table du riche. Il fallut la famine de 1771-1772, pour qu'on songeât à l'admettre dans la grande culture (1). Il fut dès lors démontré que la pomme de terre peut suppléer au pain, et une fois installée dans les champs, on ne tarda pas à comprendre toutes les ressources qu'elle présente comme substance alimentaire. En effet, de toutes les plantes utiles que les migrations des peuples et les navigations lointaines ont fait connaître, dit M. de Humboldt, il n'en est aucune depuis la découverte des céréales, c'est à dire depuis un temps immémorial, qui ait exercé une influence aussi prononcée sur le bien être des hommes. En moins de deux siècles, elle a pénétré dans la Nouvelle-Zélande, au Japon, à Java, dans le Boutan et au Bengale. Aujourd'hui sa culture s'étend depuis l'extrémité de l'Afrique jusqu'en Islande et en Laponie ; c'est un spectacle intéressant, ajoute l'illustre voyageur, que de voir une plante descendre des montagnes situées sous l'équateur, s'avancer vers le pole et résister plus que les graminées à tous les frimas du nord. (2).

La pomme de terre, comme tous les tubercules, est un amas, une exubérance qui se développe sur les tiges souterraines. Ses variétés, déjà fort nombreuses, offrent entre elles des

(1) Thaer, *Principes raisonnés d'agriculture*, t. IV. p. 119.
(2) Humboldt, *Essai politique, etc.*, t. II, p. 463.

différences assez tranchées, dans le volume, la forme, la couleur de la peau et du tissu, la saveur, le temps qu'elles exigent pour parvenir à la maturité.

Après l'eau, c'est la fécule qui domine dans la pomme de terre ; on y trouve en outre une certaine proportion de matières azotées. On doit à Vauquelin une recherche détaillée des matières solubles qui se rencontrent dans ce tubercule ; matières, dont le dosage a été négligé dans la plupart des analyses. Les principes solubles rapportés à 100 de pommes de terre sont :

Asparagine.	0,1
Albumine	0,7
Matière azotée non définie	0,4
Citrate de chaux.	1,2
Citrate de potasse.	indéterminé.
Acide citrique libre	id.
Phosphate de potasse.	id.
Phosphate de chaux	id.

Vauquelin en examinant 48 variétés de pomme de terre, a trouvé qu'elles contiennent sur 100 parties : 1° de 1 à 1 1/2 de parenchyme ; 2° de 2 à 3 de substances solubles ou extractives ; 3° de 20 à 28 de fécule ; 4° de 67 à 78 d'eau (1).

Dans une variété cultivée dans les environs de Paris, Henri a constaté les principes suivants (2) :

(1) Thénard, *Traité de Chimie*, t. V, p. 82.
(2) Berzélius, *Traité de Chimie*, t. VI, p. 211.

Parenchyme. 6,8
Amidon 13,3
Albumine. 0,9
Sucre incrystallisable. 3,3
Acides et sels 1,4
Matière grasse. 0,1
Eau 74,2
____
100,0

La proportion d'amidon est assez variable dans les diverses variétés; M. Payen a déterminé les limites de cette proportion, dans des tubercules récoltés par M. Battereau d'Anet, dans un même terrain et cultivés dans les mêmes circonstances. On a consigné dans un tableau les résultats obtenus, en y joignant le produit de la récolte (1).

VARIÉTÉS.	1 KIL. planté a produit.	PRODUIT par hectare.	DANS 100 PARTIES		AMIDON dans 100 part.	MATIÈRE sèche, par hectare.	AMIDON par hectare.
			Substance sèche.	Eau.			
	k.	k.				k.	k.
Rohan	58	56000	24,8	75,2	16,6	8928	6000
Grosse jaune . . .	37	23000	31,3	68,7	23,3	7199	5350
Schaw d'Ecosse .	32	20000	30,2	69,8	22,0	6040	4400
Tardive d'Islande.	56	35000	20,6	79,4	12,3	7210	4310
Ségonzac.	32	20000	28,8	71,2	20,5	5760	4160
Siberie	40	25000	22,2	77,8	14,0	5500	3500
Duvillers	40	25000	21,7	78,3	13,6	5455	3435

Dans les circonstances particulières où cette culture comparée a été faite, la variété dite de Rohan a présenté la plus forte proportion de matière nutritive et de fécule.

Les pommes de terre qui ont été exposées à un froid de quelques degrés au dessous de 0°, éprou-

(1) Payen, *Journal d'Agriculture pratique*, t. II, p. 110.

vent dans leur tissu une altération assez profonde, pour qu'il devienne difficile, après le dégel, d'en retirer là fécule. En outre elle contracte un goût tellement désagréable, qu'il est le plus souvent impossible de les faire consommer par le bétail. Après avoir constaté qu'une pomme de terre possède exactement la même composition chimique, avant et après la congélation, M. Payen a examiné le tissu amylacé au microscope. Il a vu que l'amidon provenant d'un tubercule gelé offre des grains réunis en paquets arrondis, ayant un diamètre 4 et 5 fois plus grand que celui des grains de fécule de la plus forte dimension. La pulpe restée sur le tamis qui avait servi à préparer cet amidon, était formée par une réunion de cellules, remplies de fécule pour la plupart. Ainsi, par l'effet des changements de volume dans les liquides successivement congelés et liquéfiés, l'adhérence entre les cellules est détruite : elles doivent donc se séparer par le moindre effort, sans résister, pour ainsi dire, à l'action de la râpe, sans se laisser déchirer ; le plus grand nombre restent intactes et gardent l'amidon qu'elles contiennent. On comprend aussi comment les pommes de terre rendent à très peu près toute leur fécule, quand elles sont traitées avant le dégel. C'est qu'alors les cellules scellées par l'eau congelée, présentent une résistance suffisante pour être entamées par les dents de la râpe. Le plus souvent les tubercules qui ont été gelés sont moins farineux, en même temps qu'ils ont une saveur sucrée très prononcée ; cela tient, dans l'opinion de M. Payen, à ce que la végétation était déjà développée avant l'époque de la congélation, et l'on sait qu'il y a toujours formation de sucre aux dépens de la fécule, durant la germination.

Souvent aussi, les pommes de terre dégelées ont une saveur âcre, une odeur vireuse insupportable, à ce point, que dans la plupart des fermes on les jette au fumier. Par l'effet du gel, les sucs renfermés dans les tissus sont mis en liberté, et par le fait de la température plus élevée qui accompagne et suit le dégel, ces liquides sur lesquels l'air peut alors exercer plus directement son action, se comportent comme tous les sucs végétaux abandonnés à eux-mêmes, ils se putréfient. L'odeur putride, l'âcreté qui se manifeste alors dans la pomme de terre, sont d'autant plus marquées, que dans la plupart des variétés de ce tubercule, il existe précisément au dessous de l'épiderme, une couche plus ou moins profonde, plus ou moins colorée en nuances fauves, rougeâtres, violettes. Ce tissu, vu sous le microscope, s'est montré à M. Payen complètement dépourvu de fécule, mais il récèle la plus grande partie des principes colorants à odeur vireuse (1).

Ces principes qui communiquent d'aussi mau-

(1) Payen, *Journal d'Agriculture pratique*, t. I, p. 498.

vaises qualités aux tubercules dégelés, paraissent solubles ou tout au moins destructibles par une exposition prolongée à l'air libre. Ainsi, lorsqu'on étend sur le sol les pommes de terre gelées, qu'on les laisse laver par les pluies et se dessécher spontanément, elles durcissent, blanchissent, et peuvent ensuite être conservées pendant un temps très long. Il n'est pas un cultivateur qui n'ait retrouvé, lors des labours, des tubercules laissés accidentellement sur les champs, et qui étaient parfaitement conservés. Ce moyen a d'ailleurs été mis plusieurs fois en pratique, et l'on pourrait peut-être le recommander, s'il était établi que les pommes de terre ne perdent pas, dans ces circonstances, une grande partie de leur principe le plus nutritif, l'albumine. Quoi qu'il en soit, c'est par une méthode analogue à celle dont il vient d'être question, que les montagnards des Andes du Pérou conservent et rendent plus facilement transportables, les tubercules dont ils font la base de leur nourriture.

Dans les parties les plus escarpées des Cordillières du Pérou, presque à la limite supérieure de la végétation, là où l'on aperçoit à peine quelques misérables champs d'orge et de *quinoa*, on récolte dans les anfractuosités du terrain, divers tubercules, comme la *maca*, l'*oca*, l'*ulluco*. Pour les conserver, on les expose pendant plusieurs jours aux actions alternatives de la gelée et du soleil. A ces hauteurs qui dépassent quelquefois 4,000 mètres, il gèle constamment pendant les nuits sereines, durant lesquelles l'air n'est pas très agité. Dans le jour, les rayons du soleil qui dardent avec force , dessèchent rapidement les tubercules dont les sucs aqueux ont été épandus dans le tissu amylacé par l'effet de la gelée. Après leur dessiccation , on peut les garder intacts pendant plus d'une année, en les emmagasinant à l'abri de l'humidité.

Dans les mêmes localités , on apprête un aliment, la *caya* , avec plusieurs variétés d'*ocas*. On les met dans l'eau jusqu'à ce que la putréfaction se développe ; alors on les étend sur une couverture, pour leur faire subir successivement l'action de la gelée nocturne et de la dessiccation au soleil. L'oca devient d'un gris foncé, et quand on le cuit, il répand une odeur de cuir pourri assez désagréable. La caya est la nourriture usuelle des Indiens.

Le *chúno blanco* ou *moray* qui est encore un aliment fort estimé des Indiens de Junin, de Cusco et de Puna , s'obtient avec des pommes de terre dont la saveur est des plus amères. On les introduit dans un sac que l'on plonge dans l'eau pendant la nuit, en ayant soin de le retirer au lever du soleil ; on continue cette opération pendant quinze ou vingt jours , après lesquels les pommes de terre qui ont subi ces immersions sont foulées aux pieds, afin d'en exprimer le suc. Le marc est exposé ensuite au serein et au soleil, et au bout de quelques jours, on obtient un *chŭno* de la plus grande blancheur.

Enfin les Indiens se procurent la pomme de terre sèche (*papa seca*), en faisant cuire d'abord les tubercules, les pelant et les exposant à la gelée de la nuit et à l'ardeur du soleil, jusqu'à ce qu'ils soient entièrement desséchés. On nomme cette préparation *chochoca*, c'est, comme le *chŭno*, un aliment sain et agréable (1).

La pomme de terre vient sur les terrains les plus variés, lorsque le climat lui est favorable et que le sol est suffisamment riche. En général, cette plante occupe, comme les betteraves, la première sole fumée destinée ensuite à porter des céréales d'automne. On plante les tubercules quand on n'a plus de gelées à redouter; dans l'est de la France, la plantation est ordinairement terminée vers la mi-mai. En Alsace, on place les semences à la distance d'environ 30 centimètres, dans un des sillons tracés par la charrue, les lignes ou sillons ensemencés étant séparés par un intervalle de 50 à 60 centimètres, espace suffisant pour faire intervenir les attelages dans les buttages. Ce qui doit surtout guider dans l'espacement des semences, c'est la con-

____

(1) Mariano de Rivero, *Memorial peruano*.

naissance que l'on possède sur l'extension probable que prendront les fanes. On herse lorsque les tiges commencent à se montrer. Quand les plants ont une hauteur de 25 à 30 centimètres, on donne par un temps sec un premier buttage. Dans les terres disposées à se dessécher, il faut butter peu profondément, et j'avoue que sur les plateaux élevés de l'Amérique, où l'on a souvent à redouter la sécheresse naturelle du climat, j'ai observé de fort belles cultures qui n'avaient jamais été buttées.

La pomme de terre, comme toutes les plantes sarclées, exige des façons assez considérables, mais ces façons tout en étant au profit direct de la sole en culture, réagissent encore très utilement sur les céréales qui doivent suivre. M. Crud estime à 140 les journées de travail dépensées sur un hectare qui a reçu 48,000 kilog. de fumier (1). Ce résultat approche de celui enregistré à Bechelbronn, où pour la même surface dotée de la même fumure, nous comptons 120 journées d'homme, et 27 journées de cheval (2).

En Europe, la récolte des tubercules a lieu vers la fin de l'automne. Dans les Cordillières intertropicales, où la durée des cultures dépend principalement de la chaleur d'un climat très

(1) Crud, *Economie théorique et pratique d'Agriculture*, t. II, p. 147.

(2) Boussingault, *Comptes rendus de l'Académie des Sciences*, t. XIV, p. 252.

peu variable, la plante reste dans le sol de quatre à sept mois, selon qu'elle est cultivée à une plus ou moins grande élévation au dessus du niveau de la mer. Elle réussit le mieux sous l'influence d'une température moyenne comprise entre 13° et 18°. A la vérité, dans Venezuela, on la cultive encore dans quelques localités où la température n'est pas éloignée de 24°, mais je doute que cette culture soit avantageuse. Dans les régions chaudes et humides, la pomme de terre donne beaucoup de fanes et peu de tubercules : j'en ai récolté de fort mauvaises à Riosucio de Engurumà, village situé à 1800 mètres de hauteur absolue, où la température moyenne et constante est d'environ 22°.

Les rendements des cultures de pommes de terre, constatés par divers observateurs, sont :

LOCALITÉS.	PRODUIT PAR HECTARE (semences déduites)		AUTORITÉS.
	En hectolitres	En poids.	
		k.	
Prusse	181 (1)	14480	Thaër.
Palatinat (dix années d'observation).	164	13120	Moellinger.
Autriche (treize observations).	293	23440	Burger.
Brabant	362	28960	Schwertz.
Flandre occidentale	295	23600	Schwertz.
Pays de Waes	319	25520	Schwertz.
Pays de Tongres	205	16400	Schwertz.
Angleterre (moyenne)	309	24750	John Sinclair.
Angleterre (moyenne)	289	23120	Schwertz.
Irlande	290	23200	A. Young.
Alsace.	267	21360	Schwertz.
Alsace (Bechelbronn)	165 ½	13240	Le Bel et Boussin— [gault.
Environs de Paris.	340	27200	Dailly.
Venezuela (Amérique méridionale).	300	24000	Couazzi (2).

(1) Je prends 80 kil. pour le poids de l'hectolitre.

(2) C'est le rendement des deux récoltes que l'on fait en une seule année.

Il existe évidemment un certain rapport entre la quantité de semences confiée à la terre et celle qui est récoltée ; on sème en Alsace de 20 à 25 hectolitres par hectare. Dans certaines localités on prodigue la semence, dans d'autres on n'en emploie pas assez. Des expériences précises qui auraient pour objet de fixer, pour certaines conditions de sol et de climat, la limite favorable de la quantité de tubercules à employer comme reproducteurs, seraient d'un haut intérêt pour la pratique.

Topinambours (*Helianthus tuberosus*). On croit généralement que cette plante est originaire de l'Amérique méridionale. Cependant M. de Humboldt ne l'a jamais rencontrée dans les régions tropicales, et selon M. Corréa, elle n'existerait pas davantage au Brésil. La propriété que possèdent les tubercules de l'hélianthus de résister aux froids de nos hivers, plusieurs considérations de géographie botanique, font présumer à M. Ad. Brongniart, que cette plante appartient aux parties les plus septentrionales du Mexique.

Le topinambour atteint près de trois mètres de hauteur, sa floraison est tardive, et je n'ai pas encore vu mûrir sa graine. On le propage par les tubercules qu'il produit, et qui sont considérés avec raison comme une nourriture précieuse pour le bétail. A une époque où la pomme de terre n'était pas très répandue, le topinambour entrait assez fréquemment dans l'alimentation de l'homme : quand il est cuit, sa saveur rappelle celle de la chair d'artichaut.

Les tubercules de topinambour contiennent sur 100 parties, d'après une analyse de M. Braconnot (1) :

Sucre incrystallisable	14,80
Inuline	3,00
Gomme	1,22
Albumine	0,99
Substances grasses	0,09
Citrates de potasse et de chaux	1,15
Phosphates de potasse et de chaux	0,20
Sulfate de potasse	0,12
Chlorure de potassium	0,08
Malates et tartrates de potasse et chaux	0,05
Ligneux	1,22
Silice	0,03
Eau	77,05
	100,00

M. Payen a rencontré dans ce tubercule une plus forte proportion de sucre que celle qui est indiquée dans cette analyse, et de plus il a constaté que la matière grasse consiste principalement en stéarine et en élaïne.

J'ai trouvé dans les topinambours de nos contrées :

Matière sèche	20,8
Eau	76,3
	100,0

(1) Braconnot, *Annales de Chimie et de Physique*, tome XXV, p. 358, 2ᵉ série.

Une détermination d'azote faite sur ces tubercules, semblerait indiquer que M. Braconnot a dosé trop bas l'albumine, ou, ce qui est plus probable, que quelques principes azotés lui ont échappé. Le topinambour desséché a donné 0,16 d'azote, nombre qui porterait à 0,10 la proportion d'albumine végétale.

Il est peu de plantes aussi robustes et aussi peu exigeantes pour le terrain que le topinambour. Il réussit dans tous les sols, à la seule condition qu'ils ne soient pas marécageux. On plante ses tubercules exactement comme la pomme de terre, et à peu près à la même époque; mais c'est une opération que l'on exécute assez rarement, par la raison que le plus généralement la culture de l'hélianthus est continue, qu'on la fait perpétuellement sur les mêmes pièces, et que lors de la récolte il reste, quoi qu'on fasse, toujours assez de tubercules reproducteurs dans le sol, pour qu'au printemps suivant le champ se trouve complètement couvert de jeunes plants. Cette impossibilité d'enlever la totalité des tubercules du sol, la faculté qu'ils possèdent de résister aux froids les plus intenses de l'hiver, et de se reproduire lors du retour de la belle saison, est un obstacle à peu près insurmontable pour introduire avantageusement cette plante dans les rotations. Il faut, comme l'expérience le confirme de plus en plus, consacrer à cette culture productive, un terrain en dehors de l'assolement régulier.

Des végétaux qui entrent dans la grande culture, le topinambour est un de ceux qui produisent le plus en consommant le moins d'engrais et en exigeant le moins de façon. Kade rapporte qu'un carré de topinambours placé dans un jardin était encore en plein rapport 33 ans plus tard, émettant des tiges de 2 à 3 mètres de hauteur, bien que depuis longtemps la plante ne reçût ni façons ni engrais (1).

Je pourrais citer plusieurs exemples de la facile reproduction de l'*hélianthus;* je crois cependant pouvoir affirmer que pour obtenir des récoltes abondantes, il faut que la plante reçoive une certaine quantité de fumier. Au reste, comme je le ferai voir dans un autre chapitre, c'est de l'engrais bien placé.

Le topinambour, comme toutes les plantes à feuilles abondantes et fortement développées, exige de l'air et de la lumière : on doit, par conséquent, l'espacer convenablement. Les plantations primitives se font en ligne, mais dans les semis qui ont lieu par les résidus de la récolte précédente, on détruit un grand nombre de jeunes pousses qui surgissent au printemps, afin

____

(1) Schwertz, *Culture des Plantes fourragères.*

d'espacer suffisamment les plants conservés pour la culture. Quand la végétation est déjà avancée, on donne un ou deux binages et un buttage.

Les feuilles de topinambours sont dans plusieurs localités employées comme fourrage ; on coupe les tiges à environ 20 centimètres au dessus du sol. La cueillette se fait à diverses époques de l'année, et probablement au détriment des tubercules. Il peut être lucratif de destiner les feuilles à la nourriture du bétail ; mais je crois qu'il faut opter entre la récolte en vert et celle des tubercules. Il est hors de doute que l'enlèvement prématuré des tiges doit nuire au développement des racines. Dans notre culture nous n'enlevons jamais les feuilles, et dans mon opinion, je crois qu'il est infiniment plus avantageux de se borner à récolter les tubercules. Cette récolte se fait au fur et à mesure des besoins, car le topinambour ne craignant aucunement la gelée, peut rester dans le sol pendant tout l'hiver ; il n'exige pas, comme la pomme de terre, d'être rentré à une époque déterminée ; en outre, il ne demande ni local ni soins aucuns pour sa conservation : son approvisionnement est uniquement commandé par cette circonstance, que durant les grands froids où la terre est durcie par le gel, il faut trop de travail pour le déterrer. Pendant l'hiver les tiges ligneuses de la plante sèchent sur place, on les utilise comme combustible. Nous avons essayé, et cet emploi est peut-être plus profitable, de les faire entrer pour une certaine proportion dans la litière des porcs ; la moelle, qui en forme la plus grande partie, absorbe une grande quantité de déjections liquides.

Schwertz évalue le rendement moyen des fanes sèches de topinambours à 7,500 kil. par hectare.

Voici le produit en tubercules constaté en Alsace.

	Hectol.	Kilogr.	!Autorités.
Terres sablonneuses.	128	10240	Schwertz.
Sols de première qualité . . .	319	25520	Kade.
A Bechelbronn (moyenne) . .	330	26400	Le Bel et Boussingault.
Bechelbronn, récoltes 1839-40.	441	35279	Id.

Le rapport des tiges ligneuses dépourvues de feuilles sèches du topinambour est, d'après nos pesées :: 100 : 1875.

Carotte (*daucus carota*). Cette racine entre assez souvent dans la culture, comme plante intercalée; ainsi on la sème quelquefois avec le pavot. Quelquefois aussi elle est mise en dérobée à la suite des céréales d'automne. C'est un fourrage très goûté des animaux, mais qui ne possède pas à beaucoup près la valeur nutritive exagérée que lui attribuent la plupart des cultivateurs. La carotte demande un sol profond assez

meuble et homogène, en première sole fumée,
et une culture faite avec les plus grands soins.
Schwertz, en prenant une moyenne de trois années, porte le rendement par hectare à (1) :

Racines . . . . 34000 kil.
Fanes vertes . . 12000

Dans une culture où cette plante avait été intercalée avec le madia sativa, nous avons obtenu à
Bechelbronn, 14222 k. de racines. La carotte renferme une proportion considérable d'humidité,
87,6 pour 100 d'après plusieurs de mes expériences.

Les recherches des divers chimistes ont établi
que le suc de cette racine contient du sucre, de
l'albumine, de la carottine, principe colorant crystallisable; de l'huile volatile, des matières grasses,
de l'acide pectique, de la pectine, de l'amidon,
de l'acide malique, des phosphates alcalins et
terreux.

Panais (pasticana sativa). Le panais entre
rarement dans la grande culture; il possède cependant l'avantage de pouvoir passer l'hiver en
plein champ. Quelques éleveurs ont recommandé
cette racine comme très utile dans l'engraisse-
ment. La composition du panais doit se rappro-
cher de celle de la betterave et de la carotte;

(1) Schwertz, *Plantes fourragères,* p. 278, traduct. de Schauen-
burg.

Drappier en a retiré 12 pour 100 de sucre de canne (1).

Rubia tinctorum. John assigne à la racine de garance desséchée la composition suivante (2) :

Matière grasse	1,0
Résine rouge	3,0
Matières colorantes	20,0
Matières extractives	5,0
Gomme	43,5
Tartre et tartrate de chaux	8,0
Sulfate de potasse et chlorure	2,0
Phosphate de chaux et de magnésie	7,5
Silice	1,5
Oxyde de fer	0,5
	100,0

Dans cette analyse, il est probable que le sucre qui, d'après Kuhlmann, entre pour 0,12 dans la racine, se trouve compris dans la matière colorante.

Ecorces.

Ecorces de cinchona. Les écorces de quinquina employées avec tant de succès comme fébrifuge, proviennent de différentes espèces de *cinchona*, arbres qui croissent dans les montagnes de l'Amérique méridionale. Dans le commerce on en distingue trois variétés principales; le quinquina gris, le jaune et le rouge. Le principe actif de ce médicament réside essentiellement dans les bases

(1) Berzélius, *Traité de Chimie*, t. VI. p. 199.
(2) Berzélius, id. p. 207.

alcalines végétales qu'il renferme : la quinine, la cinchonine, la cinchovatine récemment découverte par **M. Manzini** dans le *cinchona ovata*.

Les vertus médicinales du cinchona furent divulguées aux Européens, en 1638, à l'occasion d'une fièvre opiniâtre dont souffrait, à Lima, la comtesse de Chinchon, vice-reine du Pérou. Un corrégidor de Loxa qui, dans une semblable circonstance, avait été guéri par les Indiens, conseilla le quinquina. Le remède eut un plein succès, et, par reconnaissance, la vice-reine fit apporter des montagnes une grande quantité d'écorce pour être donnée aux fiévreux. Ce fut ainsi que le quinquina prit d'abord le nom de poudre de la comtesse. Plus tard, les membres de la compagnie de Jésus furent chargés de le distribuer, et il devint nécessairement la poudre des Jésuites. Enfin, le cardinal de Lugo en ayant introduit l'usage à Rome, le nouveau médicament y fut connu sous le nom de poudre du cardinal.

Avant que les précieuses propriétés du cinchona eussent été appréciées en Europe, les Jésuites établis à Chuquiabo, tiraient de leur mission de la rivière des Amazones, et expédiaient en Espagne et en Italie, une écorce fébrifuge très amère, provenant d'un arbre nommé par les Indiens *quina quina*. Cette écorce, déjà fort employée, disparut de la matière médicale, mais son nom fut conservé et donné au médicament de Loxa (1).

Les cinchonas se rencontrent principalement dans les forêts élevées, sous un climat tempéré et dans un sol pierreux. On reconnaît si le moment de la récolte est arrivé, à ce caractère que la face interne de l'écorce, détachée d'une branche, prend en quelques minutes une teinte rouge, jaune ou orangée, suivant l'espèce d'arbre; si cette prompte coloration ne se manifeste pas, c'est une preuve que l'écorce n'a pas encore atteint toutes les qualités désirables.

On abat les cinchonas un ou deux jours avant de commencer la décortication; l'opération est alors plus facile, et l'épiderme ne se détache pas. L'écorce du tronc et des branches est enlevée à l'aide d'un grand couteau, en bandes ou lanières que l'on fait aussi larges que possible. Les écorces sont placées sur des draps et mises à dessécher au soleil, en ayant soin d'isoler chaque fragment, afin de faciliter la dessiccation, et surtout pour favoriser l'*enroulement;* quand les écorces se touchent, qu'elles sont amoncelées, elles prennen tsouvent une odeur des plus désagréables,

____

(1) De La Condamine, *Mémoires de l'Académie des sciences,* année 1738; p. 232.

L'étymologie du mot quinquina, acceptée par La Condamine, mérite d'être rapportée. *Quina,* en langue inca, signifie enveloppe, vêtement, au figuré écorce. Les Indiens, pour exprimer une qualité supérieure, répètent plusieurs fois le même mot : ainsi, *quina quina,* pourrait se traduire par écorce des écorces, écorce par excellence.

due à un commencement de putréfaction (1). Le quinquina, une fois bien desséché, est mis dans des enveloppes de cuir de bœuf et expédié en Europe.

D'après mes observations barométriques et les indications botaniques qui m'ont été données par M. Goudot, les diverses espèces de quinquinas sont distribuées ainsi dans les montagnes de la Nueva Granada :

	Hauteurs où ils sont très abondants.	Température de la station.
Quinquina gris ? *C. lancifolia* . .	2000 mètres.	19°.
blanc, *C. ovalifolia* . .	1300	21°.
rouge, *C. oblongifolia*.	700	24°.
jaune, *C. cordifolia* . .	600	25°.

Pelletier et M. Caventou ont trouvé dans le quinquina gris : 1° de la cinchonine unie à l'acide kinique; 2° une matière grasse; 3° des matières colorantes rouge et jaune; 4° du tannin; 5° du kinate de chaux; 6° de la gomme; 8° de l'amidon; 9° du ligneux (2). Dans le quinquina jaune et le quinquina rouge ces savants chimistes ont rencontré les mêmes principes, et de plus du kinate de quinine.

Écorces de saule et de peuplier. Les décoctions de ces écorces sont souvent employées

---

(1) Ruiz, *Quinologia.*

(2) Pelletier et Caventou, *Ann. de Chim. et de Phys.*, t. XV, p. 313, 2ᵉ série.

avec succès pour combattre les fièvres inter-
mittentes. En recherchant le principe actif de
ces médicaments, M. Roux, pharmacien à Vi-
try-le-Français, a découvert dans l'écorce du
saule (*salix helix*) une substance particulière,
la salicine, dont l'effet thérapeutique est analogue
à celui des principes fébrifuges des quinquinas.
Pour se procurer la salicine, on verse un léger
excès de sous-acétate de plomb dans une décoction de l'écorce; on filtre et on ajoute assez
d'acide sulfurique pour précipiter l'excès de
plomb qui a été introduit; on sépare le sulfate
de plomb par le filtre; on concentre la liqueur,
et après l'avoir décolorée par le charbon animal,
on la laisse refroidir. La salicine apparaît alors
sous forme de crystaux prismatiques. Sa saveur
est extrêmement amère. 100 parties d'eau dissolvent à la température ordinaire 5 parties et demie
de salicine. Cette substance se dissout dans l'alcool; elle est insoluble dans l'éther et les huiles
essentielles. Elle contient, d'après l'analyse de
M. Mulder :

Carbone. . .	56,8
Hydrogène .	6,1
Oxygène . .	37,1
	100,0

Par un procédé analogue, M. Braconnot a extrait de l'écorce et des feuilles du tremble (*populus
tremula*) une autre matière crystalline, la popu-

line. Elle a une saveur sucrée comparable à celle de la réglisse, elle est très peu soluble dans l'eau et dans l'alcool. M. Braconnot admet dans l'écorce du tremble, indépendamment du ligneux : 1° de la salicine ; 2° de la populine ; 3° une matière particulière, la corticine ; 4° de l'acide benzoïque ; 5° de la gomme ; 6° des tartrates de chaux et de potasse ; 7° de l'acide pectique (1).

Liège. Le chêne qui produit le liège est connu en Espagne sous le nom d'*alcornoque*. Il forme des forêts étendues sur la pente méridionale des Pyrénées, où on le voit souvent établi sur des terrains arides et pierreux qui semblaient destinés à une éternelle stérilité. Le chêne liège est pourvu de racines flexibles et vigoureuses qui rampent à la surface dénudée des masses granitiques, contournent les blocs de rochers, jusqu'à ce qu'elles aient rencontré une fissure, un banc de sable, une alluvion, où elles pénètrent profondément pour puiser la nourriture nécessaire à l'arbre d'où elles émanent, en même temps qu'elles le fixent solidement au sol. Parvenu à son entière croissance, l'*alcornoque* s'élève à plus de 20 mètres de hauteur, et son tronc atteint ordinairement un mètre de diamètre (2).

(1) Braconnot, *Annales de Chim. et de Phys.*, t. XLIV, p. 296, 2ᵉ série.

(2) Jaubert de Passa, *Mémoires de la Société d'Agriculture*, année 1837.

Dans les Pyrénées espagnoles, la limite supérieure de la région du chêne liège est celle de la vigne, 500 mètres au dessus du niveau de la Méditerranée. En France cet arbre donne de riches produits dans les communes de Passa, Lauro, Vivès, Oms, dont la hauteur moyenne est de 350 mètres. En Espagne, comme en France, c'est le terrain primitif qui porte les forêts d'*alcornoques*, et M. Jaubert de Passa, qui a si bien décrit les habitudes et la culture de cet arbre utile, dit positivement qu'il ne croît que sur les sols qui dérivent du granite, du gneiss, du milaschisse, des porphyres, jamais dans les terrains d'une origine calcaire (1).

L'*alcornoque* se reproduit spontanément sur les sols siliceux, au milieu des cistes et des bruyères ; mais cette reproduction est si lente, que le cultivateur a souvent un intérêt réel à la favoriser par des semis, et dans ce cas, comme le remarque M. Jaubert, il convient de choisir les semences avec discernement. Il existe plusieurs variétés d'alcornoques ; celle dont le tronc régulier est recouvert d'un épiderme lisse et grisâtre, donne les produits commerciaux les plus estimés ; sa semence est renflée, assez grosse, d'une saveur douce. Les glands murissent depuis le mois d'octobre jusqu'à la fin de décem-

(1) Jaubert de Passa, *Mémoires de la Société d'Agriculture,* année 1837, p. 9.

bre ; on donne la préférence pour les semis à ceux qui sont en maturité vers la mi-novembre , les autres sont employés à l'engrais des porcs.

Les Catalans sèment les glands dans un sol labouré, en même temps qu'ils plantent la vigne. Pendant vingt ou vingt-cinq ans, la récolte du raisin compense les frais occasionnés par les soins donnés aux jeunes arbres ; mais le produit de la vigne diminue à mesure que l'alcornoque l'ombrage en grandissant , et il arrive enfin une époque où les ceps dépérissent complètement. Dans sa première année, la croissance en hauteur du chêne liège va rarement au delà de 17 centimètres ; à 4 ans il peut avoir de 40 à 50 centimètres. On l'élague avec soin jusqu'à ce que le tronc soit élevé de 2 1/2 à 3 mètres ; l'arbre peut être alors âgé de vingt ans ; avec son branchage, sa hauteur totale est d'environ 7 mètres, et son diamètre mesuré à la surface du sol se trouve compris entre 16 et 22 centimètres. Dès l'âge de 15 ans l'écorce a perdu le poli , l'aspect noirâtre qui caractérise les jeunes pousses ; elle est gercée et divisée en bandes longitudinales.

La décortication de l'alcornoque commence vers le 15 juillet et continue aussi longtemps que la sève reste en mouvement. Lorsqu'on le récolte, le liège forme de dix à douze couches dont chacune indique un dépôt annuel. Les deux couches externes constituent l'épiderme , les autres

adhèrent fortement entre elles, et bien que d'é-
paisseur variable, elles présentent une masse
homogène. On reconnaît que le liège doit être
enlevé quand, vers la dixième année, il a acquis
à l'intérieur une teinte légèrement rose. On
écorce en pratiquant, à l'aide d'une hache, une
entaille sur toute la longueur du tronc, en évi-
tant de blesser les couches ligneuses; on fait ensuite deux autres entailles en travers, aux deux
extrémités. En faisant alors pénétrer le manche
de la hache dans l'entaille verticale, on soulève
et on ouvre, comme une porte, la section d'écorce
comprise entre les trois coupures; le travail est
des plus faciles quand la sève est abondante. Un
tronc est ordinairement écorcé en deux opérations, qui fournissent ainsi deux pièces de
liège.

L'écorce d'un alcornoque de vingt ans est
toujours mise au rebut. L'arbre doit avoir atteint
quarante ans pour que son liège ait une valeur
commerciale. Un chêne séculaire peut fournir
100 kilog. de liège. Le maximum de produit
s'élève à 440 kilog., mais en moyenne on compte
sur 50 kilog. de liège par arbre décortiqué (1).

Pour préparer le liège, les écorces séchées
en magasin sont mises à tremper dans le but
de ramollir l'épiderme et les couches adja-

(1) Jaubert de Passa, *Mémoires de la Société d'Agriculture,*
année 1837, p. 53.

centes ; on enlève ensuite avec une doloire large
et tranchante, toutes les parties noires , rugueu-
ses, fendillées , qui adhèrent à la surface externe ;
puis on plonge pendant un quart d'heure l'écorce
dans un bain d'eau bouillante, afin de lui donner
de l'élasticité. Autrefois on produisait cet effet en
brûlant la surface extérieure du liège ; cette méthode ne s'applique plus qu'aux produits de qualités inférieures. Quand on a communiqué à l'é-
corce l'élasticité, la souplesse , désirables , on
l'entasse pendant quelques jours dans un endroit
humide. C'est alors seulement que le liège est
livré aux ouvriers *carradors*, pour être débité
en planches telles qu'on les rencontre dans le
commerce.

Dans une analyse du liège sec, M. Chevreul
a trouvé (1) :

1° Huile odorante , 2° acide acétique , 3° acide
gallique et gallate de fer, 4° matière colorante et
astringente, 5° principe azoté, 6° chaux 14,25
7° Matière analogue à la cire (cérine), 8° résine
molle. 15,75
9° Liège épuisé par l'eau et l'alcool (subérine) . . . 70,00
                                                    ————
                                                    100,00

La subérine donne, comme le liège, de l'acide
subérique par l'action de l'acide azotique. Je ne
crois pas qu'on puisse la considérer comme un

(1) Jaubert de Passa, *Mémoires de la Société d'Agriculture,*
année 1837, p. 59.

principe immédiat; car en la traitant par une
dissolution de potasse, on dissout la matière
grasse qu'elle contient encore, et il reste un résidu ligneux. La substance grasse et résineuse
que l'on obtient en saturant la liqueur alcaline,
est brune, très fusible, et produit de l'acide subérique, lorsqu'elle est traitée par l'acide azotique. En soumettant le liège à l'action dissolvante
de l'éther dans un appareil de déplacement, j'en
ai retiré une résine crystallisant en belles aiguilles
blanches et soyeuses, composées de :

$$
\begin{aligned}
\text{Carbone} &\ldots\ldots\ldots\quad 82,6 \\
\text{Hydrogène} &\ldots\ldots\quad 11,2 \\
\text{Oxygène} &\ldots\ldots\ldots\quad 6,2 \\
\hline
&\qquad\quad 100,0
\end{aligned}
$$

Des feuilles.

Les parties herbacées des végétaux ont toutes
une composition à peu près semblable, si on les
envisage d'un point de vue très général. Les
feuilles, les tiges vertes, contiennent toujours,
avec la fibre ligneuse qui en forme en quelque
sorte le squelette, de l'albumine ou un principe
azoté analogue, des matières sucrées et gommeuses, de la chlorophylle, de la cire, des substances grasses et résineuses, des acides libres
ou combinés, souvent enfin des huiles essentielles. Tel est l'ensemble de la constitution

que les chimistes assignent au trèfle, au foin, aux feuilles, en un mot à tous les fourrages verts. Cependant, à cette constitution que l'on pourrait appeler normale, viennent quelquefois s'ajouter des matières particulières dont nous avons déjà étudié quelques unes, et qui par les propriétés médicales ou l'utilité économique qu'elles donnent aux plantes qui les renferment, font de ces dernières un objet important de la grande culture. Dans ce qui va suivre, je me bornerai à considérer deux de ces plantes, le tabac et le thé, dont les feuilles, d'un usage presque universel, sont une source de prospérité commerciale pour les peuples qui les cultivent.

Tabac. Le tabac (*nicotiana tabacum*), originaire de l'Amérique, paraît avoir été introduit en Espagne et en Portugal, vers le milieu du seizième siècle, par Fernandès de Tolède. On croit que son nom vient de ce que les premières importations se firent de l'île Tabago, une des Antilles peu distante de la côte de Venezuela. Ce fut Nicot, ambassadeur en Portugal, qui en fit connaître l'usage en France (1). Aujourd'hui la culture du tabac est répandue sur presque toute la surface du globe.

Le tabac demande un sol assez meuble, riche en humus : aussi vient-il parfaitement sur les

____

(1) *Journal d'Agriculture pratique*, t. II, p. 174.

défrichements. En Amérique , sa culture et sa préparation sont à peu près les mêmes partout.

Dans Venezuela, on sème la graine en pépinière sur des fonds extrêmement riches , et au bout de quarante à cinquante jours, on repique les jeunes plants en les disposant en lignes éloignées d'à peu près $1^m,2$. Les plants sont espacés à environ 60 centimètres. On recouvre ordinairement la plante repiquée avec une feuille de bananier, pour la préserver de l'ardeur du soleil pendant les premiers jours qui suivent la transplantation. Il ne tarde pas à se former un bourgeon à l'extrémité supérieure , lorsque le pied de tabac est arrivé à une hauteur d'un demi-mètre. On coupe ce bourgeon et ceux qui pourraient encore se reproduire ; on enlève également les jets qui s'élèvent à côté de la tige. A l'aide de ces précautions le tabac devient touffu , les feuilles acquièrent une teinte bleue très prononcée. On reconnaît qu'elles sont en état d'être cueillies, à l'apparition d'une tache d'un bleu foncé qui se montre près du pédicule. Les feuilles ne murissent pas simultanément, et une des préoccupations constantes du planteur, est d'enlever soigneusement celles dont l'aspect présente tous les signes de la maturité.

Après la cueillette , les feuilles sont transportées sous des hangards où elles sont étendues deux par deux sur des claies disposées à cet effet. Le tabac devient jaune et flexible, c'est alors qu'après avoir enlevé les *côtes* de chaque feuille, on les tord en forme de cordes que l'on met ensuite en pelotons du poids de 30 à 40 kilogrammes. Ces pelotons sont placés sur un lit fait avec des feuilles avariées et les *côtes* détachées. On couvre toute la masse et on la laisse fermenter pendant quarante-huit heures, en arrosant si le tabac paraît trop sec ; durant cette fermentation il se développe de la chaleur. Quand les cordes de tabac ont subi une fermentation suffisante, on les dissémine à l'air pour les faire refroidir ; enfin on les déroule, et on les suspend sous les hangards pour favoriser le dégagement de l'excès d'humidité. On laisse le tabac suspendu jusqu'à ce qu'en l'exprimant il n'en sorte plus de jus. Si les ouvriers reconnaissent que le produit est marchand, qu'il a toutes les qualités exigées par les consommateurs, on donne au tabac en corde la dernière façon, ce qui consiste à en former des petites pelottes ou des *carottes* (manoques) du poids de quelques kilogrammes. Si au contraire on s'aperçoit que la fermentation n'a pas été poussée assez loin, on fait fermenter de nouveau.

La zône verticale de la culture du tabac entre les tropiques est très étendue, on le récolte depuis le niveau de la mer jusqu'à une hauteur de 1800 mètres ; la durée de la végétation dépend comme je l'ai déjà indiqué, de la température moyenne des différentes stations où la culture est établie. D'après les observations de M. Codazzi, faites dans la Cordillière orientale des Andes et dans la chaîne du littoral de Venezuela, la cueillette des feuilles de tabac commence dans les régions les plus chaudes, cent cinquante jours après les semailles. Dans les stations supérieures, là où le thermomètre se maintient à 18° ou 19°, les premières feuilles ne sont arrachées qu'au bout de sept mois et demi environ.

Dans l'Inde, à Ceylan, le tabac se cultive presque exactement comme en Amérique. On s'oppose aussi à ce que la plante prenne un trop grand développement en hauteur, et on limite le nombre de feuilles de chaque pied, selon la qualité du tabac que l'on veut récolter. En laissant la plante garnie seulement de dix à douze feuilles, on obtient un produit très recherché. En conservant dix-huit à vingt feuilles, le tabac est loin d'avoir la même force. Enfin, en abandonnant la plante à elle-même, en permettant à sa tige de croître et de fleurir, on se procure une récolte abondante et un produit peu estimé. Les feuilles cueillies sur la plante parvenue à ce degré de développement, sont souvent livrées à la consommation après une simple dessiccation, sans avoir fermenté. Le tabac qu'elles fournissent est jaune, extrêmement doux et parfaitement convenable pour l'usage immodéré qu'en font les *cinga-les* (1).

Si la culture permet d'obtenir un produit supérieur aux dépens de la quantité, il est cependant incontestable que le climat exerce la principale influence sur la qualité du tabac. Celui que l'on récolte dans les régions tempérées des Andes, en Virginie ou en Europe, ne saurait en aucune façon être comparé au tabac de la Havane, de Varinas, de Giron, de la Vallée du Cauca. La plantation du tabac m'a paru surtout avantageuse dans les localités dont la température moyenne ne descend pas au dessous de 24°.

Le tabac est une plante des pays chauds, là seulement, cette plante donne des produits de qualité irréprochable. Dans Venezuela, où sa culture est pratiquée avec une rare intelligence, et dans des localités où la chaleur du climat se maintient entre 27° et 25°, on compte que dix plants sont nécessaires pour produire 1 kil. de tabac ; et en moyenne, par hectare non fumé, on récolte assez de feuilles pour en préparer 1400 kilog. (2).

En Alsace, on sème vers la mi-mars, on repique dans les premiers jours de juin, et l'on récolte en automne. On suit à très peu près le mode de culture déjà décrit, en laissant à chaque

(1) Strachan, *Philosophical transactions,* année 1702, p. 1164.
(2) Codazzi, *Resumen de la Geografia de Venezuela,* p. 137.

pied huit à dix feuilles. Schwertz évalue le rendement par hectare à 15 quintaux (1). Thaer, en Prusse, le porte à 1450 kil. (2).

Dans toute l'Europe, la consommation du tabac prend un accroissement considérable. En France, la régie en a vendu en 1837, sous différentes formes, 14,143,791 kil. Durant la même année, on en a récolté dans les départements où la culture est tolérée, 10,000,000 de kil. (3). La différence que l'on remarque, entre le chiffre de la consommation et celui de la production territoriale, a été comblée par les provenances étrangères.

Selon les documents publiés par l'administration, dans toute la France, en 1841, 8158 hectares en culture ont fourni 9,664,120 kil. de tabac, quantité qui répond à un rendement moyen de 1185 kil. par hectare (4).

Les propriétés du tabac résident très probablement dans l'alcali végétal volatil qu'il contient, la nicotine. Suivant l'analyse de M. Posselt et Keimann, les feuilles de tabac seraient formées de (5) :

(1) Schwertz, *Cultures de l'Alsace,* p. 284, trad.
(2) Thaer, *Principes raisonnés d'Agriculture,* t. IV, p. 192.
(3) Royer, *Statistique agricole de la France,* p. 258.
(4) Royer, id. p. 259.
(5) Berzélius, *Traité de Chimie,* t. VI, p. 280.

Nicotine	0,07
Matière extractive	2,87
Gomme.	1,74
Résine verte	0,27
Albumine.	0,26
Gluten	1,05
Acide malique.	0,51
Malate d'ammoniaque	0,12
Sulfate de potasse	0,05
Chlorure de potassium. . . .	0,06
Azotate et malate de potasse . .	0,21
Phosphate de chaux	0,17
Malate de chaux.	0,72
Silice	0,09
Ligneux	4,97
Eau	86,84
	100,00

Pendant la fermentation des feuilles il se forme toujours quelques sels ammoniacaux.

Thé. Le thé dont l'usage est si universel dans l'empire chinois, commença à être connu en Europe dans le dix-septième siècle, époque à laquelle il fut apporté par la compagnie hollandaise des Indes. En 1669, l'importation du thé en Angleterre ne dépassa pas 56 kil. En 1833, la Compagnie des Indes en réserva pour la consommation de la Grande-Bretagne près de 11 millions de kil.

L'arbre à thé atteint communément une hauteur de 1^m,5 à 2^m,5. En Chine, il fleurit dès le commencement du printemps, et porte des graines en décembre et janvier. Ses branches sont recouvertes de feuilles, courtes, épaisses, d'un vert foncé et d'une forme elliptique. C'est une plante des plus vigoureuses, et qui prospère depuis l'équateur jusqu'au 45° parallèle; mais les districts où la culture paraît la plus avantageuse, sont compris entre le 25° et le 33° degré de latitude (1). Le thé exige un climat humide, un sol léger et sablonneux. On ne fume pas, et on n'a pas d'égard à la nature des terres quand leur irrigation est praticable.

L'arbre est propagé par semis. On place plusieurs graines dans des trous creusés de manière à espacer les plants à un ou deux mètres. L'arbuste produit dès sa troisième année. La cueillette se fait à la main; on enlève les feuilles, en ayant cependant la précaution d'en conserver quelques unes sur chaque branche. Le nombre des récoltes faites dans une même année varie depuis une jusqu'à trois, selon l'âge de la plante; rarement on en fait une quatrième. En Chine l'effeuillage commence vers le 15 avril, époque à laquelle les bourgeons foliifères apparaissent enveloppés d'un léger duvet cotonneux. Cette première récolte est très faible, mais c'est avec son produit que l'on confectionne le thé le plus estimé, le *show chun*, ou thé de première origine. La seconde cueillette a lieu en juin, quand les branches sont garnies de feuilles d'une cou-

____

(1) Robinson, *A descriptive account of Assam*, p. 131.

leur assez foncée ; ces feuilles, très abondantes, sont inférieures en qualité aux bourgeons de la récolte précédente. Les Chinois les emploient pour préparer le thé *urh chun* ou de seconde origine. On fait encore une troisième cueillette un mois après, les feuilles dites alors *san chun* ou de troisième origine, sont d'un vert très intense, coriaces : elles donnent le thé le plus commun.

Déjà des plantations considérables de thé sont établies dans l'Inde anglaise, dans l'Assam, le Brésil, et il n'est pas improbable que cette plante ne s'établisse un jour en Europe.

Au rapport de Guillemin (1), qui a observé la culture et la préparation du thé au Brésil, les feuilles sont soumises à la dessiccation immédiatement après avoir été cueillies. On en place 2 à 3 kil. dans une chaudière de fer très évasée, dont l'intérieur est poli, et qui peut avoir un mètre de diamètre, sur 30 centimètres de profondeur. La température du métal de la chaudière est entretenue à près de 100 degrés ; un nègre remue avec les mains les feuilles dans tous les sens, jusqu'à ce qu'elles soient devenues souples comme un chiffon, à ce point qu'on puisse en former de petites pelottes. Quand les feuilles ont acquis une souplesse suffisante, on les place sur une claie faite avec des lanières de bambous,

---

(1) Guillemin, Rapport sur sa mission au Brésil.

et on les malaxe fortement pendant un quart d'heure, de manière à en exprimer un suc verdâtre, d'une saveur désagréable. Les feuilles malaxées sont alors remises dans la chaudière ; on les dessèche complètement en les retournant sans cesse avec la main, les séparant quand elles s'agglomèrent, les soulevant, les faisant voltiger pour les empêcher d'adhérer et de brûler au contact du métal. Durant cette opération qui se prolonge pendant une demi-heure, il se dégage une poussière abondante qui provient du duvet cotonneux dont la plante est recouverte. Par cette dessiccation rapide, les feuilles se roulent sur elles-mêmes, se crispent, prennent l'aspect du thé du commerce. A sa sortie de la chaudière, le thé est passé dans un crible, dont les ouvertures carrées ont 3 millimètres ; les feuilles les mieux enroulées, celles qui proviennent des bourgeons, passent à travers, et après les avoir vannées, on leur donne un nouveau coup de feu, jusqu'à ce qu'elles aient pris une teinte plombée grisâtre. C'est ce premier produit qui, au Brésil, prend le nom de *thé impérial* ou *thé uchim*. La partie qui est restée sur le crible est chauffée, vannée et criblée, c'est le *thé hyson fin*. Le résidu de ce second produit est encore soumis aux mêmes opérations ; il donne le *thé hyson commun*. On obtient encore, et toujours par les mêmes moyens, le *thé hyson grossier*. Enfin, les feuilles brisées, non enroulées, les débris du vannage, sont appelés *thé de famille*, parce qu'on le consomme sur place.

Pendant et après sa dessiccation, le thé répand une odeur herbacée peu agréable, et qui se modifie avec le temps. L'arôme des thés chinois leur est communiqué par une plante très odoriférante, que l'on croit être l'*olea flagrans*. On prétend aussi que le thé vert est coloré au moyen de l'indigo. Il est possible, cependant, que les nuances des divers thés dépendent simplement du degré de torréfaction qu'ils ont subi. Guillemin ne nous a rien laissé sur le rendement de l'arbre à thé du Brésil. En Chine, suivant un manuscrit de M. Carpena, vicaire apostolique du Fo Kien, un arbuste, dans une culture faite avec soin, produit annuellement pendant trente ou quarante ans, $1^{kil.}$ à $1^{kil.},5$ de thé torréfié (1).

Le thé, d'après les analyses de M. Mulder, renferme : 1° une huile volatile ; 2° de la chlorophylle ; 3° de la cire et de la résine ; 4° de la gomme ; 5° une matière extractive; 6° une matière colorante; 7° des substances azotées analogues à l'albumine ; 8° du ligneux et des sels minéraux; 9° un principe crystallin particulier, la caféine que l'on place parmi les alcalis végétaux, et que l'on rencontre aussi dans le café.

La caféine crystallise en aiguilles incolores d'un

(1) Ce manuscrit m'a été confié par M. Houssay.

aspect soyeux, d'une saveur amère. Elle est peu soluble dans l'alcool et dans l'éther; l'eau en dissout 1/40; elle se sublime sans éprouver de décomposition, et c'est par la sublimation que M. Stenhouse propose de l'extraire du thé (1). On verse dans une décoction chaude de thé un léger excès d'acétate de plomb, qui précipite le tannin et la matière colorante. On filtre chaud et on évapore à siccité la liqueur filtrée. Le résidu de cette évaporation est mêlé très intimement avec du sable, et le mélange est placé dans l'appareil de sublimation qui sert à préparer l'acide benzoïque. On chauffe lentement et modérément, et bientôt de nombreux crystaux de caféine s'attachent au papier qui couvre l'appareil.

A l'aide de ce procédé, M. Stenhouse a retiré de 100 parties de thé.

Thé.	Caféine.
De Haysan.	1,09
Noir, de Congo.	1,02
Noir, d'Assam.	1,37
Vert, Iwankay.	0,98

La caféine est certainement le principe qui communique au thé sa saveur amère et quelques unes de ses propriétés. Les expériences ont d'ailleurs prouvé que cette substance, quand elle est administrée seule et à dose assez forte, ne produit aucune action fâcheuse sur l'économie animale.

(1) Stenhouse, *Annalen der Chemie und Pharm.*, t. XLV, p. 336.

Semences.

Froment. Cette céréale appartient à l'espèce *triticum* qui fournit à l'agriculture plusieurs variétés importantes : 1° les froments d'hiver et d'été (*T. hybernum* et *æstivum*) ; 2° l'épeautre ou blé locar (*T. spelta*) ; 3° le *T. monocon.*

Le froment se sème soit sur jachère, soit sur les soles qui ont porté précédemment des plantes fourragères. Il exige un terrain consistant, frais, suffisamment calcaire et abondant en matières organiques. Il vient moins bien dans les sols où le sable domine sur le principe argileux. Pour les semailles, on choisit des grains qui offrent tous les signes d'une bonne qualité, et cette précaution ne suffit pas encore pour préserver la plante des nombreuses maladies qui peuvent l'atteindre, comme le charbon, la carie, la nielle, etc. On est dans l'usage, avant de confier les semences à la terre, de leur faire subir certaines préparations qui ont pour but de détruire les germes des parasites qui, à ce qu'on assure, adhèrent à leur épiderme. Cette opération est appelée *chaulage*, parce qu'on emploie souvent comme préservatif un lait de chaux dans lequel on laisse macérer les grains pendant 12 ou 15 heures. Des moyens plus efficaces encore ont été recommandés ; les uns font usage d'alun, les autres de sulfate de fer, de sulfate de zinc, de sulfate de cuivre, de sulfate de soude, d'acide arsénieux. Tous ces moyens paraissent d'ailleurs conduire au même résultat. Nous nous servons de sulfate de cuivre, comme on le fait du reste dans une bonne partie de l'Alsace, et je puis assurer que nos champs de blé ne sont jamais infectés. On compte 100 grammes de sulfate pour un hectolitre de froment ; on dissout le sel dans la quantité d'eau jugée nécessaire pour pouvoir y submerger le grain, qu'on laisse séjourner dans le liquide durant trois quarts d'heure environ. On fait égoutter le froment dans des paniers, et on le sèche avant de le semer.

L'époque des semailles du froment d'automne dépend évidemment du climat, et rien n'est aussi déplacé que ces dates précises qui sont indiquées dans la plupart des auteurs. Ce qu'il ne faut point perdre de vue, c'est que la plante doit acquérir un certain développement avant l'arrivée de la saison froide, afin que les racines aient déjà pénétré à une assez grande profondeur, pour être à l'abri de la température rigoureuse de l'hiver. Dans chaque localité, l'expérience a enseigné le moment le plus convenable ; c'est une règle à laquelle il faut se conformer, et ce n'est jamais sans inconvénient qu'on s'en écarte. Dans l'est de la France, en Alsace, les semailles d'automne se font dans la première semaine d'octobre. Dans l'hémisphère austral,

dans certaines parties du Chili, on sème en avril
le blé qui doit supporter les froids des mois de
juin, juillet et août. La quantité de froment que
l'on emploie pour semence, varie depuis 1 hectol.
et demi jusqu'à 3 hect., par hectare. On s'accorde cependant à reconnaître qu'on fait généralement de bonnes semailles avec 2 hectolitres,
c'est ce que nous semons à Bechelbronn ; mais
dans une même localité, sur des champs con-
tigus, on voit assez fréquemment employer des
doses de semences qui sont dans le rapport du
simple au double, sans qu'à ma connaissance du
moins, aucune raison plausible ne justifie cette
prodigalité ou cette parcimonie. C'est d'ailleurs
une question de la plus haute gravité, que
celle de savoir quelle est la proportion la plus
convenable à employer, dans l'intérêt du cultivateur. Cette question, on peut, on doit la poser
de deux manières, selon que l'on considère le
produit d'une surface donnée de terrain, ou
bien que l'on envisage seulement le rapport de
la récolte au grain ensemencé. Il est de toute
évidence qu'en semant dru, on obtiendra plus par
hectare qu'en semant très clair ; mais par. contre, des semailles claires rendront un plus grand
nombre de fois la quantité de semence. Les raisons qui doivent déterminer dans la dose de grains
à semer, sont nombreuses et très complexes ;
elles se déduisent évidemment de la valeur du

fond en culture, des prix de la céréale, des pailles, de la main-d'œuvre, des engrais. Ainsi, dans les contrées où la terre n'a presque aucune valeur, il peut être très convenable de répandre peu de semence sur une grande surface et d'épargner en même temps les façons du sol. Je me rappelle un champ des environs de Pamplona, où le froment était disposé en touffes isolées, toutes très vigoureuses et extraordinairement chargées de grains ; la terre n'avait reçu qu'une préparation insignifiante, et néanmoins on s'attendait à récolter soixante à quatre-vingts fois la semence. C'était, à n'en pas douter, une culture avantageuse, et cependant j'ai la conviction qu'elle n'a pas rendu plus de 5 à 6 hectolitres de froment par hectare.

Par les mêmes considérations, les premiers planteurs des Etats-Unis ont dû suivre une méthode à peu près semblable. « Un fermier anglais, « dit Washington dans une lettre adressée à Ar- « thur Young, doit avoir une opinion extrême- « ment désavantageuse de notre sol, s'il apprend « qu'une acre ne produit chez nous que 8 à 10 « bushels de froment (7 à 9 hectolitres par hec- « tare), mais il ne doit pas oublier que dans tous « les pays où les terres sont à bon marché, et où « la main-d'œuvre est chère, on aime mieux cul- « tiver beaucoup que cultiver bien. »

En Alsace, nous considérons seulement comme

profitable, une récolte dont le produit ne descend pas au dessous de 17 à 20 hectol. par hectare, et dans cette circonstance jugée avantageuse, nous ne retirons tout au plus que neuf à dix fois le grain semé.

Toutefois, il faut bien le reconnaître, dans ces cas extrêmes où la terre a une valeur aussi différente, puisque cette valeur peut varier dans le rapport de 1 à 1000, il est dans la dose des semences des limites qu'il ne faut pas dépasser, et il y aurait sans aucun doute une suite d'expériences curieuses et utiles à entreprendre, dans le but de déterminer la relation qui existe entre le produit des récoltes et la quantité du grain confiée au sol. Je n'ignore pas que plusieurs résultats de ce genre ont déjà été publiés ; mais je sais aussi que ces résultats appuyés sur des renseignements assez vagues, n'ont pas été déduits d'un ensemble de faits nombreux bien comparables, observés dans des conditions climatériques variées ; tels en un mot qu'ils devraient l'être, pour faire cesser l'incertitude qui règne encore à ce sujet dans l'opinion des cultivateurs et des économistes les plus éclairés.

En Europe le froment semé en automne occupe ordinairement le sol pendant neuf mois. Cette durée de la culture varie d'ailleurs considérablement avec les climats : dans la chaîne des Andes, elle est proportionnée à la température propre des localités.

En Amérique, le froment qui est aujourd'hui un produit important de l'agriculture, a été introduit d'Europe très peu de temps après la conquête. Les premiers grains de blé qui furent semés au Mexique avant 1530, avaient été trouvés par un nègre de Fernand Cortès, parmi du riz destiné à rationner l'armée (1). A Quito le blé a été apporté par un flamand, le père Jose Rixi, moine de l'ordre de Saint-François. On m'a encore montré dans le couvent de San Francisco, le vase dans lequel les premières semences sont venues d'Europe.

Au Mexique, dans les cultures irrigables, qui sont, toutes choses égales d'ailleurs, les plus productives, on arrose le blé à deux époques, lorsqu'il sort de terre, et quand il est près de monter en épi. Suivant M. de Humboldt, qui a recueilli des documents précieux sur l'agriculture de la nouvelle Espagne, la richesse des récoltes est vraiment surprenante ; les sols irrigués rendent souvent de quarante à soixante fois la semence ; on considère comme un produit médiocre celui de seize pour un , et en prennant une moyenne pour tout le Mexique, ce rendement

(1) Humboldt, *Essai politique sur la Nouvelle Espagne*, t. II, p. 420.

peut s'évaluer de vingt-deux à vingt-cinq (1).

La culture du froment est surtout profitable dans les localités tropicales qui jouissent d'une température moyenne de 18° à 19°; néanmoins elle réussit encore là où l'on rencontre déjà des plantations de cafiers et de cannes à sucre, mais je doute qu'elle soit très productive. Les limites extrêmes de la culture du blé dans les Cordillières répondent, d'après mes observations, aux températures moyennes et à peu près constantes de 12° et 23°,5. M. Codazzi estime à trente-sept pour un, le produit moyen du froment dans Venezuela.

On admet en moyenne que l'hectolitre de froment pèse 77 kil.; ce poids varie cependant d'après la qualité même du grain, entre 71 kil. et 80 kil.

Voici d'après des documents dignes de confiance, le produit moyen des récoltes de blé dans différentes contrées.

(1) Humboldt, *Essai politique, etc.*, t. II, p. 429.

LOCALITÉS.	PRODUIT PAR HECTARE (semence déduite).		AUTORITÉS.
	En volume.	En poids (1).	
	hectol.	kilog.	
Allemagne : Mœgelin.	23,3*	1833	Thaer.
Gussow	18.7*	1440	Podewils.
Lavanthale	20,0*	1540	Burger.
Saint-Florian	19,3*	1486	Burger.
Saalfelden	16,1*	1240	Lurzer.
Dans l'Altenbourg	19,0*	1463	Schmalz.
Ponitz.	21,0*	1617	Schmalz.
Hurngerbrunn (Carinthie). . . .	18,8*	1248	Burger.
Lombardie : terres irriguées . .	22,4*	1725	Burger.
Id. terres non irriguées	13,9*	1070	Dandolo.
Id. id.	9,6*	739	Verra.
Moyenne de la Lombardie vénitne	13,9*	1070	Burger.
Angleterre: les meilleures cultures	30,0*	2310	Arthur Young.
Id. Moyenne.	20,7*	1594	Arthur Young.
Brabant et Flandre	25,2*	1950	Schwertz.
France : Alsace (après tabac). .	26,0*	2002	Schwertz.
Alsace : Bechelbronn. . . .	19,5	1501*	Lebel et Boussingault
Roville (Meurthe).	14,3*	1101	Mathieu de Dombasle
Environs de Paris.	22,0*	1694	Dailly.
Id. du Nord.	20,7*	1594	
Id. Seine et Oise . . .	19,1*	1471	
Id. Oise	18,8*	1248	} Statistique officielle.
Lot, Lozère, Dordogne, Cantal .	5,4*	416	
Amérique : à l'est des Alleghanis ;			
terres riches. . .	30,8	2372*	
Id. terres médiocres .	8,7	667*	} Blodget.
Mississipi ; terres riches	38,6	2965*	
Id. terres médiocres . . .	24,1	1853*	
Venezuela ; vallée d'Aragua. . .	38,5	2962*	Humboldt.
Id. climats tempérés . .	12,3	944*	Codazzi.

Les céréales, indépendamment de leur produit
principal, les grains farineux, procurent encore
à la culture une matière très importante pour l'é-
conomie rurale; c'est la paille, dont un établissement agricole européen ne saurait se passer sans
de graves inconvénients. Après avoir été utilisée
comme aliment, comme litière pour le bétail,

(1) J'ai adopté 77 kil. pour le poids de l'hectolitre de froment. Les chiffres suivis d'un astérisque sont ceux indiqués par
les auteurs. Les chiffres qui n'ont pas d'astérisque ont été transformés.

1. 29

elle retourne au sol et contribue puissamment à atténuer l'épuisement que lui fait toujours éprouver la récolte du blé. La quantité de paille sur laquelle on peut compter dans une ferme est naturellement subordonnée à l'extension des soles de céréales : il est donc utile de connaître le rapport qui existe entre le poids des tiges et celui des grains. Ce rapport est assez variable, par la raison qu'il dépend de plusieurs circonstances. Ainsi, le froment récolté à la suite d'une année pluvieuse contient peu de semences et beaucoup de tiges ; dans les années sèches, c'est le contraire qui arrive. Les champs récemment et abondamment fumés, rendent plus de paille que les trèfles rompus. Des semailles très drues en donnent toujours beaucoup relativement au grain ; enfin le climat exerce sur les deux produits que nous considérons, l'influence la plus marquée. Les différences que l'on observe d'une année à l'autre par l'effet de conditions météorologiques très différentes, se réalisant dans une même localité, dans les mêmes terres, ne sont pas moins prononcées. J'en rapporterai un exemple : l'année 1840-41 et l'année 1841-42, ont donné à Bechelbronn des récoltes de céréales très peu satisfaisantes. Durant la première, les pluies ont été trop fréquentes ; pendant la seconde, la sécheresse a été trop prolongée. Dans ces deux circonstances opposées, le poids de la paille à celui du grain a été :

En 1840-41 :: 100 : 24
En 1841-42 :: 100 : 90

Aussi cette dernière récolte a occasionné une disette de litière dans notre établissement. Dans les années ordinaires, nous obtenons environ 38 de froment pour 100 de paille, rapport qui s'accorde bien avec ceux qui sont indiqués par divers observateurs.

Pour 100 de paille :

Thaer admet. . .	50 de grain.
Podewils	35
Burger	41
Block.	33
Dierexen	39
Schwertz. . . .	44

Dans les céréales, la matière amylacée est enveloppée d'un périsperme flexible et de nature ligneuse. La mouture a pour objet de briser cette enveloppe et de réduire l'intérieur du grain en farine. Après que le blé a été parfaitement nettoyé, on le fait arriver entre des meules assez écartées pour que la substance ligneuse ne soit pas broyée ; c'est une espèce de décortication que l'on fait subir au grain ; et pour prévenir autant que possible la désagrégation du périsperme et des téguments, on prend la précaution d'humecter le blé quand il est trop sec. Le produit de cette première mouture est séparé par le blutoir, en

farine blanche, en gruaux et en son volumineux.
Les gruaux sont passés sous les meules plus rapprochées ; on obtient une seconde farine blanche,
et des gruaux qui produisent encore une certaine
quantité de farine et de nombreux gruaux : enfin
de ces derniers, on sépare de la farine bise, et
des issues ou recoupes, formées en grande partie
des parties ligneuses et dures qui avoisinent l'enveloppe des grains.

C'est ainsi qu'on procède à la préparation de
la farine, dans presque toute la France. En Angleterre, on triture complètement le froment
par une seule opération. Les meules sont rapprochées en conséquence, et comme elles doivent être animées d'une vitesse fort considérable, qu'il se développe par cette raison une
assez forte chaleur, on fait passer le produit de
la mouture par un réfrigérant, afin de prévenir
les inconvénients qui pourraient résulter de l'accumulation de farines échauffées.

Les résultats comparés de ces deux moutures,
obtenus avec 100 kil. de blé, ont été :

	MOUTURE	
	anglaise.	française.
Farine propre au pain blanc...	58 ⎫ 72	66 ⎫ 74
Farine à pain bis	14 ⎭	8 ⎭
Gros et petit son.	26	23
Déchet.	2	3
	100	100

La proportion de farine fournie par les céréales ne dépend pas seulement de la mouture, mais aussi de la nature du grain. Le blé rend :

Pour 100 kil. 78 de farine, suivant Syrington.
        83   Lurzer.
        85 1/2   Dombasle.

L'*épeautre* (*triticum spelta*) a son grain tellement enfermé dans ses écales, qu'on ne peut l'en dégager par le battage ; aussi dans les pays où l'on cultive cette espèce de froment, les moulins sont pourvus de meules à décaler. Schwertz s'est livré, dans le Wurtemberg, à des expériences longtemps prolongées , pour déterminer le rendement de l'épeautre en farine. D'après ce célèbre praticien, on récolte en moyenne par hectare, 48 hectolitres d'épeautre; l'hectolitre pesant 42 kil. 24. Au moulin, 100 kil. de cette céréale ont donné :

Grain. 71,6
Ecales. 23,8
Déchet   4,6
                ———
              100,0

Et de 100 kil. de grain, on a retiré :

Grain.. 90,0
Son.   8,7
Déchet.   1,3
                ———
              100,0

La qualité de la farine est d'ailleurs assez variable suivant le froment dont elle provient ; elle renferme plus ou moins d'humidité, plus ou moins de gluten ; enfin, des proportions diverses de la substance ligneuse, selon que cette substance se laisse triturer avec plus ou moins de facilité. Les blés d'origine méridionale sont plus durs, plus cornés que ceux qui sont récoltés dans le nord ; ils paraissent plus riches en principes azotés ; comme ils renferment moins d'humidité, ils se conservent mieux, et c'est, sans aucun doute, à la forte proportion d'eau que contiennent les froments de nos contrées, qu'il faut attribuer le peu de succès des essais qui ont été faits pour les emmagasiner dans des silos. Nos froments d'Alsace, par exemple, contiennent quelquefois de 16 à 20 pour 100 d'humidité ; or, j'ai constaté par diverses expériences, qu'il est à peu près impossible de les garder sans qu'ils s'altèrent, dans des vases hermétiquement fermés. Pour que la conservation ait lieu, il faut réduire la proportion d'eau contenue, à 8 ou 10 pour 100, et c'est environ la quantité d'humidité qui se trouve dans les blés durs et cornés des pays chauds. Ainsi, dans mon opinion, on s'exposera toujours à des mécomptes, si dans les places de guerre, on met les approvisionnements de froment français en silos, quelque soin qu'on apporte d'ailleurs dans la construction.

La farine des céréales, particulièrement celle du froment, absorbe une grande quantité d'eau ;

elle forme alors une pâte d'autant plus liante et élastique, qu'elle contient une plus forte proportion de gluten ; nous avons, en effet, reconnu au principe azoté du blé, la propriété remarquable de s'étirer, de s'étendre comme une membrane, quand il est humide. Cette propriété, il la communique à la pâte, que l'on prépare pour confectionner le pain, en y introduisant du levain ou de la levure de bière. Par une action que le levain exerce sur la petite quantité de sucre qui existe toujours dans la farine, action que nous examinerons plus loin, il se dégage du gaz acide carbonique qui fait gonfler la pâte, retenu qu'il est par la consistance, pour ainsi dire membraneuse qu'elle présente. Lorsque la pâte est *levée*, on la cuit dans un four chauffé à 250° ou 300°. Par la cuisson, les bulles de gaz qui sont retenues dans son intérieur se dilatent : il se produit, en outre, de la vapeur aqueuse, la pâte se soulève encore et acquiert plus de légèreté.

La farine, pour pouvoir être pétrie, absorbe environ 55 à 70 pour 100 d'eau. La quantité de pain qu'on obtient dépend nécessairement du degré de cuisson, mais en général, dans la fabrication du pain blanc de Paris, qui est bien cuit, on compte que 100 kil. de farine donnent 130 kil. de pain. Dans les campagnes, le pain est généralement moins cuit qu'à Paris, il retient plus d'eau. A Bechelbronn, on fait avec 100 kil. de farine, 140 kil. de pain. A Roville, M. Mathieu de Dombasle en obtient, 145 à 146 kil.

D'après un très grand nombre d'essais que j'ai eu l'occasion de faire sur les farines, je crois pouvoir admettre que celles qui proviennent de blés récoltés en France, contiennent 0,16 d'humidité. Avec cette donnée on trouve que :

	Matière sèche.	Eau.
Sur 100, le pain blanc de Paris contient	64,6	35,4
le pain de Bechelbronn. . .	57,1	42,9
le pain de Roville	56,0	45,0

A poids égal, et pour la même quantité d'eau qui s'y trouve retenue, le pain est d'autant plus nutritif qu'il a été confectionné avec une farine plus riche en gluten ; c'est donc commettre une fraude préjudiciable aux intérêts du consommateur, que d'y introduire de l'amidon. C'est cependant ce qui se pratique presque ouvertement quand la fécule de pomme de terre est à bas prix ; la falsification commence souvent chez le meunier, et se continue ensuite chez le boulanger. Pour décéler la présence de la fécule, M. Gay-Lussac prescrit de broyer dans un mortier, avec un peu d'eau, quelques grammes de la farine suspecte, d'étendre d'eau et de filtrer. S'il y a de l'amidon dans la farine, la dissolution d'iode colore en bleu la liqueur filtrée. Si au contraire on a broyé de la farine pure, l'eau ne se colore point par ce réactif; à peine prend-elle une très légère nuance vineuse.

J'ai indiqué, dans les pages précédentes, comment on peut, par le lavage de la farine de froment réduite en pâte, se procurer le gluten, et évaluer les principes qui l'accompagnent. C'est par cette méthode que Vauquelin a examiné plusieurs farines après les avoir desséchées à une douce température, dessiccation qui très certainement a du être imparfaite. Les résultats obtenus sont les suivants pour cent parties (1).

FROMENTS.	GLUTEN.	AMIDON.	MATIÈRE SUCRÉE.	GOMME ou DEXTRINE.	EAU.	SON.
Farine de blé français	11,0	71,5	4,7	3,3	10,0	»
Farine du blé dur d'Odessa	14,6	56,5	8,5	4,9	12,0	2,3
Farine du blé tendre d'Odessa	12,0	62,0	7,6	5,8	10,0	1,2
Farine des boulangers de Paris	10,2	72,8	4,2	2,8	10,0	»

La méthode du lavage est bien loin d'être rigoureuse ; il est impossible en l'employant de ne pas laisser échapper du gluten qui passe avec l'amidon ; on perd l'albumine végétale à cause de sa solubilité dans l'eau. En outre, la dessiccation du gluten est une opération longue, délicate, et si l'on aspire à un certain degré d'exactitude, on

______

(1) Vauquelin, *Journal de Pharmacie*, t. VII, p. 353, 1re série.

doit tenir compte des matières grasses qui s'y trouvent. J'ai pensé qu'il serait plus sûr d'arriver à la connaissance des principes animalisés d'une farine, et en général de toutes les graines, par le dosage direct de l'azote.

Le dosage de l'azote est aujourd'hui une opération facile, qui peut conduire à des résultats d'une grande exactitude, si l'on prend toutes les précautions convenables. Ce dosage n'exige certainement pas plus de temps que l'extraction du gluten et de l'albumine par les procédés ordinaires, si l'on y comprend la dessiccation toujours longue et incertaine de ces mêmes matières. La détermination précise des principes azotés des grains ou de leur farine est, sans aucun doute, le point essentiel de ce genre d'analyse, par la raison que c'est la proportion de ces principes qui fixe comparativement la valeur nutritive des substances qui les contiennent.

Les quatre principes azotés que nous avons déjà reconnus dans la farine du froment ont, à très peu près, la même composition; la proportion moyenne de l'azote y est de 0,16. Avec cette donnée, il est évident que si une farine, par exemple, renferme 0,04 d'azote, on peut en conclure que cet azote représente 0,25 de glutine, d'albumine, de fibrine et de caséine, desséchées à 140°

C'est en dosant l'azote contenu dans les farines d'un assez grand nombre de variétés de froment que j'ai essayé de déterminer la proportion des principes azotés qui s'y trouvaient. Les blés examinés avaient été récoltés dans la même année au jardin des plantes, et cultivés par conséquent dans un même sol bien fumé et dans des conditions climatériques parfaitement identiques. Indépendamment des matières azotées, on a cherché à évaluer aussi exactement que possible les quantités respectives de son et de farine ; dans ce but on a broyé le froment dans un mortier d'agate, et l'on a séparé la farine à l'aide d'un tamis de soie. Le poids du son et de la farine réunis, a toujours été moindre que le poids du froment avant la porphyrisation. Cette perte est due à deux causes , ainsi que je m'en suis assuré, l'une, que l'on peut négliger dans ce genre de recherches, provient de ce que, pendant la porphyrisation, les matières commencent à se dessécher ; l'autre de ce que la farine la plus subtile s'envole pendant le tamisage. Il est donc préférable, après avoir pesé le son, de doser la farine par différence. Dans l'exécution du travail dont je vais présenter les résultats, j'ai été habilement secondé par la coopération de M. Le Bel.

DÉSIGNATION DES BLÉS.	CARACTÈRE des GRAINS.	DANS 100 DE BLÉ.		DANS 100 DE FARINE		AMIDON, SUCRE', GOMME, EAU.	ASPECT DES FARINES.
		SON.	FARINE.	AZOTE.	GLUTEN ET ALBUMINE.		
Froment Barei, T. Spelta rufa mutica.	minces, petits.	21,9	78,1	3,85	24,1	75,9	grise, rude.
T. Monococon, épeautre petit	moyens.	20,8	79,2	3,97	24,8	75,2	douce.
Grand épeautre	très grands.	26,9	73,1	3,53	22,1	77,9	très rude.
Froment de la Mecque	cornés, longs.	32,0	68,0	3,71	23,8	76,2	jaune, rude.
Blé à barbes et balles violettes	petits, bruns.	13,2	86,8	3,63	22,7	77,3	très rude.
Froment d'hiver, T. Hybernum	moyens.	38,5	61,5	2,92	18,3	81,7	jaunâtre, douce.
Blé Mouret ordinaire	rougeâtres.	23,5	76,5	3,77	23,5	76,5	rude.
Froment Revel	jaunes, beaux.	14,0	86,0	3,00	18,7	81,3	très blanche, douce.
Blé rouge d'Égypte	petits, durs.	15,0	85,0	3,45	21,6	78,4	jaunâtre, grosse.
Froment gros lusquet à quatre rangs	durs.	15,0	85,0	3,27	20,4	79,6	un peu rude.
Froment fin rouge du Roussillon.	rougeâtres.	16,0	84,0	3,61	22,6	77,4	blanche, très douce.
Froment Marcel rouge	gros.	21,5	78,5	3,04	19,0	81,0	jaunâtre, douce.
Froment de Dantzich	tendres.	24,0	76,0	3,63	22,7	77,3	blanche, très douce.
Froment du Nord.	assez durs.	20,5	79,5	3,58	22,4	77,6	jaunâtre.
Froment fin rouge du pays de Foix	tendres.	18,5	81,5	3,51	21,9	78,1	blanche, très douce.
Froment de Smyrne	blancs, durs.	19,0	81,0	3,18	19,9	80,1	blanche, assez rude.
Blé du Bengale. Naypour	blancs, durs.	21,5	78,5	2,97	18,6	81,4	douce, blanche.
Blé de Tangarok	petits.	23,5	76,5	3,86	24,1	75,9	blanche, très douce.
Blé corné d'Afrique	gris, durs.	24,5	75,5	4,25	26,5	74,5	jaune, très rude.
Blé du Cap	jaunes, gros.	19,0	81,0	2,92	18,2	81,8	blanche, très douce.
Froment de Russie	rugueux.	18,0	82,0	3,53	22,1	77,9	jaunâtre, très douce.
Blé carré de Sicile	petits, rouges.	19,5	80,5	3,89	24,3	75,7	jaune, rude.
Froment géant de Sainte-Hélène	durs, très gros.	25,0	75,0	3,35	20,9	79,1	jaune, rude.
Froment de Subernac (Pyrénées)	bien formés.	20,5	79,5	3,04	19,0	81,0	blanche, très douce.

La quantité de gluten et d'albumine contenue dans ces farines, est beaucoup plus forte que celles qui est généralement indiquée; j'ai donné des raisons qui expliquent jusqu'à un certain point cette plus forte proportion de matière azotée. Je dois ajouter maintenant que tous les blés dont les farines ont été soumises à l'analyse, avaient été cultivés dans un sol riche, circonstance, qui, comme l'a parfaitement démontré Hermbstaëdt, exerce l'influence la plus directe sur l'augmentation du gluten dans le blé.

On savait déjà, par les expériences de Tessier, que la proportion du gluten dans une même espèce de froment, peut varier dans le rapport de 12 à 36 pour 100 du poids de la farine, suivant la nature et la quantité de fumier donné à la terre. Mais c'est Hermbstaëdt qui a fait le premier des observations vraiment comparatives, sur l'action des excréments de divers animaux dans la culture des céréales.

Les excréments employés dans les recherches de cet habile agronome, avaient toujours été desséchés à l'air, à la température de 12,5°. On fumait des surfaces égales du même terrain ensemencées en blé d'automne, avec des poids égaux de fumier desséché. 100 parties de la farine du grain récolté contenait :

	Gluten.	Amidon.	Son et matière soluble, humidité.
Dans la zône fumée par : l'urine d'homme	35,1	39,3	25,6
le sang de bœuf	34,2	41,3	25,5
les excréments d'hommes .	33,1	41,4	25,5
de mouton.	22,9	42,8	34,2
de chèvre. .	32,9	42,4	24,7
de cheval. .	13,7	61,6	24,7
de pigeon .	12,2	63,2	24,6
de vache. .	12,0	62,3	25,7
Sol non fumé.	9,2	66,7	24,1

On voit ainsi, qu'en général, car l'exception ne porte que sur la fiente de pigeon et de chevaux, les blés fumés avec les matières les plus azotées, sont précisément ceux qui ont donné la plus forte dose de gluten.

J'ajouterai, comme confirmant les observations d'Hermstaëdt, celles que j'ai recueillies en cultivant simultanément une même variété de froment, en plein champ, et dans une terre de jardin très fortement fumée. Les grains récoltés ont ensuite été analysés, après avoir été desséchés à 110° (1).

	Froment récolté en 1836 dans	
	la culture ordinaire.	le jardin.
Carbone . . .	46,10	45,51
Hydrogène . .	5,80	5,67
Oxygène . . .	43,40	43,00
Azote.	2,29	3,51
Cendres. . . .	2,41	2,31
	100,00	100,00

(1) Boussingault, *Annales de Chimie et de Physique*, t. **I**, p. 225, 3ᵉ série.

Il y avait dans le froment :

De la culture, gluten et albumine, pour 100,   14,31
Du jardin,   id.   21,94

Davy a émis l'opinion que les blés des pays chauds sont plus riches en principes azotés que ceux des climats tempérés. Les contrées méridionales produisent généralement des grains durs et cornés, dont les farines contiennent plus de gluten que les blés tendres. Des recherches récentes tendent à la première vue à justifier les idées de l'illustre chimiste anglais. M. Payen a trouvé, en effet :

Dans un blé dur d'Afrique desséché . 3,00 d'azote; gluten 18,7
Dans un blé des régions chaudes de
Venezuela 3,50   21,9

Cependant, les observations que j'ai citées plus haut, nous ont signalé des froments récoltés en Europe, qui sont tout aussi riches en principes azotés, et elles établissent d'une manière trop décisive l'influence du sol sur la nature du grain, pour que l'opinion de Davy puisse être admise sans aucune restriction, car la forte proportion de gluten trouvée dans les froments d'Afrique et de Venezuela, pourrait dépendre tout autant de la fertilité du sol, que de la température élevée du climat.

Dans les analyses des grains de céréales ou de leur farine, faites jusqu'à ce jour, on a omis de men-

tionner les matières grasses qui s'y rencontrent.
D'après les opinions récemment émises, sur l'utilité spéciale de ces matières dans l'alimentation,
cette omission devait être réparée. C'est dans ce
but que j'ai déterminé, avec MM. Dumas et
Payen, la quantité de substances grasses renfermées dans un assez grand nombre d'aliments végétaux. Il ressort de ces recherches, que les céréales en contiennent de 2 à 10 pour 100.

Un blé d'hiver, récolté à Bechelbronn, contenait :

Blé séché à 120° . 85,5
Eau. 14,5

100 de blé sec ont produit :

Son 13,7
Farine. 86,3

Diverses analyses donnent, pour la composition de ce froment et de ses parties, les résultats
suivants, sur 100 parties :

SUBSTANCE DESSÉCHÉE.	GLUTEN et ALBUMINE.	AMIDON.	GLUCOSE ?	GOMME.	MATIÈRES GRASSES.	LIGNEUX.	CENDRES.
Son . . .	20,0	»	»	28,8	5,5	45,7	»
Farine. .	13,4	73,2	5,6	4,2	2,1	»	1,5
Froment.	14,3	63,2	»	12,4	2,6	7,5	»

Seigle (secale cereale). Le seigle entre très
souvent dans l'alimentation de l'homme ; dans le

nord de l'Europe, le peuple s'en nourrit essen-tiellement. C'est une céréale très robuste, et qui vient dans les sols sablonneux qui se refusent à produire du blé. Dans la culture, cette céréale occupe la place du froment; elle exige d'ailleurs les mêmes façons, et occupe le sol à peu près pendant le même temps. L'hectolitre de seigle pèse en moyenne 75 kil. (1). On en sème environ deux hectolitres par hectare. On récolte, déduction faite de la semence :

LOCALITÉS.	PRODUIT PAR HECTARE.		AUTORITÉS.
	En volume.	En poids.	
	hectol.	kilog.	
Brabant.	20,4	1530	Schwertz.
Flandre.	28,3	2122	Schwertz.
Marche	9,6	720	Podewils.
Id	11,0	825	Thaer.
Id	15,6	1170	Podewils.
Altembourg	20,2	1515	Schmalz, Schwertz.
Wurtemberg	19,5	1462	Schwertz.
Autriche	18,1	1358	Burger, Lurzer.
Palatinat.	28,2	2115	Moëllinger.
Angleterre.	19,9	1493	Arthur Young.
France (Meuse).	17,4	1305	Schwertz.
Alsace (Bechelbronn). . .	20,5	1538	Le Bel et Boussingault.
Trappes (Seine)	»	»	Dailly.
Finistère, Nord	17,2	1280	Statistique officielle.
Seine-et-Oise, Hautes-Alpes	15,7	1178	Statistique officielle.

Les agriculteurs allemands établissent que 100 : 47 exprime le rapport du poids de la paille au poids du seigle. Thaer adopte 100 : 50, Block

(1) Schwertz donne 72 kil.; à une autre source, je trouve 78 kil. A Bechelbronn, en 1842, j'ai obtenu 75^k,60. La pesée a été faite l'hiver, quelques mois après la récolte : cette même année, notre froment a pesé 80 kil. l'hectolitre.

100 : 33; ce rapport est des plus variables, en voici un exemple :

	Paille.	Grain.
A Bechelbronn, en 1840-41, nous avons eu	100	63
1841-42	100	25
Rapport moyen .	100	44

Le seigle donne une farine moins blanche, moins fine que l'est celle du froment. Cela tient à ce que l'enveloppe ligneuse du grain se broye en grande partie par les remoulages successifs. Aussi, pour obtenir un produit de bonne apparence, il ne faut retirer du seigle que 50 à 65 de farine. La pâte faite avec cette farine a peu de liant, elle contient très peu de fibrine végétale, ce principe azoté qui communique au gluten ses propriétés élastiques. C'est l'absence de cette fibrine végétale qui rend difficile la panification de la farine de seigle. Des expériences faites par M. de Dombasle montrent que la farine de fleur de seigle rend autant de pain que celle qui provient du froment : 100 kil. de farine de seigle ont fourni 145 kil. de pain (1).

Le pain de seigle est plus hygrométrique que celui de froment ; aussi ce pain reste plus longtemps frais. A l'état ordinaire le seigle contient :

Son.	24
Farine bise . .	76

(1) Mathieu de **Dombasle**, *Journal d'Agriculture pratique*, t. IV, p. 293.

Par une dessiccation à 120°, il abandonne 17 pour 100 d'humidité. L'analyse de la farine desséchée provenant du seigle récolté à Bechelbronn, a donné.

Gluten et albumine (principes azotés réunis) . 10,5
Amidon. 64,0
Matières grasses 3,5
Sucre (glucose ?). 3,0
Gomme. . . . . . . '. 11,0
Ligneux et sels (phosphates) 6,0
Perte 2,0
                                         ―――――
                                          100,0

Orge (*hordeum vulgare*). On obtient en moyenne, dans les cultures ordinaires, 38 hectolitres d'orge par hectare; 2394 kil. si l'on adopte 63 kil. pour le poids de l'hectolitre. Le rapport moyen du poids de la paille à celui du grain, déduit de données d'ailleurs très variables, serait, selon Schwertz :: 100 : 50.

L'orge contient

Farine. 68,6
Son. 18,4
Eau. 13,0
                    ―――――
                     100,0

Desséchée, cette céréale a donné 0,0214 d'azote, qui représente 13,4 pour 100 de gluten et autres principes azotés.

Avoine (*Avena sativa*). — On évalue le rendement moyen de l'hectare à 38 hectolitres. A

Bechelbronn nous obtenons souvent 40 hectol. du poids de 47 kil. Schwertz exprime le rapport de la paille au grain, par 100 : 60.

L'avoine récoltée en 1841-1842, m'a rendu pour 100.

Farine. . . . 78
Son 22

100 de cette avoine ont perdu par une dessiccation à 120°, 20,8 d'eau ; ainsi desséchée, elle a donné à l'analyse

Amidon 46,1
Gluten, albumine, etc 13,7
Matières grasses 6,7
Sucre (glucose?) 6,0
Gomme. 3,8
Ligneux, cendres et pertes. . . . 21,7
—————
100,0

Maïs (zea maïs) — Le maïs est le véritable blé des Américains. On s'accorde aujourd'hui pour reconnaître que cette plante est orignaire du nouveau monde. Il est aussi hors de doute que le maïs a été introduit en Espagne bien avant les pommes de terre. En effet, Oviedo, dans un ouvrage imprimé en 1525, dit qu'il l'a vu cultiver en Andalousie et dans les environs de Madrid.

Lors de la découverte de l'Amérique, les Européens trouvèrent établie partout la culture du maïs, depuis l'extrémité la plus méridionale du

Chili, jusqu'en Pensilvanie (1); et dans le voisinage de l'équateur, depuis le niveau de la mer jusque sur les hauts plateaux des Andes. Garcilasso décrit même avec détail les usages, la culture de cette plante chez les Incas, l'engrais donné au sol pour en assurer la récolte. Au Cusco les Indiens fumaient la terre avec des excréments humains desséchés et pulvérulents; sur les côtes, ils employaient tantôt le guano, tantôt, comme dans les terrains poudreux et peu fertiles de Atica, d'Atiquiba, de Chillca, des débris de poissons (2).

Les usages du maïs sont nombreux; en Amérique, on en fait des galettes qui remplacent le pain; par la fermentation on en prépare une liqueur vineuse, la *chicha*. Avant la conquête, les Mexicains fabriquaient un sirop avec le jus exprimé des tiges. En décrivant à Charles-Quint toutes les denrées que l'on rencontrait sur le marché de Tlatclolco, Cortès dit : « On y vend du « miel d'abeilles, de la cire et du miel de tiges de « maïs ! » Le maïs réduit en farine sert à faire des bouillies (*masamora*), et lorsqu'il est en épis, et proche de sa maturité, on le mange cuit dans l'eau ou rôti. Dans les cordillières tropicales, on voit la culture avantageuse de cette plante se maintenir depuis le niveau de l'Océan jusqu'à la hauteur de

(1) Humboldt, *Essai politique sur la Nouvelle Espagne*, t. II, p. 408.

(2) Garcilasso, *Commentarios reales*, t. I, p. 134.

2,800 mètres, c'est dire qu'elle prospère sous l'influence d'une température constante qui varie entre 27°,5 et 14° : cette circonstance explique comment elle a pu s'introduire aussi généralement en Europe.

Le maïs réussit dans tous les terrains , quand ils sont convenablement fumés : j'en ai vu des cultures admirables dans des sols sablonneux et dans les terres les plus argileuses. Les façons qui lui conviennent sont celles que reçoivent les autres céréales ; le climat doit seul prononcer sur l'opportunité de son introduction dans une localité, il lui faut une chaleur suffisante et surtout l'absence d'une température trop froide. C'est pour ces motifs que dans l'est de l'Europe on sème le maïs au printemps, lorsque les gelées ne sont plus à redouter. Il y aurait un avantage réel à faire des semences tardives, si par ce retard on ne s'exposait à un inconvénient également grave, celui des gelées d'automne, lors de l'époque de la maturité. La susceptibilité du maïs, relativement au climat, me paraît tout à fait analogue à celle de la vigne; et je doute qu'il soit sage de le cultiver sur une grande échelle, dans les endroits où le raisin ne réussit pas ordinairement.

Les semailles se font au plantoir ou à la main, en suivant le sillon ouvert par la charrue: je crois qu'il ne faut jamais semer le maïs à la volée. C'est une plante qui demande à être alignée, et ce n'est que dans les pays déjà très chauds que l'alignement est moins nécessaire. En Alsace, les lignes sont espacées à environ 80 centimètres, et les grains sont déposés à 30 centimètres l'un de l'autre. L'espace considérable laissé entre les plantes, semble autoriser la coutume fort générale d'intercaler une culture dans les champs de maïs. On y fait venir le plus communément des haricots nains, des pommes de terre. J'ai observé cette même coutume dans les vallées très tempérées des Andes, là où il est presque aussi nécessaire qu'en Europe d'espacer les tiges, pour leur donner de l'air et du soleil, mais la plante est cultivée seule dans les régions chaudes. Aussitôt après que le maïs est hors de terre, on donne un premier binage, puis un second, quand il a acquis une certaine hauteur. En Alsace, on butte vers la fin de juin, c'est une opération que je n'ai jamais vu exécuter entre les tropiques, où les soins accordés à la plantation consistent uniquement à arracher les mauvaises herbes. En Europe, on enlève les jets qui surgissent près de la tige principale; cette précaution est encore inutile dans les régions équatoriales; quand le sol est doué d'une grande fertilité, on a pour ainsi dire, un intérêt à conserver ces tiges latérales qui se chargent d'épis très fournis. J'en dirai autant de l'*écimage*, qui consiste à enlever entièrement l'extrémité de la tige qui porte les

fleurs mâles, quand on juge la fécondation accomplie. Les feuilles, les têtes de tiges, que
procurent ces opérations, forment d'ailleurs un
fourrage qui n'est pas à dédaigner.

La quantité de semence que l'on répand sur le
sol, dépend naturellement de la distance à laquelle on espace les plantes. Elle varie de 30 à
60 litres par hectare.

La durée de la culture du maïs est subordonnée à la température moyenne du climat. Dans
les contrées les plus chaudes des tropiques, la
maturité du grain s'effectue en moins de trois
mois, et je pourrais citer des Haciendas, où
l'on fait quatre récoltes considérables dans une
année. Sur le plateau tempéré de Bogota, la
plante murit en six mois. En Alsace, il faut à peu
près le même espace de temps ; à Bechelbronn,
du maïs semé le 1er juin 1836, a été récolté le
1er octobre. On dessèche les épis de maïs, soit en
les étendant, après les avoir dépouillés de leur enveloppe, sur l'aire d'un grenier bien ventilé, soit
en les suspendant réunis en gerbes, sous des
hangards, ou sous les auvents des habitations.
Dans les pays chauds, cette dessiccation s'effectue par un ou deux jours d'exposition au soleil :
les épis sont alors emmagasinés. On égrène à la
main dans les petites fermes, et au fléau dans les
grandes exploitations. En Amérique, cette opération ne se fait qu'au moment du besoin, parce

qu'on prétend que le grain est moins sujet à être attaqué par les insectes quand il est conservé en épis. On accoutume d'ailleurs les animaux nourris au maïs à l'égrener eux-mêmes, et c'est une main-d'œuvre d'épargnée.

Le produit du sol en maïs est établi ainsi par divers agronomes.

LOCALITÉS.	PRODUIT PAR HECTARE.		AUTORITÉS.
	En poids.	En volume.	
	hectol.	kilog.	
Lavanthale.	71	4828 (1)	Burger.
Carinthie	48	3264	Burger.
Autriche et Moravie . . .	21	1428	Burger.
Hongrie et Croatie	37	2516	Burger.
Toscane.	58	3944	Simonde.
France, climat de Paris . .	26	1768	Andrieu.
Alsace.	38	2584	Schwertz.
Venezuela (Amérique) . .	129	8797	Codazzi.

L'espace laissé entre les plants de maïs, les cultures intercalées souvent fort productives, établies dans cet espace, laissent une assez grande incertitude sur le produit fourni par une surface déterminée de terrain. Les plus belles récoltes s'obtiennent certainement en Amérique, sur les défrichements. Je ne crains pas d'exagérer, en disant que dans cette circonstance, le planteur retire 600 à 700 fois le grain semé, et cependant la récolte, si on la considérait sous le

---

(1) Je prends pour le poids de l'hectolitre 68 kil. Il règne quelque doute à cet égard : Burger donne 78 kil. ; M. Pommier, 67 à 68 kil.; j'ai trouvé 60 kil. pour du maïs très sec.

rapport de la surface ensemencée, n'aurait plus rien d'extraordinaire. Cette culture faite sur les défrichements des forêts vierges, à laquelle j'ai si souvent assisté, mérite de fixer un moment notre attention.

Le planteur choisit pour abattre les arbres et couper les broussailles, la fin de la saison pluvieuse. Les bois restent là où ils sont tombés. Quand ils sont suffisamment secs, que les feuilles sont flétries, on y met le feu. L'incendie se propage et dure pendant des semaines entières, les branches sont entièrement consumées, il ne reste que les troncs charbonnés des plus grands arbres. A l'époque où l'on prévoit le retour des pluies, un homme armé d'un bâton terminé en pointe, parcourt la surface incendiée ; il y creuse de distance en distance des trous peu profonds, dans lesquels il jette deux ou trois grains de maïs, qu'il recouvre de terre ou plutôt de cendres, en faisant un léger mouvement du pied. Cette singulière semaille terminée, le planteur ne s'occupe plus de rien, son habitation est quelquefois située à une si grande distance du défrichement, qu'il ne revient qu'aux approches de la récolte. La pluie et le climat font tout le travail ; il est inutile de sarcler, l'incendie à détruit toutes les plantes qui appartenaient au sol, il ne pousse rien autre chose que le grain qui a été semé. On voit dans ces plantations qui se font ordinairement dans les climats chauds, des tiges de maïs qui atteignent 3 à 4 mètres de hauteur. Il est rare que l'on fasse plus de trois récoltes consécutives sur ce terrain brûlé : les derniers produits, bien que fort supérieurs encore à tout ce que peut donner une culture régulière et soignée, ne sont plus à comparer à ce qu'ils étaient dans le principe. Comme la forêt ne manque pas, il est préférable de commencer un nouveau défrichement.

En prenant comme unité la semence, on trouve d'après les renseignements que nous possédons aujourd'hui, que 1 grain rend :

Mexique, mauvaise récolte......	150,	suivant Humboldt.
En dehors des tropiques, Nouvelle-Californie............	80	Id.
Venezuela, culture ordinaire.....	238	Codazzi.
Alsace, culture très espacée.....	190	Schwertz.

Selon Burger, un hectare qui produit 48 quintaux de grain, donne en outre :

Paille.........	57 quintaux.
Enveloppe des épis...	7
Epis dépiqués ou rafles.	13

Le maïs a été analysé par M. Payen, il contient :

Amidon........	71,2
Gluten, albumine, etc...	12,3
Huile grasse.......	9,0
Dextrine et glucose...	0,4
Ligneux........	5,9
Sels.........	1,2
	100,0

J'ai trouvé 0,02 d'azote dans le maïs sec (1), ce qui porterait à 12,5 le gluten et l'albumine ; ce nombre coïncide presque exactement avec celui indiqué par l'analyse.

Riz (oriza sativa). L'analyse du riz a été faite par M. Braconnot et M. Payen. Voici sa composition en le supposant desséché :

	Riz Caroline.	Piémont (2).	Riz (3).
Amidon.	89,5	90,1	86,9
Gluten, albumine, etc.	3,8	3,9	7,5
Matières grasses	0,2	0,3	0,8
Sucre (glucose ?).	0,3	0,1 }	} ... 0,5
Gomme.	0,7	0,1 }	
Parenchyme ligneux	5,1	5,1	3,4
Phosphate de chaux	0,4	0,4 }	} 0,9
Chlorure de potassium, phosphate, etc. traces		traces. }	
	100,0	100,0	100,0

L'analyse de M. Payen indique une proportion de principes azotés double de celle qui est admise par M. Braconnot. Une détermination d'azote que j'ai faite, tendrait à justifier les résultats de mon savant confrère. J'ai trouvé dans le riz 1,2 d'azote pour 100 , nombre qui porterait précisément à 7,5 le gluten et l'albumine (4).

(1) Boussingault, *Annales de Chimie et de Phys.*, t. LXIII, p. 239, 2e série.

(2) Braconnot, *Ann. de Chim. et de Phys.*, t. IV, p. 383, 2e série.

(3) Thénard, *Traité de Chimie*, t. V, p. 58.

(4) Boussingault, *Annales de Chim. et de Phys.*, t. LXVII, p. 414, 2e série.

Le riz est une plante aquatique qu'on ne peut cultiver que dans les terrains bas, humides et faciles à inonder. On donne un labour peu profond, on divise ensuite le sol en planches carrées, de 15 à 20 mètres de côtés, séparées par des bordures, des espèces de digues faites en terre, et qui peuvent avoir 6 décimètres de hauteur, avec une largeur suffisante pour qu'un homme puisse les parcourir. Ces digues ont pour objet de retenir l'eau quand elle est nécessaire, et de permettre son écoulement quand l'inondation ne doit plus se prolonger. La terre labourée, on fait arriver l'eau que l'on maintient à une certaine hauteur dans les divers compartiments de la rizière, et l'on procède aux semailles. Le riz destiné à ensemencer, doit avoir été conservé dans sa balle; on commence par l'enfermer dans un sac que l'on tient plongé dans l'eau, jusqu'à ce que le grain soit gonflé et qu'il montre des indices de germination. Un semeur, en marchant dans la rizière inondée, jette la semence avec la main, comme s'il s'agissait de semer du froment ; le riz imbibé d'eau, s'enfonce et tombe sur le sol, il entre même à une certaine profondeur dans la vase. En Piémont, où les semailles se font au commencement d'avril, on emploie à peu près 60 kil. de semence par hectare. Le riz commence à pointer au bout de quinze jours ; à mesure que la plante croît en hauteur, on augmente l'eau, de manière à ce que la tige ne puisse pas se courber. A la mi-juin, cet inconvénient n'est déjà plus à craindre, le riz n'est plus aussi flexible, et l'on retire l'eau pendant quelques jours, afin de sarcler. Ensuite on rend l'eau que l'on maintient jusqu'à la hauteur de la plante. En juillet, on est dans l'usage d'écimer les tiges; cette opération rend la floraison presque simultanée. Le plus ordinairement le riz fleurit dans les premiers jours du mois d'août, et quinze jours plus tard le grain commence à se former. C'est surtout à cette époque qu'il faut soutenir les tiges, en maintenant l'eau à environ la moitié de leur hauteur. On vide la rizière quand la paille jaunit et que le riz est bien apparent. La récolte a généralement lieu à la fin de septembre (1).

A l'Ile de France, le riz se cultive dans des terrains très humides, sur lesquels il pleut avec fréquence, mais qui ne sont pas inondés (2). C'est par une culture faite dans de semblables conditions, qu'on se procure le riz dans certaines contrée tropicales que j'ai visitées ; mais je ne pense pas que le produit soit aussi élevé et surtout aussi certain que celui que l'on retire des rizières immergées. En Piémont, on estime qu'un hectare de rizière rend en moyenne

(1) De Gouffier, *Mémoires de la Société d'Agriculture,* année 1789, printemps.
(2) Céré, **id.** année 1786, été.

3,000 kil. de *rizon*, riz enveloppé de sa balle, ou
1,500 kil. de riz blanc et commercial; c'est à peu
près 50 pour 1 de semaille. A Muzo, dans la
Nueva Granada, les rizières non inondées, sous
l'influence d'une température moyenne de 26°,
produisent 100 pour 1.

Café (coffea arabica). L'usage de l'infusion
de café paraît avoir été introduit en Europe au
milieu du seizième siècle. Les premiers établissements publics pour la vente de cette liqueur,
s'ouvrirent à Constantinople l'année 1554 (1).
Pendant assez longtemps l'usage en resta confiné
en Orient, mais peu à peu il devint universel, et
tel a été l'accroissement rapide de la consommation du café, qu'aujourd'hui en Europe, elle
dépasse chaque année 300 millions de kilogr.
La plus grande partie du café consommé par les
Européens, vient de l'Amérique, et cependant il
n'y a guère plus d'un siècle qu'il est cultivé dans
le nouveau continent.

Entre les tropiques, le caféier réussit bien dans
les localités où la température moyenne et à peu
près constante, se maintient entre 22 et 26°.

Le café se sème rarement en pépinière: on se
borne à faire germer les graines encore enduites
de la pulpe qui les entoure, entre des feuilles de
bananier. On plante ensuite ces graines, après

(1) *Mémoires de l'Académie des Inscriptions,* Histoire, t. XXIII,
p. 28.

sept à huit jours de germination. Dans les vallées d'Aragua, un hectare de terrain de bonne
qualité porte environ 2,500 arbres. Le cafier
ne fleurit qu'à la seconde année qui suit sa
plantation ; il atteint, quand on le laisse croître,
une hauteur de 7 à 8 mètres ; mais il est rare
qu'on n'arrête pas sa croissance en l'écimant.
Les planteurs de Venezuela fixent ordinairement sa hauteur à 1 mètre et demi. L'arbre
reçoit les soins du planteur pendant les deux
premières années ; il faut tenir la terre exempte
d'herbes, et surtout empêcher le développement
de parasites. Le cafier, pour prospérer, demande
des pluies fréquentes jusqu'au moment où la
fleur commence à se montrer. Le fruit ressemble
beaucoup à une petite cerise : on juge de sa maturité par la couleur rouge de son épiderme, la
mollesse et la saveur très sucrée de sa pulpe.
Comme les cerises ne murissent jamais simultanément, la cueillette se fait à plusieurs reprises.
Chaque récolte exige au moins trois visites faites
à des intervalles de cinq à six jours. Un nègre
peut cueillir dans sa journée, un demi-hectolitre
de fruits.

Dans l'intérieur de chaque cerise se trouvent
deux graines de café ; pour extraire ces graines de
la pulpe qui les entoure, on fait passer les fruits
dans un moulin à cylindre, et on laisse tremper
le café dans l'eau pendant 24 heures, pour le dé-

barrasser de la matière mucilagineuse qui est restée adhérente; ensuite on le fait sécher. Dans les plantations de Venezuela que j'ai visitées, on agit différemment : on commence par exposer les cerises au soleil, sur une aire légèrement inclinée, en en formant une couche d'à peu près un décimètre d'épaisseur. La pulpe ne tarde pas à fermenter; il en émane une odeur vineuse très caractérisée ; le suc altéré s'écoule ou se dessèche. Au bout de quinze à vingt jours les fruits sont secs, racornis; c'est alors qu'on leur fait subir deux triturations; l'une pour en retirer les graines, l'autre pour détacher une pellicule, une coque qui enveloppe le grain : 1 hectolitre de cerises rend ordinairement 40 kilog. de café marchand.

Pendant la destruction de la matière sucrée contenue dans la pulpe du cafier, il se produit et il se perd une quantité considérable d'esprit de vin. M. de Humboldt, frappé de la facilité avec laquelle ces cerises fermentent, a manifesté son étonnement de ce qu'on n'ait jamais tenté d'en retirer de l'alcool. Je trouve cependant dans un ancien écrit le passage suivant : « Les habitants de « l'Arabie prennent la peau qui enveloppe la graine, « et la préparent comme le raisin; ils en font une « boisson pour se rafraîchir pendant l'été. » Cette liqueur vineuse semble jouir de toutes les propriétés excitantes que l'on apprécie dans le café (1).

(1) *Mémoires de l'Académie des Inscriptions*, t. XXIII, p. 284.

Le cafier donne des fruits jusqu'à l'âge de quarante à quarante-cinq ans ; son produit est déjà assez important dans sa troisième année. Certains arbres rendent de 8 à 10 kil. de graines sèches, mais on admet dans Venezuela, comme produit moyen et annuel, 0,89 de café par pied de cafier. Un hectare contenant dans les vallées d'Aragua, 2,560 arbres, en produit par conséquent 2278 kilogram. (1).

Le café renferme le même principe actif que le thé, la caféine, mais dans une moindre proportion. Pfaff a indiqué dans la même graine, un acide particulier qu'il a nommé acide caféique; en outre, les recherches de Robiquet, de Schrader, établissent qu'il existe dans le café des matières grasses, une huile volatile, une matière colorante, de l'albumine, du tannin et des sels alcalins et terreux.

Cacao (*theobroma cacao*). Les Mexicains cultivaient le cacaotier et préparaient avec ses graines des tablettes analogues au chocolat ; l'usage du cacao paraît avoir été introduit postérieurement à la conquête, dans les autres parties du continent. Cependant, le cacaotier existe à l'état sylvestre dans les forêts chaudes et humides de l'Amérique méridionale ; M. Goudot en a découvert plusieurs espèces dans la Nueva

____

(1) Humboldt, *Voyage aux régions équinoxiales,* t. **V**, p. **82.**

Granada, entre autres celle que l'on connaît à Muzo sous le nom de *cacao montaraz*. Ce cacaotier, qui atteint une hauteur de 7 à 8 mètres, produit une quantité de fruit considérable; les habitants préparent avec sa fève, qui est très amère, un chocolat qu'ils considèrent comme un excellent fébrifuge. Les Indiens sauvages semblent ignorer encore le parti qu'on peut tirer de la graine du cacaotier; ils mangent seulement la pulpe du fruit. Ce sont les Espagnols qui firent connaître le cacao en Europe, et en peu de temps, cette production du nouveau monde devint l'objet d'un commerce considérable.

C'est un fait bien connu des cultivateurs des régions tropicales, qu'il faut toujours établir une *cacaoyère* sur un terrain vierge; on n'a obtenu que des mécomptes, toutes les fois qu'on a voulu remplacer d'anciennes cultures de cannes à sucre, de maïs, d'indigo, par le cacao. C'est un arbre qui exige, pour réussir, une terre riche, humide et profonde, de la chaleur et de l'ombrage. Rien ne lui convient mieux qu'une forêt défrichée, et dont le sol légèrement incliné soit susceptible d'être irrigué; aussi toutes les plantations importantes que j'ai parcourues, offrent une physionomie commune; on les trouve toujours dans les régions les plus chaudes, à une petite distance de la mer, ou bien près des torrents ou sur les bords des grands fleuves. Cette culture cesse d'être profitable dans les localités qui ne possèdent pas au moins une température moyenne de 24°, et j'ai eu l'occasion d'assister à des essais aussi infructueux que dispendieux, qui avaient été tentés dans le but d'établir une cacaoyère dans un défrichement où la chaleur du climat, d'après mes observations, ne dépassait pas 22°,8. Sous l'influence de cette température, l'arbre avait cependant acquis en quelques années une assez belle apparence, il fleurissait; mais les fruits, toujours peu développés, parvenaient rarement à leur maturité.

Lorsqu'un terrain a été jugé propre à la culture du cacao, on commence par établir un bon système d'ombrage. Souvent, pendant le défrichement, on laisse subsister des arbres très feuillus; mais dans le cas le plus général, on plante des essences qui ont une croissance rapide. Dans les environs de Caracas on ombrage avec le *bucare* (*Erythrina umbrosa*). Dans certaines plantations, on profite de l'ombre du bananier; enfin, on réunit souvent ces deux modes d'ombrager.

Au sud de l'équateur, dans la province de Guayaquil, on procède directement à la plantation des fèves de cacao; dans Venezuela, on préfère élever la plante en pépinière. On place toujours les pépinières dans un sol très fertile, qu'on remue assez profondément à la pioche. On dispose en-

suite à la surface du terrain une série de petites
buttes, qui représentent autant de cônes en
terre meuble, dont les sommets sont élevées
de 20 à 25 centimètres. Dans l'intérieur de ces
buttes, et suivant l'axe qui passe par leur centre,
on dépose deux ou trois graines fraichement extraites, et à une profondeur telle, qu'elles ne soient
pas placées au dessous du niveau du sol de la pépinière. On recouvre ces semailles avec quelques
feuilles de bananier. Les graines sont mises en
terre à des époques où l'on prévoit l'arrivée des
pluies ; quand la saison pluvieuse ne suit pas les
semis, on arrose tous les matins avant le lever
du soleil. La graine germe en huit ou dix jours.
A l'âge de deux ans, le cacaotier, dans un bon
terrain, s'élève déjà à plus d'un mètre ; c'est alors
qu'on l'écime en retranchant deux des branches
supérieures et qu'on le transplante. Dans la vallée supérieure du Rio Magdaléna, où il existe
d'importantes cacaoyères, les semis se font
dans un terrain bien préparé et abrité par des
toitures faites en feuilles de palmier; on transplante les jeunes plants lorsqu'ils ont atteint
l'âge de six mois. Pendant tout le temps que les
plants passent dans cette pépinière couverte,
ils reçoivent très peu de lumière. On les arrose
une fois par semaine, en versant de l'eau sur la
toiture (1).

(1) Goudot, *manuscrit.*

L'arbre ne fleurit que bien rarement avant qu'il ait accompli trente mois. J'ai connu des planteurs qui détruisaient toujours ces premières fleurs, et qui ne laissaient venir des fruits que dans la quatrième année, et cela dans les conditions climatériques les plus favorables, dans les localités où la chaleur moyenne est de 27°, 5. Dans les situations moins avantageuses, il faut attendre 6 à 7 ans, pour avoir les prémices d'un cacaotier.

Il est peu de plantes arborescentes qui aient une fleur aussi petite et surtout aussi disproportionnée au fruit que le cacaotier. Le diamètre d'un bouton, mesuré au moment de son épanouissement, ne dépassait pas 4 millimètres. Les fleurs se fixent de préférence sur le tronc même de l'arbre, elles s'étendent rarement au delà de la moitié des grosses branches : on en voit souvent sur les racines qui sont en dehors du sol.

Pour recevoir les plants élevés en pépinière, la cacaoyère convenablement ombragée par les bucares ou les bananiers, est d'abord débarrassée des mauvaises herbes. Des rigoles sont ensuite établies, soit pour assainir le sol, soit pour l'irriguer au besoin. Les jeunes plants sont alignés avec la plus grande régularité et disposés en allées d'une étendue considérable. La distance qui sépare les plants est très variable, selon la qualité du terrain qui les reçoit, et à ce sujet, il existe une opinion qui peut paraître singulière, mais qui a pour elle d'être commune à tous les planteurs. On pense généralement, que dans les terres réputées excellentes, l'espace laissé entre les arbres, doit être plus grand que dans les sols médiocres. L'expérience semble même avoir prononcé à cet égard. Ainsi, dans la vallée *del Tuy*, dans la proximité de Puerto Cabello, les cacaotiers sont éloignés de 5 mètres dans les meilleures terres, et de 4 mètres seulement dans celles de qualité inférieure. Aux Antilles où le terrain est généralement moins fertile qu'à la *terre ferme*, on espace à deux ou trois mètres. On croit apercevoir la raison de cette pratique, dans le plus ou moins de développement que l'arbre doit prendre, selon qu'il est planté dans tel ou tel terrain ; dans un sol doué d'une haute fertilité, ses branches s'étendront davantage, et elles auront besoin, par conséquent, d'un espace plus considérable. On se trouvera donc dans la nécessité de placer les cacaotiers à une plus grande distance.

Une fois que le jeune plant de cacao est en croissance dans la plantation, on s'oppose à ce qu'il devienne trop branchu, en élaguant au besoin. Il arrive aussi quelquefois que les branches ont une tendance à se courber vers la terre ; on les lie alors en faisceau autour du tronc, jusqu'à ce qu'elles aient repris une direction ascendante. De temps à autre on remue le sol à l'entour de l'arbre, sur une surface d'environ un mètre de rayon, et l'on profite de cette façon pour couper les racines chevelues qui prennent naissance à la base du tronc.

De la chute des fleurs à la maturité parfaite du cacao, il s'écoule à peu près quatre mois. Le fruit a une forme allongée, légèrement courbe et terminée en pointe par une extrémité. Sa longueur est d'environ 25 centimètres ; son plus grand diamètre, celui qui se trouve le plus près du point d'attache, a 8 à 10 centimètres. A l'extérieur, la gousse du cacao est sillonnée longitudinalement. La couleur de son épiderme varie depuis le blanc verdâtre jusqu'au rouge violet ; cette dernière nuance est la plus commune. A l'intérieur la chair du fruit est généralement blanche ; quelquefois elle a cependant une teinte rosée. Cette pulpe sucrée et acide est d'une saveur fort agréable. Les graines sont logées au nombre presque constant de vingt-cinq dans le fruit. Ces amandes sont blanches, huileuses, légèrement amères ; en séchant elles prennent une teinte brune. On reconnaît la maturité du fruit à sa couleur, et surtout à la facilité avec laquelle on le détache de l'arbre.

Dans les plantations, on fait deux grandes récoltes à l'année, et à six mois d'intervalle. Toutefois, dans une grande et ancienne culture, on récolte presque tous les jours : car il n'est pas rare de voir à la fois sur le même cacaotier, des fleurs et des fruits.

Pour égrener les gousses, il suffit de les briser et d'enlever les semences avec un petit morceau de bois dont l'extrémité est arrondie. On classe la graine selon sa qualité, en ayant soin de rejeter celle qui n'est pas assez mure ou qui est altérée; puis on l'expose au soleil. Chaque soir on la réunit en tas sous des hangards; il s'établit alors une fermentation très active, et qui pourrait devenir des plus nuisibles, si on la laissait continuer; le cacao s'échauffe considérablement. Le lendemain on continue la dessiccation au soleil; cette dessiccation exige plusieurs jours, et il arrive souvent qu'elle est rendue très difficile par les pluies qui surviennent : il y aurait certainement avantage et sécurité à opérer cette dessiccation à l'étuve. On a constaté que 100 kil. d'amandes fraîches donnent 45 à 50 kil. de cacao sec et marchand. Dans Venezuela un cacaotier qui a dépassé l'âge de 7 à 8 ans, rend annuellement, et pendant plus de quarante ans, $0^k,75$ de cacao desséché. Un hectare de terrain, qui contient dans les bonnes cultures 560 arbres, en produit à l'année, en moyenne, 420 kil. C'est lorsqu'il est parvenu à l'âge de 12 ans que le cacaotier rapporte le plus, et dans les terrains si fertiles du haut Magdalena, son produit moyen, au rapport de M. Goudot, est de beaucoup supérieur à celui qu'il rend dans les provinces de Venezuela. A Gigante, par exemple, chaque arbre adulte fournit annuellement 2 kil. de cacao sec. L'espacement étant supposé de 5 mètres, l'hectare d'une semblable cacaoyère doit produire par an 800 kil. de cacao.

Les fèves de cacao renferment de l'albumine ; un principe particulier, la *théobromine*, analogue à la caféine ; une matière colorante, et des substances grasses, qui, d'après un essai fait dans mon laboratoire, y entrent dans la proportion de 43 pour 100. La présence et l'abondance de l'albumine et de la matière grasse dans le cacao, explique très bien ses qualités nutritives. C'est sans aucun doute un des aliments les plus sains et les plus promptement réparateurs que l'on connaisse. Au reste, jusqu'au seizième siècle, on a émis sur ses propriétés, les jugements les plus contradictoires. Benzoni, dans son histoire du nouveau monde, dit que le chocolat est une boisson qui conviendrait mieux aux porcs qu'aux hommes. Le père Accosta assure que le cacao est un préjugé. En revanche, Fernand Cortez et un de ses gentilshommes exagèrent peut être dans un autre sens. « Celui qui a bu une tasse « de cacao, dit le page de Cortez, peut marcher « toute une journée sans autre aliment (1). »

(1) Humboldt, *Voyage aux régions équinoxiales*, t. V, p. 285.

J'ajouterai de suite, afin de réduire cet éloge à sa juste valeur, que la plupart des voyageurs ont du se convaincre, qu'en Amérique il n'est pas impossible de voyager tout un jour sans rien prendre du tout. Je reconnais toutefois que, dans les excursions entreprises dans les forèts inhabitées, lorsqu'il est d'une impérieuse nécessité de réduire le poids et le volume des rations d'une expédition, le chocolat présente des avantages réels, incontestables, et que j'ai eu l'occasion d'apprécier dans plus d'une circonstance.

Graines alimentaires des légumineux. Les plantes à cosses qui entrent dans la nourriture de l'homme sont : les haricots, les fèves, les pois, les lentilles; les vesces sont exclusivement réservées pour l'alimentation des animaux. Il est rare que dans la grande culture, les légumineux ouvrent la rotation : généralement ils la terminent. Mais, en principe, ils peuvent succéder à toutes les plantes; et, comme je l'ai fait remarquer en traitant du maïs, les haricots, les fèves, accompagnent assez souvent cette céréale. Les observations météréologiques que j'ai pu faire dans les diverses contrées où l'on cultive les légumineux, me portent à croire que, pour réussir, ils ont besoin d'une température dont la moyenne ne soit pas au dessous de 14° à 15°. Les climats chauds leur conviennent parfaitement, et je les ai suivis dans les Andes équatoriales jusqu'à 2,500 et 3,000 mètres de hauteur. Je rapporterai, sous l'autorité de Schwertz qui a rassemblé de nombreux renseignements sur la culture des plantes à cosses, les moyennes de différentes données qu'il est important de connaître.

PLANTES.	POIDS de l'hectol.	SEMENCES par hectare.	PRODUIT PAR HECTARE		FANES sèches.
			En volume.	En poids.	
	kilog.	hectol.	hectol.	kilog.	
Haricots. .	65	1,5	24,3	1580	»
Fèves. . .	88	2,6	24,1	2121	2766
Pois . . .	79	2,5	14,0	1106	3000
Lentilles .	85	2,0	16,0	1360	»
Vesces . .	85	1,7	15,0	1275	3000

Quelques analyses, encore bien imparfaites, entreprises sur la composition des légumineux alimentaires, semblent conduire aux résultats que voici :

	HARICOTS.	FÉVEROLLES	POIS.	LENTILLES.
Légumine, etc. . .	22,0	27,5	20,4	22,0
Amidon.	41,0	38,5	47,0	40,0
Substances grasses.	3,0	2,0	2,0	2,5
Sucre, glucose ? . .	0,3	2,0	2,0	1,5
Gomme.	4,0	4,5	5,0	7,0
Ligneux, acide pect.	8,0	10,0	11,0	12,0
Sels, phosphates, etc.	3,2	3,0	3,0	2,5
Eau et perte. . . .	17,5	12,5	9,6	12,5
	100,0	100,0	100,0	100,0

Indépendamment des principes énumérés dans ce tableau, on a toujours constaté l'existence d'une certaine proportion de tannin dans l'enveloppe seminale des légumineux.

Cocos nucifera. M. Brandes a constaté qu'une noix de coco à l'état où elle se trouve quand elle est détachée du palmier, se compose, sur cent parties, de :

Enveloppe filamenteuse . . . 50
Coque ligneuse 21
Pulpe blanche, comestible . . . 26
Eau laiteuse 3

L'eau laiteuse renferme deux ou trois centièmes d'albumine végétale. La pulpe contient le quart de son poids de substance grasse : c'est l'huile ou beurre de coco.

Houblon (*humulus lupulus*). Les cônes du houblon, à cause de leur emploi dans la confection de la bière, sont un objet de commerce très important.

Le houblon se cultive dans tous les sols, quelle que soit leur nature, pourvu qu'ils joignent une profondeur suffisante à une grande fertilité. Cette plante réussit surtout dans les terres riches et tourbeuses, comme celles qui portent les belles houblonnières de Haguenau. On propage le houblon, en plantant au printemps, dans une terre défoncée à plus d'un demi-mètre de profondeur, les jets ou bourgeons radiculaires : on espace les plants à environ deux mètres de distance. Au bout de quelques semaines, le jeune houblon est en pleine végétation. Comme c'est une plante grimpante, on la soutient avec des perches de six à sept mètres de hauteur; on butte ordinairement cette plantation primitive à la fin de juin. Après avoir fait une première récolte qui généralement est insignifiante, on fume la terre accumulée par le buttage. Au printemps suivant, on taille les bourgeons ou jets qui se sont développés près des racines, en n'en laissant que six ou sept destinés à donner des tiges. Dans notre climat, la récolte a lieu dans le cours du mois de septembre : on coupe alors les tiges et l'on fait la cueillette. Le houblon est desséché dans une étuve, à une température très modérée, afin de ne pas faire volatiliser son principe aromatique.

Une houblonnière produit annuellement, en houblon desséché, par hectare :

Flandre	1600 kil.	Aelbroock.
Allemagne (moyenne de 10 ans)	1200	Kolb.
France (environs de Paris)	1200	Payen.
Id. Roville (moy. de 13 ans)	885	Mathieu de Dombasle.

Les cônes de houblon sont enduits d'une substance jaune pulvérulente, qui, suivant Yves, fournit les matières extractives qui entrent dans la bière (1). Pour se procurer cette substance,

(1) Yves, *Annals of Philosophy new series*, t. I, p. 194.

il suffit de tamiser les écailles de houblon, après les avoir fait dessécher à une douce chaleur. Cette poussière jaune, qui paraît être le principe utile du houblon, et qui en constitue pour ainsi dire la qualité, ne se trouve pas en même proportion dans les produits de toutes les houblonnières. C'est ce qu'établissent les recherches de MM. Payen et Chevalier. Sur cent parties le houblon contient :

PROVENANCE DES HOUBLONS.	SUBSTANCE JAUNE.	FEUILLES.	MATIÈRES ÉTRANGÈRES.
Belgique (Poperingue) .	18	70	12
Amérique du Nord. . .	17	69	14
Bourges	16	83	1
Etang de Crécy	12	86	2
Bussignies	11,5	81,5	7
Vosges.	11	86	3
Angleterre	10	87	3
Lunéville.	10	88	2
Liège	9	81	10
Allemagne (Spalte) . .	8	88	4

La substance pulvérulente du houblon renferme de la cire, de la résine, une matière amère, de la gomme, des principes azotés, une huile volatile, des sels au nombre desquels se trouve de l'acétate d'ammoniaque (1).

Fruits charnus ou pulpeux. Les fruits charnus contiennent presque tous les mêmes prin-

(1) Payen et Chevallier, *Annales de Chimie et de Physique*, t. XXV, p. 310, 2e série.

cipes, mais en proportions fort diverses. C'est alors le principe dominant qui en caractérise en quelque sorte la saveur ou l'odeur : le sucre, l'albumine, la gomme, l'amidon, des acides, des huiles fixes, des essences, la fibre ligneuse, se trouvent presque toujours réunis dans leur pulpe plus ou moins aqueuse. M. Couverchel a établi une classification ingénieuse des fruits, d'après la prédominance des différentes substances que je viens d'énumérer. Il les divise en neuf classes, savoir :

FRUITS.	PRINCIPES DOMINANTS.
1° Féculents ou amylacés.	Amidon.
2° Sucres	Sucre, glucose.
3° Aqueux	Eau, fécule, pectine, acide pectique.
4° Acerbes ou âpres. . .	Tannin, certains acides.
5° Acides	Acides citrique, malique, tartrique ; gelée.
6° Acides et sucrés . . .	Acides réunis au sucre, au glucose.
7° Huileux	Huiles fixes, liquides et concrétionnées.
8° Aromatiques	Huiles fixes, et huiles volatiles.
9° Acres	Huiles fixes, principes âcres.

M. Bérard, dans une suite de recherches très intéressantes sur la maturité des fruits, a eu l'occasion d'en analyser plusieurs (1). En rapportant les analyses de cet habile chimiste, je ferai remarquer que quelques uns des principes immédiats récemment découverts ne figurent

(1) Bérard, *Annales de Chimie et de Physique,* t. **XVI**, p. **225**, 2ᵉ série.

pas dans les résultats déjà anciens auxquels il est arrivé. Ainsi, indépendamment des substances dont il a constaté la présence dans les fruits, il faut encore admettre qu'ils contiennent de l'acide pectique, de l'acide gallique, de faibles quantités d'huiles volatiles et de sels de potasse à acides végétaux.

	ABRICOTS.	PÊCHES.	GROSEILLES à maquereau.	CERISES.	PRUNES reine Claude.	POIRES.
Albumine et gluten.	0,2	0,9	0,9	0,6	0,3	0,2
Matière colorante .	0,1	traces.	traces.	traces.	0,1	traces.
Tissu végétal. . .	1,9	1,2	8,0	1,1	1,1	2,2
Gomme.	5,1	4,9	0,8	3,2	2,1	2,1
Sucre	16,5	11,6	6,0	18,1	24,8	11,8
Acide malique . .	1,80	1,1	2,4	2,0	0,6	0,1
Acide citrique . .	»	»	0,3	»	»	»
Chaux	traces.	0,1	0,3	0,1	traces.	traces
Eau	74,4	80,2	81,3	74,9	71,0	83,9
	100,00	100,0	100,0	100,0	100,0	100,0

Banane. De tous les fruits à pulpe, c'est celui du bananier qui est le plus généralement employé comme aliment. La banane constitue la nourriture habituelle des habitants des régions chaudes ; entre les tropiques, sa culture est tout aussi importante que l'est celle des graminées et des tubercules farineux, dans la zône tempérée. La facilité de cette culture, le peu d'étendue qu'elle occupe, la sécurité, l'abondance et la permanence des récoltes, la diversité d'aliments fournis par la banane, suivant ses différents degrés de maturité, font de cette plante un objet d'admiration pour le voyageur européen. Sous un climat où l'homme sent à peine le besoin de se vêtir et de s'abriter, on le voit recueillir presque sans travail aucun, une nourriture aussi abondante qu'elle est saine et variée. C'est le bananier qui a permis ce proverbe si consolant que l'on entend répéter partout entre les tropiques : « Personne ne meurt de faim en Amérique. » Dans la plus pauvre cabane, on accueille et l'on nourrit celui qui a faim.

Les botanistes distinguent trois variétés principales de bananier :

1° le *musa paradisica*, appelé *platano arton* dans l'Amérique espagnole.

2° Le *musa sapientium* ou *camburi*.

3° Le *musa regia rumph* ou *platano dominico*.

On a cherché à mettre en doute l'origine américaine du bananier. Ainsi, Oviédo, dans son *Historia natural de las Indias*, affirme que cette plante fut portée des îles Canaries à St. Domingue par un religieux de l'ordre des prédicateurs. Forster avait adopté cette opinion qui se trouve corroborée, dit M. de Humboldt, par le silence absolu que gardent les premiers voyageurs qui abordèrent dans le nouveau monde. Cependant, le témoignage de l'inca Garcilasso de la Vega prouve évidemment que le bananier végétait en

Amérique avant l'arrivée des Espagnols. Dans ses *Commentarios reales*, il indique la banane comme la principale nourriture des Indiens des climats les plus chauds du Pérou (1).

Partout dans le voisinage de l'équateur, on cultive le bananier dans les endroits qui ne sont pas à une très grande élévation au dessus du niveau de l'Océan. La culture la plus profitable, celle qui donne les récoltes les plus abondantes, et dans le moindre espace de temps, est toujours située dans les basses contrées, là où la température moyenne est de 27,5 à 24°. On en jugera par le bas prix auquel descend la banane ; sur les bords de la grande rivière de la Magdalena, j'ai payé un franc pour 100 kilogr. de fruit, la journée de travail d'un homme étant de deux francs environ ; c'est à n'en pas douter l'aliment le meilleur marché qu'il soit possible de rencontrer.

En discutant la production du bananier à diverses hauteurs, dans les Cordillières équatoriales, je suis arrivé aux conclusions suivantes :

Température : 28° culture extrêmement avantageuse.
24° culture avantageuse.
22° culture ordinaire.
19° culture désavantageuse.
17°
16° limite de la culture.

(1) Garcilasso, *Commentarios reales*, t. I, p. 282.

Le bananier se propage et se plante par drageons ; il demande un sol riche, humide mais
bien égoutté. La plantation se fait un peu avant
l'époque des pluies : le terrain débarrassé d'herbes est remué à la pioche, à une profondeur de
trois décimètres ; généralement on ne donne
cette façon que sur les points où le drageon doit
être placé ; on espace les plants à deux mètres
au moins. Le plant donne plusieurs tiges, souvent six ou sept ; chacune d'elles est destinée à
porter du fruit ; quand il en surgit un trop grand
nombre, on en coupe une partie. Le temps qui
s'écoule entre la plantation d'un drageon et la
récolte du fruit, varie selon que la culture a lieu
au niveau de la mer, ou dans une situation plus
élevée. Dans les localités les plus chaudes, le
bananier fleurit vers le neuvième mois qui suit sa
plantation, et le fruit emploie près de trois mois
pour se former et arriver à une parfaite maturité.
A Ibagué, petite ville placée au pied oriental de
la Cordillière centrale des Andes, et où la température moyenne est de 21°8, M. Goudot a planté
un drageon à la fin d'août. Dans les premiers
jours de septembre de l'année suivante, la plante
montra son régime ; les bananes mûres furent
coupées tout au commencement de janvier, c'est
à dire quatre mois après la floraison.

Les soins à donner à une *bananerie* (*platanar*)
sont peu nombreux : ils consistent à sarcler à

l'entour des jeunes plants. Comme le bananier se renouvelle par les tiges qui surgissent continuellement du collet de la racine, on comprend qu'il peut donner des fruits indéfiniment. Quand la fructification est accomplie, les feuilles qui ont concouru à la produire, se dessèchent et tombent pour faire place à celles qui accompagnent la végétation nouvelle. C'est ainsi que les cueillettes de banane se succèdent à des intervalles assez rapprochés, pour ainsi dire périodiques, et que la même plante présente à la fois des fruits plus ou moins avancés, des régimes couverts de fleurs, et enfin de jeunes tiges qui se préparent pour l'avenir. Aussi, aucune culture n'est plus rassurante dans ses résultats que l'est celle du bananier; les circonstances climatériques peuvent retarder quelquefois, sans jamais anéantir l'espérance du cultivateur. Les sécheresses extraordinaires qui partout, et particulièrement sous le climat brûlant de l'équateur, détruisent ou interrompent la végétation des plantations qui ne sont pas irriguées, exercent bien rarement une action désastreuse sur le bananier, dont l'ombrage épais oppose un obstacle permanent à l'évaporation de l'humidité. Durant la saison sèche, lorsque pendant des mois entiers, le ciel conserve sa pureté, et qu'il ne tombe pas une seule goutte de pluie pour rafraîchir la terre, le sol qui environne le bananier est néanmoins toujours humide ; chaque matin on pourrait croire qu'il a été arrosé pendant la nuit : cet effet salutaire est produit par le rayonnement nocturne des feuilles vers l'espace céleste. Ces feuilles, dont l'étendue en surface est considérable, se refroidissent toujours durant les nuits étoilées, de quelques degrés au dessous de la température de l'air ambiant ; elles condensent alors la vapeur aqueuse contenue dans l'atmosphère, et versent, au pied de la plante, l'eau qui résulte de cette condensation.

Le produit d'un *platanar* dépend d'abord de la distance à laquelle sont placés les bananiers, et ensuite du climat. On estime qu'en général, dans les climats très chauds, un régime de grandes bananes pèse 20 kilogrammes, et qu'on peut obtenir d'un plant adulte trois régimes dans l'année. Dans les régions tempérées et qui s'approchent de la limite supérieure du bananier, dans les Cordillières, on ne compte que sur deux régimes. Voici quelques données que j'ai pu recueillir sur le rendement annuel des *platanars*.

	Produit par hectare.	Autorités.
Régions chaudes, 27°,5.	184300 kil.	Humboldt.
Cauca (cucurusapé), température 26° .	150000	Boussingault.
Ibagué, température 22°	64000	Goudot.

La pulpe de la banane est enveloppée d'une

cosse assez épaisse qui se détache facilement, et dont il faut tenir compte pour apprécier le poids de la matière réellement alimentaire qu'elle renferme. Plusieurs expériences, faites sur des fruits pris aux divers états sous lesquels on les consomme, ont indiqué pour le poids de la cosse dans la banane :

	Verte.	A maturité imparfaite.	A maturité complète.
Cosse	34,3	38,1	36,8
Banane comestible. . .	65,7	61,9	73,2
	100,0	100,0	100,0

La banane *arton* est la plus communément cultivée; c'est aussi la plus pesante. Le *camburi* et le *dominico* sont beaucoup moins volumineux, mais ils sont beaucoup plus délicats, plus savoureux. Le fruit du bananier, parvenu à sa maturité, a la consistance d'une poire; sa saveur est très sucrée et légèrement acide. Dans la variété *arton* j'ai trouvé :

1. Du sucre crystallisable.
2. De la gomme.
3. Un acide (très probablement de l'acide malique).
4. De l'acide gallique.
5. De l'albumine.
6. De l'acide pectique.
7. Du ligneux.
8. Des sels alcalins et terreux.

Par une dessiccation faite au soleil, 1000 grammes de banane mûre se sont réduits à 439 de banane sèche.

Eau 561

La banane verte, celle dont la cosse est encore
verte, a une chair blanche et presque insipide;
dans cet état elle ne contient pas sensiblement
de sucre, c'est l'amidon qui domine; aussi,
dans l'alimentation, on la substitue au pain,
à la pomme de terre et au maïs; on peut la considérer comme un farineux : après avoir enlevé
la cosse, on la cuit sous la cendre jusqu'à ce
que la partie externe soit légèrement rôtie; on
la sert sur la table; c'est une sorte de pain tendre, très agréable et bien préférable, à mon
avis, au fruit si vanté de l'arbre à pain.

Dans les expéditions que l'on entreprend dans
les forêts, quand on doit rester pendant longtemps éloigné de toute habitation, la banane
verte fait toujours partie des provisions; mais
alors on lui fait subir une forte dessiccation, d'a-
bord pour diminuer son poids, et ensuite pour
détruire tout principe de vitalité afin de l'empêcher de mûrir. La première fois que je vis dessécher la banane verte, ce fut au moment où j'al-
lais quitter Anserma Nuevo, pour m'interner dans
les forêts marécageuses du Choco. On commença
par chauffer fortement un four à pain, dans lequel
on introduisit ensuite les bananes dépouillées de
leurs cosses. La dessiccation dura huit heures
environ; à sa sortie du four, la banane était
très dure, cassante, translucide et présentait
l'aspect de la corne. 100 kilog. de fruits verts

donnèrent 40 kilog. de substance sèche. La banane ainsi préparée est appelée *fifi;* elle se conserve pendant un temps très long, sans subir la moindre altération. Pour consommer le fifi, on le met à tremper dans l'eau, puis on le fait bouillir; en ajoutant de la viande salée (tajaso), on obtient un mets très substantiel. J'ai navigué sur la mer du Sud, dans un bâtiment qui avait à son bord un approvisionnement de bananes desséchées, que l'on distribuait à l'équipage en guise de biscuit.

Quand elle est mûre, la banane n'est plus farineuse; à mesure qu'elle mûrit, son amidon se change en gomme et en sucre, et il se développe un acide. Mais entre l'état farineux et l'état sucré ou de parfaite maturité, il y a un état intermédiaire sous lequel on la consomme généralement. Rôtie dans les cendres chaudes, la banane possède alors une saveur qui rappelle celle de la châtaigne; on la mange aussi comme légume, après l'avoir fait cuire dans l'eau.

Le fruit complètement mûr se mange cru ou rôti; sa saveur est très sucrée. Un usage très général est de le faire frire dans la graisse, après l'avoir coupé en tranches.

Je n'ai pas encore de données suffisantes sur la valeur nutritive de la banane; toutefois, j'ai des raisons pour croire que cette valeur est supérieure à celle de la pomme de terre. Ainsi, j'ai rationné des hommes soumis à un travail assez fort, avec environ 3 kilog. de bananes demi-mûres et 60 grammes de viande salée.

CHAPITRE III.

DE LA FERMENTATION VINEUSE.

Le suc des fruits à pulpes sucrées, quand il est abandonné à lui-même sous l'influence d'une température convenable, présente un phénomène des plus remarquables, celui de la fermentation. Le sucre qui, comme nous l'avons vu, est le principe dominant des fruits charnus, disparaît complètement; à sa place on trouve de l'alcool, et pendant cette transformation il se dégage du gaz acide carbonique.

Le sucre ou le glucose ne suffisent pas seuls pour faire fermenter les sucs végétaux qui les contiennent. Par exemple, une dissolution de ces principes dans l'eau distillée pourrait rester un temps considérable sans éprouver la moindre altération; exposée à l'air libre, elle s'évaporerait, elle finirait par se dessécher, et après cette lente dessiccation, on retrouverait les matières sucrées au même état où elles étaient avant d'avoir été dissoutes. Maintenant, si l'on introduit dans cette dissolution une faible quantité de ces principes azotés que nous avons appelés albumine, glutine, etc., et qui se retrouvent constamment dans les plantes, la fermentation ne tardera pas à se réaliser, à suivre toutes ses phases ordinaires. Ainsi c'est un principe immédiat azoté, l'albumine, le gluten ou leurs analogues, qui la provoque et l'entretient; dans le suc des fruits, elle n'est pas déterminée d'une manière instantanée, il s'écoule toujours quelque temps avant qu'elle se manifeste : c'est que l'albumine ou le gluten, pour agir comme ferment, doivent déjà avoir subi eux-mêmes une certaine modification. La preuve en est dans ce fait, que les liqueurs vineuses renferment toujours une proportion très petite, mais constante de carbonate d'ammoniaque, ainsi que l'a constaté M. Doebereiner. D'ailleurs, ces mêmes principes azotés, qui à l'état frais sont sans action sur les liquides sucrés, agissent immédiatement comme des ferments énergiques, lorsqu'on les emploie après les avoir exposés pendant quelques jours au contact de l'air et de l'humidité, quand, en un mot, ils commencent à s'altérer. C'est donc au moment même où l'albumine ou le gluten entrent en décomposition qu'ils deviennent de véritables ferments, qu'ils sont aptes à décider le mouvement intestin qui produit la décomposition des matières sucrées. Le ferment consommé pour exciter et entretenir la fermentation du sucre est une quantité tellement minime, qu'on est porté à croire qu'il n'agit réellement que par sa présence, que par son contact. Cela paraît d'autant plus vraisemblable, que l'on sait qu'après avoir ajouté une substance azotée , suffisamment modifiée pour provoquer subitement la fermentation dans une liqueur qui, indépendamment du sucre , contient encore de l'albumine, on retrouve, après la réalisation du phénomène, six à huit fois plus de ferment qu'on n'en a mis ; c'est à dire la presque totalité du ferment primitif, plus celui qui a été produit par les principes azotés, préexistants dans la matière soumise à la fermentation : c'est ce qu'on observe journellement dans la fabrication de la bière.

Pour préparer cette boisson, on commence par faire germer l'orge : nous savons que par la germination, il se développe de la diastase qui, en réagissant sur l'amidon , le transforme en glucose et en dextrine. On dessèche l'orge germé quand la radicule est très apparente, au moment où la gemmule est prête à sortir du grain. Le malt, c'est ainsi qu'on nomme l'orge germée après sa dessiccation , est moulu, puis infusé d'abord dans de l'eau chauffée à 60° ; et ensuite délayé, brassé avec de l'eau à 90°. On couvre la cuve dans laquelle on a fait le brassage ; on laisse reposer pendant quelques heures et l'on soutire. L'infusion est portée dans une chaudière où elle est clarifiée par la coagulation de l'albumine végétale ; c'est dans la même chaudière qu'elle reçoit la décoction de houblon jugée nécessaire pour communiquer à la bière l'odeur et la saveur qui la caractérisent, et aussi pour s'opposer à l'acidification qu'elle pourrait contracter postérieurement à sa fabrication. Au sortir de la chaudière, la liqueur après avoir parcouru un système de réfrigérant qui ramène sa température à 15° environ, passe dans la cuve à fermenter. Une semblable infusion ou mout, est tout à fait analogue au suc des fruits ; elle renferme les éléments nécessaires à la fermentation, du glucose et un principe azoté. En effet, le mout fermente, et il se forme à la surface une écume blanche qui devient de plus en plus abondante, en même temps qu'il se dégage du gaz acide carbonique. On accélère sa fermentation, on fait qu'elle se développe au bout de cinq à six heures, en introduisant dans la cuve des écumes provenant d'une opération antérieure. On ne laisse pas la fermentation se terminer dans la cuve ; on fait arriver la liqueur dans des vases plus petits, dans des barils à larges bondes. Il importe de diviser la masse afin de se rendre maître de l'opération et d'en mieux régler les progrès ; l'écume qui déborde par les bondes des tonneaux se rassemble dans un réservoir ; une partie surnage la bière qu'elle a entraînée, une autre plus considérable se précipite : ces écumes constituent la levure. Les brasseurs, après en avoir réservé une certaine quantité pour leurs opérations, la livrent au commerce : on l'emploie surtout pour faire *lever* les pâtes, c'est à dire pour faire fermenter les principes sucrés qui entrent dans la constitution des farines. En général, le brassage du malt fournit six à huit fois plus de levain qu'on n'en ajoute pour déterminer la fermentation du mout.

La levure est solide, insoluble ou très peu soluble ; débarrassée par des lavages successifs faits avec de l'eau, de l'alcool et de l'éther, M. Dumas lui a trouvé une composition qui la rapproche singulièrement des matières azotées d'où elle dérive ; en effet, elle contient :

Carbone. . . .	50,6
Hydrogène . .	7,3
Azote.	15,0
Oxygène	
Soufre	27,1
Phosphore	
	100,0

L'exemple le plus net qu'on puisse choisir pour donner une *idée* complète du phénomène de la fermentation vineuse, est celui de la transformation du sucre en alcool et en acide carbonique sous l'influence de la levure de bière. Pour opérer cette transformation, on dissout cinq parties de sucre dans vingt parties d'eau, puis l'on délaie dans la dissolution une partie de levure. Si la température de l'atmosphère ambiant se maintient entre 15° et 30°, on voit apparaître autour des particules de ferment, de nombreuses bulles qui tendent à les entraîner dans leur mouvement ascensionnel ; bientôt toute la masse prend par le dégagement gazeux, de plus en plus abondant, un mouvement tumultueux qui continue pendant les dix à douze premières heures ; vers cette époque la fermentation devient moins active, le dégagement gazeux diminue graduellement ; il cesse entièrement au bout de quelques jours. La liqueur, de louche qu'elle était, devient claire, transparente, aussitôt après que le ferment qu'elle tenait en suspension, est déposé.

Si l'on fait fermenter le sucre dans un appareil qui permette de recueillir le gaz qui se dégage si abondamment, on reconnaît que ce gaz est de l'acide carbonique pur ; et en distillant avec les précautions convenables la liqueur fermentée, on en retire de l'alcool. Pour métamorphoser la totalité du sucre en alcool et en acide carbonique, il ne faut qu'une très petite quantité de levure, moins d'un centième du poids du sucre si on la suppose sèche, et encore la plus grande partie de cette faible quantité se retrouve-t-elle dans le dépôt qui se forme dans le liquide.

Si la fermentation vineuse est un phénomène aussi simple dans ses résultats, que nous le supposons, s'il est vrai qu'on peut négliger la très faible quantité de la matière du ferment qui intervient, il faut de toute nécessité que la composition du sucre soit telle, qu'elle puisse se représenter uniquement par de l'alcool et de l'acide carbonique, puisque ce sont là les seules matières qui sont produites : il en est ainsi en effet.

Considérons le glucose, c'est des deux sucres que nous avons étudiés le seul qui fermente, car le sucre de canne, avant de subir la fermentation, passe, ainsi que l'a démontré M. Henri Rose, à l'état de glucose ou sucre de raisin (1).

La composition·du glucose peut se représenter par :

Carbone.	36,4
Hydrogène	7,0
Oxygène	56,6
	100,0

La constitution des corps qui se produisent dans la fermentation étant :

	Alcool anhydre.	Acide carbonique.	Eau.
Carbone......	52,19	27,27	»
Hydrogène..	13,02	»	11,1
Oxygène....	34,79	72,73	88,9
	100,00	100,00	100,0

(1) Henri Rose, *Journal de Pharmacie*, t. XXVII, p. 681.

On voit que la composition de 100 parties de glucose peut s'exprimer par :

			Carbone.	Hydrogène.	Oxygène.
Alcool.	46,46	contenant	24,24	6,05	16,17
Acide carbonique .	44,45		11,12	»	32,33
Eau.	9,09		»	1,01	8,08
	100,00		C. 36,36	H. 7,06	O. 58,58

Ainsi, pendant la transformation du sucre de raisin hydraté, en alcool et en acide carbonique, l'eau de combinaison est mise en liberté.

Pour que la fermentation sacharrine s'effectue, pour que le ferment agisse, il faut le concours de plusieurs circonstances ; l'intervention de l'eau d'abord, ensuite une certaine température, dont je crois pouvoir fixer les limites extrêmes à 12° et 40° : du moins j'ai vu fermenter des liqueurs sucrées entre ces deux points de l'échelle thermométrique ; enfin, la présence de l'air, qui est indispensable pour décider la fermentation. Une fois déterminée elle continue et se termine à l'abri de l'atmosphère. M. Gay-Lussac a démontré la nécessité de l'oxygène par une expérience décisive, qui consiste à faire arriver une petite quantité de mout de raisin sous une éprouvette pleine de mercure, et placée sur une cuve remplie de même métal. En raison de la différence de densité, le mout occupe la partie supérieure, dans l'intérieur de l'éprouvette ; ce liquide, ainsi abrité, restera sans subir aucune modification. Mais si l'on introduit dans l'éprouvette une petite bulle de gaz oxygène, la fermentation se manifestera en très peu de temps, si la température est suffisamment élevée ; bientôt, le vase sous lequel se trouve emprisonné le mout se remplira de gaz acide carbonique qui déplacera le mercure. Ce fait intéressant est encore confirmé par une observation de M. Colin, qui établit qu'une décoction de levure de bière faite à chaud, et qui a perdu ses propriétés fermentescibles, pour avoir été refroidie dans un vase hermétiquement fermé, les récupère aussitôt après qu'elle a été exposée au contact de l'air. Les principes azotés des plantes ne sont pas les seuls qui soient capables de faire naître la fermentation. M. Colin, dans une suite de recherches intéressantes sur le phénomène qui nous occupe, a reconnu que le blanc d'œuf, la colle de poisson, l'urine, la chaire musculaire, possèdent la même propriété, quand ils commencent à éprouver une légère altération, lorsque, en un mot, ils sont arrivés à cet état particulier qui constitue les ferments azotés d'origine végétale (1).

Le peu que je viens d'exposer sur ce phénomène encore si obscur et si digne d'être étudié,

______

(1) Colin, *Annales de Chim. et de Phys.*, t. XXVIII, p. 28 et 30 2ᵉ série.

suffit cependant pour nous faire comprendre comment les sucs végétaux, les mouts sucrés, éprouvent la fermentation vineuse, lorsqu'ils sont placés dans une condition convenable de température. Nous avons reconnu, en effet, que les sucs qui imprègnent la pulpe des fruits, ou qui sont quelquefois renfermés à l'état liquide dans leur intérieur, contiennent généralement du sucre et de l'albumine, les deux éléments nécessaires de la fermentation alcoolique. Ainsi la sève de palmier produit du vin, parce qu'elle renferme du sucre et de l'albumine. Le vesou de la canne fermente par les mêmes causes. La chaleur du climat contribue d'une manière surprenante au prompt développement de la faculté fermentescible dans les matières azotées. J'ai eu plusieurs fois l'occasion de remarquer que le vesou , dans les pays très chauds, entre en pleine fermentation quelques heures seulement après sa sortie du moulin.

Le *vin de canne*, ou Guarapo; est d'un usage habituel dans toutes les contrés où l'on cultive la canne ; quand il est bien préparé, c'est une boisson très agréable et très saine : on le consomme à différents états. *Le guarapo dulce* contient encore une assez forte quantité de sucre : c'est un liquide pétillant, saturé de gaz acide carbonique. Le *guarapo fuerte*, qui est le plus apprécié, est fortement alcoolique, légèrement acerbe, souvent un peu acide ; il enivre facilement.

La *chicha* est une boisson fermentée que les Indiens préparent avec le maïs. C'est le vin des Cordillières. A Quito, où l'on suit encore exactement le procédé transmis par la race Quichua, on commence par faire tremper le maïs dans l'eau pendant six à huit heures ; ensuite on le broie sur une pierre et on le fait cuire ; la pâte qui résulte de cette opération, est délayée dans environ quatre fois et demie son volume d'eau. La température étant de 16° à 18°, une fermentation des plus tumultueuses se produit dans toute la masse. Quand cette première effervescence est calmée, ce qui a lieu au bout de vingt-quatre heures, la chicha est potable; c'est une boisson fortement alcoolique et qu'il faut consommer promptement, car elle s'aigrit très rapidement, circonstance qui sert d'excuse à ceux qui en boivent avec excès. Dans les villes situées sur les hauts plateaux des Andes, la chicha est l'objet d'une industrie très étendue; c'est une liqueur d'un goût vineux très prononcé, et qui a beaucoup d'attraits pour ceux qui y sont accoutumés ; mais son aspect laiteux, le sédiment qu'elle laisse toujours déposer dans les vases, la rendent peu agréable à la vue. Les Indiens la boivent toujours quand elle est trouble, et pour l'avoir telle, ils agitent le réservoir qui la contient, avant d'y puiser. La vérité est que, la chicha est à la fois un aliment très nourris sant et une boisson : On voit des hommes occupés aux plus rudes travaux en faire leur nourriture presque exclusive. Les buveurs prétendent qu'elle inspire l'horreur de l'eau. Je puis ajouter que je n'ai jamais vu un Indien aisé, un cultivateur du plateau de Bogota, se désaltérer avec de l'eau; souvent quand on fait, après une marche pénible, une halte auprès d'un torrent, on les voit faire plus d'une lieue, pour trouver une cabane dans laquelle ils sont sûrs de rencontrer leur boisson favorite.

Dans la province du Soccorro, à Belez on confectionne une bouillie de maïs qu'il suffit de délayer dans l'eau pour obtenir de la chicha. Cette bouillie nommée *masato*, est le maïs cuit et broyé que l'on laisse fermenter en pâte, après y avoir ajouté du sucre. Cette fermentation est très lente, et quand elle est assez avancée, le masato, qui a la consistance et l'apparence du riz cuit, est mis dans des outres pour être exporté ; on en fait un commerce assez considérable. L'usage principal du masato est, comme je l'ai dit, de donner instantanément de la chicha très forte, par une simple addition d'eau. Cependant on le prend aussi comme aliment, et il n'est pas rare de voir des personnes complètement ivres, après en avoir mangé une ou deux assiettées.

Guaruzo. Les Indiens des régions chaudes font, avec le riz, un aliment alcoolique qui a une certaine analogie avec le masato. C'est le *guaruzo*, que l'on se procure très aisément en délayant le riz cuit dans l'eau. La liqueur dans laquelle les grains de riz restent en suspension, fermente lentement et conserve toujours une saveur sensiblement acide.

Pour comprendre comment la fermentation alcoolique peut se produire dans la préparation de la *chicha* et du *guaruzo*, il faut admettre d'abord que la diastase, qui se développe probablement dans les grains pendant qu'ils sont mis à tremper, transforme pendant leur cuisson une partie de l'amidon en glucose; ensuite on conçoit que l'albumine fasse l'office de ferment. Quant à la formation de l'alcool au sein du maïs cuit et en pâte non délayée, elle n'a rien de surprenant; pour que le glucose fermente, il n'est pas indispensable qu'il soit dissous dans une grande quantité d'eau; les rafles de raisin qui sortent du pressoir, subissent la fermentation alcoolique, bien qu'elles soient entassées, comprimées dans une cuve presque hermétiquement fermée. C'est de cette masse à peu près sèche, que nous retirons l'eau de vie de marc, en la distillant avec de l'eau.

Les grains ingérés dans l'estomac des animaux, après la mastication, y font naître du sucre de raisin dont la présence a été constatée par M. Trommer; et il n'y a rien d'invraisemblable à supposer avec **M.** Mitscherlich, que dans l'acte de la digestion des herbivores ou des granivores, il puisse se produire, dans certains cas, une véritable fermentation alcoolique(1). On sait d'ailleurs que les chameaux, qui boivent après avoir rempli leur estomac avec une grande quantité de dattes, éprouvent quelquefois tous les symptômes de l'ivresse.

Cidre et poiré. Dans les contrées où la vigne n'est pas cultivée, ou bien encore dans les vignobles où la maturité du raisin n'est pas assurée, on supplée au vin par le suc fermenté de divers fruits à pulpe sucrée, comme les poires et les pommes.

Des nombreuses variétés de pommes qui sont cultivées pour la préparation du cidre, on préfère la pomme amère, c'est du moins celle que nous cultivons. La récolte du fruit se fait à la gaule; on enlève à la main les pommes qui, n'étant pas assez mûres, sont restées sur l'arbre après le gaulage. Les fruits sont amoncelés dans de grandes cuves placées dans les celliers. On les écrase sous une meule verticale, deux mois après qu'ils ont été cueillis; on laisse macérer pendant 10 à 12 heures la pulpe qui sort des meules, afin de lui laisser prendre une couleur jaune qui se com-

(1) Mitscherlich, *Annales de Chim. et de Phys.* t. VII, p. 32, 3ᵉ série.

munique ensuite au cidre. Cette pulpe est ordinairement exprimée sous le pressoir à vin, et le suc qui en découle se rend dans un réservoir : le marc est repassé sous la meule, et, pour faciliter la sortie, pour déplacer le suc, on ajoute une certaine quantité d'eau avant de presser. Le suc est ensuite mis dans des tonneaux à larges bondes. Au bout de cinq à six jours, la température du cellier étant de 13° à 14°, la fermentation apparaît et se prolonge pendant environ un mois. C'est alors qu'il convient de soutirer le cidre et d'en remplir des tonneaux de sept à huit hectolitres. Dans ces tonneaux, la fermentation continue, elle est très lente; cependant avec le temps, elle finit par transformer la totalité du sucre en alcool. A mesure que cette transformation s'effectue, la saveur sucrée du cidre diminue, et elle est remplacée par un goût vineux plus prononcé. Quand on tient à conserver au cidre une légère saveur sucrée, il faut s'opposer à cette fermentation dernière. A cet effet, lors du soutirage, on met la liqueur dans des barils d'une petite capacité, dans l'intérieur desquels on a brûlé une mèche soufrée. L'acide sulfureux, comme tous les corps avides d'oxygène, interrompt ou rend encore beaucoup plus lente l'action du ferment. Ordinairement ce cidre est mis en bouteille où il devient mousseux.

En Normandie, on admet que 1000 kilog. de

pommes rendent 8 hectolitres de cidre de bonne qualité.

Vin. Le jus ou mout de raisin contient :

1. Du sucre de raisin ou glucose.
2. De l'albumine et du gluten.
3. De la pectine.
4. Une matière gommeuse.
5. Une matière colorante.
6. Du tannin.
7. Du bitartrate de potasse.
9. Une huile volatile odorante.
10. De l'eau.

On voit que le suc de raisin présente, dans sa constitution, les éléments propres à faire naître la fermentation alcoolique. Les proportions de ces divers aliments sont d'ailleurs singulièrement modifiées par la nature du cepage, du sol et surtout du climat. Il est même peu de culture qui soit aussi affectée par les variations de l'atmosphère, que l'est celle de la vigne. Dans les vignobles qui sont les plus favorablement situés, il est rare de fabriquer plusieurs années de suite des vins également bons ; et dans les contrées placées vers la limite productive de la vigne, sous des *climats excessifs,* tels que nous les définirons plus tard, là où les vignobles n'existent qu'à la faveur d'étés très chauds, les produits sont encore plus variables, plus inconstants. On pose ordinairement, comme la limite de la culture de la vigne en Europe, les localités qui possèdent une température moyenne de 10° à 11°; sous un climat plus froid on n'obtient plus de vins potables. A ce renseignement météréologique, il faut ajouter que la chaleur moyenne du cycle de végétation de la vigne doit être, au minimum de 15°, et celle de l'été de 18 à 19 degrés. Une contrée qui ne se trouve pas dans ces conditions climatériques, ne peut avoir que de mauvais vignobles, alors même que sa température moyenne annuelle est supérieure à celle que j'ai indiquée. C'est ainsi qu'il est impossible de cultiver la vigne sur les plateaux tempérés de l'Amérique méridionale, où l'on jouit cependant d'une température moyenne de 17° à 19°, parce que ce qui caractérise le climat des pays équinoxiaux, c'est la constance de la température : la vigne végète, fleurit, mais les raisins ne mûrissent jamais assez. Dans ces contrées équatoriales, on ne peut faire de bon vin que là où la chaleur constante du climat est au moins de 20°.

En France, la végétation de la vigne commence vers la fin de mars, et les vendanges se font le plus ordinairement dans le courant d'octobre. Comme la qualité du vin dépend principalement de la maturité du raisin, on ne doit vendanger qu'alors qu'elle est parfaite, ou bien quand on n'a plus aucune chance de voir s'améliorer une maturation incomplète. Lorsqu'il y a plusieurs variétés de cepage dans une vigne, il arrive assez fréquemment que leurs fruits ne mûrissent pas simultanément : c'est là une circonstance qui nuit certainement à la bonté du vin, et qui doit faire critiquer le mélange de cepage très différents dans un même clos.

Dans certains pays où l'on tient à fabriquer des produits d'une qualité supérieure, on est dans l'usage de séparer les grains de la grappe avant d'en extraire le jus. La rafle contient un principe astringent très analogue au tannin, s'il n'est pas identique avec lui. Ce principe ajoute à la saveur naturellement âpre et acide d'un mout qui provient d'un raisin qui est resté au dessous du point convenable de maturité. Ce n'est pas que, dans une limite assez étroite, le tannin ne joue un rôle utile dans le vin; il empêche, par exemple, que la matière azotée qui se constitue ferment, reste après la fermentation, et cela est si vrai, qu'un habile œnologue, M. François, conseille d'en ajouter à certains vins blancs, pour précipiter l'albumine qu'ils retiennent en dissolution, albumine qui contribue à leur altération.

On se procure le mout par le foulage du raisin et la pression du marc. En Alsace, du moins à Bechelbronn, car le procédé n'est peut être pas général, on commence à fouler dans la vigne même ; dans ce but on y transporte tous les appareils nécessaires, qui se réduisent au reste, à une grande cuve servant de réservoir, et à plusieurs cuviers, percés de trous assez petits pour qu'un grain de raisin ne puisse pas y passer, et munis à leur centre d'une sorte de porte ou *judas*. Les grappes sont jetées dans les cuviers percés, qui sont placés, à l'aide d'une sorte d'échelle transversale, au dessus de la grande cuve. Le raisin est foulé par le piétinement des enfants; quand le suc est sorti des grains, on ouvre la trappe qui se trouve au fond de chaque cuvier, et les rafles tombent dans la grande cuve. On transporte le produit de ce foulage au pressoir. Le mout obtenu est mis à part; il donne du vin de meilleure qualité. Les rafles et les pellicules de grain sont soumis à la pression, et le jus qui en sort produit un vin moins estimé.

La fermentation du mout a lieu dans les celliers : cette précaution est surtout nécessaire dans les pays où l'automne est déjà froid. Assez communément, le mout est mis dans de grandes cuves ouvertes par la partie supérieure, et qu'on ne remplit pas entièrement. Tous les signes qui caractérisent la fermentation alcoolique se manifestent; il se dégage en abondance du gaz acide carbonique, et une écume épaisse se rassemble à la surface de la liqueur. Il y a quelques inconvénients à faire fermenter le mout dans des cuves ouvertes, qui présentent une **grande surface du liquide à l'action de l'air :**

l'acétification, la production du vinaigre est évidemment favorisée par cette disposition, qui a en outre l'inconvénient de permettre l'évaporation de l'alcool formé. Aussi, on ferme quelquefois la cuve avec une toile; mieux vaut encore achever la fermentation dans des tonneaux de la contenance de quelques hectolitres, à larges bondes, c'est ce que nous pratiquons. A la vérité, comme la masse de mout se trouve fractionnée, elle s'échauffe moins, et la fermentation est peut-être un peu moins active, un peu plus lente; mais les avantages que présente cette méthode sont réels. La cessation de tout mouvement tumultueux, la saveur, l'odeur et la diminution de la densité du mout, sont des caractères qui indiquent que la fermentation est sur le point de cesser. Alors on soutire au moyen d'une grosse cannelle en bois, fixée à quelque distance au dessus du fond de la cuve ou des tonneaux à larges bondes. Les tonneaux dans lesquels le vin est emmagasiné, ne doivent pas être fermés hermétiquement; la fermentation, bien qu'insensible, se prolonge pendant plusieurs semaines; il faut laisser une issue, soit au gaz acide carbonique qui peut encore se développer, soit à l'air qui rentrera, après que le vin récemment soutiré sera refroidi.

Ce qui vient d'être exposé se pratique particulièrement lorsqu'il s'agit de faire des vins blancs, quelle que soit au reste la couleur de la pellicule du raisin. Dans la plupart des vignobles où l'on prépare le vin rouge, on laisse fermenter dans la cuve ou dans un réservoir en pierre le produit du foulage; le mout fermente sur le marc, et en dissout la matière colorante. C'est lorsque le soutirage est effectué qu'on soumet les rafles à l'action du pressoir.

La qualité du vin peut pécher par le manque de force et par trop d'acidité; ce sont même là deux défauts qui se trouvent réunis le plus souvent. Le vin contient surtout un excès de tartrate acide de potasse et d'acides végétaux libres, quand il provient d'un raisin qui n'a pas mûri suffisamment. Le manque d'alcool peut dériver de la même cause, car en principe, on peut admettre qu'à mesure que le raisin approche vers une maturité complète, les acides végétaux disparaissent et sont remplacés par du sucre. On remédie au manque d'alcool en introduisant dans le mout un principe sucré. Aujourd'hui, les vignerons ne considèrent plus comme une fraude l'intervention du sucre d'amidon dans l'amélioration du vin de leur crû. C'est une pratique qui s'étend chaque jour davantage, et qui ne saurait cependant se justifier que par la parfaite identité du glucose avec le sucre du raisin : tant qu'il restera l'ombre d'un doute à cet égard, et ce doute existe, l'amélioration devra être considérée comme une falsification. Dans les climats chauds où le raisin mûrit toujours, la quantité de bitartrate de potasse est peu considérable : c'est alors le sucre qui domine, et quelquefois dans une telle proportion, que la substance azotée du mout est insuffisante comme ferment ; il en résulte des vins d'une saveur sucré trop prononcée : tels sont les vins de Lunel, de Frontignan. J'ai fait usage d'un vin semblable préparé sur la côte du Pérou, et dans un des climats les plus chauds où la vigne soit cultivée, puisque la température moyenne et constante du vignoble est d'environ 26° ; c'est au reste un produit fort médiocre, et de beaucoup inférieur aux vins doux, *vinos dulces*, d'Espagne, du Portugal et du Chili. Lorsque ces mouts, riches en sucre, renferment la dose convenable de ferment, ils donnent des vins extrêmement alcooliques, et dans lesquels on ne perçoit plus la saveur sucrée : tels sont les vins secs des vignobles méridionaux, dont le *Madère* peut être pris pour type.

Il est des vins qui participent à la fois des propriétés qui distinguent les deux espèces que je viens de mentionner ; comme ils sont très alcooliques en même temps que sucrés, on les connaît sous le nom de vins de liqueur ; le Xérès, l'Alicante, peuvent être cités comme exemple. Plusieurs de ces vins sont des *vins cuits*, c'est à dire que pour les obtenir, on ajoute au mout, tel qu'il sort du foulage, une certaine quantité du même mout, réduit par l'évaporation au quart ou au cinquième de son volume primitif. La concentration du mout est, on le conçoit, un moyen d'augmenter relativement sa proportion de sucre; mais c'est une opération que ne supporte pas aussi bien le jus d'un raisin acide, par la raison que l'acidité s'accroît aussi par la cuite. L'acidité pourrait même devenir intolérable, si les vins fortement alcooliques ne laissaient pas indissoute une grande partie du bitartrate de potasse qui se trouvait dans le mout.

La concentration du suc du raisin s'obtient, dans quelques circonstances, par la dessiccation. C'est ainsi qu'en Hongrie, le vin de Tokai est fait avec le raisin qui reste sur le cep après sa maturité, se trouvant ainsi exposé alternativement aux froids nocturnes qui désagrègent probablement la texture de ses grains, et à la chaleur du soleil qui le dessèche. Lorsque les grains ont acquis une couleur brune, qu'ils sont ridés, on en extrait un mout très chargé de sucre, après avoir pris le soin de séparer tous ceux qui sont verts ou gâtés. Dans les climats moins favorisés, quand les pluies d'automne s'opposent à la dessiccation du raisin sur le cep, on arrive à peu près au même résultat, en l'étendant sur un lit de paille, dans des greniers bien aérés, retournant fréquemment les grappes, et recherchant avec une attention minutieuse les grains imparfaits ou avariés. C'est avec

le mout de ce raisin qu'on prépare certaines espèces de vins alcooliques et sucrés que l'on nomme
vins de paille.

Les vins séparés du marc et mis en tonneaux,
laissent déposer avec le temps, un sédiment abondant, la lie. Ce sédiment dans lequel domine toujours le bitartrate de potasse, paraît être la conséquence d'un accroissement de la proportion
d'alcool dans le vin conservé en tonneaux. L'alcool
peut augmenter par deux causes ; d'abord par la
fermentation intestine, presque insensible qui se
prolonge après le soutirage, ensuite par la conservation même des vins faits. On sait, pour peu
qu'on se soit occupé d'œnologie, que le vin mis
dans des futailles bien fermées et placées dans
un cellier suffisamment aéré, éprouve une évaporation très perceptible ; de temps à autre il faut
remplir les pièces, même celles qui sont assez
parfaitement conditionnées pour ne permettre
aucune fuite de liquide. La perte a donc lieu à
travers les pores du bois, et pour bien faire comprendre les conséquences qui se laissent déduire
de ce genre d'évaporation, je dois rapporter un
fait curieux, dont la découverte est due à Sœm-
mering.

Certains tissus organiques possèdent la propriété de se laisser mouiller plus facilement et
plus complètement par l'eau que par l'alcool.
Si, par exemple, on remplit entièrement une ves-

sie avec de l'eau de vie, et qu'ensuite on la suspende dans un courant d'air, voici ce qui arrivera : la vessie se videra en partie, et au bout de quelques semaines, le liquide pourra se trouver réduit à la moitié de son volume. Jusqu'ici, ce qui s'est passé semble n'indiquer autre chose que la perméabilité de la membrane de la vessie ; cette membrane est perméable sans doute, mais si l'on examine le liquide qui est resté, on trouvera qu'il est fort différent de celui qui y a été introduit d'abord. Ainsi, à la place de l'eau de vie faible, on aura de l'alcool très fort. Le liquide qui a passé dans le tissu de la membrane pour l'imbiber et se dissiper ensuite, était en grande partie de l'eau.

Cette perméabilité des tissus d'origine animale se retrouve encore, quoiqu'à un moindre degré, dans les tissus végétaux. Le bois d'un tonneau se comporte à l'égard du vin qui s'y trouve renfermé, comme la vessie se comporte à l'égard d'un liquide spiritueux. La surface externe d'une futaille mise dans un endroit bien aéré, tend à se dessécher et se dessècherait en effet, si le vin ne remplaçait continuellement l'humidité qui s'est évaporée ; mais en vertu de la propriété que j'ai signalée, ce remplacement se fait par de l'eau, et le liquide qui reste dans le tonneau, s'enrichit de presque tout l'alcool qui était mélangé avec l'eau qui s'est dissipée par évaporation. C'est ainsi que je conçois comment le vin devient plus généreux, en vieillissant dans les celliers. Il est possible que l'amélioration des vins dépende, en partie, de combinaisons chimiques mal étudiées jusqu'à ce jour, et qui se réalisent avec le temps; mais une fois la fermentation complètement terminée, on ne peut guère expliquer l'augmentation de l'alcool que par les principes que je viens de poser. Cette concentration de l'alcool dans les vins a probablement encore lieu lorsqu'ils sont en bouteilles, par la raison que le liège n'est pas tout à fait imperméable à l'eau, et qu'il se conduit comme un tissu ligneux; la diminution du volume des vins qui sont conservés en bouteilles couchées, de manière à ce que le liquide mouille sans cesse la face interne du bouchon, paraît être une preuve en faveur de cette opinion, qui se trouve encore corroborée par la précipitation d'une certaine quantité de bitartrate de potasse dans les bouteilles, précipitation qui est très probablement la conséquence de la concentration de l'alcool du vin. Dans les tonneaux, le dépôt de lie qui se forme est souvent assez considérable au bout d'un certain temps, pour qu'il soit nécessaire de soutirer les vins qui doivent être livrés à la consommation. Comme on pouvait le prévoir, la *lie* contient beaucoup de bitartrate de potasse réuni à plusieurs autres sels, et aux principes azotés qui se trouvaient dans le mout. C'est ce que nous apprend l'analyse faite par M. Braconnot (1) : la lie desséchée examinée contenait :

Bitartrate de potasse.	60,7
Tartrate de chaux.	5,3
Tartrate de magnésie.	0,4
Phosphate de chaux.	6,0
Sulfate et phosphate de potasse.	2,8
Substance animale (azotée).	20,7
Matières grasses.	2,1
Matière colorante, gomme, tannin.	traces.
	100,0

C'est en distillant les mouts qui ont subi la fermentation alcoolique que l'on obtient l'eau de vie. Les eaux de vie reçoivent dans le commerce une dénomination qui indique leur origine. Telles sont celles de vin, de grains, de fécule, de cerises, de prunes, etc. Le rhum est extrait du *guarapo* ou vin de cannes. Leur préparation repose sur une des propriétés de l'alcool qui en fait la base, et qui consiste en ce que ce principe est beaucoup plus volatil que l'eau. On conçoit dès lors que, si l'on distille avec quelques précautions un vin, un suc fermenté, l'alcool se trouve en plus forte proportion dans les premières parties de la liqueur qui se condense dans le réfrigérant de l'alambic. A une certaine époque de la distillation, la totalité de l'alcool sera volatilisée, et il ne restera plus dans la cucurbite que de l'eau

(1) Braconnot, *Annales de chimie et de physique*, t. LXVIII, p. 68, 2ᵉ série.

tenant en dissolution les principes fixes qui se trouvaient dans le vin. La liqueur spiritueuse qui se condense successivement, pendant toute la durée de la distillation, n'est pas toujours au même degré de force; il arrive même un instant où le produit doit être rejeté comme trop aqueux. On peut, par un mélange convenable des liqueurs très alcooliques avec celles qui le sont moins, obtenir une eau de vie qui ait le degré moyen exigé. On peut encore, et c'est ce qui se pratique sur les eaux de vie faibles qui se trouvent en excès, redistiller, de manière à retirer la partie la plus spiritueuse.

Les eaux de vie sont caractérisées par certaines odeurs, par une saveur particulière, qui ont pour origine des principes volatils, comme des huiles essentielles, des éthers qui préexistent dans les fruits qui ont donné le mout, ou qui ont pris naissance durant la fermentation. Ce sont ces principes qui communiquent aux produits de la distillation des liqueurs vineuses, l'arôme et le goût que les consommateurs apprécient dans les eaux de vie de vin, dans le rhum, le *kirschenwasser*, le *whisky*. La saveur désagréable, l'âcreté, l'odeur repoussante de l'eau de vie de pommes de terre et de certains esprits retirés des grains, sont dues également à des huiles essentielles, et souvent aussi aux principes empyreumatiques que développe une distillation faite sans précautions sur des mouts épais, visqueux, qui s'attachent au fond des cucurbites et éprouvent le commencement d'une décomposition pyrogénée. .

L'esprit de vin qu'on retire des mouts fermentés, est toujours plus ou moins aqueux, quelque précaution qu'on apporte d'ailleurs dans la distillation, et quelque nombreuses que soient les rectifications. Pour obtenir l'alcool pur, l'alcool anhydre des chimistes, il est indispensable de distiller l'esprit de vin, en présence de corps assez avides d'eau pour la retenir, malgré la température à laquelle se fait la distillation. On peut faire usage de chaux vive, et comme il importe qu'elle soit divisée, on calcine dans un creuset, à la chaleur rouge, de la chaux éteinte et pulvérulente. Pendant qu'elle est encore chaude, on l'introduit dans la cucurbite d'un alambic ou dans une cornue de verre; quand cette chaux est complètement refroidie, on verse dessus un poids égal au sien d'alcool du commerce, et on laisse digérer le mélange durant vingt-quatre heures, puis l'on distille avec lenteur à la chaleur du bain marie. Le premier produit est de l'alcool pur. Les dernières portions, recueillies vers la fin de l'opération, renferment encore un peu d'eau. On doit au reste, pour plus de sécurité, répéter la rectification.

L'alcool anhydre, l'alcool absolu, comme on

le désigne communément, est un liquide très fluide, incolore, extrêmement volatil et doué d'une odeur suave assez pénétrante. Comme il a une grande affinité pour l'eau, il l'enlève aux corps organisés en racornissant leurs tissus ; aussi sa saveur est-elle brûlante, et il cause la mort quand il est ingéré dans l'estomac.

La pesanteur spécifique de l'alcool, comparée à celle de l'eau prise pour unité, est de 0,7947, à la température de 15°. On n'a pas réussi à le congeler en le soumettant à un froid de 59° au dessous de 0. Suivant M. Gay-Lussac, il entre en ébullition à 78°, 4 sous la pression atmosphérique de $0^m,76$. Il est très combustible, alors même qu'il contient une assez forte proportion d'eau; tout le monde sait avec quelle facilité s'enflamment l'esprit de vin et l'eau de vie.

L'alcool possédant une pesanteur spécifique très faible, on comprend que la densité d'un esprit de vin sera d'autant plus élevée, se rapprochera davantage de celle de l'eau, qu'il contiendra une plus forte proportion de ce liquide. Toutefois, il est impossible de conclure de cette densité, les quantités relatives des deux liquides mélangés, par la raison qu'en s'unissant, l'alcool absolu et l'eau se contractent toujours. Ainsi, quand on mêle des volumes connus d'alcool pur et d'eau, le volume du mélange n'est pas représenté par la somme des volumes partiels.

Suivant Rudberg (1), dans 100 volumes d'alcool d'une densité de 0,9275 prise à la température de 15°, il entre réellement

53,94 volumes d'alcool absolu.
49,84 volumes d'eau.
____
103,78

D'où il suit qu'il y a eu une contraction de 3,78 volumes : c'est à peu près là le maximum de condensation.

Il est important, dans les transactions commerciales, de pouvoir déterminer rapidement la richesse en alcool des esprits ou des eaux de vie, d'autant plus qu'en France, par exemple, la loi exige que les droits sur ces liquides soient perçus d'après la quantité d'alcool qu'ils renferment en volume. C'est dans ce but d'utilité que M. Gay-Lussac a construit un alcoograde qui, plongé dans de l'esprit de vin, indique le volume d'alcool absolu qui s'y trouve. Les indications de cet instrument ne sont rigoureuses que pour la température de 15°, mais on a construit des tables qui permettent de ramener à ce degré thermométrique les déterminations faites à une température différente. L'alcoograde, plongé dans l'alcool pur, marque 100° ou 100 centièmes ; dans l'eau, il indique 0. Sa construction est telle, que si après l'avoir plongé dans de l'eau

____

(1) Rudberg, *Ann. de Chim. et de Phys.*, t. XLVIII, p. 33, 2° série.

de vie, il s'y enfonce jusqu'à ce que le niveau du liquide affleure une division de l'échelle marquant, par exemple, 55°, on en conclura que dans 100 volumes de cette eau de vie, il entre 55 volumes d'alcool absolu. Si j'ai insisté sur les principales propriétés de l'alcool, et si j'ai signalé l'alcoograde centésimale c'est surtout pour faire bien saisir l'utilité de cet instrument, lorsqu'il s'agit d'apprécier la qualité des vins sous le rapport de leur richesse en alcool. De toutes les méthodes qui ont été proposées pour arriver à cette appréciation, aucune ne comporte la précision que permet celle qui a été recommandée par M. Gay-Lussac.

Pour déterminer la quantité d'alcool contenue dans une liqueur fermentée, on introduit dans un petit appareil distillatoire, dans une cornue de six décilitres, le liquide qu'il s'agit d'examiner. On distille avec soin, et l'on reçoit le produit dans un récipient, jaugé de manière à retirer exactement par la distillation, le tiers, deux décilitres, du liquide qui a été mis dans l'appareil. L'alcoograde plongé dans la liqueur distillée, indiquera en centièmes le volume d'alcool absolu qui s'y trouve. Or, comme ce liquide n'est que le tiers de la liqueur fermentée qui a été introduite dans la cornue, il est clair qu'il faudra diviser par trois l'indication de l'alcoograde. Si, par exemple, l'instrument signale 36 volumes d'alcool réel dans cent volumes du produit de la distillation, il est de toute évidence que le vin essayé en contient douze volumes sur cent : douze litres par hectolitre. J'ai réuni dans un tableau la teneur en alcool des vins et liqueurs spiritueuses qui entrent le plus ordinairement dans la consommation :

	ALCOOL POUR 100, en volume.	AUTORITÉS.
Eau de vie de vin, commune	47,4	
Id. de grain, commune . . .	39,9	
Id. de grain, d'Irlande . . .	68,5	Beck.
Genièvre de Hollande.	51,5	
Vins : Porto.	21,0	
Porto	18,4 à 23,2	
Madère	16,7 à 20,4	
Madère rouge	15,8	Brandes.
Madère du Cap.	15,6	
Bucellas	17,5	Beck.
Cascavello	15,6	Brandes.
Vin d'Espagne, brun.	16,8	Beck.
Malaga	14,9	
Xérès	15,8 à 16,1	
Lisbonne.	15,7	
Lacryma—Christi	17,0	
Constance	17,0	
Syracuse.	13 2	Brandes.
Tokay.	9,7	
Vins du Rhin	7,4 à 12,4	
Grave	10,1	
Roussillon	14,9	
Frontignan	11,0	
Bordeaux rouge	11,2 à 14,0	
Château-Margaux.	10,6	Beck.
Côte Rotie	10,6	Brandes.
Santerre	12,1	Beck.
Vins de Bourgogne	10,2 à 11,4	
Champagne blanc.	11,0	Brandes.
Champagne rouge.	9,9	
Lampertsloch rouge ; Alsace 1834 . .	11,2	Boussingault.
Ale d'Albany deux ans en bouteilles.	9,9	
Id. en baril	6,9	Beck.
Cidre d'Amérique	4,5	

Il est présumable que la quantité d'alcool indiquée dans les vins d'Espagne et de Portugal est plus forte que ce qu'elle est réellement dans les monts fermentés, par la raison que, dans le midi, on est dans l'usage d'ajouter de l'eau de vie aux vins destinés à l'exportation.

Un crû dont la vigne est cultivée constamment de la même manière, qui reçoit la même dose et la même nature d'engrais, dont le vin est toujours préparé par la même méthode, rend néanmoins des produits dont la teneur en alcool varie d'une année à l'autre, suivant les circonstances météorologiques. C'est ainsi que la vigne du Schmalzberg que nous cultivons près de Lampertsloch, donne successivement les vins les plus dissemblables dans leurs qualités. On en jugera par les observations que je vais présenter, et qui ont été faites de 1833 à 1837 inclusivement (1).

ANNÉES.	TEMPÉRATURE MOYENNE			VIN produit par un hectare.	ALCOOL pur dans le vin, en volume.	ALCOOL pur produit par hectare.
	De la culture.	de l'été.	Du commencement de l'automne.			
				hectol.		hectol.
1833	14°,7	17°,3	11°,4	34,00	5,0	1,70
1834	17°,3	20°,3	17°,0	45,06	11,2	5,05
1835	15°,8	19°,5	12°,3	68,27	8,1	5,53
1836	15°,8	21°,5	12°,2	59,40	7,1	4 22
1837	18°,2	18°,7	11°,9	20,14	7,7	1,55

Si nous recherchons maintenant comment les circonstances météorologiques ont influé sur la production du vin durant ces cinq années d'observations, nous voyons tout d'abord que la température moyenne des jours dont le nombre com-

(1) Boussingault, *Annales de Chimie et de Physique*, t. LXIV, p. 174, 2ᵉ série.

pose la durée de la culture, a une influence perceptible. Cette température a été de 17°,3 dans l'année qui a donné le vin le plus riche en esprit, et seulement de 14°,7 pour 1833 dont le produit était à peine potable.

Un été chaud favorise naturellement la végétation de la vigne; en 1833, la chaleur moyenne de cette saison n'a pas atteint 17° 1/2; à part cette année, que l'on doit considérer comme une des plus mauvaises, les trois étés favorables ont présenté une température qui se rapproche de 20°. Ce n'est pas cependant à l'été le plus chaud que répond le vin le plus spiritueux. C'est qu'indépendamment d'une chaleur soutenue pendant le développement de la vigne, il faut encore pour la parfaite maturité du raisin, un commencement d'automne doué d'une douce température; c'est là une des conditions essentielles.

On voit effectivement qu'en 1834, les mois de septembre et octobre ont offert la température extraordinaire de 17°, tandis qu'en 1833 la température des mêmes mois ne s'est pas élevée à 11° 1/2. J'ajouterai que l'année 1811, si remarquable par la bonté et l'abondance des vins, a également eu un commencement d'automne très doux; on trouve en effet, dans la belle série d'observations dont M. Herrenschneider a doté l'Alsace, que cette même année, après un été d'une température moyenne de 19° 6, la chaleur des mois de septembre et octobre s'est soutenue à 15°; or, en Alsace, la température ordinaire de cette époque de l'année est de 11° 1/2 environ.

Si l'on sépare de ces observations les années 1833 et 1837 qui ont été décidément mauvaises, il semble que l'on doive conclure que les influences météorologiques agissent plus sur la qualité des vins que sur la quantité totale d'alcool formé. Ainsi, bien que le vin de 1836 ait été très inférieur à celui de 1834, en somme, sa récolte a donné une plus forte proportion d'alcool par hectare.

En Alsace, pour que l'année soit favorable à la vigne, il faut que la température des mois qui embrassent sa culture, soit sensiblement supérieure à la moyenne, qui se déduit des longues observations de M. Herrenschneider. Dans un climat où la vigne, pour réussir, se trouve soumise à une telle condition, il doit paraître évident que sa culture ne peut être bien avantageuse; c'est en effet ce qui a lieu. La culture serait même tout à fait désavantageuse, si le vin comme produit agricole, ne présentait cette particularité que sa valeur croît dans une proportion beaucoup plus rapide que sa qualité, de sorte qu'une bonne récolte indemnise souvent de plusieurs mauvaises années. Ensuite la vigne, comme l'olivier, vient et prospère dans des situations où il serait difficile d'établir toute autre culture.

Le produit d'une vigne dépend aussi de son âge, et sous ce rapport, il peut être curieux d'examiner l'accroissement progressif de la production. C'est ce que je vais faire pour une culture établie en Alsace, en regrettant toutefois, de ne pouvoir présenter en même temps des observations analogues qui auraient été recueillies dans un climat différent et plus favorable aux vignobles.

La plantation du Schmalzberg remonte à 1822, époque à laquelle on introduisit un nouveau cepage, composé de plants de France et des bords du Rhin (1). On cultive en espaliers. Les treilles ont maintenant 1 mètre 3 de hauteur. La vigne commença à donner du vin en 1825. Voici les produits recueillis jusqu'en 1837.

ANNÉES.	VIN PAR HECTARE.	ANNÉES.	VIN PAR HECTARE.
1825	7,5	1832	22,9
1826	21,8	1833	34,0
1827	0	1834	45,1
1828	17,1	1835	68,3
1829	6,1	1836	59,4
1830	0	1837	20,1
1831	16,7		

La moyenne du vin fourni par cette vigne, en comptant depuis sa plantation, est 24 hectolitres 5 par hectare.

Pour plusieurs vignobles du sud-ouest de la

(1) Pineau rouge, noirin rouge, morillon rouge, sauvignon blanc, tokay, rasImger blanc et doré, traminer, rulander.

France, M. de Villeneuve adopte comme rendement d'un hectare (1) :

> Environs de Toulouse . . 21 hectol.
> Gaillac (Tarn). 16

La statistique officielle évalue le rendement moyen de la vigne dans toute la France, à 18 hectolitres 65 ; et la production totale du vin à 44,404,837 hectolitres (2).

D'après des documents publiés récemment, la totalité des vignobles des états allemands, en émettrait dans la consommation 2,690,000 hectolitres (3).

Vin de maguey ou pulque. Cette liqueur vineuse, en usage au Mexique et dans quelques cantons du Pérou, est préparée avec la sève du maguey (*agave americana*). Le maguey réussit dans presque tous les terrains : j'en ai rencontré d'une beauté remarquable dans les sables arides de Riobamba ; cependant, il acquiert encore un bien plus grand développement dans les sols fertiles. La plante se propage par drageons, qu'on place en lignes, en les espaçant à 2 ou 3 mètres. La plantation est à peu près le seul travail exigé par le maguey ; à mesure qu'il croît en grosseur, ses feuilles s'étendent en s'inclinant ; elles sont

(1) De Villeneuve, *Manuel d'Agriculture*, t. II, p. 34.
(2) Royer, *Notes économiques, etc.*, p. 297.
(3) *Le Temps*, 11 avril 1840.

extrêmement charnues, comme celles de toutes les plantes grasses; leur épaisseur dépasse quelquefois 5 centimètres. Il s'écoule ordinairement dix ans avant que l'agave parvienne à la fructification. Lorsque la plante est sur le point de fleurir, il surgit du sein de la masse feuillue une hampe isolée qui s'élève à 3 ou 4 mètres de hauteur, et qui porte les fleurs à son extrémité. C'est précisément à l'époque où cette tige florale se manifeste, qu'il convient de recueillir la sève. A ce moment, les feuilles qui penchaient vers la terre, se redressent et se réunissent pour protéger la jeune hampe. On pratique une cavité à la partie supérieure du tronc, en coupant le faisceau de feuilles centrales et en élargissant insensiblement la plaie. C'est dans cette excavation, qui finit par avoir 2 à 3 décimètres cubes de capacité, que le suc se réunit; on la vide deux ou trois fois toutes les vingt-quatre heures. La sève du maguey est très sucrée; elle entre promptement en fermentation, et donne le *pulque*. C'est un vin assez agréable, quand la totalité du sucre n'a pas été transformée en alcool; mais les Mexicains le préfèrent quand il a acquis toute la force possible : c'est alors une boisson des plus enivrantes, qui a toutefois l'inconvénient de répandre une odeur de viande faisandée très prononcée.

La récolte de la sève se prolonge pendant deux ou trois mois : un plant de maguey en donne 4 à

5 litres par jour; de 270 à 400 litres pendant la
vendange. Un hectare pouvant contenir 600
plants, d'après M. Burkart (1), peut donc rendre
2000 hectolitres de pulque en dix ans; soit, en
moyenne, 200 hectolitres par année. C'est un
produit presque dix fois supérieur à celui des vignes en Europe. Aussi, une plantation de l'*agave
americana*, quand elle a lieu dans la proximité
d'une grande ville qui assure un débouché au
pulque, est considérée au Mexique comme une
des cultures les plus lucratives.

Dans les environs de Cholula, on rencontre des
plantations d'agave qui ont une valeur de 2 à
300,000 francs. Le pulque le plus en réputation
est celui de Hocotitlan, dont la célébrité est comparable à celle des vignobles les plus renommés
de l'Europe.

Le maguey n'est pas seulement utile par le vin
qu'il donne en quantité si prodigieuse, ses feuilles
fournissent encore un fil d'une solidité extrême,
la *pita*, qui remplace le chanvre avec avantage;
et les anciens Mexicains traçaient leurs figures
hiéroglyphiques sur un papier fait avec les fibres
de l'agave, par un procédé qui rappelle la préparation du papyrus des Egyptiens (2).

(1) Burkart, *Bibliothèque universelle de Genève*, t. XXXII,
p. 293, nouvelle série.
(2) Humboldt, *Essai politique*, etc., t. II, p. 495.

CHAPITRE IV.

DES SOLS.

La masse solide de notre planète ne présente pas partout les mêmes caractères physiques, la même composition chimique. En parcourant une contrée montagneuse d'une grande étendue, on manque rarement d'observer une différence notable dans la nature et la position relative des roches qui la constituent. L'idée qu'on se forme pendant une semblable exploration, est que ces masses minérales n'ont pas toutes la même origine, et qu'elles ont été formées et placées dans leurs situations actuelles, à des époques distinctes.

En examinant attentivement les inégalités, les anfractuosités qui rident la surface du globe, on reconnaît bientôt que les roches qui, dans le plus grand nombre de cas, forment les pics élevés, l'axe ou la charpente des chaînes de montagnes, résultent de l'agglomération, du mélange intime de substances minérales qu'il est possible d'isoler pour les étudier séparément.

Ces masses crystallines, les plus importantes par l'étendue qu'elles occupent, sont souvent recouvertes jusqu'à une certaine hauteur, ou même cachées entièrement, par des roches d'une origine plus récente, dont les éléments fragmentaires indiquent qu'elles proviennent de la désagrégation des terrains qui les supportent. La stratification régulière de ces roches superposées, la configuration de leurs moindres particules, les vestiges des êtres organisés qui s'y trouvent, attestent que ces dépôts ont eu lieu successivement et au sein des eaux.

La formation des roches crystallines date probablement de l'époque de la consolidation de l'écorce du globe. Leurs éléments, mêlés intimement par la fusion, se sont combinés pendant le refroidissement, suivant les lois de l'affinité, pour constituer les espèces minérales que nous y rencontrons ; comme il arrive, par exemple, que des espèces minérales, identiques à celles que l'on observe dans la nature, prennent naissance et crystallisent durant la consolidation de certaines scories de nos usines.

Les circonstances variées qui ont accompagné le refroidissement de la surface du globe, ont sans doute causé les différences que nous remarquons dans la distribution des minéraux qui entrent dans la composition des roches. Ainsi, le granit et le micaschiste, qui, bien que d'une structure si distincte, sont certainement deux variétés de la même espèce, contiennent du quartz, du feldspath et du mica. Dans la synéite, le mica est remplacé par l'amphibole ; par le talc dans le protogine. Dans le trachyte, gisement des volcans anciens et modernes, le quartz manque presque constamment, le pyroxène est substitué à l'amphibole, et le feldspath n'est plus identique par sa composition avec celui qui fait partie du granit. Le calcaire, qui remonte à la même époque plutonique, est grenu ou saccharoïde ; quelquefois l'intervention de la magnésie, le fait passer à la dolomie.

Les terrains sédimentaires ne varient pas moins dans leur composition. Les causes qui ont désagrégé les roches d'origine ignée, ont détruit ou éliminé un ou plusieurs de leurs éléments, avant leur nouvelle consolidation.

Un des dépôts les plus communs, le grès, est presque uniquement formé de grains quartzeux, au milieu desquels on rencontre fréquemment du mica ; mais déjà le feldspath y est assez rare. Dans les couches sédimentaires les plus anciennes de la série, comme dans les grauwacks, les éléments ignés se retrouvent plus au complet et moins altérés. La structure des roches calcaires de cette même époque est souvent compacte, argileuse. Elle devient poreuse et friable dans les dépôts les plus nouveaux.

Les roches stratifiées ont du se déposer en couches parallèlement superposées, et ces strates, horizontales dans le principe, ont été redressées dans la position qu'elles occupent aujourd'hui, par le soulèvement, par la tuméfaction des masses sur lesquelles elles reposent. Les débris organiques qu'elles présentent souvent en très grande abondance, indiquent qu'à l'époque où se sont accomplies les révolutions du globe qui leur ont donné naissance, il existait déjà des êtres vivants, et que des plantes végétaient sur la terre. La production des couches sédimentaires est une preuve évidente que les roches ignées dont elles sont issues, peuvent se désagréger pour former des galets, des graviers, des sables, des argiles. Les éléments des bancs stratifiés ont nécessairement passé par ces différents états, avant que des causes puissantes, qu'il ne nous est pas donné d'apprécier, les aient consolidés. Cette désagrégation des roches crystallines s'opère, pour ainsi dire sous nos yeux, par les actions combinées de l'eau et de l'atmosphère.

L'eau, en raison de sa fluidité, pénètre dans la masse des roches douées d'une certaine porosité ; elle s'infiltre dans leurs fissures. Si, par un abaissement de la température, l'eau vient ensuite à se congeler, elle écarte, en se dilatant, les molécules minérales, elle détruit leur cohésion, produit des fentes qui font éclater les rochers les plus durs. Pendant la gelée, la glace peut encore servir de ciment et lier entre elles les parties désagrégées ; mais au moment du dégel, la moindre force, les courants d'eau, l'action seule de la pesanteur, suffisent pour entraîner les fragments au fond de la vallée; et les frottements continuels auxquels ces débris de roches sont exposés dans les torrents, tendent à les briser et à les réduire en sable.

La quantité de matières terreuses charriées par les rivières et les fleuves est considérable; on peut s'en former une idée d'après l'épaisseur du limon déposé par les eaux, lorsque leur vitesse d'écoulement vient à se ralentir. Dans de nombreuses localités, le sol arable est formé ou puissamment amélioré par ces sortes d'alluvions. On connaît assez les vertus fertilisantes du limon du Nil; selon Schaw, les eaux de ce fleuve en emportent avec elles un cent trente-deuxième de leur volume; celles du Rhin, aux époques des grandes crues, en charrient plus d'un centième; et le docteur Barrow, en s'appuyant sur des observations recueillies en Chine, évalue à un deux-centième du volume de la masse liquide, les matières limoneuses entraînées par le fleuve jaune (1).

Ces dépôts fluviaux forment les atterrissements qui s'accumulent sur les bords de la mer, et qu'on peut observer, par exemple, dans les bouches de l'Elbe. A l'embouchure de ce fleuve, il se produit, lors de la marée montante, un calme

(1) Makartney, *Voyage en Chine.*

durantl equel se précipitent les matières terreuses tenues en suspension ; il en résulte un sédiment que les vagues rejettent sur la plage. Par ces dépôts successifs , le rivage s'élève graduellement, et il se forme une alluvion étendue qui reste à sec dans les marées moyennes. Ces terres nouvelles, d'une fertilité vraiment surprenante, sont les *polders*, dont les Hollandais tirent un si grand parti dans leurs cultures. Durant les hautes marées, ou pendant les tempêtes, les *polders* se trouveraient submergés, si l'industrie active des habitants n'eût établi des digues qui opposent un obstacle à l'invasion des eaux de l'Océan (1).

Aux causes mécaniques de la destruction des roches, s'ajoute encore une action chimique dépendante des influences météorologiques, et qui s'exercent avec une grande énergie sur les éléments constitutifs des roches crystallines.

Le feldspath, l'amphibole, le mica, le protoxyde de fer, se décomposent, dans certaines circonstances, avec une rapidité étonnante, sans qu'on puisse prévoir et encore moins expliquer cette singulière tendance à la destruction. Dans le granit par exemple, le feldspath, le mica, perdent leur état vitreux et crystallin; ils deviennent terreux, friables, et se transforment en une substance argileuse, que les minéralogistes dé-

(1) Daubuisson, *Traité de Géognosie*, t. II, p. 469.

signent sous le nom de kaolin, matière si utilement employée dans la fabrication de la porcelaine. L'amphibole, le pyroxène, subissent une altération de même genre. Dans ces minéraux, le protoxyde de fer passe au maximum d'oxydation. L'air, l'humidité, paraissent exercer une grande influence sur cette altération qui souvent se propage à une grande profondeur, comme l'attestent les exploitations de terre à porcelaine dans plusieurs contrées granitiques, et comme j'ai pu le constater dans un terrain de porphyre syénitique, où il existe des travaux souterrains très étendus. Dans ces travaux, exécutés sur des gisements aurifères, on suit la modification du feldspath et de l'amphibole, jusqu'à une profondeur de plus de cent mètres. Au milieu de ces roches altérées, on rencontre çà et là des masses qui ont résisté à l'action décomposante, et qui se présentent dans toute leur dureté, dans toute leur fraîcheur. Les monuments historiques nous montrent également des granits inaltérables, tel est celui qui forme l'obélisque qui est aujourd'hui sur la place de Saint-Jean de Latran à Rome, et qui fut taillé à Syène, sous le règne d'un roi de Thèbes, 1300 avant l'ère chrétienne. Tel est encore l'obélisque de la place Saint-Pierre, qui fut consacré au soleil par un fils de Sésostris, il y a plus de 3000 ans (1).

(1) Daubuisson, *Traité de Géognosie*, t. II, p. 45.

Les schistes, à cause de leur structure, se détruisent et se délitent avec beaucoup plus de facilité encore. Les pierres calcaires résistent mieux, peutêtre, aux agents atmosphériques, mais leur peu de dureté fait que les causes mécaniques les attaquent aisément ; l'eau agit même sur elles comme dissolvant, à la faveur de l'acide carbonique qu'elle contient toujours. La résistance des grauwacks, des grès, dépend en grande partie de la nature et de la cohésion du ciment qui lie leurs particules ; cependant, en général, cette résistance est peu considérable, et ces roches se transforment assez promptement en terrain sablonneux.

Les modifications éprouvées par les minéraux constitutifs des roches, ne proviennent pas seulement d'un changement survenu dans l'état moléculaire de leurs éléments. Leur nature chimique est profondément altérée, certains principes sont exclus. Les feldspaths, par exemple, dans lesquels il entre de la potasse ou de la soude, abandonnent la presque totalité de ces alcalis, en passant à l'état de kaolin. C'est ce qui ressort de la comparaison des analyses faites sur ces deux minéraux. Indépendamment de l'alcali éliminé, on remarque en outre que dans le kaolin, la proportion de l'alumine, relativement à celle de la silice, est beaucoup plus grande que dans le feldspath non décomposé ; ce qui démontre, selon

M. Berthier, que l'alcali est enlevé à l'état de silicate (1). M. Berthier assigne au feldspath et au produit de son altération les compositions suivantes.

	Kaolin de Saint-Yrieix.	Feldspath.
Silice	46,8	64,2
Alumine. . .	37,3	18,4
Potasse . . .	2,5	17,0
Eau	13,0	
	99,6	99,6

Le résultat final de la désagrégation des roches et de la décomposition des minéraux qui entrent dans leur constitution, est la formation de ces alluvions qui occupent la pente des montagnes peu escarpées, le fond des vallées ou des plaines les plus étendues. Ces dépôts, qu'ils soient formés de galet, de cailloux, de gravier, de sable ou d'argile, peuvent devenir la base d'une terre végétale, s'ils sont suffisamment meubles et humides. D'abord, la végétation y réussit avec peine. Des plantes, qui par leur complexion, peuvent vivre en grande partie aux dépens de l'atmosphère, et qui ne demandent, pour ainsi dire, à la terre qu'un appui, s'y fixeront si le climat le permet : les cactus, les plantes grasses dans les sables ; les

(1) Berthier, *Annales de Chimie et de Physique*, t. XXIV, p. 107, 2ᵉ série.

mimosas, les prêles, sur les graviers. Ces plantes laisseront après leur chétive existence, des débris qui seront profitables aux générations suivantes. La matière organique s'accumulera avec le temps dans ces sols ingrats qui, par ces additions répétées, deviendront de moins en moins stériles. C'est probablement ainsi que les forêts intactes du Nouveau Monde ont fourni au sol qui les supporte la prodigieuse quantité de terreau qui s'y trouve. A la Vega de Supia, dans l'Amérique méridionale, l'éboulement d'une montagne porphyrique couvrit entièrement de ses débris, sur près d'une 1/2 lieue d'étendue, de riches cultures de cannes à sucre (1). Dix ans après cet évènement, j'ai vu ces fragments de porphyre ombragés par des mimosas arborescents, et dans un temps qui n'est peutêtre pas très éloigné, on pourra défricher cette nouvelle forêt, pour rendre à la culture le sol pierreux enrichi de ses dépouilles.

La composition chimique de la terre propre à la végétation, doit nécessairement participer de la nature des roches dont elle dérive ; et les éléments qui entrent dans la constitution des espèces minérales, doivent se retrouver dans les sols qui par l'effet du temps, ou par l'industrie

______

(1) Une partie de la montagne de Tacon, qui s'écroula en 1817; ses débris ensevelirent les plantations et les Indiens qui les cultivaient.

de l'homme, peuvent servir à la reproduction des végétaux. C'est pour ces motifs, qu'il devient intéressant de connaître la composition des minéraux les plus abondamment répandus dans la masse solide du globe.

La terre de notre planète ne représente guère que le tiers de sa surface totale. Les eaux en occupent encore la plus grande partie, et la plupart des roches, de formation sédimenteuse, ont du être primitivement déposées dans les bassins des mers. Ces roches peuvent donc renfermer les substances salines qui se rencontrent dans les eaux marines. Beaucoup de grès secondaires contiennent effectivement des indices non équivoques de ces substances, comme on peut s'en assurer, en les soumettant à la lixiviation ; ou comme on le reconnaît en examinant les eaux qui se rassemblent dans les puits percés dans le grès. Des grèves, des plages abandonnées par l'Océan, sont quelquefois livrées à la culture, et les vents impétueux de mer portent souvent au loin, dans l'intérieur des continents, des matières salines ; enfin, comme nous le verrons dans la suite, l'Océan fournit à l'agriculture des engrais puissants. D'après les meilleures analyses que nous possédons, l'eau de mer, recueillie dans le golfe de Leith, en Angleterre, contient sur cent parties (1) :

(1) Murray, *Annales de Chimie et de Physique*, t. VI, 2ᵉ série.

Chlorure de sodium. 2,48
Chlorhydrate de magnésie. 0,34
Sulfate de soude. 0,10
Sulfate de magnésie. 0,08
Sulfate de chaux. 0,09
Carbonate de chaux. 0,01
Carbonate de magnésie. 0,02
Acide carbonique (quantité indéterminée).

3,12

A ces substances, il faut ajouter celles qu'on a découvertes dans les eaux mères des marais salants, et qui se trouvent, par rapport aux autres, en quantités assez petites pour échapper aux analyses faites directement sur de l'eau de l'Océan. Ces substances sont :

1° Des iodures,

2° Des bromures,

3° Des sels ammoniacaux.

Contrairement à une opinion anciennement établie, on a reconnu que dans les régions chaudes et sous les plus hautes latitudes, le degré de salure de l'eau des mers reste à très peu près le même. M. Gay-Lussac a trouvé 3,4 à 3,8 pour 100 de sels dans l'eau de l'Océan atlantique, puisée à une grande distance des côtes et sous des latitudes fort différentes. Dans de l'eau de mer des régions voisines du pole, puisqu'elle

avait été puisée par le 80° degré de latitude , Ir-
wing a constaté la présence de 3,3 à 3,5 pour 100
de sels.

Les minéraux le plus habituellement contenus
dans les roches, sont le quartz, les feldspaths,
les micas, l'amphibole, le pyroxène, le talc, la
serpentine, la diallage.

Le quartz est souvent de la silice à peu près
pure, et les impuretés accidentelles qu'il peut
renfermer ont peu d'intérêt pour l'objet qui
nous occupe ; mais je crois devoir réunir, dans
un tableau, la composition des principales espèces minérales, telle qu'elle est donnée par les
analystes les plus habiles.

SUBSTANCES ANALYSÉES.	COMPOSITION.										ANALYSTES.
	SILICE	ALUMINE	CHAUX	MAGNÉSIE	POTASSE	SOUDE	OXYDE DE FER	OXYDE DE MANGANÈSE	ACIDE FLUORIQUE	EAU	
Feldspath de Lomnitz......	66,8	17,5	1,3		12,0		0,8				G. Rose.
Idem Dômite.......	61,0	19,2		1,6	11,5		4,2			2,0	Berthier.
Idem Albite de Finlande	68,0	19,6	0,7			11,1	0,2	0,5			Tengstrom.
Idem Albite d'Arendal..	68,7	19,9		traces		9,1	0,3	traces			G. Rose.
Mica de Sibérie...........	42,0	16,1		26,0	7,6		4,9		0,7		G. Rose.
Mica des Etats-Unis........	48,5	33,9			11,3			1,3		3,0	Vauquelin.
Amphibole de Pargas.......	45,7	12,2	13,8	18,8			7,3	0,2	1,5		Bonsdorff.
Pyroxène blanc d'Orrijervi..	54,6		24,9	18;0			1,8	2,0			G. Rose.
Pyroxène vert de Sahla.....	54,9	0,2	23,6	16,5			4,4	0,4			G. Rose.
Serpentine de Gulsjo.......	42,3			44,2			0,2			13,3	Mosander.
Serpentine de Skyttgraffa...	43,1	0,3	0,5	40,4			1,2			12,5	Hisinger.
Diallage de la Spezia.......	47,2	3,7	13,1	24,4			7,4			3,2	Berthier.
Talc du St-Bernard........	58,2	traces		33,2			4,6			3,5	Berthier.
Talc du St-Gothard	62,0			30,5	2,8		2,5			0,5	Klaproth.

Si nous rapprochons maintenant les analyses des cendres de végétaux que nous avons rapportées, de celle que nous venons d'enregistrer, nous voyons que les substances minérales qui se trouvent dans les plantes, existent également dans le sol, avant même qu'il ait été amendé par des engrais. Nous pouvons donc poser en principe, que les substances minérales qui se rencontrent dans les végétaux, sont puisées dans le terrain et que ces substances dérivent toutes des roches qui forment la partie solide de notre planète. Je dois cependant faire remarquer ici que les phosphates, si constamment répandus dans les plantes, que l'on peut présumer qu'ils sont essentiels à leur organisation, ne figurent pas parmi les éléments des roches crystallines ; nous rencontrons plus fréquemment l'acide phosphorique dans les terrains d'une époque géologique plus récente et dont la formation a suivi l'apparition des êtres organisés ; de sorte que, à la rigueur, il serait possible de soutenir que cet acide a été introduit dans ces terrains nouveaux par les êtres vivants qui y ont été ensevelis. Cependant, les phosphates ne manquent pas dans les roches d'origine ignée. Dans les gîtes métallifères, on trouve, pour ne citer que les plus communs, les phosphates de plomb, de cuivre, de manganèse, de chaux ; il est même difficile de rencontrer un minerai ferrugineux qui ne contienne

pas une dose plus ou moins forte d'acide phosphorique. Je dois encore ajouter que si l'acide du
phosphore n'a été que rarement indiqué dans les
substances minérales, c'est qu'il a fort bien pu se
soustraire aux recherches des analystes. C'est
ainsi que pendant longtemps, l'iode et le brôme ont
échappé dans toutes les analyses faites sur l'eau de
mer. Les chimistes ne découvrent facilement les
corps, qu'alors qu'ils existent en proportion très
appréciable dans les composés qu'ils examinent.
Les matières dont la présence n'est pas prévue ;
celles qui n'entrent que pour une proportion très
minime dans un minéral, passent souvent ina-
perçues aux yeux des plus habiles et des plus con-
sciencieux Toutes les cendres des végétaux examinées jusqu'à ce jour ont donné des phosphates,
et cependant, ces sels n'ont pas encore été rencontrés dans les analyses de sèves, à la vérité
fort peu nombreuses, que nous possédons. Il est
cependant à peu près certain, que la sève doit
contenir de l'acide phosphorique ; du moins, .
pour admettre qu'il en est autrement, il faudrait
qu'on eût démontré directement son absence, par
des recherches spéciales.

Thaer compare le sol en agriculture à la matière première sur laquelle s'exerce l'industrie
manufacturière ; la comparaison serait peut-être
plus exacte, en l'assimilant aux agents mécaniques. En effet, de même que la prospérité des

fabriques, la perfection de leurs produits, dépendent de la perfection des machines : de même
aussi, la bonté, l'abondance des récoltes, se trouvent liées de la manière la plus intime à la qualité
de la terre. L'habileté du cultivateur le plus expérimenté, fût-il même placé sous un climat favorable et dans les conditions de localités les plus
avantageuses, pourrait échouer devant les difficultés sans cesse renaissantes, que lui opposerait
un sol ingrat.

Pour être propre à la culture, la terre doit
présenter plusieurs propriétés essentielles.

Un sol doit être assez meuble pour que les
racines des plantes puissent y pénétrer, s'y étendre, et pour que les eaux n'y séjournent pas. Les
matières dont il est composé, doivent être assez
ténues, pour que l'air puisse y arriver et se renouveler, sans qu'il s'en suive cependant une
dessiccation trop prompte.

On a beaucoup écrit depuis Bergman, sur la
composition chimique des terres ; des chimistes
du plus haut mérite ont fait des analyses com-
plètes des sols reconnus pour les plus fertiles.
Néanmoins, la pratique agricole n'a, jusqu'à présent, tiré qu'un très mince avantage de ce genre
de travaux. La raison en est toute simple ; c'est
que les qualités que nous estimons dans les terres
labourables, dépendent presque exclusivement
du mélange mécanique des différents agrégats ; il

n'y a pas là combinaison chimique. Un simple lavage, qui indique le rapport du sable à l'argile, en dit certainement plus qu'aucune analyse précise. La qualité d'un sol arable dépend essentiellement de l'association de ces deux matières. Le sable, qu'il soit siliceux, calcaire, ou feldspathique, rend toujours la terre plus perméable, plus meuble ; il facilite l'accès de l'air et l'écoulement des eaux ; son effet utile est plus ou moins marqué, plus ou moins favorable, selon qu'il s'y trouve en poudre fine, ou sous forme de sable grossier ou de gravier.

L'argile possède des propriétés physiques entièrement opposées à celles du sable ; unie à l'eau, elle forme une pâte liante, plastique, qui, une fois humectée, devient à peu près imperméable. A de tels caractères, on admettra aisément qu'il n'y a pas de culture avantageuse possible dans un sol entièrement argileux.

Le caractère propre, ou, si l'on veut, la qualité d'une terre, dépend donc surtout de l'élément qui domine dans le mélange de sable et d'argile ; et entre deux extrêmes également défavorables à la végétation, le terrain complètement sablonneux, et le terrain complètement argileux, viennent se placer toutes les variétés, toutes les nuances intermédiaires. Il est rare que les sols cultivables soient formés uniquement de sable et d'argile. Indépendamment de quelques substances salines qui s'y rencontrent fréquemment, bien qu'à très faible dose, on y trouve aussi des détritus de matières organisées, que l'on a désignés communément sous le nom assez vague d'humus. Bien qu'une terre entièrement privée d'humus puisse être cultivée en faisant intervenir les engrais, et que, par cette raison, on ne doive pas considérer l'humus comme indispensable, toujours est-il que cette matière entre souvent pour une certaine proportion dans les sols. Les terres des forêts défrichées en contiennent beaucoup, et l'on cite des terrains qui sont assez riches de cette substance, pour donner de leur propre fond, pendant des siècles, d'abondantes récoltes de céréales.

Dans l'examen d'une terre, l'attention doit donc se porter : 1° sur le sable, 2° sur l'argile, 3° sur l'humus ou terreau. Il peut en outre être très utile de rechercher quelques principes particuliers qui exercent une influence non douteuse sur la végétation; tels sont certains sels alcalins et terreux.

La terre végétale, desséchée à l'air au point de devenir friable, peut encore néanmoins retenir une quantité d'eau considérable, et qui ne peut se dissiper qu'à une température suffisamment élevée. Il convient donc d'abord de ramener les terres que l'on veut examiner comparativement, à un degré constant de siccité.

La dessiccation la plus sûre, en même temps qu'elle est la plus prompte, est celle qui s'opère au bain d'huile. L'huile, placée dans un vase de cuivre, est entretenue à une température à très peu près constante, au moyen d'une lampe. Un thermomètre plongé dans le bain, permet de régulariser l'application de la chaleur. La substance à dessécher est mise dans un tube de verre fermé par une extrémité, peu profond et suffisamment large, ou bien dans un creuset d'argent, si l'on opère sur une quantité plus considérable. Les vases sont disposés dans l'huile, de manière à y plonger jusques environ aux deux tiers de leur hauteur (1).

Pour la dessiccation des terres, on peut porter la température à 150° ou 160°. On prend d'abord la tare du vase, on y ajoute un poids déterminé de la matière, et l'on place dans le bain d'huile. Si l'on opère sur 30 grammes, on continue la dessiccation pendant deux ou trois heures environ; et l'on prend le poids du vase après l'avoir bien essuyé. Ensuite on le place de nouveau dans le bain. Au bout de quinze ou vingt minutes on pèse de nouveau; si le poids n'a pas diminué, c'est une preuve que la dessiccation

(1) Il faut éviter que la surface de l'huile chaude se trouve trop rapprochée de l'orifice du vase qui contient la matière à dessécher, car, par l'effet de la capillarité, il pourrait arriver que l'huile pénétrât dans l'intérieur du tube ou du creuset d'argent.

était complète lors de la première pesée. Dans le cas contraire, il faut continuer l'opération, et l'on ne doit considérer une dessiccation comme terminée, qu'autant que deux pesées consécutives, faites à quinze ou vingt minutes de distance, ne présentent plus que de très légères différences. Davy indique un moyen beaucoup plus simple, qui bien qu'assez peu exact, peut cependant suffire, lorsqu'on veut se contenter d'essais grossiers. On place la terre à dessécher dans une capsule de porcelaine chauffée par une lampe. Un thermomètre qui pénètre dans la terre, et qui peut servir à la remuer, indique à chaque moment la température (1). Enfin, dans plusieurs circonstances, on peut se contenter de la chaleur du bain marie. Pour opérer la dessiccation, le point capital dans l'opération, c'est de dessécher à une température connue et qu'on puisse par conséquent reproduire, car la dessiccation absolue d'une terre ne s'obtiendrait réellement qu'à une chaleur voisine du rouge, qui détruirait nécessairement les matières organiques qu'elle contient presque toujours.

Ces débris organiques consistent en partie, en fragments de pailles, de racines ; on les sépare, ordinairement, en faisant passer la terre par un tamis de crin. On obtient, par le même moyen, les graviers que le sol peut renfermer.

(1) Davy, *Chimie agricole*, I, p. 195.

La terre tamisée est soumise au lavage. A cet effet, on l'introduit dans un matras, avec trois ou quatre fois son volume d'eau chaude (1). On agite fortement, on laisse le matras en repos pendant un instant, puis l'on décante, en faisant couler la liqueur trouble dans une grande capsule de porcelaine. On répète les lavages, et l'on s'aperçoit que l'argile a été enlevée, lorsqu'après l'agitation, la liqueur s'éclaircit très promptement. On fait alors passer le sable dans une capsule. On rassemble l'argile et toutes les matières tenues en suspension dans l'eau de lavage, sur un filtre, et on les fait sécher de manière à pouvoir les détacher facilement ; puis, la dessiccation est achevée par la même méthode, et dans les mêmes circonstances, où celle de la terre a été faite. Le sable précédemment recueilli est séché avec les mêmes soins.

Si l'on tient à doser les sels solubles, on doit réunir les eaux qui tenaient l'argile en suspension, pour les évaporer : quoique le volume de ces eaux soit assez considérable, on peut les concentrer dans une capsule d'une capacité de 3 à 4 décilitres, en remplissant d'abord cette capsule, et en ajoutant du liquide à mesure qu'il s'évapore. On pousse l'évaporation à siccité ; les sels sont rassemblés dans une petite

(1) On doit faire usage d'eau distillée, si l'on se propose de rechercher les sels solubles contenus dans le sol.

capsule en platine, dans laquelle on les chauffe au rouge naissant, au moyen d'une flamme d'alcool, pour brûler la matière organique qu'ils peuvent renfermer, puis on les pèse.

Le sable peut être siliceux ou calcaire. On y constate la présence du carbonate de chaux, en le traitant par un acide susceptible de former un sel soluble avec la chaux, comme l'acide chlorhydrique, nitrique, ou acétique. L'effervescence établit la présence du carbonate, et il est possible d'évaluer la quantité de ce sel, en pesant le sable sec avant et après le traitement par l'acide, en prenant toutefois la précaution de bien laver le sable résidu, avant de le dessécher pour le peser. C'est au reste une opération peu utile ; le principal est de déterminer les matières sablonneuses. Si l'on avait un intérêt particulier à constater la présence et à évaluer la quantité de carbonates terreux contenus dans une terre, le mieux serait de faire une recherche spéciale, parce que le calcaire très divisé étant entraîné avec la matière argileuse, le sable obtenu par le lavage, ne renferme plus la totalité du carbonate de chaux.

La matière argileuse est loin d'être de l'argile pure ; elle contient du sable extrêmement fin, qui a été entraîné avec elle ; elle peut aussi, comme je viens de le faire remarquer, se trouver associée à du calcaire très divisé, et si la terre renfermait de l'humus, les parties les plus déliées de cette substance devraient également s'y rencontrer.

Pour doser l'humus, on a généralement recours à la destruction par le feu. Un poids déterminé de terre sèche est chauffé au rouge dans un creuset; on agite constamment, et lorsqu'on ne remarque plus de ces points scintillants qui sont les indices de la combustion du carbone, on laisse refroidir et l'on pèse. Cette méthode a été suivie par Einhoff, Thaer, Davy, etc. On en trouverait difficilement une plus commode, mais il serait tout aussi difficile d'en rencontrer une qui fût plus inexacte. Les sols desséchés à la température où les matières organiques, l'humus, le terreau, commencent à s'altérer, retiennent encore une forte proportion d'eau qui appartient à l'argile. Cette eau se dégage à la chaleur rouge, pendant la combustion des matières organiques; comme on dose celles-ci par différence, il est évident que la perte en eau s'ajoute à la perte provenant de la destruction de l'humus. C'est certainement à cette cause d'erreur qu'il faut attribuer les fortes proportions d'humus signalées dans les sols examinés par Thaer et Einhoff; et il vaut mieux se borner à indiquer la présence ou l'absence de l'humus, que de le doser d'une manière aussi imparfaite.

Priestley et Arthur Young avaient déjà compris que la détermination du terreau, exige une opération plus délicate. Ils recommandaient de calciner les terres en vases clos, et de recueillir les produits gazeux (1). Cette méthode ne présenterait pas un très grand avantage sur celle que je critique, et l'on serait réduit à juger de la proportion de la matière organique contenue dans les sols, par le volume de gaz combustibles recueillis : volume qui pourrait varier, pour la même nature et la même quantité d'humus, selon l'application de la température.

La seule méthode à suivre, à mon avis, pour doser le terreau d'un sol, ou les détritus organiques, c'est celle de l'analyse élémentaire. C'est en brûlant une quantité connue de terre bien desséchée, par l'oxyde de cuivre aidé d'un courant d'oxygène, que l'on pourra déterminer le carbone et l'hydrogène. Mais ce qu'il importe surtout, c'est de connaître la richesse en azote des débris organiques du terrain. Une détermination d'azote faite avec soin suffirait ; car, de plusieurs sols soumis à l'examen, on pourra envisager comme les plus riches en principes fertiles d'origine organique, ceux qui fourniront à l'analyse la plus forte proportion d'azote.

Il peut être très utile de constater la présence

(1) Thaer, t. II, p. 122.

du carbonate de chaux dans une terre, principalement s'il s'agit de discuter l'opportunité d'un *marnage*. On peut, dans ce but, employer deux moyens : 1° traiter le sol par l'acide nitrique légèrement affaibli par une addition d'eau. L'effervescence dénotera la présence probable du carbonate de chaux; je dis probable, car le dégagement de gaz acide carbonique est le caractère générique de ce sel; ce n'est pas un caractère spécial, car ce dégagement pourrait être occasionné par tout autre carbonate. Il est bon de faire bouillir la liqueur acide sur le sol; on reçoit sur un filtre la partie qui ne s'est pas dissoute, on la lave avec de l'eau distillée bouillante (1). Dans la liqueur filtrée, à laquelle on réunit les eaux du lavage, on verse de l'ammoniaque; s'il se forme un précipité, on le recueille sur un filtre, on lave ce précipité, et dans les nouvelles liqueurs filtrées on ajoute de l'oxalate d'ammoniaque. S'il y a de la chaux, elle se dépose à l'état d'oxalate ; il convient de laisser le dépôt tranquille pendant cinq ou six heures : la liqueur est alors parfaitement éclaircie, et l'on s'assure par l'addition de quelques gouttes de solution d'oxalate d'ammoniaque, que la totalité de la chaux a été précipitée, car

(1) A défaut d'eau distillée, on peut se servir d'eau de pluie, et pour le cas particulier, de toutes les eaux qui ne seront pas précipitées par l'oxalate d'ammoniaque, l'acide oxalique, ou la dissolution de sel d'oseille.

alors la liqueur doit rester limpide. On reçoit l'oxalate de chaux sur un filtre, on le lave et on le sèche. On introduit l'oxalate dans un creuset de platine, et on chauffe au rouge obscur jusqu'à ce que le papier du filtre soit entièrement consumé, jusqu'à ce qu'on n'aperçoive plus de trace de charbon. On retire le creuset du feu, et lorsqu'il est froid, on imbibe la matière qui s'y trouve, avec une solution concentrée de carbonate d'ammoniaque. On dessèche avec précaution pour éviter toute projection, et on chauffe au rouge naissant; on ferme le creuset avec son couvercle, et on le pèse quand il est suffisamment refroidi, afin d'avoir le poids de la matière contenue. Cette matière est du carbonate de chaux (1). 100 de ce carbonate représente 56,3 de chaux et 43,7 d'acide carbonique.

J'ai dit qu'il pouvait se rencontrer dans un sol arable des carbonates autres que le carbonate calcaire. Il arrive assez communément que les sols calcaires, par exemple, contiennent du carbonate de magnésie. Si l'on tenait au dosage de cette terre, la méthode que je viens d'indiquer y conduirait aisément. En effet, il suffirait d'évaporer la liqueur au sein de laquelle s'est déposé l'oxa-

---

(1) Quand on opère avec quelque précision, on défalque du carbonate, le poids des cendres du filtre qui a été consommé, après avoir déterminé la quantité de cendre laissée par le papier à filtre. Il faut, par conséquent, peser au centigramme les filtres dont on se sert pendant le cours de l'analyse.

late de chaux, et de calciner ensuite le produit de l'évaporation dans une capsule de platine. Au rouge obscur, le nitrate de magnésie qui pourrait se rencontrer dans la dissolution se décomposerait, ainsi que l'oxalate d'ammoniaque ajouté en excès. En reprenant par l'eau le résidu de la calcination, on obtiendrait la magnésie, qu'on n'aurait plus qu'à calciner après l'avoir lavée.

2° On peut, quand on se contente d'une approximation, déterminer la quantité de calcaire qui entre dans une terre végétale, en dosant l'acide carbonique qui s'y trouve. On équilibre sur le plateau de la balance une fiole qui contient de l'acide azotique faible. On pèse une certaine quantité de la terre à essayer, et après l'avoir placée sur une petite feuille de clinquant, on la fait tomber peu à peu dans la liqueur acide. Si la terre renferme des carbonates, il se fait une effervescence. On agite la liqueur avec précaution, et après avoir attendu pendant quelques minutes pour donner à l'acide carbonique, qui se trouve mêlé à l'air de la fiole, le temps de se dissiper, on porte la liqueur acide sur la balance. S'il n'y avait pas eu de dégagement de gaz acide carbonique, il est clair que pour rétablir l'équilibre, il suffirait de mettre dans le plateau opposé à celui sur lequel se trouve la fiole, un poids égal à celui de la terre : or, ce qui manque à ce poids représente précisément l'acide carbonique qui s'est dégagé. En admettant que cet acide était combiné à la chaux, on en déduira le poids de carbonate calcaire.

Le sufalte de chaux fait quelquefois partie des sols. Pour s'assurer sa présence et le recueillir avec assez d'exactitude, voici de quelle manière il faut procéder.

La terre bien pulvérisée est d'abord grillée, pendant longtemps dans un creuset, ou mieux encore dans une capsule de platine, jusqu'à la destruction complète de la matière organique ; il est convenable d'opérer sur environ 100 grammes. Après cette opération, la matière est mise en ébullition dans quatre ou cinq fois son poids d'eau distillée. Cette ébullition peut se faire dans une casserole de cuivre ou d'argent ; on agite et on remplace l'eau à mesure qu'elle s'évapore : on filtre, on lave la terre, et après avoir réuni toutes les liqueurs, on évapore dans une capsule, jusqu'à ce que le volume du liquide soit réduit à un ou deux décilitres. On ajoute au liquide ainsi concentré, un volume d'alcool égal au sien (1). Si la dissolution contient du sulfate de chaux, ce sel se déposera ; il suffira de le recevoir sur un filtre ; après l'avoir lavé avec de l'alcool faible, on le pèsera après qu'il aura été desséché et calciné. On voit souvent ce sel se déposer en

----

(1) A défaut d'alcool, on peut employer de l'eau de vie ; mais alors il faut ajouter 3 volumes d'eau de vie pour 1 volume de liquide concentré.

aiguilles fines et incolores par le refroidissement de la liqueur suffisamment rapprochée. Mais l'intervention de l'alcool est toujours utile, parce que le sulfate de chaux, qui est très peu soluble dans l'eau, est tout à fait insoluble dans l'alcool faible, qui dissout au contraire certains sels alcalins et terreux qui peuvent l'accompagner dans cette circonstance.

Il peut y avoir un grand intérêt à constater l'existence et à doser les phosphates dans un sol destiné à la culture. Bien que la recherche de l'acide phosphorique demande peut être une certaine habitude de l'analyse chimique, j'indiquerai néanmoins la manière d'arriver à la détermination de cet acide. Il est d'ailleurs à désirer que les agriculteurs éclairés ne restent pas étrangers à ce genre de manipulations.

La terre doit d'abord être privée de toute matière organisée, par une calcination préalable. Après l'avoir pulvérisée en poudre extrêmement ténue, on la fait bouillir pendant une heure environ, avec trois ou quatre fois son poids d'acide nitrique, ou d'acide chlorhydrique (1). Il est avantageux de chasser la plus grande partie de l'acide qui est toujours employé en très grand excès. On étend avec de l'eau, puis l'on filtre.

---

(1) Si l'on se propose de doser la magnésie, il faut faire usage d'acide nitrique, comme je l'ai dit à l'occasion de la recherche de cette terre.

La matière qui reste sur le filtre, est ordinairement de la silice, ou de l'argile qui a échappé à l'action de l'acide. Après avoir lavé cette matière, rapproché par l'évaporation et réuni les liqueurs acides, on y verse de l'ammoniaque. Considérant le cas le plus simple, le précipité qui se forme par l'addition de cet alcali peut contenir : 1° de l'acide phosphorique uni à l'oxyde de peroxyde de fer, et à la chaux; 2° des oxydes de fer et de manganèse; 3° de la silice. Ce précipité, qui est ordinairement d'un aspect gélatineux, est reçu sur un filtre, lavé abondamment et desséché. Après sa dessiccation, le précipité se détache facilement de dessus le filtre (1). On le met dans un creuset de platine, que l'on porte à la chaleur blanche, puis on détermine son poids. Le précipité, après sa calcination, est introduit dans un petit matras, et dissous par l'acide chlorhydrique chaud. S'il reste de la silice indissoute, on l'évalue si elle est très peu abondante, ou on la recueille sur un filtre, si elle est en assez forte proportion. On ajoute à la nouvelle dissolution acide, environ trois fois son propre volume d'alcool; on agite et on instille goutte par goutte de l'acide sulfurique pur, jusqu'à ce qu'il ne se forme plus de précipité. Ce précipité est du

_____

(1) On peut d'ailleurs évaluer le précipité qui reste adhérent au filtre, en brûlant ce dernier et déduisant le poids des cendres dues au papier.

1.   37

sulfate de chaux. On le met sur un filtre , où il est lavé avec de l'alcool faible (ayant la force de l'eau de vie). Après sa calcination, le poids du sulfate de chaux permet de calculer celui de la chaux qui faisait partie du précipité formé par l'ammoniaque. 100 de ce sulfate équivalent à 41,5 de chaux.

La liqueur alcoolique est concentrée afin de chasser l'alcool. Comme elle est acide, on la sature avec de l'ammoniaque, jusqu'à ce qu'il commence à se former un léger précipité qui ne se redissolve plus par l'agitation. Alors on verse quelques gouttes d'hydrosulfate d'ammoniaque : le fer et le manganèse se séparent à l'état de sulfure. Comme une partie des métaux ont été précipités à l'état d'oxyde, par l'ammoniaque ajoutée avant l'introduction de l'hydrosulfate, il est bon de les laisser en digestion pendant huit à dix heures, car l'hydrosulfate d'ammoniaque finit toujours par les changer en sulfures. Ces sulfures sont lavés, séchés et transformés en oxydes par la calcination dans un creuset de platine.

Si le premier précipité ammoniacal ne renfermait pas d'acide phosphorique, on devrait retrouver son poids, en réunissant celui de la chaux à celui des oxydes métalliques provenant de la calcination des sulfures. Mais la perte qu'on éprouve dans cette opération est due, si on a bien opéré, à l'acide phosphorique, qui n'a pas été recueilli et qui est resté à l'état de phosphate d'ammoniaque dans la liqueur traitée par l'hydrosulfate. Il suffit effectivement, pour constater la présence de cet acide, d'évaporer à siccité cette liqueur, et de chauffer fortement le résidu, dans une capsule de platine. Après la volatilisation et la décomposition des sels ammoniacaux, il reste de l'acide phosphorique aqueux, reconnaissable à sa forte acidité, à sa consistance sirupeuse, à sa fixité.

Comme exemple, je donnerai les résultats obtenus dans une recherche de cette nature :

	gr.
De la liqueur acide, l'ammoniaque a précipité :	
Phosphates et oxydes métalliques.	0,519
Qui ont donné sulfate de chaux 0,568, équivalant à chaux	0,234
L'hydrosulfate a occasionné un précipité qui, calciné, a pesé en oxydes métalliques	0,105
Chaux et oxydes métalliques	0,339
Par différence : acide phosphorique.	0,180

On peut simplifier la recherche de l'acide phosphorique dans une terre arable, en faisant usage d'une méthode due à M. Berthier, méthode qui est fondée sur la forte affinité de cet acide pour le peroxyde de fer, et sur l'insolubilité du phosphate de peroxyde dans l'acide acétique étendu d'eau. Si, dans une liqueur renfermant à la fois

de l'acide phosphorique, de la chaux, du peroxyde
de fer, de l'alumine et de la magnésie, on verse
de l'ammoniaque, le précipité contiendra la totalité de l'acide phosphorique. Cet acide sera, en
grande partie, à l'état de phosphate de fer, si
le peroxyde de fer est en quantité plus que suffisante pour le saturer, condition qui doit se réaliser souvent dans une terre cultivable ; cependant, pour plus de sûreté, il convient d'introduire directement du peroxyde de fer dans la
matière à examiner. Indépendamment du phosphate de fer, le précipité pourra contenir du
phosphate de chaux, du phosphate d'alumine et
certainement du phosphate ammoniaco-magné-
sien. Enfin, à ces phosphates se trouveront réunis de l'alumine, de l'oxyde de fer, ce dernier,
surtout, si on en a introduit un excès. Le précipité, recueilli sur un filtre et lavé, doit être
traité par l'acide acétique étendu, qui dissoudra
la chaux, la magnésie, les oxydes de fer et l'a-
lumine en excès. Il restera du phosphate de fer
ou du phosphate d'alumine, car, comme l'a remarqué M. Schultz, ce dernier phosphate, comme
le phosphate de peroxyde de fer, est insoluble
dans l'acide acétique. Ainsi, toutes les fois que
le précipité dont il est question ici laissera
un résidu insoluble dans le vinaigre, on en conclura la présence de l'acide phosphorique ; ce
résidu pourra être des phosphates basiques

de fer ou d'alumine, ou un mélange des deux
sels, et on ne commettra pas une erreur bien
grave, en admettant que cent parties de ce résidu calciné en représentent cinquante d'acide
phosphorique (1).

La présence de la silice dans le précipité insoluble dans l'acide acétique, pourrait induire en
erreur. Pour s'assurer que le précipité est formé
de phosphate, il faut le redissoudre dans l'acide
chlorhydrique, puis évaporer à siccité la dissolution acide, et dessécher fortement le résidu, de
manière à rendre insoluble la silice qui s'y trouverait. En reprenant par l'acide chlorhydrique,
les phosphates seuls se dissoudront; on pourra
d'ailleurs constater la présence de l'acide phosphorique, en traitant le phosphate de fer dissous,
par la méthode que j'ai précédemment indiquée.

D'après ce qui précède, on voit que l'utilité la
moins contestable de l'analyse chimique dans l'é-
tude des sols, se réduit à la recherche de certains

(1) Il faut toujours faire usage d'acide acétique étendu d'eau.
Le vinaigre de bois du commerce dissout une quantité appréciable
de phosphate de peroxyde de fer; ainsi, 5$^{gr.}$,560 de peroxyde de
fer et 0$^{gr.}$,104 de phosphate de peroxyde ont été dissous dans l'eau
régale, et la dissolution précipitée par l'ammoniaque ajoutée en
quantité suffisante. Le précipité s'est redissous complètement dans
le vinaigre de bois; cependant, l'oxyde de fer renfermait alors
près de 2 pour 100 de phosphate.

principes très peu abondants, mais dont l'action est certainement utile à la végétation. Quant à la détermination relative des sables et de l'argile, elle repose sur un simple lavage, et un chimiste exercé employerait mal son temps, en cherchant, à l'aide des moyens analytiques dont la science dispose, la composition élémentaire de ces substances. La partie la plus subtile entraînée par l'eau présentera toujours des propriétés analogues à celles de l'argile; le sable, qui le plus souvent est siliceux, rappellera les caractères du quartz, de même que les fragments calcaires qui s'y trouveront mélangés, offriront ceux qui sont particuliers au carbonate de chaux. Il suffit donc, pour ce qui concerne la constitution minéralogique des terres labourables, d'exposer très succinctement les propriétés générales de l'argile, du quartz, et du carbonate calcaire, substances qui constituent réellement la base de tous les sols cultivés.

L'argile pure, composée de silice, d'alumine et d'eau, ne renferme pas ces matières à l'état de simple mélange. Les recherches de M. Berthier ont parfaitement établi que l'argile est un silicate hydraté d'alumine. Lorsqu'on vient, par exemple, à enlever une partie de l'alumine d'une argile, en la traitant par un acide puissant, la silice, mise à nue, est susceptible de se dissoudre dans une dissolution alcaline; ce qui n'arriverait pas, si cette silice se trouvait à l'état de sable quartzeux.

Les argiles pures sont blanches, onctueuses. Leurs caractères les plus communs sont de happer à la langue quand elles sont sèches, et d'émettre par l'insufflation, une odeur bien connue, et qu'on désigne par le nom d'odeur argileuse. Cette propriété de l'argile sèche, de happer, d'adhérer avec force aux corps humides, est une conséquence de son avidité pour l'eau. On sait, en effet, que cette substance, quand elle est mise en contact avec ce liquide, se gonfle d'abord, puis finit par s'y délayer complètement. Lorsqu'on l'humecte convenablement, on peut en former des pâtes liantes et éminemment plastiques. Lorsqu'elles restent exposées à l'air, ces pâtes argileuses subissent un retrait considérable, en abandonnant graduellement leur eau surabondante. Si la dessiccation est trop rapide, la masse se fendille dans tous les sens. C'est à une action de ce genre que sont dues les crevasses, les nombreuses fissures qui sillonnent les terres arables trop argileuses, aux époques des grandes sécheresses.

L'eau de constitution, dans les argiles, s'y trouve retenue par une affinité puissante ; elle ne s'en sépare qu'à la chaleur rouge.

L'argile pure a une pesanteur spécifique d'environ 2,5 ; au reste, cette densité est souvent modifiée par la présence de matières étrangères. Ainsi elle renferme du sable, des oxydes métalliques, de la pyrite, du carbonate de chaux, de la magnésie, et souvent même des substances combustibles, depuis le bitume jusqu'au graphite. Ces mélanges modifient souvent les propriétés que l'on estime le plus dans les argiles, comme la finesse de la pâte, la blancheur, l'infusibilité au feu de forge.

Voici la composition de quelques argiles analysées par M. Berthier :

LOCALITÉS.	SILICE.	ALUMINE.	MAGNÉSIE	OXYDE DE FER.	EAU.
Forges	65,0	24,0	»	traces.	11,0
Devonshire . . .	49.6	37,4	»	»	11,2
Le Montet. . . .	61,7	24,7	»	2,2	10.0
Pantin près Paris.	50,6	10,5	7,2	5,7	26,0

Le *quartz* est très abondamment répandu dans la nature ; on le rencontre sous des états très divers : en crystaux transparents, incolores, comme le *crystal de roche* ; en sable de différentes grosseurs ; enfin, en masses considérables formant de véritables roches, dans les terrains d'une époque ancienne.

Le quartz est la silice des chimistes, qu'ils considèrent comme le résultat de l'oxydation du silicium ; selon M. Berzélius, elle serait composée de 100 de radical, unis à 108 d'oxygène.

La silice à l'état de pureté est une poudre blanche, rude au toucher, et d'une densité égale à 2,7. Elle est infusible au feu le plus violent qu'il soit possible de produire par les moyens ordinaires ; cependant, lorsqu'on la soumet à la chaleur qui résulte de la combustion d'un mélange de gaz hydrogène et de gaz oxygène, non seulement elle fond, mais, comme l'a observé M. Gaudin, elle se volatilise entièrement.

Dans l'état sous lequel on l'obtient le plus ordinairement, la silice est considérée comme étant insoluble dans l'eau ; toutefois, lorsqu'elle est extrêmement divisée, quand, par exemple, elle provient de l'oxydation du sulfure de silicium, par son contact avec l'eau, elle est soluble. D'ailleurs, son insolubilité n'est probablement pas aussi absolue qu'on le suppose communément. M. Payen en a trouvé des quantités notables dans l'eau jaillissante du puits artésien de Grenelle, et dans celle de la Seine. La silice existe surtout en quantité très appréciable dans certaines eaux thermales, où la présence d'une matière alcaline favorise sa dissolution ; l'eau des sources chaudes et jaillissantes de Reikum, en Islande, en contient environ 4 millièmes de son poids ; et la source thermale de *Las Trincheras*, près *Puerto-Cabello*, dépose d'abondantes concrétions siliceuses. L'eau de cette source, qui possède une température de 99° centigrades, ne contient presque autre chose que de la silice, du gaz hydrogène sulfuré, et quelques traces de gaz azote (1).

Le crystal de roche, quand il est limpide et incolore, peut être considéré comme de la silice pure. Dans les variétés de quartz que les minéralogistes comprennent sous les dénominations de *silex*, de *calcédoine*, d'*agate* et d'*opale*, la silice se trouve associée à différentes substances minérales et à de l'eau, comme le montrent les résultats des analyses que je vais rapporter :

SUBSTANCES.	SILICE.	ALUMINE	CHAUX.	OXYDE DE FER ET DE MANGANÈSE	EAU.	ANALYSTES
Quartz pur	99.4	»	»	»	»	Bucholz . .
Quartz améthyste.	97,5	0,3	»	0,7	1,5	Rose . . .
Quartz rouge . . .	90,0	traces.	»	9,1	»	Berzélius .
Silex	86,4	»	10,0	1,2	»	Vauquelin
Calcédoine	96,1	»	»	0,8	3,1	Beudant .
Cornaline	94,0	3,5	»	0,8	»	Bindheim .
Opale de Hongrie.	91,3	»	»	»	8.7	Beudant . .
Opale du Mexique.	92,0	»	»	0,3	7,8	Klaproth. .

Le *carbonate de chaux*, considéré comme roche, appartient à toutes les époques de la série géologique. Il constitue souvent des terrains très étendus. On le voit avec l'aspect grenu, saccharoïde, former des couches puissantes dans les gneiss ou les micaschistes, et on le retrouve dans les dépôts les plus modernes des conti-

(1) Boussingault, *Annales de Chimie et de Phys.*, t. XXIII, p. 272, 2ᵉ série.

nents, à l'état plus ou moins mélangé avec de l'argile. Lorsqu'il est entièrement pur, le carbonate de chaux est composé de

Chaux 56,3
Acide carbonique . . 43,7
Sa densité est alors de 2,7 à 2,9

Il se dissout avec effervescence, sans laisser de résidu, dans l'acide chlorhydrique ou l'acide azotique. Chauffé à une haute température, son acide se dégage, et il reste de la chaux vive. Le carbonate de chaux est considéré comme insoluble dans l'eau ; il s'y dissout néanmoins en quantité très notable à la faveur du gaz acide carbonique. Lorsqu'une semblable dissolution est exposée à l'air, l'acide se dissipe peu à peu, et le carbonate se dépose. C'est à cette dernière circonstance qu'est due la production de ces nombreux dépôts de carbonate de chaux, les tufs, les stalactites. Cette propriété que possède le carbonate calcaire, de se dissoudre dans l'eau acidulée par l'acide carbonique, permet d'entrevoir comment les sols peuvent transmettre ce sel aux plantes, par la raison que les eaux qui coulent à la surface du globe ne sont jamais exemptes d'acide carbonique.

Les substances minérales que nous venons d'étudier, prises isolément, formeraient un sol à peu près stérile ; cependant, en les mélangeant avec discernement, on pourrait obtenir une terre qui offrirait toutes les conditions qui contribuent efficacement à la fertilité. Ces conditions dépendent bien moins de la constitution chimique des matériaux du sol, que de leurs propriétés physiques ; telles que la faculté d'imbibition, la densité, la couleur, la conductibilité pour la chaleur, etc. C'est bien certainement par l'étude de ces diverses propriétés, qu'on parvient à se faire une idée précise des causes qui déterminent ou qui excluent les qualités que l'on exige des terres cultivables : c'est ce qu'un physicien distingué, M. Schübler, a parfaitement compris, et son beau travail, qui va nous servir de guide, restera comme un modèle de l'application des sciences à l'agriculture (1).

Les recherches de M. Schübler ont porté sur les substances minérales qui se trouvent communément dans les sols, savoir :

1° Le sable siliceux,

2° Le sable calcaire,

3° L'argile maigre, renfermant environ 0,40 de sable,

4° L'argile grasse, ne contenant que 0,24 de sable,

5° La terre argileuse, donnant encore 0,11 de sable,

(1) Schübler, *Annales de l'agriculture française*, t. XL, p. 122, 2ᵉ série.

6° L'argile à peu près pure, qui, d'après l'analyse, est composée de :

> Silice. 58,0
> Alumine. . . . 36,0
> Oxyde de fer.. . 05,2

7° Le carbonate de chaux pulvérulent, qui se rencontre sous divers états de ténuité, dans les terres, dans la marne ;

8° L'humus,

9° Le gypse,

10° La terre de jardin légère, noire, friable, fertile, contenant pour 100 :

> Argile 52,4
> Sable quartzeux. . . . 36,5
> Sable calcaire. 1,8
> Terre calcaire. 2,0
> Humus. 7,3

11° Terre labourable, prise dans un champ d'Hoffwyll, composée de :

> Argile 51,2
> Sable siliceux 42,7
> Sable calcaire. 0,4
> Terre calcaire. 2,3
> Humus. 3,4

12° Terre labourable, prise dans un vallon situé dans le voisinage du Jura, contenant :

> Argile 33,3
> Sable siliceux. 63,0
> Sable calcaire. 1,2
> Terre calcaire et humus. 1,2
> Perte. 1,3

Ces recherches ont eu pour objet de constater :

1° La pesanteur spécifique ; 2° la faculté de retenir l'eau ; 3° la consistance ; 4° l'aptitude à la dessiccation ; 5° le retrait subi par la dessiccation ; 6° le pouvoir hygrométrique ; 7° l'absorption de l'oxygène de l'air ; 8° la faculté de retenir la chaleur ; 9° l'échauffement par la chaleur solaire.

Pesanteur spécifique des terres. — On peut comparer le poids des terres entre elles, sous un volume donné, à l'état sec et pulvérulent, ou à l'état humide. Enfin on peut se proposer de déterminer la pesanteur spécifique des particules qui les composent. Cette dernière détermination s'obtient facilement par la méthode suivante :

On prend un flacon ordinaire, bouchant à l'émeri. On le pèse bouché et plein d'eau distillée (1). On le vide, pour y introduire une quantité connue de la matière pulvérulente, desséchée. On ajoute alors de l'eau et l'on agite, pour faciliter l'imbibition et aider le dégagement des bulles d'air ; on achève de remplir le flacon, et quand la partie supérieure de l'eau est éclaircie,

(1) Il est bon de terminer la partie inférieure du bouchon en forme de biseau, pour pouvoir boucher facilement. J'ai quelquefois pratiqué un trait de lime sur la surface cylindrique du bouchon.

on pose le bouchon : on essuie le flacon, et l'on
procède à la pesée (1).

La différence du poids du flacon plein d'eau,
augmenté de celui de la matière, avec le poids
du flacon contenant la matière et de l'eau, donne
le poids de l'eau déplacée par cette même matière. Ainsi :

Poids du flacon plein d'eau	60,0
Poids de la matière.	24,0
Le flacon devrait peser	84,0
Flacon, eau et terre, pèsent . . .	74,4
Différence ou eau déplacée. . .	9,6

C'est le poids d'un volume d'eau égal à celui
de la matière introduite dans le flacon.

On a donc, pour la pesanteur spécifique de la
terre, le poids de l'eau étant 1. $\dfrac{2,4}{9,6}=2,5.$

Ce nombre représente le poids spécifique
moyen des particules isolées de la poudre sur laquelle on a opéré : mais il ne faudrait pas vouloir
déduire de cette densité le poids d'un volume

______

(1) Il est impossible de faire sortir tout l'air interposé dans les
corps pulvérisés par ce moyen, qui toutefois est suffisamment
exact pour l'objet dont il s'agit ici. — Dans des recherches délicates, il faut, après avoir ajouté une certaine quantité d'eau sur la
poudre, faire bouillir pendant quelque temps. On fait bouillir aisément l'eau dans des flacons à fond plat et très épais, en plaçant
ces flacons sur un petit bain de sable chauffé à la lampe. On peut
aussi extraire les dernières particules d'air, en plaçant le flacon
dans le vide.

quelconque de terre, d'un mètre cube par exemple; on arriverait à un chiffre beaucoup trop fort. Le poids d'un volume donné de terre doit être déterminé directement, en la tassant dans un moule d'une capacité connue. M. Schübler a expérimenté sur des matières sèches et sur des matières humides. Les terres avaient été desséchées dans une étuve, à la température de 40° à 50° centig. Celles qui étaient humides avaient absorbé toute l'eau qu'elles pouvaient retenir, sans en laisser échapper lorsqu'on les plaçait sur un filtre.

Résultats des expériences sur la densité des terres.

DÉSIGNATION DES TERRES.	PESANTEUR SPÉCIFIQUE, L'EAU 1.	POIDS DU LITRE DE TERRE COMPRIMÉE.	
		SÈCHE.	HUMIDE.
		kilog.	kilog.
Sable calcaire.	2,822	2.085	2,605
Sable siliceux.	2,753	2,044	2,494
Gypse.	2,358	1,676	2,350
Argile maigre.	2,701	1,799	2,386
Argile grasse.	2,652	1,621	2,194
Argile pure.	2,591	1,376	2,126
Terre calcaire fine, carbonate de chaux.	2,468	1,006	1,758
Humus.	1,225	0,632	1,428
Terre de jardin.	2,332	1,499	1,744
Terre arable d'Hoffwyllt . .	2,401	1,537	2,180
Terre arable du Jura (1). . . .	2,526	1,731	2,126

(1) A cette liste, M. Schübler ajoute la magnésie carbonatée,

On voit par ces résultats : 1º que le sable siliceux, le sable calcaire, sont les plus pesantes des matières minérales de la terre arable ; 2º que l'argile est celle qui possède la densité la moins forte ; 3º que l'humus ou terreau a une densité beaucoup moindre que celle de l'argile ; 4º qu'une terre composée étant généralement d'autant plus pesante qu'elle contient plus de sable, et d'autant plus légère qu'elle renferme plus d'argile, de terre calcaire et d'humus ; il est possible de conclure de la densité d'un terrain, la nature des principes qui y dominent. M. Schübler dans le cours de ses expériences, a eu occasion de noter un fait assez curieux pour désirer qu'il soit confirmé par des recherches ultérieures. Il consiste en ce que les mélanges artificiels ont toujours présenté une densité plus élevée, que celle qui devait résulter des densités respectives propres à chacune des terres qui entrent dans le mélange.

Imbibition des terres par l'eau. — La faculté que possèdent les sols de retenir l'eau, en s'opposant à une évaporation trop rapide, est extrêmement importante, par l'influence qu'elle exerce

mais j'ai quelque raison de penser que l'auteur a opéré sur la *magnesia alba,* qui ne répond point du tout au carbonate de magnésie qui se rencontre effectivement dans certains sols. J'ai cru devoir, par conséquent, supprimer toutes les observations qui se rapportent à cette *magnésie carbonatée.*

1. 38

sur la fertilité. On mesnre comparativement cette propriété de la manière suivante :

On prend 20 grammes de terre ; on la dessèche à 40° ou 50°, jusqu'à ce qu'elle ne diminue plus de poids par une dessiccation prolongée. On en fait une pâte très liquide, que l'on verse sur un filtre de papier gris, préalablement mouillé, et pesé humide. Le vase dans lequel la terre a été délayée, est lavé, et l'eau de lavage réunie avec soin à la matière qui se trouve sur le filtre. Lorsqu'il ne sort plus d'eau du bec de l'entonnoir qui supporte le filtre, on pèse. L'augmentation de poids est due à l'eau qui s'est imbibée dans la terre. Ainsi :

```
Poids de la terre desséchée . . .   20,0
Poids du filtre humide . . . . .     5,0
                                   ______
                                    25,0
Filtre et terre imbibée . . . . .   35,0
                                   ______
Eau absorbée . . . . . . . . . .    10,0
```

Dans l'expérience que je viens de citer, 100 de terre sèche ont pris 50 d'eau.

Le tableau suivant résume les essais faits sur l'imbibition des différentes terres. Dans les deux dernières colonnes, on trouve exprimées en poids, les quantités d'eau et de matière sèche contenues dans un litre de terre humide.

DÉSIGNATION DES TERRES..	EAU ABSORBÉE PAR 100 PARTIES DE TERRE.	UN LITRE DE TERRE MOUILLÉE CONTIENT	
		EAU.	TERRE.
		k.	k.
Sable siliceux.	25	0,499	1,995
Gypse (à l'état hydraté). . .	27	0.501	1,855
Sable calcaire.	29	0.582	2.021
Argile maigre.	40	0,682	1,654
Argile grasse	50	0,730	1,464
Argile pure.	70	0,875	1,251
Terre calcaire fine.	85	0,808	0.950
Humus.	190	0,935	0,493
Terre de jardin	89	0,821	0,923
Terre arable d'Hoffwyll . .	52	0.745	1,435
Terre arable du Jura. . . .	48	0,689	1,437

· Le sable siliceux ou calcaire, le gypse ont, comme on peut le voir, le moins d'affinité pour l'eau. L'argile en a retenu beaucoup plus, et elle en retient d'autant moins qu'elle renferme plus de silice.

L'adhérence de l'eau à la chaux carbonatée très divisée mérite d'être remarquée. La terre calcaire fine en a conservé 87 pour 100, plus que l'argile pure ; pendant que le sable calcaire n'en a gardé que 29 pour 100. Ce fait prouve combien l'état de division influe sur les propriétés physiques des sols, et l'on comprend qu'il ne faut pas négliger, lorsque l'on signale la présence du calcaire dans une terre arable, d'indiquer sous quelle forme et à quel degré de ténuité il s'y trouve.

L'humus est la substance qui s'est montrée la plus avide d'humidité; l'on conçoit, d'après cela, pourquoi les terres arables riches de ce principe, ont toujours une si forte affinité pour l'eau.

Tenacité, cohésion, adhérence des terres. La tenacité, la consistance du sol, sont des propriétés importantes, que les cultivateurs expriment, en disant d'une terre qu'elle est forte, ou légère, selon que, pour la façonner à la culture, ils sont obligés de dépenser plus ou moins de force.

Pour éprouver comparativement les terres, sous le rapport de leur tenacité à l'état sec; M. Schübler moulait les différentes matières convenablement humectées, en parallèlépipèdes égaux et semblables. Lorsque ces solides étaient complètement secs, il faisait poser leurs extrémités sur deux supports fixes; et au moyen d'un plateau de balance suspendu exactement au milieu de la longueur des prismes, il les chargeait progressivement de poids, jusqu'à déterminer la rupture. La charge supportée par chaque parallèlépipède, immédiatement avant sa rupture, exprime sa tenacité.

En façonnant un sol humide, il faut non seulement surmonter sa force de cohésion, mais encore et principalement vaincre son adhérence aux instruments aratoires. Cette considération a engagé **M.** Schübler à évaluer , toujours d'une manière comparative, la force qu'il est nécessaire de déployer dans le travail des différentes espèces de terrains. Comme les matériaux qui entrent communément dans la construction des instruments aratoires sont le fer et le bois, on s'est borné à déterminer l'adhérence du sol à ces deux substances. Dans les épreuves dont nous allons exposer les résultats, on s'est servi de deux disques, l'un en fer, l'autre en bois de hêtre, présentant une surface égale. Le disque était attaché à l'extrémité du bras d'une balance très sensible , on le mettait en contact parfait avec la matière humide, et, lorsqu'il adhérait, on chargeait de poids le plateau opposé, jusqu'à ce que l'adhérence fût vaincue. Dans ce genre d'expérience , il est indispensable que les terres soient à un degré constant d'humidité : dans ce but, on les soumettait aux essais , lorsqu'elles étaient à leur maximum d'imbibition.

L'argile pure et sèche a offert la plus grande tenacité. Pour faciliter les comparaisons , on a représenté cette tenacité par 100 ; les tenacités des autres matières ont été rapportées à celles de l'argile. Les parallèlépipèdes des terres dont on a déterminé la cohésion avaient 45,2 millimètres de longueur, et 13,5 millimètres sur les deux autres dimensions.

Voici les résultats obtenus dans ces deux séries d'expériences :

DÉSIGNATION DES TERRES.	TENACITÉ de la terre sèche, celle de l'argile étant 100.	TENACITÉ exprimée en poids.	COHÉSION à l'état humide ; adhérence verticale au fer et au bois, sur un décimètre carré.	
			FER.	BOIS.
		kil.	kil.	kil.
Sable siliceux.	0,	0,	0,17	0,19
Sable calcaire.	0,	0,	0,19	0,20
Terre calcaire fine. .	5,0	0,55	0,65	0,71
Gypse	7,3	0,81	0,49	0,53
Humus.	8,7	0,97	0,40	0,42
Argile maigre	57,3	6,36	0,35	0,40
Argile grasse	68,8	7,64	0,48	0,52
Terre argileuse . . .	83,3	9,25	0,78	0,86
Argile pure	100,0	11,10	1,22	1,32
Terre de jardin . . .	7,6	0,84	0,29	0,31
Terre d'Hoffwyll. . .	33,0	3,66	0,26	0,28
Terre du Jura	22,0	2,44	0,24	0,27

M. Schübler admet, d'après ces recherches, qu'un sol desséché est d'un travail très facile, lorsque sa tenacité ne dépasse pas 10, celle de l'argile pure étant égale à 100, à l'état humide. Les sols se laissent encore façonner avec facilité lorsque l'adhérence sur une surface de 1 décimètre carré est représentée par un poids de 0^k,15 à 0^k,30. Passé ce dernier terme, les difficultés augmentent rapidement, et il faut déjà dépenser une force assez considérable pour la surmonter, quand cette adhérence pour la même surface répond à 0^k,70.

La tenacité d'un sol humide n'est pas en raison directe de la facilité d'imbibition. L'humus et la terre calcaire très divisée, qui absorbent beaucoup plus d'eau que l'argile, sont cependant moins tenaces. Enfin, l'eau rend, comme on peut le voir dans le terreau, les sols sablonneux plus consistants.

Tous les praticiens savent combien les terres labourées humides sont rendues plus meubles par l'effet de la gelée. L'eau, par l'expansion qu'elle éprouve en devenant solide, écarte et désagrège les molécules du sol; et c'est à cette action que l'on attribue, avec raison, l'utilité des labours d'automne. M. Schübler a mesuré par les moyens ci-dessus indiqués l'effet de l'expansion causée par la congélation de l'eau interposée dans les terres. Il a trouvé que la cohésion de l'argile grasse desséchée, qui est égale à 68, descend à 45, lorsqu'avant sa dessiccation la pâte argileuse a été soumise à la gelée. Par la même cause, la cohésion de la terre arable d'Hoffwyll a éprouvé un changement dans le même sens.

Aptitude du sol à la dessiccation.—La faculté de laisser dissiper dans l'atmosphère l'eau dont elles sont surchargées, est tout aussi essentielle à la bonne qualité des terres, que celle de la retenir dans une juste proportion. Les terrains qui abandonnent avec trop de lenteur l'humidité acquise pendant l'hiver, présentent de graves embarras au cultivateur. Ils sont souvent inabor-

dables au printemps, et occasionnent par conséquent des semailles tardives. Dans le plan qu'il
avait adopté, M. Schübler ne pouvait pas négliger d'étudier l'aptitude des sols à une dessiccation plus ou moins rapide; c'est ce qu'il a fait, au
moyen d'expériences comparatives, exécutées
par la méthode suivante :

Un disque métallique, muni d'un rebord et
offrant très peu de profondeur, était suspendu
au bras d'une balance. Sur ce disque, on étendait aussi uniformément que possible la terre
préalablement amenée à contenir le maximum
d'eau qu'elle pouvait absorber. On notait le poids
du disque ainsi chargé, et on le pesait de nouveau, après l'avoir fait séjourner pendant quatre
heures dans une chambre, dont la température
était entretenue à 18°,75. On obtenait ainsi le
poids de l'eau évaporée. On achevait ensuite la
dessiccation de la terre à l'étuve. Voici le détail
d'une opération :

Poids de la terre humide 310
Après 4 heures d'exposition à l'air, elle pèse . 260

Eau évaporée 50

Poids de la terre humide 310
Après la dessiccation complète 200

Quantité absolue de l'eau contenue dans la
terre mise en expérience 110

Ainsi, 100 de l'eau d'imbibition ont perdu 45,5
pendant la dessiccation à l'air, à la température

d'environ 19 degrés. On trouverait facilement une méthode plus rigoureuse; mais il est évident qu'en opérant ainsi, on se plaçait dans les circonstances à peu près semblables à celles où s'opère communément la dessiccation des terres arables.

Les résultats ont été :

Désignation des terres.	100 parties d'eau de la terre perdent, en 4 heures et à 18°, 75.
Sable siliceux	88,4
Sable calcaire.	75,9
Gypse	71,7
Argile maigre.	52,0
Argile grasse	45,7
Terre argileuse	34,9
Argile pure.	31,9
Calcaire en poudre fine .	28,0
Humus.	20,5
Terre de jardin	24,3
Terre arable d'Hoffwyll. .	32,0
Terre arable du Jura. . .	40,1

Le sable et le gypse sont de toutes les substances examinées, celles qui laissent échapper l'eau le plus facilement. Nous retrouvons encore ici, pour la chaux carbonatée, ces grandes différences dépendantes du degré de ténuité. On voit aussi que l'humus retient l'eau avec une très grande force.

Les terres en se desséchant, éprouvent un retrait sensible, qui est la cause des crevasses qui se montrent dans le sol. On a évalué ce retrait en mesurant des prismes de terre humide, avant et après leur dessiccation à l'ombre.

Désignation des terres.	100 parties cubes se réduisent à :
Chaux carbonatée en poudre fine .	950
Argile maigre	940
Argile grasse.	911
Terre argileuse	886
Argile pure . ·	817
Humus.	846
Terre de jardin	851
Terre arable d'Hoffwyll	880
Terre arable du Jura	905

Le gypse, le sable siliceux et calcaire, ne figurent pas dans ce tableau, parce qu'ils n'ont présenté aucune diminution de volume. L'humus a éprouvé le retrait le plus fort ; aussi l'humus sec se gonfle considérablement, lorsqu'on le mouille. Cette propriété explique l'exhaussement qui survient dans certains sols tourbeux, à l'époque des pluies.

Propriétés hygrométriques des terres. Les agriculteurs admettent que les terres douées de la propriété d'attirer l'humidité de l'atmosphère, se rencontrent généralement parmi les plus fertiles. Cette faculté hygrométrique ne doit pas se confondre avec celle de retenir l'eau d'imbibition. Elle paraît dépendre particulièrement de leur porosité, et probablement aussi des sels plus ou moins déliquescents qu'elles peuvent renfermer, même en très petite quantité. Davy était disposé à considérer cette faculté hygrométrique des sols comme un indice constant de leur bonne qualité (1). Les essais tentés dans cette direction ,

(1) Davy, *Chimie agricole*, t. I, p. 221.

par M. Schübler, confirment cette prévision. Dans les essais entrepris par cet habile physicien, on constatait l'augmentation de poids éprouvée par les terres sèches, exposées pendant un temps déterminé dans une atmosphère toujours également saturée d'humidité, et dont la température était maintenue entre 15 et 18° cent. Les terres séjournaient dans cette atmosphère humide pendant un nombre d'heures qui est indiqué en tête des colonnes du tableau suivant.

DÉSIGNATION DES TERRES.	500 centigrammes de terres étendues sur une surface de 36000 millimètres carrés ont absorbé en			
	12 heures.	24 heures.	48 heures.	72 heures.
	centig.	centig.	centig.	centig.
Sable siliceux	0	0	0	0
Sable calcaire	1,0	1,5	1,5	1,5
Gypse	0,5	0,5	0,5	0,5
Argile maigre	10,5	13,0	14,0	14,0
Argile grasse	12,5	15,0	17,0	17,5
Terre argileuse . . .	15,0	18,0	20,0	20,5
Argile pure	18,5	21,0	24,0	24,5
Calcaire en poudre fine.	13,0	15,5	17,5	17,5
Humus	40,0	48,5	55,0	60,0
Terre de jardin . . .	17,5	22,5	25,0	26,0
Terre arable d'Hoffwyll	8,0	11,5	11,5	11,5
Terre arable du Jura .	7,0	9,5	10,0	10,0

Des résultats compris dans le tableau précédent, on peut conclure :

1° Que la faculté d'absorption s'affaiblit à mesure que les terres acquièrent de l'humidité ;

2° Que l'humus est la substance la plus hygrométrique de toutes celles examinées ;

3o Que les argiles qui absorbent le plus d'humidité, sont celles qui contiennent le moins de sable, et que le sable siliceux et le gypse n'en prennent pas d'une manière appréciable.

Absorption du gaz oxygène par les terres arables. Avant 1793, M. de Humboldt avait déjà remarqué que les terres argileuses, la pierre lydienne, certains schistes, l'humus, peuvent priver l'air de son oxygène. Il avait également reconnu que les parois des grandes excavations taillées dans l'argile salifère des mines du Salzbourg, absorbent ce gaz, et rendent ainsi irrespirable et impropre à la combustion l'atmosphère stagnante des travaux souterrains. Enfin, ce savant illustre avait parfaitement constaté, à cette époque, que des terres prises dans les galeries de mine ne deviennent fertiles qu'après avoir été exposées à l'air pendant un temps assez long. Je cite ces curieuses observations, parce qu'à ma connaissance ce sont les premières qui aient établi d'une manière précise la nécessité de la présence de l'oxygène dans les interstices des sols destinés à la culture, ou, comme le disait alors M. de Humboldt, et comme on peut encore le dire aujourd'hui, l'utilité d'une oxydation préalable du sol.

Tous les faits agricoles confirment, effectivement, cette utile intervention de l'air dans un terrain destiné à porter des plantes. Ainsi, lorsque par un labour profond on ramène une partie du sol inférieur dans la couche arable, dans le but d'en augmenter l'épaisseur, on diminue toujours momentanément la fertilité des fonds ; et il faut, malgré l'action des engrais et des façons, un certain temps pour que le sous-sol ajouté produise un effet avantageux ; il faut qu'il ait été soumis aux actions atmosphériques, et c'est alors seulement qu'un défoncement bien exécuté, qui donne à la couche arable une plus grande profondeur, paye complètement les déboursés qu'il a exigés.

Je suis disposé à attribuer l'absorption du gaz oxygène par les argiles, à l'oxyde de fer que ces substances renferment presque constamment, et qui s'y trouve, au minimum d'oxydation, lorsque l'argile gîte à une certaine profondeur. En 1822, alors que j'exécutais un sondage dans le terrain tertiaire du département du Bas-Rhin, j'eus l'occasion de remarquer que les argiles ramenées par la sonde, de blanches qu'elles étaient, devenaient très promptement bleues par leur exposition à l'air, et qu'en se colorant ainsi elles condensaient de l'oxygène. Je me propose de revenir sur ce fait, pour montrer le rôle important que cette simple suroxydation joue probablement dans l'amélioration des sols (1).

____

(1) Austin a prouvé que, pendant l'oxydation du fer métallique placé dans l'eau, il y a production constante d'ammoniaque. Des

De son côté, M. Schübler a étudié l'action du gaz oxygène sur les parties constituantes des terres cultivées, et, selon lui, l'absorption de ce gaz ne saurait être douteuse ; elle est très faible pour le sable et le gypse , très prononcée pour l'argile et l'humus. Comme M. de Humboldt et M. de Saussure, cet habile physicien a vu l'humus changer une partie de l'oxygène fixé en acide carbonique ; mais, en général , les autres matières sur lesquelles il a expérimenté paraissent absorber l'oxygène par l'intermédiaire de l'oxyde de fer au minimum dont elles ne sont jamais exemptes. Indépendamment de cette cause due à la suroxydation d'un métal, M. Schübler pense qu'une partie de l'oxygène disparaît, condensé qu'il est par la porosité de certaines terres , et il invoque à l'appui de son opinion les belles observations de M. de Saussure , relatives à la condensation des gaz par les corps poreux. Partant de ce fait, que les racines ont besoin, pour prospérer, de la présence de l'oxygène , il attribue une action plus énergique au gaz comprimé dans les interstices du terrain. L'action de l'air sur les racines se conçoit suffisamment dans un sol

expériences commencées depuis quelque temps et que je continue établiront, je l'espère, de la manière la plus nette que cette formation d'ammoniaque a également lieu pendant le passage de l'oxydule de fer à l'état d'hydrate de peroxyde. On entrevoit aisément les conséquences théoriques qui se déduiraient de ce fait et les applications agricoles qui pourraient en résulter.

meuble de sa nature, surtout s'il a reçu des labours suffisants, sans qu'il soit bien nécessaire d'avoir recours à cette explication.

Conductibilité des terres pour la chaleur. La quantité de chaleur qu'un sol peut recevoir, retenir ou abandonner dans un temps déterminé, dépend du pouvoir conducteur dont il est doué. M. Schübler a cherché à mesurer relativement ce pouvoir par la méthode du refroidissement.

Dans un vase de 595 centimètres cubes de capacité, et rempli de la substance à essayer, on plaçait un thermomètre dont la boule occupait le centre. La température initiale étant portée à 62°,5, on cherchait pour chaque substance le temps nécessaire pour qu'elle s'abaissât à 21°,2, la température de l'air ambiant étant maintenue à 16°,2.

DÉSIGNATION DES TERRES.	FACULTÉ de retenir la chaleur, celle du sable calcaire étant de 100.	TEMPS que 595 cent. cubes de terre mettent à se refroidir de 62°,5 à 21°,2, l'air ambiant étant à 16°,2.
		h. m.
Sable calcaire.	100,0	3,30
Sable siliceux.	95,6	3,27
Gypse.	73,2	2,34
Argile maigre.	76,9	2,41
Argile grasse.	71,1	2,30
Terre argileuse	68,4	2,24
Argile pure.	66,7	2,19
Calcaire en poudre fine. . . .	61,8	2,10
Humus.	49,0	1,43
Terre de jardin	64,8	2,16
Terre arable d'Hoffwyll. . . .	70,1	2,27
Terre arable du Jura.	74,3	0,36

Les remarques générales que suggèrent ces expériences, sont qu'à volumes égaux le sable calcaire ou siliceux, comparé aux autres substances qui figurent dans ce tableau, possède au plus haut degré la propriété de retenir la chaleur. Cette faculté explique la température élevée et la sécheresse que conservent en été les terrains sablonneux, même pendant la nuit.

C'est l'humus qui présente la conductibilité la plus grande.

Echauffement des terres exposées au soleil. Il n'est personne qui n'ait eu l'occasion d'observer la forte température que les corps peuvent acquérir lorsqu'ils restent exposés à l'action du soleil. Il en est, comme le sable sec, comme certaines roches colorées, qui deviennent brûlantes. C'est par la chaleur solaire que le sol, au printemps, lorsqu'il n'est pas encore ombragé par les feuilles, s'échauffe, et perd l'excès d'humidité qu'il a reçu pendant l'hiver. Tous les agriculteurs savent combien cet échauffement est variable, même pour les terres les plus voisines. Une argile blanche, humide, s'échauffera beaucoup moins qu'un sol calcaire ou sablonneux, fortement coloré. Les différences que l'on observe dans la chaleur acquise par les terres dépendent : 1° de l'état de leur surface ; 2° de leur composition; 3° de la quantité d'eau qui s'y trouve et qui, par son évaporation, tend à abaisser la température; 4° de l'angle d'incidence des rayons solaires. M. Schübler, à l'aide d'une méthode qui est loin d'être irréprochable, mais qui trouve son excuse dans la difficulté du sujet, a mesuré les températures acquises par différentes terres sèches et humides, qui étaient exposées au soleil, pendant le même laps de temps, et dans des conditions aussi semblables que possible. Les nombres obtenus sont consignés dans le tableau ci-joint :

DÉSIGNATION DES TERRES.	TEMPÉRATURE MAXIMA de la couche supérieure, la température moyenne de l'air ambiant étant 25° :	
	Terre humide.	Terre sèche.
	degrés centig.	degrés centig.
Sable siliceux gris jaunâtre . .	37,25	44,75
Sable calcaire, gris blanchâtre.	37,38	44,50
Gypse clair, gris blanchâtre . .	36,25	43,62
Argile maigre, jaunâtre. . . .	36,75	44,12
Argile grasse	37,25	44,50
Terre argileuse, gris jaunâtre .	37,38	44,62
Argile pure, gris bleuâtre. . .	37,50	45,00
Terre calcaire, blanche. . . .	35,63	43,00
Humus, gris noir	39,75	47,37
Terre de jardin, gris noir . . .	37,50	45,25
Terre arable d'Hoffwyll, grise .	36,88	44,25
Terre arable du Jura, grise . .	36,50	43,75

En comparant les circonstances qui concourent à l'échauffement du sol par l'action solaire, on trouve que la couleur, l'humidité et l'angle d'incidence de la lumière sont les plus influentes; elles peuvent occasionner des différences de

1.

température, de 14º à 15º. La nature de la surface, la composition des terres sont loin d'en faire naître d'aussi fortes. Mais, selon M. Schübler, les différences de température peuvent s'élever jusqu'à 25º, si l'on a égard à l'inclinaison du sol.

Les agriculteurs classent les diverses espèces de terrains d'après leur fertilité et suivant le genre de culture plus ou moins avantageux qu'elles peuvent recevoir. Dans la pratique, on a adopté deux grandes divisions principales : les terres fortes et les terres légères. Tout terrain appartient, en tout ou en partie, à l'une ou à l'autre de ces divisions.

Dans les terres *fortes* domine l'argile, dans les terres *légères* le sable. Les premières sont tenaces, peu perméables, d'une dessiccation lente ; les secondes sont meubles : elles se dessèchent promptement et demandent moins de forces pour être travaillées. Le terreau ajoute toujours aux qualités de ces deux terres, douées de propriétés aussi opposées ; mais son utilité se remarque surtout dans les sols argileux, dont il affaiblit l'extrême ténacité.

Les terres fortes participent des avantages et des inconvénients qui sont particuliers à l'argile : elles absorbent beaucoup d'humidité, résistent à la sécheresse, et retiennent avec énergie l'eau indispensable à l'existence des plantes. Le terreau

qu'elles contiennent, ou les engrais qu'on y répand dans le cours de la culture, s'y conservent
longtemps, préservés qu'ils sont de l'action trop
active des agents atmosphériques, et le pouvoir
fertilisant de ces matières est rarement interrompu par une dessiccation trop forte. Cependant, par des temps extrêmement pluvieux, ou
dans les années d'une sècheresse extraordinaire,
les avantages que je viens d'énumérer disparaissent. Par des pluies trop abondantes, trop fréquentes, les terres argileuses deviennent dé-
mesurément humides ; souvent même elles se
délayent complètement. Par une dessiccation
trop prolongée, on les voit au contraire durcir,
au point que les plantes ne peuvent plus les pénétrer ; elles se gercent, se fendillent profondément, et les racines périssent faute d'être convenablement abritées. J'ajouterai que la gelée
occasionne des effets tout aussi désavantageux ;
de sorte que les sols très argileux éprouvent la
même influence fâcheuse de la part de deux
causes diamétralement opposées : la grande chaleur des étés et le froid intense des hivers.

Dans un semblable terrain, les travaux deviennent quelquefois inexécutables, soit que,
transformé en une boue liquide, les chariots ne
puissent plus circuler, soit par l'adhérence de
la pâte argileuse qui, s'attachant à la charrue, à la
herse, empêche toute manœuvre ; ou bien encore

par la dureté, comparable à celle de la pierre, que prennent les terres fortes à la suite de sécheresses prolongées.

Les terres légères accumulent rarement un excès d'humidité; aussi elles redoutent les sécheresses. Les cultures y sont infiniment plus faciles et occasionnent peu de dépenses; la végétation est plus hâtive, mais l'engrais moins profitable que dans les sols argileux, parce que les eaux pluviales le dissolvent et l'entraînent.

Les défauts de ces deux espèces de terrain sont de nature à se compenser, à se neutraliser, et c'est du mélange de ces sols extrêmes que résultent les terres reconnues comme les plus favorables à la culture.

En soumettant à l'analyse mécanique un très grand nombre de terres labourables, en étudiant en même temps les cultures les plus convenables à ces terres et leur fertilité relative, Thaer et Einhoff nous ont transmis des résultats d'une grande utilité (1), et qui peuvent servir de base à la classification pratique des sols arables.

Un sol argileux proprement dit contient ordinairement 40 pour cent de sable. Si le sable y entre pour une proportion moindre, les récoltes y sont déjà très casuelles, et sa tenacité devient telle qu'il exige dans les façons une dépense de

____

(1) Thaer, *Principes raisonnés d'agriculture*, t. II, p. 115.

forces considérable. Ce sol argileux, lorsqu'il contient une quantité suffisante d'humus et qu'il est convenablement amendé, peut être considéré comme une assez bonne terre à froment. L'orge réussit mieux que le froment quand le contenu en sable descend à 30. Au dessous de ce nombre, on a un sol propre à l'avoine. La culture du froment est encore possible dans les terres qui contiennent de 40 à 50 pour cent de sable; passé ce terme, dans les sols qui ont 50 à 60 de sable, il est plus avantageux de cultiver de l'orge. Ce terrain ne tombe pas en poussière par des labours réitérés, comme il arrive à celui qui est plus riche en principe siliceux, et il ne se durcit pas à la suite des sècheresses, comme les terrains qui sont plus argileux, parce qu'il retient encore assez d'humidité. Il convient également bien au trèfle, aux tubercules, aux racines pivotantes, et à plusieurs plantes commerciales, comme le tabac, le colza, le lin, etc. Il est presque toujours abordable, circonstance qui permet d'apporter le plus grand soin dans les cultures qui lui sont confiées.

Dans les terrains qui donnent au lavage 60 à 80 pour cent de sable, la réussite du froment n'est plus assurée. A 70 de sable, il cesse d'être propre à la culture de cette céréale, à moins de précautions toutes particulières; mais il est convenable à l'orge, et c'est surtout dans un semblable terrain que les récoltes de seigle ont le plus de succès.

Un sol avec cette dose de sable est toujours d'un travail aisé, bien qu'il soit plus sujet à être envahi par les mauvaises herbes qu'un sol décidément argileux. Les engrais y sont promptement détruits, par la raison que j'ai déjà donnée : aussi convient-il de le fumer souvent, en administrant moins d'engrais à la fois.

Un terrain à 75 pour cent de sable est qualifié par Thaer de terrain à avoine. Jusqu'à contenir 85 pour cent de sable, on le considère comme propre à cette céréale; ce terme dépassé, on ne doit y semer que du seigle ou du sarrasin, si toutefois il a reçu une dose suffisante d'engrais. Les labours réitérés que l'on est obligé de donner à ce sol sablonneux, pour extirper les herbes nuisibles qui s'y développent abondamment, peuvent le rendre tellement meuble, que le seigle même n'y réussisse plus. Le mieux alors, pour le consolider, est de lui donner du repos en le mettant en prairie.

Il est très difficile de tirer un parti quelconque, du moins dans nos climats, d'un sol dans lequel il existe 90 pour cent de sable; dans un temps sec, c'est un véritable terrain mouvant. Comme nous l'avons déjà établi, le calcaire peut remplacer dans le sol le rôle que joue le sable; comme lui, il tend à détruire le lien qui unit si fortement entre elles les particules de l'argile ; mais il paraît qu'en outre le calcaire, surtout lorsqu'il est dans un grand état de division, contribue réellement à l'amélioration des terres à blé.

Le tableau suivant contient les résultats obtenus par Thaer et Einhoff. Je crois devoir observer que, d'après ce qui a été dit plus haut sur la difficulté du dosage de l'humus, cette matière est évidemment portée beaucoup trop haut dans plusieurs de ces analyses, qui mériteraient d'être faites de nouveau, en employant les procédés actuellement en usage.

DÉSIGNATION DES TERRES.	DÉNOMINATION USUELLE.	ARGILE.	SABLE.	CALCAIRE.	HUMUS.
Argile avec humus. . . .	Riche terre à froment .	74	10	4	11,5
Id.	Id.	81	6	4	8,5
Id.	Id.	79	10	4	6,5
Terre marneuse	Id.	40	22	36	4
Terre légère, avec humus .	Terrain de prairies . .	14	49	10	27
Terrain sablonneux, humus.	Riche terre à orge. . .	20	67	3	10
Terrain argileux	Bonne terre à froment .	58	36	2	4
Terrain marneux	Terre à froment . . .	56	30	12	2
Terrain argileux	Id.	60	38	»	2
Terrain glaiseux	Id.	48	50	»	2
Glaise	Id.	68	30	»	2
Terrain glaiseux	Terre à orge de 1re classe.	38	60	»	2
Id.	Id. de 2e classe.	33	65	»	2
Glaise sablonneuse . . .	Id. id. . .	28	70	»	2
Id.	Terre à avoine. . . .	23.5	75	»	1,5
Sable argileux.	Id.	18,5	80	»	1,5
Id.	Terre à seigle	14	85	»	1
Terrain sablonneux . . .	Id.	9	90	»	1
Id.	Id.	4	95	»	0,75
Id.	Id.	2	97,5	»	0,5

Schwertz a résumé, sous un point de vue éminemment pratique, les opinions de Thaer sur la valeur des différents terrains. Admettant, avec cet agriculteur célèbre, qu'il est convenable de juger le sol d'après ses produits, il adopte également, comme échelle de comparaison, la culture des céréales, en prenant pour termes extrêmes le froment et le seigle : le premier réussissant dans les mauvais terrains argileux, le second végétant encore dans les sols sablonneux les plus médiocres. Dans ces terrains *limites*, le froment et le seigle viennent fort mal, à la vérité, mais entre ces deux extrêmes se trouvent comprises toutes les variétés de sols qui résultent de la fusion des terres les plus fortes, les plus tenaces, avec les terres les plus légères, depuis l'argile la plus consistante jusqu'au sable mouvant. Dans ces sols mixtes, de qualités intermédiaires, le froment et le seigle s'avancent graduellement l'un vers l'autre, en recrutant l'orge, l'avoine, le sarrasin, jusqu'à ce qu'ils se rencontrent au milieu de l'échelle, dans un terrain neutre, qui permet la culture de toutes les céréales.

Schwertz dispose son échelle de la manière suivante (1) :

0. Sable mouvant.	0. Argile tenace.
1. Terre à seigle.	1. Terre à blé.
2. Terre à seigle et à sarrasin.	2. Terre à blé et avoine.
3. Terre à seigle, sarrasin, avoine. . .	3. Terre à blé, avoine, petite orge.
4. Terre à seigle, avoine et à petite orge.	4. Terre à blé et à grosse orge.

5. Terre à blé, seigle, orge et avoine.

(1) Schwertz, *Préceptes d'agriculture pratique*, trad. de Schaunbourg, p. 49.

Les espèces de sol qui conviennent à ces diverses cultures sont :

1. Sable léger sec. . . . . 1. Argile froide, tenace.
2. Sable frais, très peu argileux. . . . . 2. Argile légèrement humide.
3. Sable argileux. . . . . 3. Argile chaude, sèche.
4. Argile sablonneuse. . . . . 4. Argile riche.
5. Argile.

Les considérations précédentes sont plus que suffisantes pour se former une idée précise de ce qu'il faut entendre par la composition des sols arables. Néanmoins, pour les compléter, je rapporterais les analyses de terres cultivables exécutées par divers chimistes, à une époque où l'on attachait une certaine importance à ce genre de recherches. De l'ensemble des recherches faites jusqu'à présent, il semble d'ailleurs résulter que les bonnes terres à froment contiennent généralement une assez forte proportion de carbonate calcaire, et la théorie, d'accord avec la pratique la plus judicieuse, tend à indiquer qu'il est avantageux de faire intervenir ce sel calcaire dans les engrais destinés aux terres qui en sont privées, ou qui ne le renferment qu'à trop faible dose. Ainsi l'analyse d'une terre à colza des environs de Lille, par M. Berthier, a donné :

Silice	78,2
Alumine.	7,1
Peroxyde de fer	4,4
Chaux	1,9
Magnésie.	0,8
Acide carbonique . . .	1,4
Eau	5,8
	99,6

Cette terre avait été desséchée à l'air, après avoir été réduite en poudre ; par cette dessiccation elle a perdu 34 pour 100 d'humidité. Il est remarquable que M. Berthier n'ait rencontré dans sa composition aucune trace de matière organique, d'autant plus que cette terre est considérée comme favorable à la culture du colza. M. Berthier pense que cette terre gagnerait en fertilité par l'intervention d'une certaine quantité de calcaire, et M. Cordier explique par la faible proportion de ce sel l'inconvénient qu'elle présente dans la culture des céréales : la tige de ces plantes est trop faible, principalement dans les années pluvieuses ; les récoltes versent fréquemment avant la maturité (1).

Si la présence du calcaire dans une terre à froment est une garantie pour les récoltes, en s'opposant au *versage* de la céréale , l'analyse faite par M. Berthier prouve néanmoins que le carbonate de chaux n'est pas indispensable, puisqu'en définitive on obtient de beaux froments dans les terres des environs de Lille. Je citerai encore, à l'appui de cette opinion, l'analsye d'un sol des plus fertiles qu'il soit possible de rencontrer, je veux parler de la terre noire de *Tchornoi-zem* qui, au rapport d'un géologue des plus distingués ,

(1) Cordier, *Mémoire sur l'agriculture de la Flandre française,* p. 232.

M. Murchison, constitue la superficie du sol arable, compris entre le 54ᵉ et le 57ᵉ degré de latitude nord, occupant la rive gauche du Volga, jusqu'à *Tcheboksar*, de Nijni à Kasan, et couvrant encore un district des plus étendus, sur le côté asiatique des monts Ourals. M. Murchison pense que ce terrain est un dépôt sous-marin produit par l'accumulation de sables riches en matière organique. Le Tchornoi-zem est composé de grains noirs mêlés de particules sablonneuses; c'est le meilleur sol que la Russie possède pour le blé et les pâturages; il suffit d'une jachère continuée pendant une ou deux années pour lui rendre toute sa fertilité; jamais on ne lui applique des engrais (1).

M. Payen a trouvé dans le Tchornoi-zem desséché :

Matière organique.	6,95 (contenant 2,45 pour 100 d'azote).
Silice	71,56
Alumine	11,40
Oxyde de fer . . .	5,62
Chaux.	0,80
Magnésie.	1,22
Chlorures alcalins.	1,21
Acide phosphorique	trace.
Perte	1,24

$$100,00$$

(1) Murchison, *Bibliothèque univers. de Genève*, t. XLIV, p. 400, nouvelle série.

Bergman a donné pour la composition d'un sol fertile de la Suède :

Carbonate de chaux . 30
Gravier 30
Silice . . . . 26 } Argile.
Alumine. 14

100,0

Plusieurs terres arables fertiles du Sénégal, desséchées à l'air et analysées par Laugier, dont la précision est si généralement appréciée, contenaient :

| | LOCALITÉS. | | | | |
	Raweï.	Doukitt.	Diague.	Roso.	N'Dick.
Sable siliceux et silice. . .	87,0	72,0	89,0	78,0	91,0
Alumine	3,6	10,0	3,0	7,0	1,8
Oxyde de fer	3,4	8,0	3,6	5,2	3,0
Carbonate de chaux	trace	trace	0,5	trace	0,5
Matière organique et eau.	4,4	10,0	3,6	9,0	3,0
Perte	1,6	»	0,3	0,8	0,7
	100,0	100,0	100,0	100,0	100,0

M. Plagne, qui a étudié les cultures de la côte de Coromandel, divise les terres arables dont il a fait l'examen en argileuses, sablonneuses et mixtes. Sous ce climat, les sols argileux sont les plus estimés par les planteurs; on les destine particulièrement à la culture du riz en paille (*nelis*). Pendant la plus grande partie de l'année, ces terres sont irriguées. Les sols sablonneux sont toujours arides, quand il n'est pas possible de les arroser, ce qui est le cas le plus général ; on les cultive seulement durant la saison pluvieuse; on les applique exclusivement à la culture des menus grains et au jardinage. Les sols mixtes conviennent aux différentes plantes : on peut les considérer comme les sols sablonneux, améliorés par une longue culture (1).

Composition des terres arables de Coromandel, desséchées au bain-marie.

	Argileuses.	Sablonneuses.	Mixtes.
Silice.	22,0	82,0	64,0
Alumine	59,0	6,5	19,5
Carbonate de chaux.	3,5	3,5	2,5
Oxyde de fer.	2,5	4,0	4,0
Phosphate de magnésie. . .	»		
Sulfate de chaux.	»	. . . 2,0	trace.
Matière organique azotée. .	5,0	»	7,0
Humidité et perte	8,0	2,0	3,0
	100,0	100,0	100,0

Un examen comparatif de la composition des sols supposés secs, dans lesquels on cultive l'arbre à thé, en Chine et dans la colonie d'Asam, a conduit M. Piddington aux résultats que je vais exposer :

	TERRE A THÉ	
	de la Chine,	d'Asam (1).
Silice et sable	76,0	84,8
Alumine	9,0	4,5
Oxyde de fer.	9,9	7,0
Phosphate et sulfate de chaux..	1,0	traces.
Matière organique..	1,0	1,5
Eau..	3,0	2,3
	99,9	100,1

(1) Plagne, *Annales Maritimes et Coloniales*, t. III, ann. 1825, p. 50.

(2) Robinson, *A Descriptive account of Asam*, p. 130.

Humphri Davy a trouvé à différents sols cultivés de l'Angleterre les compositions qui sont résumées dans le tableau suivant (1):

LOCALITÉS.	Sable siliceux et gravier.	Silice.	Alumine.	Carbonate de chaux.	Carbonate de magnésie.	Oxyde de fer.	Sels et matière organique.	Sulfate de chaux.	Humidité.	Perte.	REMARQUES.
Comté de Kent.	66,3	5,2	3,3	4,8	0,8	1,2	8,0	0.5	4,9	5,0	Bonne qualité, culture du houblon.
Norfolk.	88,9	1,7	1,2	7,0	»	0,3	0,6	»	0,3	»	Id. sol à turneps.
Middlesex. . . .	60,0	12,8	11,6	11,2	»	»	4,4	»	»	»	Très bonne qualité, terre à froment.
Worcesshire. . . .	60,0	16,4	14,0	5,6	»	1,2	2,8	»	»	»	Sol extrêmement fertile.
Vallée de Tiviot.	83,3	7,0	6,8	0,7	»	0,8	1,4	»	»	»	Bonne qualité.
Salisbury. . . .	9,1	12,7	6,4	57,3	»	1,8	12,7	»	»	»	Sol d'un excellent pâturage.

(1). Davy, *Chimie Agricole*, t. 1.

Nous devons à M. de Gasparin des recherches sur les sols du midi de la France ; les terres soumises à l'examen avaient été préalablement desséchées à la température de 40°. L'humus a été dosé par différence, après l'avoir dissous à l'aide d'une forte solution alcaline. Cette méthode, recommandée par Einhoff, laisse beaucoup à désirer sous le rapport de l'exactitude. Elle ne donne pas la matière organique insoluble dans l'alcali ; toutefois, elle n'est pas réellement plus inexacte que celle qui a été suivie par Davy ou la plupart des analystes, et qui consiste à détruire l'humus par la calcination en vase ouvert. Voici les résultats obtenus (1).

PROVENANCE DES TERRES.	Humus.	Calcaire.	Argile	Sable.	REMARQUES.
Du Thor (Vaucluse) . .	7,5	92,5	6.0	1,5	Médiocre terre à blé.
Aluvion du Rhône. . .	3,4	2,3	53,5	42,7	Bonne pour garance, blé et luzerne.
De Palus près Orange. .	2,5	55,5	43,5	1,0	Mauvaise terre à blé.
Anciens dépôts du Rhône, près Tarascon. . . .	5,0	32,5	56,0	11,5	Bonne terre à blé, très médiocre pour garance.
Des plaines d'Orange. . .	4,0	50,0	48,0	2,0	id. mauvaise terre à garance.
Des environs d'Auch . .	1,5	3.5	73,0	23,0	rance.

Un élément important dont il faut tenir compte dans l'appréciation de la valeur des terrains, quelle que soit d'ailleurs leur nature particulière,

(1) De Gasparin, *Recueil de Mémoires sur l'Agriculture*, t. II, p. 200.

est l'épaisseur du sol arable. En ouvrant une tranchée dans un champ cultivé, on distingue à la première vue la profondeur à laquelle descend la partie du sol désignée communément par le nom de terre végétale; c'est une couche souvent imprégnée d'humus, et généralement plus meuble que le sol qui la supporte. L'épaisseur de cette couche est extrêmement variable; ordinairement elle est de 16 centimètres; elle se tient généralement entre 8 et 35 centimètres, et c'est uniquement dans des circonstances que l'on doit considérer comme exceptionnelles que cette épaisseur atteint jusqu'à 1 mètre et plus. Tels sont certains amas de terre végétale accumulée par les eaux, ou bien encore le sol si épais et si riche en terreau que l'on observe dans les forêts vierges de l'Amérique. La profondeur de la terre végétale chargée d'humus est toujours une circonstance heureuse et des plus favorables à la culture. Si, à la vérité, les racines des plantes ne descendent pas toujours assez pour profiter de la richesse du sol inférieur, le cultivateur peut, par des labours profonds, ramener ce sol vers la surface, et le faire concourir efficacement à la fertilité du terrain. Indépendamment de ces avantages, une terre végétale épaisse est bien moins exposée aux inconvénients de l'humidité et de la sécheresse; l'eau absorbée, répartie sur une plus grande masse, ne reflue pas, comme cela arrive dans les sols de peu de profondeur, elle reste en réserve pour servir dans la saison sèche.

La couche sur laquelle repose la terre végétale est le *sous-sol* ; il est important de l'examiner, car les qualités, et par conséquent la valeur du terrain en culture, ont toujours une certaine relation avec la nature et les propriétés de cette couche sous-adjacente. Très souvent, surtout dans les contrées montagneuses, la constitution minérale du sous-sol est la même que celle du sol, et la différence que celui-ci peut présenter, provient principalement de la présence du terreau et de l'état plus meuble qui résulte de la végétation, du travail et des influences atmosphériques. Par des labours profonds exécutés avec prudence, on peut augmenter l'épaisseur de la terre arable aux dépens du sous-sol, et, quand on a des engrais abondants, c'est une opération qui marche avec assez de rapidité. Toutefois, il est avéré que par l'introduction d'une certaine quantité de la couche inférieure, le terrain perd momentanément de sa fertilité, et que dans les conditions ordinaires, il se passe plusieurs années avant que l'amélioration devienne sensible.

Dans les plaines, sur les plateaux étendus, l'analogie de constitution entre le sol et le sous-sol n'est plus aussi fréquente. Dans de semblables situations, la terre arable est souvent un dépôt alluvial qui provient de la destruction, de la désagrégation de terrains qui gisaient à une très grande distance. Quand les couches superposées possèdent des propriétés entièrement différentes, en quelque sorte opposées, on comprend que la terre végétale puisse être améliorée par l'adjonction d'une certaine dose du sous-sol, et c'est le cas où l'amélioration est la moins dispendieuse. C'est ordinairement de l'imperméabilité de la couche inférieure que provient la trop grande humidité d'un sol cultivé. Une terre forte, tenace par l'excès d'argile qu'elle renferme, perd une partie des inconvénients qui résultent de cette constitution, si la couche sous-adjacente qui la supporte est sablonneuse; d'abord par l'amélioration évidente qui doit ressortir du mélange des deux couches, et ensuite parce qu'il y a toujours un avantage positif à ce qu'une terre douée d'une forte affinité pour l'eau soit superposée à un sous-sol très perméable. La situation inverse n'est pas moins désirable. Un sol léger, meuble, aura une plus grande valeur s'il repose sur un fond plus dense et capable de retenir l'humidité, à la condition cependant que ce fond argileux ne soit pas trop inégal, qu'il ne présente pas de ces larges concavités dans lesquelles les eaux se rassemblent et croupissent : un sous-sol imperméable, pour agir efficacement dans cette circonstance, doit avoir une pente suffisante qui lui permette de s'égoutter. En un mot, la distinc-

tion la plus nécessaire à établir entre les sous-
sols est celle de perméable et d'imperméable.
En effet, connaissant la nature de la terre végétale, il est facile de juger des avantages ou des
inconvénients que peut offrir la couche sous-adjacente, selon la faculté qu'elle aura de retenir
ou de laisser filtrer les eaux.

Dans certaines localités, particulièrement sur
les versants des montagnes, la couche de terre
arable a une épaisseur très limitée, et il n'est pas
rare de la voir reposer sur des roches douées
d'une grande cohésion, comme le granit, le porphyre, le micaschiste. Dans de telles conditions,
on n'a guère à espérer de changer le sous-sol
en terre cultivable, et la seule méthode d'amélioration qui soit alors possible, est de transporter directement de la terre végétale sur les cultures qui peuvent payer ce transport. Le schiste
micacé est, sous ce rapport, moins intraitable que
le granit ; la charrue l'entame plus aisément, et,
à la longue, il n'est pas impossible de le faire entrer
dans la terre cultivée. On est généralement plus
disposé à considérer les roches calcaires comme
formant un sous-sol moins défavorable (1). Il est
effectivement des pierres calcaires qui absorbent
l'eau et se délitent ; les racines de plusieurs plantes, comme le sainfoin, la spergule, y pénètrent

(1) Thaer, t. II, p. 143.

profondément; mais il est aussi de ces mêmes roches , douées d'une cohésion assez forte pour résister pendant fort longtemps à toute action décomposante.

Les qualités que nous avons cherché à apprécier dans les terrains, ne dépendent pas uniquement de leur constitution minéralogique, de leurs propriétés physiques, et de celles des sous-sols qui les portent. Ces qualités, pour devenir manifestes, exigent que les sols soient placés dans certaines conditions dont on ne doit pas négliger de tenir compte. Telles sont celles du climat où les terres sont situées, de leur position plus ou moins inclinée par rapport à l'horizon, de leur orientation. Les préceptes que nous avons donnés sont particulièrement applicables aux sols cultivés d'une partie de l'Allemagne, de l'Angleterre et de la France. Mais en généralisant, nous devons admettre que les terrains argileux conviennent mieux dans les climats secs, et les sols sablonneux dans les régions où les pluies sont fréquentes. Kirvan avait déjà fait cette remarque (1), en discutant de nombreuses analyses de terres à froment. La conséquence à laquelle est arrivé le célèbre chimiste, est qu'un sol considéré dans un pays pluvieux comme le plus propre à la culture du blé, serait jugé d'une manière tout à fait opposée

(1) De Candole, *Physiologie*, p. 1229.

dans une contrée où les pluies seraient moins fréquentes. La fertilité des sols sablonneux est certainement en rapport avec le phénomène de la pluie, et surtout avec la fréquence de ses retours. Ainsi à Turin, où il pleut souvent, on considère comme fertile un sol qui renferme 77 à 80 pour 100 de sable, tandis que dans les environs de Paris, où il pleut moins qu'à Turin, un bon sol n'en contient pas plus de 50 (1). Un terrain sablonneux qui, dans le midi de la France, n'aurait qu'une très faible valeur, présenterait, selon M. Sinclair, des avantages réels sous le climat humide de l'Angleterre.

.L'irrigation supplée à la pluie, et dans les contrées où les circonstances permettent d'y avoir recours, la question de la constitution des sols perd à peu près toute son importance. Quand on peut l'humecter, il suffit que la terre soit meuble pour acquérir toute la fécondité que peuvent lui donner le climat et les engrais. Les déserts arides sont stériles, parce qu'il n'y pleut jamais. Sur les plages sablonneuses des côtes de la mer du Sud, on voit une végétation active suivre les sinuosités des rares rivières qui les traversent : tout est poudreux et inculte au delà. J'ai assisté à la récolte de riches moissons de maïs, sur le plateau des andes de Quito, dans un sable presque

______

(1) Sinclair, *Agriculture pratique et raisonnée*, t; I, p. 35.

mouvant, mais abondamment et habilement irrigué.

Un sol sablonneux, peu cohérent, est d'autant
mieux situé, qu'il occupe les parties les moins
élevées d'une contrée; alors il est moins exposé
à la sècheresse. La position inclinée est défavorable à un semblable terrain, car alors il s'égoutte
trop vite, et souvent même il est entraîné par
les pluies. C'est pour s'opposer à cette action des
eaux pluviales, que l'on préfère laisser les pentes
abruptes couvertes d'arbres, dans le but de retenir
la terre végétale, et l'on connaît assez les conséquences déplorables qui sont résultées des dé-
boisements intempestifs opérés dans les pays
montagneux.

Les terres fortes s'accommodent mieux au contraire des situations opposées. Une inclinaison ,
quand elle n'est pas exagérée, leur convient parfaitement; aussi, dans le labour des sols argileux
et plats, on a soin de former des billons qui en
exhaussant , en bombant les pièces cultivées ,
rendent les eaux moins permanentes.

Dans les régions placées en dehors des tropiques, où par conséquent l'ombre se projette durant toute l'année suivant une même direction ,
l'orientation d'une culture n'est pas une chose
indifférente. Dans notre hémisphère, les terrains
très inclinés qui regardent le nord, reçoivent
moins de chaleur et de lumière : ils restent plus

longtemps humides, et la végétation y fait moins de progrès que dans les sols tournés vers le midi ; mais, en revanche, ces derniers sont plus exposés à souffrir de la sècheresse. Néanmoins, il paraît bien constaté maintenant, par des faits nombreux recueillis en Suisse et dans le nord de l'Ecosse, que les pentes qui descendent vers le nord, sont réellement les plus productives, quand elles ne sont pas trop abruptes. On explique cette sorte d'anomalie par la fréquence des dégels qui ont lieu bien plus souvent sur les versants méridionaux. La gelée, quand elle n'est pas très intense, est certainement moins nuisible aux végétaux qu'un dégel trop brusque, et l'on comprend que dans une station élevée, là où, par le simple effet du rayonnement nocturne, les plantes, dans presque toutes les matinées du printemps , sont couvertes d'une couche de givre, le dégel ait lieu chaque jour, aussitôt après l'apparition des premiers rayons du soleil. Au nord, la gelée a lieu également, mais la cause qui la fait cesser ne se manifeste pas aussi subitement, la fusion de la glace étant produite par l'échauffement graduel de l'air ambiant. Au reste, il est clair que les avantages ou les inconvénients qui résultent des expositions diverses, sont liés à la nature, à la constitution des sols ; on peut en dire autant des abris qui les garantissent de l'action des vents régnants. Des terres argileuses et humides gagnent à être exposées à l'action d'un air abondamment renouvelé ; nos sols tenaces de Bechelbronn restent impraticables aux attelages pendant une trop grande partie du printemps, quand ils n'ont pas été suffisamment séchés en mars et en avril, par un vent impétueux venant de l'est. Les terrains sablonneux demandent au contraire à être bien abrités.

L'étude du sol doit avoir pour objet son amélioration ; l'industrie du cultivateur peut effectivement exercer plus d'influence sur les terres que sur les autres agents qui favorisent la végétation. Améliorer un sol, c'est modifier sa constitution, ses propriétés physiques, afin de les mettre en harmonie avec le climat et les exigences de la culture. Dans une contrée où domine un terrain trop argileux, il faut s'appliquer à lui faire acquérir, à un certain degré, les qualités des sols légers. La théorie indique les méthodes à suivre pour opérer ces changements ; ainsi, il suffit d'introduire du sable dans les terres trop tenaces, de l'argile ou de la glaise dans celles qui sont sablonneuses. Mais ces conseils de la science, que le simple bon sens eût d'ailleurs indiqués, sont rarement réalisables dans la pratique, et ils ne peuvent paraître faciles qu'aux personnes entièrement étrangères à l'économie rurale. Le défoncement du sol, le transport des matériaux, sont des opérations extrêmement coûteuses, et à cet égard je puis citer ce qui se passe sous mes yeux : nos terres de Bechelbronn sont généralement fortes ; l'expérience faite dans les jardins a prouvé que, par une addition de sable, elles sont considérablement améliorées. Au milieu du domaine existe une usine qui rejette une quantité de sable qui est telle, qu'elle devient embarrassante ; cependant, nous sommes convaincus que l'amélioration par le sable est trop coûteuse, et, tout compte fait, il en est résulté qu'il est plus lucratif d'acheter de nouvelles terres avec les capitaux qui se trouveraient engagés dans le perfectionnement de celle que nous possédons. Il ne me serait pas difficile de montrer nombre de cas où les améliorations ont en définitive été désastreuses à ceux qui les ont opérées. Ainsi, un terrain de sable acheté à très bas prix est revenu à son propriétaire, après avoir été convenablement amendé par de l'argile, à une valeur bien supérieure à celle des meilleures terres du pays. C'est donc avec une prudence extrême qu'il faut se décider à changer subitement, par des défoncements, la nature du sol. L'amélioration doit se faire graduellement par la culture, car toute culture raisonnée conduit infailliblement au perfectionnement de la terre. Dans le sol argileux, il convient d'introduire des amendements qui le divisent, qui détruisent sa cohérence, comme des cendres de tourbes, des fumiers longs. Mais le cultivateur n'a pas toujours à sa disposition les matériaux convenables, et dans ce cas, qui est peut-être le plus général, il doit chercher à faire un bon choix des plantes qui conviennent le mieux à ses terres telles qu'elles sont, et le moins mal aux marchés qu'il doit approvisionner. En un mot, un cultivateur doit connaître les qualités et les défauts que possède son terrain, afin de régler ses opérations en conséquence ; car c'est d'après cette connaissance qu'il doit déterminer la rente qu'il peut assigner au fond, et le capital qu'il doit raisonnablement engager dans son exploitation.

Dans un sol argileux qui, comme nous l'avons vu plus haut, constitue dans nos climats les meilleures terres à blé, il ne faut pas vouloir cultiver les plantes qui exigent un sol meuble ; mais les pommes de terre, la betterave champêtre, etc., qui y viennent fort bien. Les terrains argileux sont généralement propres aux prairies. Les labours d'automne leur sont très favorables à cause de l'ameublissement qu'ils procurent par l'effet du gel.

La craie occupe une large place dans les formations récentes ; en général, elle présente des terrains peu fertiles. M. Sinclair a proposé de les améliorer en y cultivant des récoltes vertes pour les faire consommer sur place. Convenablement amendé, le sol crayeux produit en Angleterre des trèfles, des turneps et de l'orge ; il convient particulièrement au sainfoin (1). Il est douteux qu'en France, où le climat est moins humide, on puisse tirer d'un terrain de craie un parti aussi avantageux. Des recherches faites dans ces derniers temps ont montré que la craie renferme une petite quantité de phosphate de chaux ; c'est, comme nous le verrons dans la suite, un sel dont la présence est toujours à désirer dans les sols cultivés.

Les terrains tourbeux peuvent supporter de riches cultures, quand on réussit à convertir la tourbe en humus. La principale difficulté réside dans leur dessèchement, parce qu'ils occupent communément les fonds des vallées ou des anciens lacs. Par une heureuse coïncidence, les dépôts tourbeux alternent fréquemment avec des couches de sable, de gravier, d'argile et de terre végétale, qui se sont déposées à la même époque. Par un mélange, par une répartition raisonnée de ces différents matériaux, précédés toutefois d'un dessèchement bien exécuté, il devient possible de convertir une tourbière en terres arables (2). Cependant la tourbe pyriteuse est plus intraitable ; rarement elle donne de bons résultats ; pour amender un sol qui en contient,

(1) Sinclair, *Agricul. pratique et raisonnée*, t. I, p. 46.
(2) Sinclair, *Agriculture pratique*, t. I, p. 42.

il faut de toute nécessité avoir recours à l'intervention de substances de nature alcaline, comme
la chaux, les cendres de bois, etc., qui ont la propriété de décomposer le sulfate de fer formé par
l'efflorescence des pyrites. A l'aide d'une combustion incomplète, on rend aussi les terrains tourbeux propres à la culture, et avec du travail il
n'est pas impossible de leur faire acquérir les qualités des sols légers, au point de pouvoir y récolter
des racines et des tubercules. Les agriculteurs
écossais, qui sont très familiarisés avec ce genre
de travaux, considèrent comme la méthode la
plus avantageuse à suivre dans la culture amé-
liorante des marais tourbeux, celle de les convertir en prairies naturelles. Comme il arrive le
plus souvent que l'état humide et peu consistant
du sol ne permet pas d'y laisser parquer le bétail, ils conseillent avec raison de ne faire qu'une
coupe et de laisser sur pied l'herbe de la seconde
pousse. En agissant de cette manière, on a transformé des marais en prairies très productives (1).

Les terrains à tourbes, bien égouttés et disposés
convenablement pour la culture, présentent un
grand avantage, qui repose sur l'humidité. permanente de leur fond. Dans la proximité de Haguenau, on trouve dans ces sortes de terrains

____

(1) Sinclair, *Agriculture pratique et raisonnée*, t. I, p. 43.

de magnifiques houblonnières; la garance y vient également très bien; et c'est, à mon avis, pour certaines cultures spéciales, un des sols les plus riches de l'Alsace.

Les sols sablonneux sont parfaitement convenables dans les pays qui ne sont pas fréquemment exposés à de longues sècheresses. Leur culture entraîne à peu de dépenses et donne une terre bien préparée; on y fait de belles récoltes de navets, de pommes de terre, de carottes et de seigle; mais il est prudent d'en exclure le trèfle, l'avoine, le froment et le chanvre, qui se plaisent dans un sol plus consistant. Dans les contrées méridionales, il faut absolument un système d'irrigation pour cultiver les sols sablonneux; si l'arrosage manque, la terre reste à peu près stérile, et le seul moyen de la rendre productive est de la planter en forêt.

Les sables mouvants, siliceux ou calcaires, qui recouvrent des plaines immenses dans l'intérieur des continents, semblent, à la première vue, frappés d'une éternelle stérilité. Cependant, cette mobilité du sable du désert, qui lui permet de se mouvoir et de s'agiter comme une masse fluide, dépend moins de l'absence absolue de particules argileuses que de celle de l'eau qui serait nécessaire pour agglutiner, pour fixer les grains siliceux. Les steppes brûlants de l'Afrique et de l'Amérique ont çà et là leurs oasis, dont le sol légèrement humecté suffit à l'existence des végétaux.

Lorsque ces dépôts arénacés sont baignés à leur base par des eaux douces, il est possible de les rendre propres à la culture. C'est ainsi qu'en Espagne, dans les environs de San Lucar de Baromeda, un sol poudreux, d'une aridité extrême, a pu être fertilisé par la main de l'homme. A la surface, les dunes mamelonnées de San Lucar sont recouvertes par un sable quartzeux, assez ténu pour être emporté par le vent ; mais par cette circonstance heureuse qui fait que la partie inférieure de ce terrain est constamment mouillée par le Guadalquivir, il suffit d'enlever le sable sec qui le recouvre, de le niveler, de le décaper en quelque sorte, pour obtenir un sol qui réunit au plus haut degré deux conditions essentielles à la fertilité : car il est meuble et toujours abreuvé par des eaux vives, qui le pénètrent à la faveur de la capillarité ; aussi, par l'effet du climat et des engrais, les potagers établis au milieu de ce désert offrent, au rapport de M. de Lasteyrie, la végétation la plus rapide et la plus vigoureuse qu'il soit possible de voir. Pour éviter une trop grande dépense, on n'entreprend ces travaux que là où la couche de sable qu'il faut enlever offre le moins d'épaisseur, et l'on dépose les déblais en talus, tout autour du sol livré à la culture. On forme ainsi une espèce de mur d'enceinte qui n'est pas sans utilité comme abri, et qui devient productif lui-même, par les plantations de vignes et de figuiers qu'on lui fait porter, dans le but principal d'en consolider l'ensemble (1) ; car les plantes tendent d'ailleurs à fixer le terrain qui les supporte. C'est ainsi qu'en Alsace, dans les plaines de Haguenau, un sol est devenu en moins de quarante années, par l'effet d'une culture continue, une terre des plus fertiles.

C'est aussi par la végétation qu'en Hollande on a réussi à donner de la fixité aux montagnes qui se forment par l'accumulation d'un sable mobile soulevé par les vents. Ce sable, qui repose sur un fond humide, élève, à cause de sa porosité, l'eau qui humecte légèrement l'intérieur de sa masse. Ces dunes qui sortent de la mer, envahissent les terres cultivées : pour s'opposer à leur empiètement, les Hollandais y sèment l'*arundo arenaria* (2), qui, par l'extension que prennent ses longues racines traçantes, sert à lier ce terrain mobile, en l'emprisonnant dans une sorte de réseau ; ces masses de sable deviennent immobiles, mais en restant néanmoins à peu près improductives.

C'était donc un problème d'une haute utilité, que celui de fixer solidement un sol mouvant

(1) De Lasteyrie, *Bulletin de la Société Philom.*, t. III, p. 176.
(2) De Candole, *Physiologie*, p. 1235.

amené par la mer, en le couvrant de plantations productives. Ce problème, un ingénieur français, Bremontier, se l'est proposé ; et par sa sagacité dans le choix des moyens, par sa persévérance dans l'exécution, la question a été complètement résolue dans les dunes du golfe de Gascogne (1).

Les dunes formées des sables rejetés par l'Océan occupent, entre les embouchures de l'Adour et de la Gironde, une surface de 1139 myriamètres carrés (75 lieues), sur une élévation moyenne de 20 mètres. Elles sont disposées en une multitude de mamelons qui semblent liés par leurs bases. La cime de plusieurs de ces monticules atteint une hauteur de 50 mètres. Obéissant à l'impulsion des vents d'ouest, ces amas de sable se portent vers l'est avec une vitesse moyenne de 24 mètres par an, couvrant des forêts et des villages. Déjà une partie de la petite ville de Mimizan est envahie, et l'on a supputé qu'en vingt siècles le riche territoire de Bordeaux aurait complètement disparu. Dans leur marche progressive, les dunes encombrent le lit des rivières et produisent l'inondation.

Les sables marins du golfe de Gascogne, comme ceux de la Hollande et des Pays-Bas, ne sont pas entièrement privés d'eau ; à une très petite profondeur, ils sont humides et présentent même

(1) *Annales de l'Agriculture française*, t. 27, p. 145.

une certaine cohésion. Il faut bien qu'il en soit ainsi ; autrement le vent qui les apporte mouillés par la mer, les dessécherait bientôt pour les disperser ensuite en tourbillons de poussière. Cette dispersion n'a point lieu. Les dunes s'avancent lentement, en roulant, pour ainsi dire, sur elles-mêmes.

Le sable quartzeux poussé par le vent, monte sur le flanc des coteaux comme sur un plan incliné ; après avoir franchi la cime des monticules déjà formées, il tombe sur la pente opposée où il s'accumule en talus. L'action du vent ne s'exerce que sur le sable rendu mobile par la sécheresse ; la surface humide mise à nue se dessèche et est enlevée à son tour ; ainsi successivement, toute la masse de sable qui a été déposée d'abord à l'ouest de la dune est portée à l'est, où elle trouve alors un abri. C'est ainsi qu'on a vu par un vent qui souffla sans interruption, pendant six jours, un monticule s'avancer d'un mètre dans l'intérieur des terres (1).

L'humidité contenue dans le sable provient des pluies, des eaux courantes qui le pénètrent, qui s'y infiltrent et déplacent l'eau salée qui l'imprégnait primitivement : la faible dose de sel qui y reste encore n'est plus défavorable à la végétation.

(1) Daubuisson, *Traité de Géognosie*, t. II, p. 467.

Une fois convaincu que les végétaux pouvaient existar dans les dunes, Bremontier comprit qu'eux seuls étaient capables d'en arrêter la marche, de les consolider. Il s'agissait alors de faire naître des plantes et de protéger leur croissance dans ce sable mobile, en les mettant à l'abri des vents impétueux de la mer, jusqu'à ce que les racines eussent pris possession du sol.

Les dunes ne bornent pas l'Océan comme les falaises. De la base des premiers monticules à la ligne qui marque la limite des plus hautes marées, on trouve un terrain plat sur lequel le sable roule sans s'arrêter. C'est sur cette plage que Bremontier établit un premier semis de graines de pins et de genêts ; pour abri, il le recouvrit en totalité de branchages verts, fixés solidement par des crochets enfoncés dans le terrain. Les branches protectrices étaient placées dans une direction telle, que leurs extrémités ligneuses regardaient le rivage, afin que le vent dominant de la mer eût moins de prise sur les feuilles. L'expérience a démontré, qu'à l'aide de ces ingénieuses dispositions, les graines germent et que les plants se développent avec une prodigieuse rapidité ; bientôt elles forment un fourré épais, d'un mètre de hauteur. Alors la réussite est certaine. Cette plantation avancée arrête les sables ; elle est destinée à protéger celles qui doivent la suivre et s'étendre vers l'intérieur des terres. Lorsque les arbres ont atteint l'âge de cinq à six ans , on fait une nouvelle plantation contiguë à la première, sur une largeur de 60 à 100 mètres, et en continuant ainsi, on s'élève graduellement jusqu'au sommet des dunes.

Tel a été depuis 1787 le travail exécuté par l'habile ingénieur, pour couvrir d'arbres utiles les sables incultes du bassin d'Arrachon. En 1809 les semis s'étendaient sur 3700 hectares (1). Le succès de ces plantations a dépassé toutes les espérances qu'on avait conçues. En 16 années, des pins avaient déjà atteint une élévation de 10 à 12 mètres. La croissance du genêt épineux, du chêne, du liège, du saule, n'a pas été moins rapide. C'est ainsi que Bremontier a prouvé que l'on peut à la fois fixer les sables et les rendre productifs. Comme presque tous les inventeurs , Bremontier fut en butte à la jalousie de ses contemporains. On douta d'abord de la possibilité de consolider le sable mouvant des dunes, et l'on finit par lui contester le mérite de l'invention. Le savant ingénieur se défendit avec modération, et provoqua une enquête (2). Rien de comparable n'avait été entrepris avant 1788, et les travaux de

(1) Sylvestre, *notice sur Bremontier, Annales de l'Agriculture française*, t. XLIV, p. 239.

(2) Les commissaires nommés par la Société d'agriculture pour examiner les mémoires de Bremontier, étaient MM. Gillet-Laumont, Tessier et Chassiron.

Bremontier doivent être considérés comme une de ces luttes remarquables que l'industrie de l'homme sait soutenir avec succès contre les éléments.

FIN DU PREMIER VOLUME.

TABLE DES MATIÈRES

CONTENUES

DANS LE PREMIER VOLUME.

—

CHAPITRE II.

CHAPITRE III.

CHAPITRE IV.

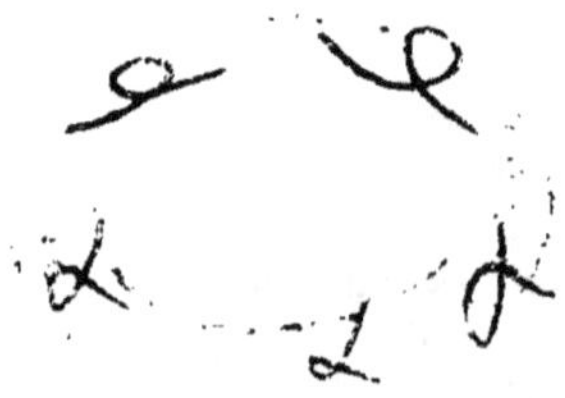